序

　わが国における自動車車両の空気力学いわゆる自動車空力技術の研究開発が本格化したのは，1963年の名神高速道路の部分開通によって，自動車の高速走行が現実のものになってからと思われる．1960年代後半になると二三の自動車メーカーにおいて実車風洞が建設され始め，空力研究が活発化してきた．1970年代中頃には日本自動車研究所に空力特性研究委員会が設置され，自動車メーカーの技術者や大学等研究機関の研究者が集まり，情報交換や意見交換が始められた．空力技術者の共同作業実践の萌芽期を迎えた．共同作業の一環として欧州自動車メーカーの実車風洞調査団が構成されたのもこの時期であり，1976年には日本自動車研究所に実車風洞が建設された．フォルクスワーゲンのHucho博士らが米国自動車技術会(SAE)等で，車体の空気抵抗低減に向けた車体に関する細部最適化手法を提唱し始め，日本のメーカーにも大きな影響を与え始めていた時期でもあった．1980年代中頃になると，数値流体力学(CFD)の研究が盛んになり，東京大学生産技術研究所に設置されたNST(Numerical Simulation for Turbulent Flow)において，空力開発へのCFD技術の適用の可能性についても議論が始められた．

　これらの理論，実験，数値シミュレーションの視点からの活動は自動車技術会に発足した空力性能専門委員会(その後発展改組されて現在は流体技術部門委員会)に引き継がれ，現在に至っている．近年では，自動車空力と自動車の諸特性との連成問題についても研究開発が展開されており，また，文部科学省のHPCI戦略プログラムにおいては，超高速・大容量のスーパーコンピュータを利用した大規模計算による空力開発の実用化の可能性が，産学連携体制のもとに追求されている．

　本書は，わが国の空力技術者・研究者による自動車空力技術に関する研究開発の最新の成果と英知の集大成であり，自動車技術会 流体技術部門委員会における共同作業の結晶でもある．今後，組織の枠を超えた共同作業が一層深化し，日本の空力技術が世界に向けて影響力のある発信源になることを心から望みたい．

東京大学名誉教授　小林 敏雄

編集にあたって

　自動車に関する空力技術は，自動車が今日直面する最大の課題である車両の燃費低減に関する主要な技術手段であり，安全面においては高速走行時における安定な車両運動を確保するための基本技術，また快適性に直結する空力騒音低減等にも欠かせない技術となっている．

　自動車の動力源は，内燃機関からハイブリッド車，電気自動車，燃料電池車へと進化し，電気系動力源の役割が大きくなりつつあるため，それに伴って空力技術の役割も大幅に変わってくるものと考えられている．例えば，冷却風の取扱いの変化が空力設計に及ぼす影響，回生エネルギの効率を高めるための空力技術の開発などが議論されている．またモーター系の騒音は内燃機関のそれに比べて大幅低減することから，車両騒音全体に占める空力騒音の割合が格段に増加する．これらの背景が空力技術の重要性を一層高めることになってきた．一方，軽量化等の車体構造の変化に伴い，燃費改善に関する空力技術の寄与度が増加することは引き続き重要な課題である．軽量化は高速走行時における空力性能と車両運動との連成現象に大きな影響を与えるものと考えられている．このような状況の変化の中で，空力技術は従来レベルの改善のみならず，より広い分野を包含した技術の進展が求められている．近年の日本車の空力性能は，過去長い間の先人の努力と技術革新によって，欧米車の空力性能に比べて決して劣っていない状況になりつつあるものの，強まる種々の規制の対応技術と多岐にわたる市場要求を満たす「空力ものづくり」技術を進化させるためには，最新の機械工学，航空工学，計算工学を包含した自動車特有の空力技術の体系化が望まれている．

　空力技術は，長年にわたって欧米ならびに日本等の自動車メーカー・関連部品メーカーの多くの技術者，大学・関連研究機関の研究者らによって発展してきた．特に近年では，国内の技術者・研究者による目覚ましい成果が数多く発表されるようになってきており，我が国が空力技術をリードする時代になってきた．そこで，自動車技術会 流体技術部門委員会では空力技術新版編集ワーキンググループを設け，それらを新たに集大成することとした．本書が目指しているのは，自動車の空力技術の基礎と最新動向を知るよき技術書，さらには新たな技術ニーズに対する解決手段に結び付く技術・研究指針となることである．併せて大学における物理学，流体力学，熱力学等の基礎的な教育内容と企業における技術の現状との隔たりを埋める橋渡しとなる

ことを期待している．

　本書の特徴は，伝統的な空力技術に加え，流体現象が持つ非定常性が空力特性に及ぼす影響，移動地面等によって実走行状態により近い試験条件を再現する風洞技術・同関連計測技術にも言及し，今後空力技術の影響力を一層高めると考えられる分野である車両運動特性，熱特性，音響特性等との連成問題に力点を置いている．さらに，車両外形デザインの変遷と空力技術との融合，国産乗用車の空力性能に関する最新の開発状況等についても解説し，自動車技術における空力技術の位置づけや進展の実態を理解するための手助けとなることも，併せて本書の狙いとしている．また，乗用車のみならず，商用車や鉄道車両の空力技術の進展についても触れている．なお，近年の空力技術の進展と密接な関係にある数値流体力学については，あまた出版されているこの分野の専門書に譲るものの，各章において数値流体力学を適用した具体的な応用例を数多く記載している．

　最後に，本書の出版に際してお世話になりました自動車技術会事務局の方々に心から感謝の意を表する．

流体技術部門委員会
空力技術新版編集ワーキンググループ
共同主査　鬼頭 幸三，郡 逸平

自動車の空力技術

流体技術部門委員会編

空力技術新版編集ワーキンググループ委員名簿

(共同主査)

鬼頭　幸三(鬼頭幸三技術事務所)……………[1章, 2章]
郡　　逸平(東京都市大学名誉教授)……………[4章]

(委員)

農沢　隆秀(マツダ)……………………………[3章]

炭谷　圭二(トヨタ自動車)……………………[5章]
飯田　明由(豊橋技術科学大学)………………[5章]
石原　裕二(愛知工科大学)……………………[6章]
金子　宗嗣(本田技術研究所)…………………[7章]
池田　真巳(三菱ふそうトラック・バス)……[8章]
坪倉　誠(神戸大学大学院)

[ ]内は担当章を表す.

執筆者名簿(執筆順)

1章

鬼頭　幸三(鬼頭幸三技術事務所)……………[1.1, 1.4]
炭谷　圭二(トヨタ自動車)……………………[1.2]
石原　裕二(愛知工科大学)……………………[1.3]
郡　　逸平(東京都市大学名誉教授)…………[1.4]

2章

木村　徹(木村デザイン研究所)………………[2.1-2.6]

3章

農沢　隆秀(マツダ)……………………………[3.1-3.5]

4章

郡　　逸平(東京都市大学名誉教授)…[4.1, 4.3.1, 4.3.2(1), 4.3.4(3)]
炭谷　圭二(トヨタ自動車)……………………[4.2.1-4.2.2]
前田　和宏(トヨタ自動車)……………………[4.2.1-4.2.2]
中島　卓司(広島大学大学院)…………………[4.2.3]
坪倉　誠(神戸大学大学院)……………………[4.2.3]
王　　宗光(三菱自動車工業)…………[4.3.2(2), (4), 4.3.4(1)-(2)]
浮田　哲嗣(三菱自動車工業)…………[4.3.2(2), (4), 4.3.4(1)-(2)]
田中　博(トヨタ自動車)………………………[4.3.2(3)]
安木　剛(トヨタ自動車)………………………[4.3.2(3)]
浅野　秀夫(デンソー)…………………………[4.3.3(1)-(2)]
小林　裕児(東京都市大学)……………………[4.3.3(2)]

5章

槇原　孝文(トヨタ自動車)……………………[5.1, 5.4]
炭谷　圭二(トヨタ自動車)……………………[5.1, 5.4]
飯田　明由(豊橋技術科学大学)………………[5.2, 5.7]
若松　純一(日産自動車)………………………[5.3]

鈴木　秀司(日産自動車)………………………[5.3]
宮澤　真史(本田技術研究所)…………………[5.5]
加藤　由博(豊田中央研究所)…………………[5.6]

6章

石原　裕二(愛知工科大学)……………………[6.1, 6.5-6.6]
高木　通俊(高木通俊技術事務所)……………[6.1]
速水　洋(九州大学名誉教授)…………………[6.2]
星野　元亮(本田技術研究所)…………………[6.3]
前田　和宏(トヨタ自動車)……………………[6.4]
鬼頭　幸三(鬼頭幸三技術事務所)……………[6.5]

7章

金子　宗嗣(本田技術研究所)…………………[7.1]
村山　俊之(トヨタ自動車)……………………[7.2.1]
若松　純一(日産自動車)………………………[7.2.2]
鈴木　秀司(日産自動車)………………………[7.2.2]
中村　大輔(本田技術研究所)…………………[7.2.3]
小西健太郎(ダイハツ工業)……………………[7.2.4]
内田　勝也(ダイハツ工業)……………………[7.2.4]
岡田　義浩(マツダ)……………………………[7.2.5]
中田　章博(マツダ)……………………………[7.2.5]
内田　匡則(SUBARU)…………………………[7.2.6]
長谷川　巧(SUBARU)…………………………[7.2.6]

8章

池田　真巳(三菱ふそうトラック・バス)……[8.1.1-8.1.4]
浅岡　隆行(いすゞ自動車)……………………[8.1.5-8.1.7]
藤原慎太郎(日野自動車)………………………[8.1.8-8.1.9]
井門　敦志(鉄道総合技術研究所)……………[8.2]

[ ]内は執筆節を表す.

目　次

第 1 章　空力技術

1.1　空力技術 …………………………………… 1
　　1.1.1　車体周りの流れ場の特徴
　　1.1.2　空力技術に関する研究方法・開発手段
1.2　空力技術のニーズ ………………………… 3
　　1.2.1　空力開発の背景
　　1.2.2　走行抵抗における空気抵抗
　　1.2.3　走行安定性への取り組み
　　1.2.4　空力騒音への取り組み
　　1.2.5　風流れ関連項目
1.3　空力設計プロセス ………………………… 6
1.4　今後の課題 ………………………………… 9

第 2 章　車両外形デザイン

2.1　概説 ………………………………………… 11
2.2　米国・欧州におけるデザインの変遷 …… 11
2.3　日本におけるデザインの変遷 …………… 13
2.4　デザインと空力特性の関係 ……………… 15
　　2.4.1　空力からみたスタイルの分類
　　2.4.2　空力の考え方の変化
2.5　空力と外形デザインの現状 ……………… 18
2.6　空力デザインの今後 ……………………… 19
2.7　最後に ……………………………………… 21

第 3 章　車体周りの流れ場と空力特性

3.1　車体形状と空力特性 ……………………… 23
　　3.1.1　車体各部の形状変化と空力特性
　　3.1.2　車体各部が空力特性に相互に与える影響
3.2　抵抗低減のための車体形状の最適化技術 … 29
　　3.2.1　車体基本形状の変化と空気抵抗低減の関係
　　3.2.2　車体の基本形状での抵抗低減と最適化
　　3.2.3　細部形状変更による空気抵抗低減の最適化技術
3.3　車体周りの流れ場の構造 ………………… 42
　　3.3.1　一般的な車体周りの流れ
　　3.3.2　車体の直後方の後流構造
　　3.3.3　空気抵抗を増大させる車体周りの流れ場
3.4　車体周りの非定常流れの現象と非定常な空力特性 …………………………………… 58
　　3.4.1　高速直進安定性に伴う車両挙動と非定常流れ
　　3.4.2　高速直進安定性をもたらす車体周りの非定常流れ場
3.5　空力設計における非定常な空力特性の重要性と流れの制御の可能性 ……………… 67
　　3.5.1　後流制御による空力特性コントロール
　　3.5.2　車体周りの流れ場を二次元化する流れ制御による空力コントロール

第 4 章　空力・車両運動・熱技術連成

4.1　自動車における流れとの連成問題 ……… 71
4.2　走行安定の空力設計 ……………………… 75
　　4.2.1　車両運動安定と空力特性の基礎
　　4.2.2　静的な車両運動特性と空力特性
　　4.2.3　非定常空力特性と車両運動特性
4.3　エンジンルームおよび床下の熱設計 …… 83
　　4.3.1　冷却系の熱平衡とエンジンルーム内の流動特性の基礎
　　4.3.2　対流，輻射，熱伝導と連成する問題
　　4.3.3　冷却性能向上のための冷却ファン設計
　　4.3.4　冷却性能と空力性能

第 5 章　空力・音響特性の連成技術

- 5.1　概説 ··· 107
  - 5.1.1　自動車における空力騒音低減の必要性
  - 5.1.2　自動車における空力騒音を表す用語
  - 5.1.3　自動車における空力騒音の特徴
  - 5.1.4　本章の構成
- 5.2　空力騒音の発生原理 ······················· 108
  - 5.2.1　空力音（流れと音の連成）とは何か
  - 5.2.2　流れ場と音の干渉
  - 5.2.3　近距離場と遠距離場
  - 5.2.4　渦音の理論
  - 5.2.5　狭帯域音の発生原理
- 5.3　空力騒音低減手法と自動車での具体的事例 ··· 116
  - 5.3.1　狭帯域音
  - 5.3.2　広帯域音
- 5.4　変動する空力騒音 ·························· 122
  - 5.4.1　無風時と強風時の空力騒音の違い（自然風変動の影響）
  - 5.4.2　変動する空力騒音に関する従来の研究
  - 5.4.3　変動する空力騒音の現象解析と改善手法
  - 5.4.4　変動する空力騒音に関する近年の研究
- 5.5　遮音特性 ··· 128
  - 5.5.1　空力騒音の伝播過程
  - 5.5.2　固体振動を介して伝わる音
  - 5.5.3　車外で発生した空力騒音の伝播
  - 5.5.4　隙間からの通気と漏れ音
- 5.6　CFD による解析と予測技術 ············ 132
  - 5.6.1　空力騒音の数値解析
  - 5.6.2　分離解法による空力騒音のモデル化と評価方法
  - 5.6.3　自動車周りの空力騒音解析
  - 5.6.4　フィードバックを伴う空力騒音の計算
- 5.7　実験設備と計測技術 ······················· 138
  - 5.7.1　低騒音風洞
  - 5.7.2　騒音測定
  - 5.7.3　音源分離
  - 5.7.4　流れ場の計測

第 6 章　風洞試験

- 6.1　風洞試験 ··· 143
  - 6.1.1　概要
  - 6.1.2　基本的性能
  - 6.1.3　グラウンドシミュレーション
  - 6.1.4　低騒音風洞
  - 6.1.5　風洞試験と実走行試験での相違
- 6.2　計測技術の進展 ······························ 148
  - 6.2.1　可視化から PIV へ
  - 6.2.2　PIV の測定原理と特徴
  - 6.2.3　1 カメラ PIV の応用例
  - 6.2.4　ステレオ PIV の応用例
  - 6.2.5　課題
- 6.3　可視化実験例 ································· 152
  - 6.3.1　はじめに
  - 6.3.2　ピークレシオを用いた評価手法の定量化
  - 6.3.3　反射光低減
  - 6.3.4　シーディング
  - 6.3.5　スキャニングシステム
  - 6.3.6　計測例
  - 6.3.7　まとめ
- 6.4　風洞相関試験 ································· 155
  - 6.4.1　風洞相関のニーズと実施状況
  - 6.4.2　実車風洞相関試験結果
  - 6.4.3　補正法の適用
  - 6.4.4　補正結果の考察
- 6.5　風洞計測値の補正方法 ···················· 157
  - 6.5.1　風洞境界による干渉メカニズム
  - 6.5.2　補正式の構築
- 6.6　新風洞概要 ····································· 159

第 7 章　国産乗用車の空力技術

- 7.1　概説 ··· 165
- 7.2　開発事例 ··· 166
  - 7.2.1　トヨタの開発事例
  - 7.2.2　日産の開発事例
  - 7.2.3　ホンダの開発事例
  - 7.2.4　ダイハツの開発事例

7.2.5　マツダの開発事例　　　　　　　　　7.2.6　スバルの開発事例

第8章　商用車，鉄道車両の空力技術

8.1　商用車の空力技術……………………………185
　8.1.1　商用車を取り巻く環境
　8.1.2　貨物自動車の車両形態と環境影響
　8.1.3　大型トラックと観光バスの空力技術
　8.1.4　ルーフ＆サイドディフレクタの空力効果
　8.1.5　コーナベーンの空力効果
　8.1.6　フロントバンパエアダムの空力効果
　8.1.7　サイドスカートの空力効果
　8.1.8　トラック架装用リアスポイラの空力効果
　8.1.9　デッカーバスのリアスポイラの空力効果

8.2　鉄道車両の空気抵抗低減技術………………196
　8.2.1　概説
　8.2.2　鉄道車両の空気抵抗低減の研究開発
　8.2.3　鉄道車両の空気抵抗係数
　8.2.4　鉄道車両の空気抵抗低減効果の評価方法
　8.2.5　鉄道車両の空気抵抗低減

第1章 空力技術

1.1 空力技術

　自動車が大気中を走行するとき，自動車は前方や側方からの空気の流れ，すなわち風の影響を受ける．これらの風が自動車の車体周りに車体形状特有の流れ場を形成する．この流れ場が車体の空気力学的特性(空力特性)を決める．この空力特性に関する技術分野を，自動車技術では"空力技術"[1][2]と呼ぶ．

1.1.1 車体周りの流れ場の特徴

　自動車の前方や側方からの流れは，ボンネットやルーフなど車体上面や側面に沿って流れ，車体下面を通る流れ(床下流れ)と合わさって，車体背後にほとんど静止した流体部と渦から形成される後流(ウエイク)と呼ばれる流れ場を形成する．これらの流れは地面からの干渉を受け，車体周りの流れ場を決定する(図1-1)．また，車体前方からの流れの一部はエンジンルームに流入し，エンジンほか各種補機類周りを通過した後，床下流れに合流して車体外部の流れ場にも影響を与える．

　車体背後に形成されるウエイクの流動状態は車体背面の圧力分布を決め，車体に作用する空気抵抗の形成に大きく寄与する．車体表面における流れの剥離の有無もまた，車体周り流れの状態に本質的な影響を及ぼす．たとえ車体の側面投影形状がほぼ同じであっても，局所形状の微細な違いによって，流れの剥離の有無など，流れ場の特性が大きく異なってくる．したがって空力開発では，流れ場全体の流れの観察とともに，局所形状の微細な個所における流れの観察が重要となる．ウエイクの構造については，数値流体力学(Computational Fluid Dynamics：CFD)による解析も進められており，その詳細が徐々に解明されつつある．

　車体に作用する流体力は，前後方向，上下方向および左右方向に分けられ，それぞれ空気抵抗(抗力)，揚力および横力と呼ばれる．さらに車体の重心周りの空力3モーメント(ローリングモーメント，ピッチングモーメント，ヨーイングモーメント)と併せて空力6分力と呼ばれ(図1-2)，車体の空気力学特性(空力特性)の特性値となる．抗力は最高速度や燃費性能に影響を与え，他の力やモーメントは車両の運動特性に影響を及ぼす．

　近年，車体周りの流れ場の詳細が明らかになるにつれ，流れ現象の非定常性への理解が進み，流れの非定常性の影響が空力開発に反映され始めている．たとえば，車速が一定の直進運動であってもウエイク流れの非定常性が車両の運動特性に影響を及ぼす場合があることが指摘されている[3]．また，横風や突風を受ける流れ場では，従来においては空気力は準定常的な取扱いが多いが，非定常的な取扱いも検討され始めている[4]．自然風の変動が空力特性に及ぼす影響もまた流れの非定常性に関係する分野である．このように流れの非定常性の解明は，車両の空力特性，空力連成特性等をより深く理解することに役立っている．空力騒音低減[5]の分野では，音の発生に関する現象解明の点から，流れ場の非定常性は把握すべき基本項目である．数値流体力学は実験流体力学とともに，流れ場の非定常性の解明に大きな寄与を与えつつある．

　エンジンルームを通過する流れはエンジン等の熱特性と連成し，これらのシステムの冷却性能を決めるため，空力特性と熱特性との連成問題[6]として扱われる．

1.1.2 空力技術に関する研究方法・開発手段

　空力技術に関する研究方法・開発手段としては，まずは長年にわたって行われている風洞試験がある．最近では実験的手法に並びつつある数値流体力学(CFD)による手法があり，またこれらを補完する自

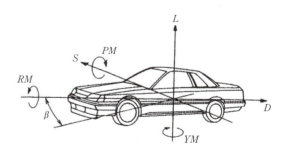

図1-2 空力6分力[23]
　(抗力 D，揚力 L，横力 S は，車体が受ける相対風速の動圧 $\rho V^2/2$，車体の前面投影面積 A を用いて無次元化され，それぞれ抗力係数 C_D，揚力係数 C_L，横力係数 C_S と呼ばれる．C_L は，前輪揚力係数 C_{Lf}，後輪揚力係数 C_{Lr} として表示されることが多い．またローリングモーメント RM，ピッチングモーメント PM，ヨーイングモーメント YM は，$\rho V^2/2$，A，車両のホイールベース l を用いて無次元化され，それぞれローリングモーメント係数 C_{RM}，ピッチングモーメント係数 C_{PM}，ヨーイングモーメント係数 C_{YM} と呼ばれる(偏揺角 β：車体が受ける相対風速の方向と車体中心線とのなす角度))

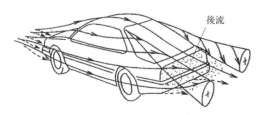

図1-1 車体周りの流れ[22]

然風下における惰行試験等の実走行試験がある．

(1) 風洞試験

風洞を用いた空力技術は歴史的にみれば，自動車の高速走行化の要請に対応して発展しており，各国によって事情が異なるが，自動車用風洞は高速道路の建設時期とほぼ同時期か，それに近い時期に建設され始めている．

(a) 風洞

風洞は車体の空力特性を系統的に知るために不可欠となるエンジニアリングツールであり，模型風洞試験と実車風洞試験がある．模型風洞試験は，車体の空力特性に及ぼす各部位の影響を系統的かつ基礎的に調べる場合に使われる．また，車体デザインの初期検討の段階において，提案された車体モデルについてその車体周り流れを観察するとともに，空力特性を計測する場合に使われる．この初期検討の段階では現在，CFDによる方法も積極的に併用されている．実車風洞試験では，開発中後期における車体モデルの空力特性の計測・確認，またCFD手法によって予測された車体空力特性について実験値との比較検討も併せて行われる．現在，コンピュータ性能やCFD解析技術が向上しており，それに伴ってCFDによる空力特性の予測精度が向上しているが，微細形状の周りの流れや剥離を伴う流れ場はまだまだ実験によって確認する必要があり，風洞は重要な役割を果たしている．

現在，移動地面板（ムービングベルト）の利用など高度化された風洞技術と進化したCFD技術のそれぞれの特徴を生かした車両空力開発が進められている．

(b) 風洞形式

現在の風洞の形式は，模型，実車風洞試験ともに，ほとんどが回流型である．また，測定部の形式（6.1節参照）は，周囲が側壁で閉まれたクローズド型，風洞下面以外は開放されているオープン（セミオープン）型，クローズド型の側壁と天井面に開放率数十％程度のスリットを設けてその外側がさらに側壁で囲まれたスロッテッドウォール型がある．さらには，車体周りの流線に即して風洞上面・側面の形状が変えられ，風洞を小型化できる特徴をもつアダプティブウォール風洞があり，また自然風の変動を模擬し，主流が変動するタイプの変動風風洞もある．風洞下面における境界層制御については，床面が主流の流速と同じ速度で移動する移動地面板（ムービングベルト）は，従来はレーシングカーの空力特性を調べる風洞試験に限られていたが，近年では生産車用実車風洞においても数多く導入され，風洞設備の主要要素になりつつある．ムービングベルトには計測面全体がベルト状になっているフルベルト方式，タイヤ回転部分や車体床下の中央部等がベルト状になっている複数ベルト方式がある．なお，空力騒音の低減開発のために用いられる低騒音風洞は現在では一般的になっている．

(c) 風洞計測値

風洞は理想的には，半無限大の空間における自動車の空力特性を再現することにある．しかし計測値は，計測に使用されたそれぞれの風洞構造の影響を受ける．計測値に及ぼす要因としては風洞形式，風洞の内部構造，床面の取扱い（境界層制御，ムービングベルトの有無），主流の流れ特性（一様性，乱れ度等）等が挙げられる．欧米においてまた日本においても数種の供試車両を用い，自動車メーカーや研究機関の自動車用風洞の性能比較[7]が行われ，風洞間における空力特性値の差異が検討されている．また，計測値の補正方法の研究（6.5節参照）が数多く行われている．

(2) 数値流体力学

コンピュータの発展，コンピュータ技術の進展に伴い，車両の開発過程におけるデジタルエンジニアリングはより活発化し，大規模化している．空力技術においても例外ではなく，数値流体力学（CFD）は車両の空力開発において重要な開発手段となっており，それに伴って空力CFD技術に対する要求も年々高まっている．

車両の空力開発の分野におけるCFD技術は，当初は欧米を中心に1980年代から研究・開発が進められてきたが，日本でも1990年前後から基礎研究，空力設計への適用開発が活発に行われている．空力設計における車両CFDは長年にわたって，また現在でも，設計要求（実用的な計算時間，対実験精度等）と利用可能な計算機性能とのトレードオフが続いている．現在，実用面では風洞利用との共存が進むものの，超高速・超並列性能をもつ「京」コンピュータへの期待が膨らんでいる[8]．

(a) 基礎方程式

数値流体力学は流体現象の数学的記述を使って流れ現象を明らかにするものであり[9]，流体現象を支配する基礎方程式（ナビエ・ストークス方程式など）をいかに精度良く解くかが主題である．乱流現象をまったくモデル化しない"直接解法"は，高性能計算機が発達した現在でも，工業的な応用に必要となる複雑形状に対しては実用的な計算時間範囲内ではほとんど不可能である．そのため，乱流の取扱いについて何らかのモデル化が必要となる．

従来はRANS（Reynolds Averaged Navier-Stokes）と呼ばれるレイノルズ平均ナビエ・ストークス方程式による解法が主流であり，現在でも多くの場合に使用されているが，最近では，より高精度の解を求めるため，高度の乱流モデルであるラージ・エディ・シミュレーション（Large Eddy Simulation：LES）や，格子ボルツマン法に基づく非定常解法等が実用面においても数多く利用されつつある．また，この分野では乱流

モデルの影響のみならず，解に及ぼす数値スキームの影響や解の格子依存性，壁付近の取扱い等，数多くの研究が行われている．

(b) 計算格子

流れの基礎方程式を解くには離散化された方程式を使うため，計算格子が必要となる．計算に使用する格子は車体の外形形状に関するデジタルデータ（CADデータ）をもとに生成されるが，CADデータには空力計算には本質的でない構成要素（部品）間の微小な隙間や微細な凹凸等が存在する．実用的な計算時間内で効率良く計算するために，計算結果に本質的な影響を与えない範囲で複雑形状の表面の簡素化が行われている．従来これらについては手作業で行ってきたが，最近ではこれらの格子生成の大部分は自動化されている．計算精度の向上に必要となる微細な格子の設定は，対象とする流れ場における特徴的な現象の再現と密接な関係にある．良質な格子形状の選択，格子数の影響等は長年にわたって数多くの経験が蓄積されている．従来においてまた現在においても，複雑形状への対応の必要性から非構造格子の適用が主流になっているが，最近ではコンピュータの大容量化・超高速化・並列化に伴って超大格子数による計算が可能となり，そのため格子生成の単純化の利点を生かした直交格子による計算が進められつつある．

(c) 計算結果の処理

CFD は実験と比べて膨大な物理量を生み出すため，データ処理とともに，解析に必要な物理量の表示，可視化を適切に効率良く行うこと（高速化，最適化）が必要である．またこの過程では，数値データの解析能力，特に実際の流れ場における実現象との対応能力が望まれている．

(3) 惰行試験

惰行試験はコーストダウン（Coast Down）と呼ばれる自然風下における実験手法である．ある速度からギヤ段をニュートラルにして惰行し，車両の減速度から走行抵抗を求める．自然風の風速が一定レベル以下の限定された条件下で行われる．惰行試験で計測された走行抵抗値は，燃費試験の台上試験に用いられる走行抵抗値の設定に用いられる．惰行試験では供試車周りの自然風の風速，風向の測定方法，タイヤ，動力伝達系の摩擦損失の分離方法，路面からの外乱，車両姿勢の変化，自然風の変動等による測定値のばらつきの処理方法等，長年にわたって種々の技術が蓄積されている[10]．

惰行試験は減速走行過程における試験であり，一定風速下における風洞試験との厳密な比較が困難であるため，近年では定速走行状態における空力特性が計測され，風洞試験（特にムービングベルト付き風洞試験）との比較も行われている[11]．リアルワールドにおける車両空力特性の究明は，今後さらに進められるであろう．

1.2 空力技術のニーズ

1.2.1 空力開発の背景

1995年に始まった気候変動枠組条約では，期限を設けて削減目標の設定や各国の対応を定める議論が進められている．CO_2 排出量の1/5程度を運輸部門が占める[12]ことを考えると，自動車の燃費改善は重要かつ急務な課題である（図1-3）．

また，近年の自動車の高速化や高性能化に伴い，快適性向上や走行安定性の必要性が高まる中，車体周り流れの制御や空力特性の向上がますます重要となってきている．

自動車の空力開発を行う際に考慮すべき項目としては，図1-4に示すように，環境・燃費の観点から空気抵抗，走行安定性の観点から揚力や横力，ヨーイングモーメントなど，快適性の観点から空力騒音やウインドスロップ（窓やサンルーフを開けた際に発生する20 Hz前後の空気脈動），サンルーフやウインドウを開けた際の風巻込みなど，安全の観点から視界領域におけるウインドウ汚れや水流れ，ワイパ浮き，雪付着，着氷汚れなどがあり，いずれも車体周りの風流れ管理

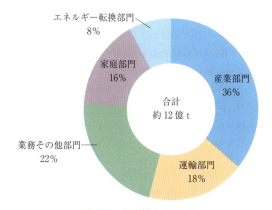

図1-3　CO_2 排出内訳[12]

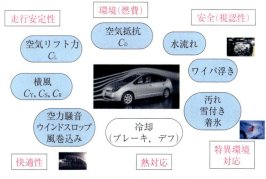

図1-4　車体周りの流れ現象

にとって重要な項目である．このため，自動車の開発においてはトータルエアロダイナミクスの観点から開発を行うことが必要である(13)(14)．

これらの項目に関係する流体現象は非定常現象であり，また，後述する運動性能に代表されるように連成する現象である．そのため，考察もそこから発して時系列で議論すべきか，連成問題の議論をすべきかを吟味した上で開発を進める必要がある．

1.2.2 走行抵抗における空気抵抗

最も重要な特性の一つである空気抵抗係数 C_D 値は，燃費や最高速，加速性能に大きな影響を及ぼす．燃費に関しては，走行抵抗の一つとして空気抵抗が挙げられ，これによりなされる仕事 W_{aero} は式(1-1)にて表される．

$$W_{aero} = \int_{t_0}^{t_f} F_{(t)} \cdot V_{(t)} dt = \int_{t_0}^{t_f} \frac{1}{2}\rho V_{(t)}^2 \cdot C_D \cdot A \cdot V_{(t)} dt \quad (1\text{-}1)$$

ここで，W_{aero}：空気抵抗によりなされる仕事[J]，ρ：空気密度[kg/m³]，V：車速[m/s]，C_D：空気抵抗係数，A：前面投影面積[m²]，t：時間[s]である．

式(1-1)は時間平均 C_D を取り扱った式であり，通常はこの式が用いられる．しかし，実際の現象としては非定常であるため，空力特性の変動と自然風の変動を考慮する必要がある(13)．

走行抵抗にはこのほか，質量が関係する加速抵抗，タイヤの転がり抵抗と質量が関係する転がり抵抗，路面の傾斜が関係する勾配抵抗があり，それらによりなされる仕事はそれぞれ「力」×「移動距離」の概念で表され，これらの仕事によりエネルギーが消費されることになる．

全走行抵抗による消費エネルギーのうち空気抵抗による消費エネルギーの占める割合は，平均的な小型乗用車を例にとると，世界統一試験方法WLTP(15)における世界統一試験サイクルWLTC(15)（除く超高速フェーズ）モード走行で22％程度，欧州NEDCモード走行で32％程度，WLTC（含む超高速フェーズ）モード走行で35％程度である．つまり，空気抵抗を10％低減すると，それぞれのモード走行において2.2％程度，3.2％程度，3.5％程度の燃費低減が可能となる．また，定速走行時においては，空気抵抗が車速の2乗に比例して大きくなるため，図1-5に例示するように車速60 km/h前後で転がり抵抗と同等となった後は空気抵抗が圧倒する．車両の質量が大きくなると転がり抵抗が大きくなり，相対的に空気抵抗の影響が小さくなるが，空気抵抗が燃費向上に重要であることには変わりはない．

空気抵抗の内訳では圧力抵抗がほぼ90％以上を占

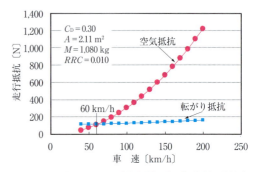

図1-5 各速度における空気抵抗と転がり抵抗の例(13)

めており，大半は外形デザインと床下構造が大きく関係する．また，圧力抵抗のうち，ラジエータやコンデンサ冷却のためにエンジンルームに風を導き入れることにより生じる抵抗，すなわち通気抵抗は5～10％程度であり，効率的な導風，冷却，排気のシステム開発が必要となる．摩擦抵抗は，航空機に比べると小さく10％前後であるが，車体表面積を不要に大きくしないなどの注意が必要である（図1-6）．

1.2.3 走行安定性への取り組み

高速での直進安定性や横風安定性には，揚力係数 C_L や横力係数 C_S，ヨーイングモーメント係数 C_{YM} 等が大きく関係する．また，フロント揚力係数 C_{Lf} とリア揚力係数 C_{Lr} とのバランスも重要である．

競技車両の限界走行などでは，20,000 N以上ものダウンフォース（逆揚力）が接地荷重に与える影響は非常に大きい．しかし，一般車両の開発では空力パーツを装着した場合でも，定常 C_L から計算される接地荷重の変化代は軸重に比べてかなり小さく，これだけでは実際に乗員が感じる向上代は説明できない．また，定常 C_L が同等でも非定常の流れ挙動が異なると，走行安定性や運動性能に違いが出ることも報告されている(16)．したがって，運動性能の議論では，車両運動原理を理解した上で，後述する非定常空気力の検討や車両運動との連成現象としての検討が不可欠であり，運動性能開発の初期より連携が必要である．

横風安定性については C_{YM} や C_S，C_L などが影響するが，ワンボックス車やミニバン等では特に重要である．対応技術としては，フロントウインドウ傾斜角やキャビン四隅の丸み形状の最適化，車体後部におけるシャープな後端形状，床下平滑化等があるが，これらの要件の中には C_D と背反する項目もあり，両立あるいは適正化の検討が必要である．車体形状そのもののほかにも，横風受風時のみフロント風下側の流れを積極的に剥離させ，風下側負圧を低減してヨーイングモーメントを小さくし，C_D と C_{YM} を両立させる流れの制御も行われている(17)．

これらの要件は，開発初期に行われる車両パッケー

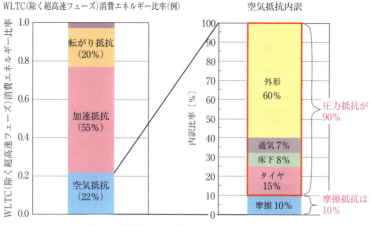

図1-6 消費エネルギーの内訳と C_D の内訳例

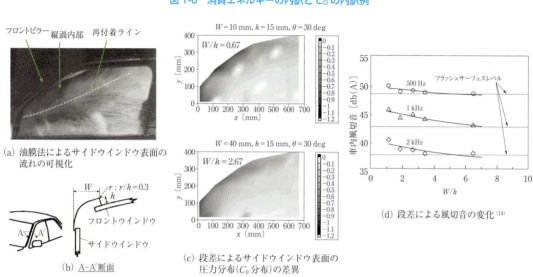

図1-7 フロントピラーの段差による空力騒音と現象の変化[13]

ジ企画(乗員や荷室,パワートレイン等の全体配置検討)および外形デザインと大きく関わるため,早期に空力企画を行い車両開発を進める必要がある.

1.2.4 空力騒音への取り組み

近年,車両の静粛性向上やハイブリッド車の普及に伴い,快適性の観点より空力騒音はますます重要となってきている.

空力騒音は,発生源対策の観点で外形デザインや床下構造と密接に関係する.フロントピラーの傾斜角や段差形状などは,図1-7に示すように空力騒音に大きく影響する要件である[14]が,これらは外形デザインやパッケージとも密接に関係している.また,雨水やウォッシャ液のサイドウインドウへの回り込みにも関係するため,視界確保の観点からも重要である.

微小スケールの段差や空洞が関係する笛吹音などは,発生部位特定が難しい場合も少なくなく,ドア建付け公差やモール類,フロントグリル部の微小段差なども重要な要件であるため,デザインのみならず構造設計や生産技術との連携も不可欠である.

さらに,単なる静音化だけでなく,空力騒音以外の音の特性との調和を図り,心地よい車内音を創出することも重要であり,関連部署と早期連携を行い開発することが必要である.

1.2.5 風流れ関連項目

空力特性や空力騒音以外にも,快適性の観点からオープンカーにおける風の巻込み制御,安全性の観点からドアミラー鏡面への水滴付着抑制,ウォッシャ液や雨水のサイドウインドウへの回り込み抑制,雪上路におけるバックウインドウやリアコンビネーションランプへの雪付着抑制など,流れ現象が関係する項目は多い.オープンカーの風巻込み抑制では,フロントピラー傾斜角やサイドウインドウ形状,シート間の流れ

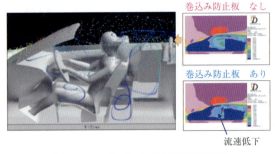

図 1-8 オープンカーにおける流れ制御[14]

図 1-10 自動車の空力性能と他性能

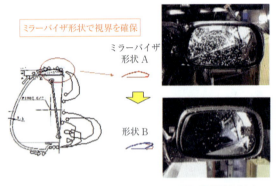

図 1-9 ドアミラーの流れ制御による雨滴付着低減[14]

制御板（図 1-8）などがあり，デザインや構造設計との関係が深い．ドアミラー鏡面への雨滴付着は視界確保の観点から重要であるが，バイザ形状による流れ対策（図 1-9）なども重要である．

ワンボックス車やツーボックス車等では，バックウインドウ汚れからの後方視界確保も重要である．これは，車両の後流をどのように制御するかに関係するため，C_D や C_L との関係も深く，外形デザインや床下構造の開発と早期より連携する必要がある．

このように，これらの風流れ関連項目は乗員の快適性や安全性に大きく関係しており，車両開発の初期段階よりトータルエアロダイナミクスの一環として開発が必要である．

実際の開発においては，上記のように車両パッケージ企画およびデザインや床下構造の開発などと連携した早期の活動が重要である．また，燃費や最高速，横風安定性など車両目標設定の段階から空力目標を考えて進めることも重要である．したがって，車両開発初期より，車両に及ぼす空気力の影響を十分考慮した上で総合的に空力開発を進める必要がある．

1.3 空力設計プロセス

空力開発において，1.1節で述べた空力6分力の中で最初に考慮しなければならないのが燃費性能に関わる抗力，すなわち空気抵抗である．1.2節でも述べら

れたように，近年，自動車の高速化や環境問題の高まりの中，空気抵抗の低減が再び叫ばれるようになってきた．地球温暖化防止対策として，HEV（Hybrid Electric Vehicle），EV（Electric Vehicle），FCV（Fuel Cell Vehicle）などの低 CO_2 排出車両の研究開発が行われている．特に，EV や FCV の消費エネルギーは同車格のガソリン車に比べ小さくなるため，空気抵抗低減が重要な課題となっている．一方，空気抵抗低減は，乗員の居住性や荷物の積載性，商品として大きな魅力となる車両のスタイリングとトレードオフの関係になる場合も多く，開発初期段階から他性能との調整が必要である．また，空力性能は耐熱性，操縦安定性，騒音・振動，空調性能，視界などにも関連している．図 1-10 は自動車の空力性能と関係が深い他の性能を示したものである．

各自動車会社は，シミュレーション，風洞試験および実走行実験を行い空力開発を進めているが，近年の空力シミュレーションを含む空力開発プロセスを公表している資料としてはBMWの論文[18]が唯一の公表資料なので，この論文をもとに空力設計プロセスを説明する．

図 1-11[18] は自動車の空力設計プロセスを説明する図である．図の最上部はフェーズを示しており，2段目のデザイン検討はデザイン部門におけるデザインプロセスを，3段目の空力検討は空力開発のプロセスをそれぞれ示している．最下段の検討手段は各フェーズに応じて風洞試験に用いられる車両モデルおよび試作車を示している．また，コンピュータによる流体シミュレーション（以下CFD）は最終フェーズが終了するまで用いられる．

図 1-11 のスケッチ検討で示される初期フェーズでは，開発企画部門から出される基本構想をもとにデザイン部門がデザインコンセプトの発想に取り掛かる．複数のエクステリアデザイナにより多数のスケッチが描かれる．この段階においては，スケッチ案を三次元車体データ化し，CFDを用いて空気抵抗や揚力等，空力特性を計算する．これらの空力特性値は，図中のスタイリングコンペティションと呼ばれる車体形状選定フェーズにおける主要な判断材料の一つとなる．そ

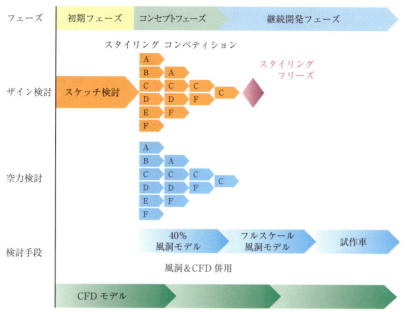

図 1-11　自動車の空力設計プロセス[18]

して，多数のスケッチ案から複数案（図では6案）が選定され，これらの案それぞれに対して風洞計測用スケールモデル（図中では40％スケール）を作成し，風洞試験により空力特性値を計測する．

これらの結果および他性能の要件を考慮して形状修正を行いながら，デザイン案を絞り，図中に示されたスタイリングフリーズと呼ばれる時点において車体外形最終案を選定する．新車開発プロジェクトによっては，最終的に選ばれた2案の段階で100％モデルを作成して風洞試験を行い，最終案を決定する場合もある．最終案の決定以降は，100％モデルを用いて車体に存在する微小な段差や角部の曲率半径などの詳細検討，エンジンルーム内への流量調整，床下部品レイアウト，風切り音などの風洞試験が行われ，試作車が作られる．この試作車を用いて，空力特性値の事前検証や模型実験の諸段階では評価できない諸性能の検討や検証のために，風洞試験や実走行実験を行うことになる．

図 1-12 は空力設計プロセスでの検討課題と検討手段を説明する図である．それぞれのフェーズに対応する，車両形状の詳細レベル，空力モデルの種類，検討される性能項目，空力検討手段などが示されている．

(a) 初期フェーズ

初期フェーズでは，フロントグリル開口部や車体表面の微細な段差などもない簡易形状のバーチャルモデルに対応し，CFD解析により空力特性値を計算し，車体形状の違いによる空気抵抗値等の優劣を判断する．

(b) コンセプトフェーズ

コンセプトフェーズでは，バーチャルモデル，風洞用スケールモデルおよびフルスケール（100％）モデルを用いてCFD解析や風洞試験を行うことにより車体の空気抵抗低減検討を行っている．CFD解析用バーチャルモデルを図 1-13 に，風洞用40％スケールモデルを図 1-14 に示す．このモデルでは，形状検討を行う個所はクレイで成形されている．さらに，コンセプトフェーズでは空気抵抗低減のほかに横風安定性，耐熱性，空力騒音，雪や泥が車体（特にリアガラス面）に付着するソイリングなどの性能検討が行われる．これらの性能検討には上述のバーチャルや風洞用モデルに加えて，現行車両を利用した走行可能な実車モデルも使用する．

高速走行中に橋の上やトンネル出口などにおいて遭遇する強い横風に対しては，揚力，横力，ヨーイングモーメントが車両の横風安定性の支配的要因となる．車両開発においては，横風安定性を高めるため横力，ヨーイングモーメントが低減するように，風洞試験において車体形状を工夫している．また風洞試験と並行して，非定常CFD解析を用いて時間的に変動する境界条件における横風安定性を検討している．

耐熱性に関しては，風洞試験およびCFD解析を用いてエンジンルーム内の流れ，EVやFCV車両などのパワーユニットルーム内の流れを検討する．ガソリン車の場合，エンジンルーム内の流れは，ラジエータ，ラジエータファン，エンジン，その他多数の部品を含む複雑な流路における熱流れ問題となる．また，ガソリン車のみならず，EVやFCVにおいてもモータやインバータなどを冷却する必要があり，パワーユニットへの冷却風をなくすことはできない．冷却の観点からはエンジンルームやパワーユニットルーム内への流

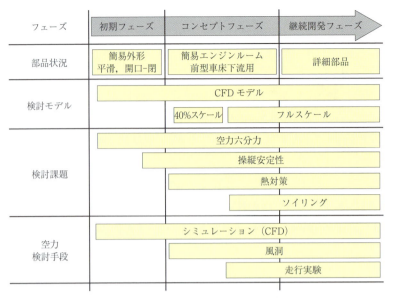

図1-12 空力設計プロセスでの検討課題と検討手段(18)

図1-13 CFD解析用バーチャルモデル(18)

図1-14 風洞計測用40％スケールモデル(18)

入流量を大きくしたいが，この流量が大きくなると空気抵抗も大きくなるため，必要最小限の流入流量となるように設計される．ちなみに，エンジンルーム内流れに起因する空気抵抗は車両の空気抵抗全体の10％前後を占める．風洞試験用スケールモデルでは，エンジンルーム部品および床下部品を大まかに模擬し，フルスケールモデルでは，前型車もしくは車格が同等のエンジン部品と床下部品を流用して耐熱性の検討を行う．CFD解析では，エンジンルーム部品や床下部品のデータをバーチャルモデルに組み入れることにより，エンジンルームの通過風量やエンジンルーム内の部品や床下部品の温度計算も可能となる．

空力騒音に関しては，ドアミラーをフルスケールモデルに装着して，主にドアミラーとドア面の間の流速の早い流れが起因となる広帯域音の騒音を計測し，騒音レベルが基準値以下になるようにドアミラーの形状や装着位置などを検討する．

（c）継続開発フェーズ

コンセプトフェーズが終わると継続開発フェーズに移行するが，引き続き風洞用フルスケールモデルと実車モデルを用いてコンセプトフェーズ後期の性能検討を行う．その後，試作車を用いた性能実験を行い，こ

れまでシミュレーションや実験を用いて得られた各性能の妥当性の検証とさらなる性能検討を行う．

試作車を用いた性能検討としては，車室内での空力騒音評価および騒音低減がある．乗員に対する主な騒音（ノイズ）には，ガソリン車の場合，エンジンから生じるエンジンノイズ，タイヤから生じるロードノイズ，空力騒音などが挙げられる．EV や FCV はエンジンノイズがないため，ロードノイズと空力騒音の低減が重要になる．空力騒音は，60 km/h 以下の中低速ではほとんど気にならないが，速度の増加とともに増大するため，高速走行時の騒音レベルを下げるためには重要な要素となる．そこで，試作車を用いた風洞試験において車外空力騒音を計測し，騒音レベルが大きい個所を探索し，乗員を模擬したダミーヘッドの耳位置にマイクロフォンを装着した車両を用いて車室内での空力騒音を計測し，騒音レベルを下げるように改修を行う．

狭帯域音としては，エンジンフードやドアなど，開口部の車体パーティング（継ぎ目）の凹部で発生するエッジトーンおよびキャビティトーン，アンテナやルーフキャリアなど棒状の突起物から生じるカルマン渦が原因で発生するエオルス音，さらにサンルーフやサイドウインドウを開けた場合に開口前方部から放出された渦が開口後方部に衝突することにより生じる圧力変動の周波数と車室内空間のヘルムホルツ共鳴周波数が一致する場合に発生するウインドスロブなどがあるが，これらの騒音が発生する場合には改修を行う．広帯域音としては，フロントウインドウおよびサイドウインドウの間のフロントピラー（支柱）の後方に形成される剥離渦や，ドアミラーと車両側面の間の乱れた流れによるサイドウインドウ面上の圧力変動が原因となる乱流騒音のレベルが大きい場合にも改修を行う．

その他の試作車を用いた実用的な空力問題の検討として，車体やエンジンルーム内の流れ以外の流体問題としては，泥や埃などの汚れや雪などがウインドウに付着して視認性を阻害させるソイリングや，ワイパの浮上を引き起こしてワイパの払拭性能を劣化させるワイパ周り流れ，ブレーキフェードを防ぐためのブレーキ冷却流れなど多岐にわたっている．

1.4 今後の課題

1981 年に『Aerodynamik des Automobiles』を著した Wolf-Heinrich Hucho が空力特性の開発手段の基礎を提示して以来，空力技術の進展に伴って空気抵抗係数（C_D）の低減が飛躍的に進められ（図 7.4 参照），現

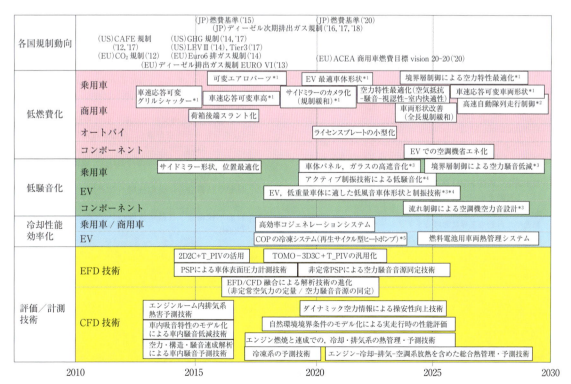

図 1-15 流体関連技術将来ビジョン 2030（ロードマップ）[21]
＊1：パワートレインに適合した車体形状最適化，空力デバイス，境界層制御
＊2：高速道路におけるプラトゥーン走行制御
＊3：車両表面の性状や材質改善による空力騒音の制御
＊4：ANC（Active Noise Cancellation）技術
＊5：新しい冷却システム（熱交換器材質の改善，ヒートポンプの利用）

在，さらに一層の低減に向けて数多くの努力がなされている．

自動車技術会 流体技術部門委員会では，2007年の技術シナリオ「2030年自動車はこうなる」の中で，平均的な乗用車(生産車)における低C_D達成とその技術課題が議論された．必要な技術課題として，細部最適化・形状最適化手法によるさらなる追求，空力(アクティブ)デバイスの開発[19]，流れの制御技術等が挙げられ，併せて技術の低コスト化，数値流体力学(CFD)の活用が必須となることが議論された[20]．

さらに，2011年には流体関連技術に関する将来ビジョン(同ロードマップ)の提案が行われ(図1-15)[21]，空力技術が関与すべき技術目標ごとに，達成すべき技術項目，開発すべき要素技術の具体的な例が示された．空力技術は，低燃費化のほか，低騒音化，冷却性能の効率化など，多岐の技術分野に関与しており，それらの特性を総合的に達成する技術手段として，種々の評価／計測技術や解析技術の一層の進展などが要望されている．

本書では，これらの課題に対処するための糸口となる基礎的な考え方や手法，また主として流体技術部門委員会の関係者が培ってきた知識，経験の具体例が示されている．

参 考 文 献

(1) Wolf-Heinrich Hucho (ed.)：Aerodynamics of Road Vehicles, 4th ed., SAE (1998)
(2) 小林敏雄，農沢隆秀編：自動車のデザインと空力技術，朝倉書店 (1998)
(3) 農沢隆秀，岡田義浩ほか：自動車の高速直進安定性に影響する車体周りの非定常特性，日本機械学会論文集，Vol. 75, No. 754, p. 1259-1265 (2009)
(4) T. Nakashima, M. Tsubokura, et al.：Coupled analysis of unsteady aerodynamics and vehicle motion of a road vehicle in windy conditions, Computers & Fluids, Vol. 80, p. 1-9 (2013)
(5) 飯田明由，加藤千幸ほか：空力・構造振動・音響連成解析による自動車車室内騒音の予測，ながれ，Vol. 33, No. 2, p. 119-123 (2014)
(6) 郡逸平：自動車業界におけるシミュレーションの現状，自動車技術，Vol. 67, No. 6, p. 47-55 (2013)
(7) K. Maeda, K. Kitoh, et al.：Correlation Tests between Japanese Full-scale Automotive Wind Tunnels Using the Correction Methods for Drag Coefficient, SAE Paper 2005-01-1457 (2005)
(8) 坪倉誠：自動車におけるスーパーコンピュータの歴史と今後の動向，自動車技術，Vol. 65, No. 1, p. 18-24 (2011)
(9) たとえば，梶島岳夫：乱流の数値シミュレーション，養賢堂 (1999)
(10) 浜辺薫，鬼頭幸三ほか：自然風下における惰行実験による乗用車の抗力係数の予測に関する研究，自動車技術会論文集，No. 30, p. 89-95 (1985)
(11) D. Katoh, K. Koremoto, et al.：Differences between Air-Dam Spoiler Performances in Wind Tunnel and on-Road Tests, SAE Paper 2014-01-0609 (2014)
(12) 環境省，2014年度(平成26年度)の温室効果ガス排出量確報値(概要) (2016年4月)
(13) 炭谷：トータルエアロダイナミクスによる自動車の空力開発の現状，日本機械学会流体工学部門講習会 (2010)
(14) 炭谷ほか：自動車と流体力学—車体周り流れと空力特性，日本流体力学会「ながれ」，23, p. 445-454 (2004)
(15) Worldwide harmonized Light vehicles Test Procedure (WLTP), Worldwide harmonized Light vehicles Test Cycle (WLTC) 環境省自動車排出ガス専門委員会(第53回)議事次第・配付資料53-2, 2014年6月29日
(16) 農沢ほか：自動車の高速直進安定性に影響する車体周りの非定常流れ特性，日本機械学会論文集B編，Vol. 75, No. 754 (2009)
(17) Keiji Sumitani, Minoru Yamada：Development of "Aero Slit" — Improvement of Aerodynamic Yaw Characteristics for Commercial Vehicles, SAE Technical Paper 890372
(18) H. Kerschbaum, N. Grün：Complementary Usage of Simulation, Wind Tunnel and Road Tests during the Aerodynamic Development of a New BMW SUV, FISITA Paper F2006M035, Yokohama Japan (2006)
(19) R. Hoffmann, et al.：Active aerodynamics on passenger cars, Proc. 7th FKFS (Stuttgart Univ.) Conference, p. 202-213 (2009)
(20) 自動車技術会：空気流体技術，2030年自動車はこうなる(技術分野の専門家が描く「自動車技術発展シナリオ」)，p. 50-53 (2007)
(21) 自動車技術会：流体技術部門委員会，流体関連技術将来ビジョン (2011)
(22) 自動車技術会：自動車技術ハンドブック基礎・理論編 (2006)
(23) 自動車技術会：自動車技術ハンドブック試験・評価編 (2006)

第2章　車両外形デザイン

2.1　概説

　自動車の外形デザインを決めるにはたくさんの要素がある．その中でも無視できないのが空力特性である．特に時速100 kmを超すスピード領域から影響が大きい．ワクワクする魅力的な美しさや，使いやすさと同じく，空力特性も自動車をデザインする上で大変重要な要素である．

　自動車はいうまでもなく人が中に乗って移動するための道具で，快適な空間を確保することは絶対条件である．それと両立させなければならないのが，高速で移動することを考慮した外形形状である．日本の道路交通法上は時速100キロ以下であるが，世界に目を移すとスピード制限がない道路をもっている国もあり，速く走るための形状を追求し続けなければ走る道具として扱ってもらえない車種もある．また，低速での移動時でも，強風が吹いてきたときに車体周りの風をスムーズに流し，走行を安定させ，そして風切り音を少なくする役目も重要である．

　私たちを取り囲む空気は非常に粘り気があり，自動車に限ることなく移動物体には大きな抵抗になる．より速く移動するためには空気の特性をよく知り，その抵抗をできる限り少なくし，スムーズな空気の流れを作らなければならない．デザイン形状は，自動車の走行性能にも大きく影響を及ぼすことはいうまでもない．

　空気抵抗が少なくなればそれだけ燃費も良くなる．詳しくは他章で述べられているが，これも一つのデザイン性能である．そして，人は速く走る形状を感覚でそのDNAに記憶している．自然の中に存在する，速く飛んだり，走ったり，移動する鳥や動物の形状を見るだけで刺激を感じるのは，人間の生まれもった感性なのだろう．早く移動ができること，それは生命力を意味し，人はワクワクする感覚で受け入れてくれるのだと思う．デザインの重要な要素になっているのもこのためなのだろう．

2.2　米国・欧州におけるデザインの変遷

　世界の自動車が誕生してから，走行抵抗を少なくするためにどのようなデザインの取り組みを行ってきたか，歴史を遡ってその変遷をみる．

　1885年にカール・ベンツがガソリン自動車を世界で初めて設計製作して以来，自動車は走行抵抗の空気との戦いを始め，今なおその戦いは加速している（図 2-1）．

　ゆっくりしか走れないときは問題にならなかった．しかし，少しでも速く走ろうと思うと，同時に空気の存在にぶつかった．

　まさにその戦いが始まったのが1920年代である．空気の存在と最も密接な関係があるのはいうまでもないが航空機だ．第一次世界大戦でより速く，より高く飛ぶために研究された空力技術を自動車にも使用し，走行抵抗を少なくしようとする形状に取り組み出した．製造上の問題があったのか，二次曲面を使用しボートのような形状で，1922年ベルリンモーターショーに出品された．タイヤはまだ車体と一体化されず独立していたものの，1979年にVWの風洞で計測され，エドムント・ムンプラは当時としては画期的な C_D 0.28 の値を記録している（図 2-20）．

　他方，こちらもガラスの成形上か，二次曲面でキャビン周りを構成し，アンダーボデーは三次曲面で造形し「Streamlined Car」流線型という言葉を史上で初めて使った（図 2-21）．また，ほとんどの高級車はまだ角ばった形状であったが，ヤーライはこの考え方を取り入れ，画期的な造形を作り上げていった（図 2-22）．

　1930年の初めになると，ボデーとタイヤの関係に注目し，タイヤをボデーの中に包み込もうとするデザインが主流になってきた．また，その頃は空気力学ブームで，自動車の形状にとどまることなく，移動することのない一般的な工業製品である電気製品のラジオ，掃除機や鉛筆削りのような事務用品ですら，そのスタイリングに流線型が採用された．米国のインダストリアルデザイナであるレイモンド・ローイの"口紅から機関車まで"という言葉は非常に有名である（図 2-2, 図 2-3）．このような，デスクの上で，そのもの自体が走り出すわけでもないものまで流線型のデザインを造形テーマとして用い，他の鉛筆削りに対する差

図 2-1　ベンツ・パテント・モトールヴァーゲン（1886年）[2]

図 2-2　Raymond loewy in 1842[3]

図 2-3　Raymond loewy in 1842[20]

図 2-4　鉛筆削り[4]

図 2-5　アルファロメオ TZ2（1963 年）[9]

図 2-6　キャデラック・シリーズ 6　2 セダン（1952 年）

図 2-7　シボレーインパラ（1959 年）

異性にこだわり，本来鉛筆を削るという機能とは関係のないものにも取り入れた（図 2-4）.

雨滴型の長いテールが最も空気抵抗が少ないとされてきたが，この年の初めに，切り取っても同じ効果が得られることをカム博士が発見し，カムバックやカムテールといわれている．イタリアのスポーツカーでは，コンパクトにテールを切り落としたコーダ・トロンカと呼ばれるスポーツカーが実用化されていった（図 2-5）.

第二次世界大戦後，航空機の技術が自動車に応用され，テールフィンやカムテールが実用化され，1960 年代になって本格的に市販車に応用され始めた．広大な敷地をもつ米国では，大きなテールフィンが 1950 年後半に現れた（図 2-6，図 2-7）.

同じ空気力学を取り込んでも，曲がりくねった道路の多いイタリアやイギリスと，雄大なまっすぐ伸びた道路をもつ米国では，自動車デザインに及ぼす影響も異なり，その形状にそれぞれの特徴が現れているのは興味深い．そしてこれらの積み重ねが，その国の文化やデザインとして定着していくと思われる．

1970 年代の 2 度のオイルショックまでは高度成長時代で，先進国各地では高速道路網が張り巡らされ，自動車も高速走行時代が訪れ，ますます空力の研究が各社で盛んになった．

一方，イタリアでは 1913 年アルファ社初のレーシングカーが製作され，排気量 6,000 cc 以上では平均 68,517 km/h を記録しクラス優勝を果たした．アルファロメオ初の DOHC エンジンの straight-4，4,500 cc，16 バルブ，ツインスパークは，レーシングカーに新しい規格（最大排気量 4.5 L）が採用された事で作られた（図 2-8）．また，1914 年にはカロッツェリア・カスターニャ（Carrozzeria Castagna）に，マルコ・リコッティ（Marco Ricotti）が製作依頼したエアロダイナミックモデル（Aerodinamica Model）が，139 km/h のトップスピードをマークした（図 2-9）.

このようなレーシングカーが，当初はその速さを競

図 2-8　A.L.F.A. 40-60 HP Corsa（1913 年）[21]

図 2-9　A.L.F.A. 40-60 HP Aerodinamica（1914 年）[21]

図 2-10　ピニンファリーナの研究

うために，風の抵抗を極力減らそうという取り組みが始められた．レーシングカーといえども，現在の一般的なファミリーセダンと比べてもそのスピードは問題にならないほど遅かった．当時の空力を取り入れたデザインの形状は，写真で見ての通り雨滴形状で，タイヤとの関係や地面との関係などはほとんど考えられていなかった．

ヨーロッパでは雨滴型に始まり，ルンプラ，ヤーライによって流線型という考え方で研究が進められ，シューレールが画期的な空力形状を作り出し，1920年代から30年代にかけて第一次世界大戦の航空機の空力技術が自動車の形状に持ち込まれ，馬車の馬がエンジンに置き換えられた．馬車と動力が結合されただけのデザイン形状の時代から大きな変化をみることができる．もちろん，空力以外にも木製から鉄材などへの材料の変化も見逃すことができない．このような初期のヨーロッパでの空力研究が自動車デザインの基本形態を作ってきた．

一方，米国では直進安定性に重点が置かれていた．横風に対する走行安定性を確保するために，テールフィンが重視された．欧州車メーカも米国に輸出するためにテールフィンが付けられた例がたくさんみられる．底面と路面の関係においても，イタリアで研究されていたピニンファリーナの研究（図 2-10）や，フランス・パナール社の，空気を底面にも積極的に流し込み側面や後方にきれいに流そうという考え方に対し，

米国では自動車の底面にはできる限り空気を入れないようにするため，フロントにチンスポイラを設け，その後方にはゴム製のエアダムまで設けて，エンジン部から後方には空気は通さない方向に進められた．このエアダムによって作られた剥離領域でエンジン部の熱を引き出す，一石二鳥の効果をあげていた．もちろん，ロッカ下にも空気が舞い込まないようにエアダムのようなサイドスポイラが設けられていた．同時にフロントフェンダ上部にもエアダムが設けられ，上面や側面の空気がお互い混じり合い渦が発生しないよう工夫された．これが，カーブの多いヨーロッパの環境と，直線で速さを競う米国との大きな形状の差になって現れた．

2.3　日本におけるデザインの変遷

1936年には，トヨタ自動車の1号車であるAA型が米国のクライスラー車を参考に，トヨタ初の量産乗用車として作られた（図 2-11）．豊田佐吉が米国で自動車産業の勉強をしたその時代がたまたま空力ブーム真っ只中であったため，大量生産を始めた最初のモデルが創生期の空力モデルで始まった（図 2-12）．そして，1950年前後には，日本自動車工業会が発足，軽自動車の規格が制定され，道路輸送車両法が公布，第1回全日本自動車ショーが，開催されるなど正に日本の大衆自動車の幕開け期であった．

その後1955年に制定された国民車構想をほぼ満足させる内容で，1958年富士重工がスバル360を発売した．これに続き，1959年スズキ自動車，東洋工業，三菱重工，ダイハツが軽自動車を作り始めた．1960年代には軽自動車に次いで500 ccクラスが大衆車として作り出された．軍需産業の民生品への転換と，一般大衆にも自動車が身近なものとなり，経済復興に大きく貢献した．戦後，日本の自動車産業が生産できなかったことによる先進国との差は大きく，第一次オイルショック以前では，先進国の自動車産業に追いつけ追い越せで，空力を前面に押し出して取り組むような余裕はほとんどなかった．

1964年の東京オリンピックのために，新幹線や名神高速道路，その後の東名高速道路など道路網が整備

図 2-11　トヨタ AA 型（1936 年）[22]

図 2-12　デソート・エアロフロー（1936 年）[22]

図 2-13　トヨタ・初代セルシオ（1989 年）[2]

図 2-14　3 代目プリウス（2009 年）[2]

され，一気に高速安定性が望まれるようになり，70年代に入り各社で空力に対する取り組みが始まった．もう一つの理由に，1973 年のオイルショックが挙げられる．それに追い討ちをかけたのが，日本では交通事故死者数が 1970 年に 16,765 人に達し，米国では光化学スモッグによる大気汚染や自動車事故からの乗員保護など排気ガス規制，安全基準の見直しなど，世界の自動車のあり方が問い直された．

排気ガス規制をクリアしたまではよかったが，エンジンの出力は落ち，ボンネットは排ガス規制対応の部品で膨れ上がり，しかも安全基準を満足するために，安全バンパ，インパクトビーム，キャビンの強度を増すための補強など，車体は一気に重くなり，空気抵抗に対する考慮以前に自動車会社としての存続まで危ぶまれる時代背景であった．当然であるがクルマ本来の楽しく走る機能は低下し，技術者たちは，エンジンの性能を向上するために，車体を軽く，燃費を良くしようと，空力にも目を向け，取り組み始め，日本でも本格的な空力の研究が始まった．

近年，自動車を取り巻く環境・省エネルギーなど，社会情勢のますますの高まりにより，一般に生産される乗用車にも空力改善対策の重要性が指摘されるようになってきた．乗用車では 1989 年に発売されたトヨタ初代セルシオ（図 2-13）は，徹底した空力性能の追求で，当時の量産乗用セダンではトップレベルの空力性能を実現した．そして 1994 年にモデルチェンジされた 2 代目は，初代を上回る C_D を実現した．空力特性向上のデザイン処理としてフロント部で実施されたことは，バンパ下部のスカートをほぼ垂直に下ろしエアダムを成形し，ボデー表面の面一化を徹底的に取り組んだ．それとは逆にフロントウインドウとフロントピラー部に段差でレインガータを設け，フロントウインドウからサイドウインドウに流れる空気や水滴をコントロールすると同時に，サイドウインドウでバタつく空気と音を低減し，サイドに回り込む空気など，キャビン周りの風の流れにも取り組んだ．

また，バックウインドウの傾斜をなだらかにしたり，床下面にエンジンアンダーカバーを設け，床下を可能な限りフラットにし，また，フェンダライナを取り付け，ホイールアーチ内の空気をコントロールし，リヤフロアパンなどの凹凸のある後半部でも車体下面の空気の流れを考慮し，空気の乱れを起こさないよう流速を維持したままリヤエンドにきれいに流してしまう形状に取り組んだ．

最近特に注目されている車種は，2009 年に発売された 3 代目プリウスである（図 2-14）．量産乗用車としてはトップクラスの性能を実現した．日本の空力実験車で 1970 年始めの頃から行われてきた空力特性向上のデザイン処理について，あらためて細部にわたり

図 2-15　3代目プリウス・サイドビュー[(2)]

図 2-16　3代目プリウス・フロントビュー[(2)]

図 2-17　3代目プリウス・コーナ[(2)]

図 2-18　3代目プリウス・リヤエンド[(2)]

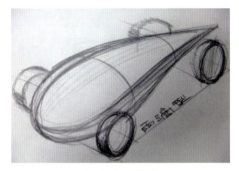

図 2-19　雨滴型

見ることにする.

　まず,サイドビューのシルエットではまさに,シューレール＋カム理論である.モノフォルムをベースに,地面との関係を考慮した三角形の形状からリヤエンドを切り取ったコーダ・トロンカ方式で,全長を抑えながら室内空間を確保している(図2-15).リーディングエッジはラジエータに空気を取り入れるために開口部を垂直に,下端部は床下に入る空気を極力少なくするためにチンスポイラ形状に,上面に流れるフード先端はスムーズな形状で(図2-16),また,フロントコーナは平面視でホイールアーチから前方へ平面部を作り車両内側へ数度ほど前方先端を入れ,フロントからサイドに回り込む空気が,サイドを流れる空気に影響が及ぶことを少なくするためにエッジを設け,タイヤ周りやサイドドア付近での空気の乱れを防いだ(図2-17).従来バンパコーナは丸いのが常識とされていたが,コーダ・トロンカの理論を徹底させリヤに回り込む風を完全に後方に飛ばすことに成功している.リヤエンド(トレーリングエッジ)上面は小さなスポイラで,側面はリヤコンビネーションランプのコーナに

エッジを設け,下端も床面からつながる面とスムーズにエッジでつなぎ,空気の飛びを良くしている(図2-18).目には見えないが床下も極力フラットな面を作り,風の流れスムーズにしている.

2.4　デザインと空力特性の関係

　最初にも述べたが,デザインを考えるとき,空力の要素は重要である.ここでは,空気抵抗を少なくするために考えられた,空力の基本形状からできる形状と,その変遷について考察する.

2.4.1　空力からみたスタイルの分類
(1) 雨滴型

　1900年初頭から一般的な空力形状として,流体力学の世界では最もポピュラーな形状である(図2-19).カスタムメードとしては,1914年 A.L.F.A 40/60HP(図2-9)はよく知られている.

(2) 流線型

　1920年代になると流線型が本格的に研究され出した.第一次大戦で研究された飛行機のための技術の積み重ねが自動車に展開された.なかでも代表的なものが,エドムント・ルンプラ(図2-20)とパウル・ヤーライ(図2-21)である.

　ルンプラは,流面形型に移行する過渡期のデザインとして二次曲面で水平を基調にし,ボートにタイヤを付けたような形状の車を1922年ベルリンモーターショーに出品した.C_D値は0.28(1979年,VWの風洞で測定)で,当時としては画期的な数値であった.

図 2-20　エドムント・ルンプラ(1920 年)(5)

図 2-21　アウディ・ヤーライ(1920 年)(7)

それに対しヤーライ車は，キャビン周りはフロントからサイドにかけてルンプラと同じように二次曲面であったが，リヤ周りとアンダーボデーは三次曲面で造形し，史上初めて「Streamlined Car」流線型という言葉を使った．

角ばった形状がほとんどであった当時，ヤーライは高級車にもストリームラインの考え方を取り入れ，見応えのある造形に挑戦した(図 2-22)．

(3) カムフォルム

ミシガン大学のレイ(W. E. Lay)によって研究が始められ，1933 年シュトゥットガルト工科大学のカム(W. Kamm)博士と研究員がこのカムフォルムを発見した．流線型の形状の後部を切り落としても空気抵抗はほとんど増加しない発見は，後部座席の空間を犠牲にすることなく空気抵抗を少なくすることができる極めて重要な発見で，第二次世界大戦後，各メーカはこの恩恵に浴することになった．この考え方はスポーツカーにも応用された(図 2-5)．

(4) シューレール型

1930 年代に，空力実験風洞の形式にもなっているゲッチンゲン大学空力学研究所のシューレール博士が第二次世界大戦直前に 7 人乗りでリヤエンジン車が試作された．C_D=0.19 で実用車としては画期的な数値で

図 2-22　マイバッハ・ヤーライ(1936 年)

図 2-23　バックミンスター・フラー・ダイマキシオン II (1934 年)(8)(12)

図 2-24　スタウト・スカラブ(1935 年)(11)

あった．これも大戦勃発で量産には至っていない．その後，シューレール型にカムフォルムが組み合わされ，空力的にも極めて良好な形態となっていった(図 2-23～図 2-25)．

(5) テールフィン

流線型を取り入れたデザインは横風を受けたときは大変危険だといわれ始め，飛行機の垂直尾翼のようなものを付けた車が現れた．なかでもアメリカ車では，GM 社のデザイン部門長のハーリー・アールがジェット機の垂直尾翼をヒントにデザインした 1948 年型のキャデラックに採用されたのが最初である．

テールフィンは本来の空力機能から見た目の機能に変化し，個性を出す方向に変わっていった(図 2-26～図 2-28)．

(6) ウエッジシェープ

ウエッジシェープという言葉はレーシングカー，パナール・ルマンが初めて使った．ウエッジシェープの

図 2-25　スタウト・スカラブ（1935 年）[11]

図 2-26　タトラ 77（1937 年）[10]

図 2-27　キャデラック（1948 年）[13]

図 2-28　シボレー・インパラ（1959 年）[19]

図 2-29　マセラッティ・ブーメラン（1972 年）[14]

図 2-30　アウディアッソ・デ・ピッケ（1973 年）[15]

図 2-31　アルファロメオ・ジュリエッタ（1977 年）[14]

ツ，ツェッペリン飛行機工場の工場技師長であったパウル・ヤーライ（1889-1974）（図 2-22）によるストリームラインカーと呼ぶ空気力学理論の構築などにより，従来の単なるイメージだけの空力ではなく，航空機の形状からヒントを得て，それまでの馬車のイメージをもった箱型の形状であった自動車のイメージを大きく変えた．現在の自動車の形状の元になっているといっても言い過ぎではないだろう．1930 年の前と後での最も大きな違いは，タイヤを意識しているか，いないかの差である．

（2）揺籃期（1930 年～1970 年頃）

第二次世界大戦後，たくさんの航空機製造技術で自動車のための研究がなされた．1930 年初め頃，ミシガン大学のレイの研究から始まり，1934 年シュトゥットガルト工科大学のカム博士と研究員がカムフォルムを発見した．流線型の後部を切り落としても同じ効果が得られるというもので，重要な発見であった．また，ゲッチンゲン大学空力学研究所のシューレル博士の飛行機の翼断面から考え出された形状で，ピニンファリーナ・モデュッロ（図 2-32）やフィアット 1000 はカムフォルムを取り入れながら完成された．

その後は，鉄板の成形，ガラス成形技術の向上などで，一般車両にもこれらをイメージして垂直尾翼が流

スタイルは当時の超音速ジェット機の形状から発想したと思われる．その特徴は，空力特性に優れていて，前方視界が良く，後部座席やトランクルームのスペースがとりやすく，小型車のプロポーションに動的イメージが与えやすいなどが考えられ，1970 年代後半に爆発的に流行した（図 2-29～図 2-31）．

2.4.2　空力の考え方の変化

（1）黎明期（1920 年～1930 年頃）

初期の空力の 1918 年後半＝空気とお友達の造形・雨滴形状に始まり，翼断面形状へと変わっていく．第一次世界大戦で単葉機ルンプラ・タウベで成功し，流線型を自動車に応用したルンプラ（図 2-20）や，ドイ

図 2-32　Pininfarina Ferrari 512S Modulo(1970年)[16]

図 2-33　ホンダ・インサイト 2 代目(2009年)[17]

行した．最高速を出す記録車でもない限り，単なる速さに対する憧れのイメージでしかなかった．戦後，米国でもゼネラルモーターズが，当時の航空技術の最先端であるジェット機の尾翼にヒントを得て 1984 年型キャデラックを始め，シボレー，ビューイックと大きなテールフィンの限界的な美しさを競い，アメリカ自動車黄金時代のパワーとスピードのシンボルとなった．1960 年代中盤から実質的な速さの追求で，ウエッジシェープがレーシングカーから広まり始めた．前方視界が良く，後部座席の室内空間やトランクスペースが広く，コンパクトなプロポーションに動的なイメージを与えるなど，1970 年代に入って爆発的にヒットした．

(3) 確立期(1970 年～2000 年頃)

空力技術が取り入れられていった一方，テールフィンも 1930 年初め頃から航空機をイメージして取り入れられ，1970 年代に入り 2 度のオイルショックでエネルギー危機が訪れ，燃費低減のために，空力学の研究がヨーロッパだけでなく米国や日本でも実施されるようになった．

1976 年イタリアではピニンファリーナ社が学術研究国家機関の主導のもと，国家プロジェクトの一環としてよりよい空力形状の研究に取り組んだ．ボデーの形状にとどまることなく，ボデーと地面の関係にも注目し地上を走る物体として捉え，クルマ単体だけではなく，周りのインフラも考えながら風の流れをコントロールするようになり，地面との関係も重視するようになってきた(図 2-10)．

このような床下，ロッカ，リヤアンダーフロアの形状が生産車にも現れるようになった．下面はできる限りフラットにし，床下に入った風はスムーズにリヤエンドから排出できるような底面形状が造形され，徐々に広がり始めた．

(4) 発展期

2000 年初期の空力形状＝流れをコントロールするエコ形状が追求され出し，各部位の空気の流れを徹底的に捉え，それぞれの関係で剥離を抑える形状の研究が始まった．トヨタのプリウス 3 代目(図 2-14)，ホンダのインサイトの 2 代目(図 2-33)は 5 人乗りで優れた C_D 値を記録した．なかでもプリウスは 5 人乗り乗用車では画期的な数値を出した．前項でも紹介したが，さまざまなアイテムで総合的に空気をコントロールし，リヤ席の居住空間を犠牲にすることなくデザインをまとめ上げた．

各部位で確認すると，フロントからみるとスタグネーションポイントからいかにボデーから剥離させずに空気を流すか．バンパからグリルで風を取り入れながらボンネット上面に風をスムーズに流す．バンパ下の空気は床下にきれいに入れるか，それとも，入れないようにチンスポイラを付けるか．生産車はエンジン下面が決してフラットではなく，空気が床下に入ったとき風がきれいに流れないことが多く，床下には風を極力入れない方向に向かった．フロントコーナ処理，フェンダ，ホイールアーチリップの処理，A ピラーの処理，ドアミラーの処理，ルーフサイドの処理，ガラスサッシのガラスとの段差，リヤウインドウ角度，クオータピラーの形状，ルーフエンドの角度．トレーリングエッジの高さ，長さ，R の大きさ，バックウインドウの傾斜を考慮したリヤフェンダの平面絞り，サイドの風がリヤエンドに回り込んで渦を発生させないためのリヤコーナの形状，リヤエンド，リヤフロアの形状，などたくさんの項目が，お互い影響しながら風の流れが決められていく．

まさに 1960 年代に考えられたシューレール＋カム理論の大きなシルエットに，現在のコンパクトでかつ十分な居住空間を確保するためにさまざまな部位に工夫を凝らし，一般的な実用セダンとして完成させたモデルである．

2.5　空力と外形デザインの現状

最初にも述べたように，空力は重要なデザイン要素の一つである．自動車が地上を移動し空気の中を走っている限り無視することはできない．ただ時速 100 km 以上で走る乗り物とそれ以下の乗り物は同じように考える必要はない．時速 100 km 以上のスピードで快適に移動するためには，空力は徹底的に追求しなければならない．まだ CAD，CAE が今のように発達する前は，風洞の中でデザイナも C_D を下げるため

に，流体工学の技術者とともにクレイモデルを盛ったり削ったりしながら悪戦苦闘して理想の形状を追求した．今ではそのとき蓄積されたノウハウをベースにほとんどがコンピュータの中で作り上げることができるようになった．今思えば，そのときほとんどの空力アイテムが出来あがっていたといってもいいだろう．

ただ，いろいろな理由で量産車には再現できなかったものがたくさんあった．最近ではそのほとんどのアイテムが実現され，C_D=0.25 が量産乗用車で実現された．当時はこの数値はあくまで実験室の数字で，乗用車で実現することが理想とされていた．これで，やっと第一次目標が達成できたといえる．今後は，社会の変化に伴うエコ空力からより積極的に空気をコントロールするエアマネジメントが一般市販車にも取り入れられ，新しいアイテムが追求されていくだろう．

言うまでもないが，空力は乗用自動車にとってポジティブなことばかりではない．空気がボデーを沿うようにきれいに流れると，当然，雨粒もきれいにサイドウインドウを伝って流れる．それを流れないようにするのは，C_D を良くしようとする行為と相反する技術が必要になってくる．また，キャビンも C_D を良くしていくと，乗り降りのためのドアの開閉が難しくなったり，乗り降りしづらくなったりする．こちらも相反する問題である．

また，見た目においてもサイドビューで30°近辺のリヤウインドウや，リヤハッチの傾斜は，人間が眺めていて大変気持ちのよい角度である．ところが，この角度が空気の流れにとって最も悪い角度なのである．風が沿うわけでもないし，飛ぶわけでもなく，渦を巻いてしまい空気抵抗を増やしてしまう．これもやっかいな問題であった．

また，風は前から来るだけではない．斜めからや横から来ることもある．F1が昔から追求している高速コーナを安定して速く走るために求めてきた技術だが，市販車ではなかなか取り入れることが難しい．もちろんF1ほど市販車が速く走るわけでもないので，すべてを取り入れる必要もないが，使用目的や構造的な要件で市販車ならではのアイテムが必要である．

自動車のデザインはサイド，フロント，リヤ，そしてキャビンと見えるところが中心であるが，底面も重要な空力アイテムだ．底面をフラットにすれば C_D が良くなることは以前からわかっていたが，なかなか移動質量と速度とそれにかけるコストが見合わず先送りになっていた．最近では余分なカバーをしなくても機構そのものでフラットな面と同じような空気の流れが再現できるようになってきた．底面の空気の流れがスムーズになると，側面，上面の空気の流れもスムーズに引き込まれ，より正確な空気のマネジメントが必要になり，デザインの形状に及ぼす影響は避けられなく

なっている．また，そんな特徴ある形状が，エコカーであることの証明にもなるといえる．

2.6 空力デザインの今後

空力を追求すると皆同じ形状になり，特徴がなくなってしまうのではないかとよくいわれる．大きなシルエットやパッケージの構成はほとんど同じになるといって間違いない．昔から，空力でなくともその時代の考え方や技術力が各社そんなに変わることなく，遠目のシルエットはほとんど同じ形状になっていた．ボデー構造，鉄板の構成，プレス技術，ウインドシールドのはめ込み方など，時代時代で各社ほぼ同じ設計をする．当然デザインもそんなに大きく変わることはない．ある時期，ドイツの高級車メーカのトップモデル2車のサイドビューのセンターラインがピタっと重なったのは今でも忘れられない．エコを追求しなければいけない時代の工業製品は，似てくるのは当然かもしれない．

ただ，ここからがデザインの腕の見せ所だ．デザインの中でも特に造形の考え方，形を構成するコンセプトの違いが重要になってくる．最近，製品に対する考え方が重視され，そちらのほうに皆の考え方が傾いていることも事実だし，今まであまり取り組まれていなかったことも事実だ．十分考えて方向を決めたら，造形するコンセプトがもっと重要になってくる．建築家のミース・ファン・デル・ローイが「神は細部に宿る」と有名な言葉を残しているが，どのように風をコントロールするか，自然相手のものづくりは，そんな簡単に他社と違いを出すことは難しい．

今の主流の考え方は，車体と地面の間にはできる限り空気は入れない．しかし，完全に空気をシャットアウトすることはできない，必ず入る．前にも書いたが，入った空気は可能な限りリヤエンドから引き出す．そのためにできる限りフロアをフラットにし，空気の流れがスムーズにリヤに出やすく造形していく．少し前は，無理やりカバーをしてフラットな床面を作っていたが，今では効率良く部分的にパネルを付けるだけで，風をスムーズに流せるようになった．

床面の流れが速くなると，側面，上面の風も沿いやすくなり，流速も速くなっていく．側面ではホイールアーチとタイヤがスムーズな空気の流れの邪魔をする．ブレーキの冷却と側面のスムーズな空気の流れも相反してくる．ホイールハウスの中からホイールを通って車体側面にきれいな空気の流れを作ることによって，ブレーキを冷却し，回転するタイヤの周りの空気を引き出すように側面に出す．これは車両側面のスムーズで速い風の流れがあって実現できることだ．

フロントのコーナから空気が乱れないように造形し，

フレアで乱れないように形状を作り，フェンダから降りてくる空気も渦を巻かないように側面を通過させ，ルーフの空気の流れと同じ速さでリヤエンドに到達させ後方に飛ばす．文章に書くと簡単そうに見えるが，実際，空気はそんなに思うようには流れてくれない．少しでも上面，側面，床面の流れる風のバランスが崩れると，途端に変な流れが発生する．フェンダの形状，A，B，Cピラーの形状，トランクの形状，リヤホイールからリヤフェンダにかけての形状も，微妙に影響する．これらが総合的に高いレベルで調和したとき，初めてすばらしい空力形状が生まれる．

デザインコンセプトを形にするための造形テーマの選択が，大変重要な事はいうまでもない．デザインする部位の大きさと，重要度は決して比例していない．細部の処理を間違えると，大きな方向まで間違えているようにみえる．全体を包括する質感も重要なデザインだ．企業の姿勢まで表してしまう．しっとりやさしく見える造形，先鋭的でアグレッシブな造形，冷たく気取った造形，それを使う人の生き様まで表現することになる．コンセプトと造形が一致して初めてすばらしい商品が生まれる．もっとも，コンセプトが間違っていても，造形が正しければ何の問題もなかったかのように大ヒットし，多くの人に受け入れられることもある．それほど最後の造形は重要である．

新しい材料が生まれ製造技術が変わり，エネルギーが変われば形状も変わる．また，社会の背景が変わればおのずと自動車の形態も変わらざるを得ない．車両と空気の関係の問題も，どんどん解決されてくると造形にも影響が出る．現状は，時速200 kmのスピードで走る形状で，街の中を20 kmで走っている．同じである必要はまったくない．20 kmで走る車には，それに適したデザインがあるはずだ．1人しか乗っていないのに4人乗りの格好で走るなど，駐車時も，誰も乗っていないのに4人乗りの格好で停まっている．考えてものづくりをしているとは思えない．まだまだやることはたくさんある．

空気との関わり方も，もう一度考え直したほうがいいかもしれない．流線型，雨滴形状は飛行物体に適した形状で，決して地上を走る物体の形状ではない．もちろん基本的には通じるところはあるが，地上を移動する乗りものは，空気との関係が重要なのは当然だが，地面との関係も重要であることはすでに述べた．これらに対する新しい考え方の提案は，デザイナ自身からも必要だ．

エンジニアからは，最初にも書いたが車両をいかに軽量化するかの研究が進められている．車両が軽量化されるとますます風の影響を受けやすくなる．

材料革命が起こると，車両の構造も大きく変わる．いつものことだが，空気をコントロールする形状も作

図2-34 ボルテックスジェネレータ Vortexgenerator beim BAE Harrier; Luftwaffenmuseum der Bundeswehr[18]

図2-35 ゴルフボールディンプル

りやすくなる．1900年初頭に木製フレームからスチールに変わっていくとき，構造材に曲面が使えるようになり，量産車でも，空気に対してなじみやすい形状が作れるようになった．おそらく軽量化革命が起こると，かなりの量の新しい樹脂が使われるようになり，積極的に空気をコントロールし，限りなく小さな空気抵抗が実現されるだろう．しかもスリーディメンショナルな空力アイテムを構築するような形状で，現状では想像もつかないような新しいデザインが登場するかもしれない．ボルテックスジェネレータ(図2-34)や，ゴルフボールのディンプル形状(図2-35)なども一つのいい例だろう．

競泳用のスイムスーツも，鮫肌からヒントを得て水の抵抗を可能な限り少なくしようと試みられている．自動車の外販も今は鉄板を用いているが，軽量化でカーボンや樹脂製品を使うようになってくると，その表皮も従来のような塗装ではなく空気抵抗の少ない表皮材が開発されることだろう．新しい材料，新しい空力係数低減技術，画期的なボデー構造など，これらは切っても切れない関係にある．デザインが進歩してきたのも，これらの技術が変わってきたからに他ならない．

ある時代の車はよく似たデザインだ，とよくいわれる．これは材料やそのときの生産技術に差がないとそうなってしまう．ただ今のように，エネルギー革命が

起こり，化石燃料から，バッテリを積んだEV，自分で電気を起こしながら走るフューエルセル水素エネルギー車などに変わると，安全の条件も変わってくるし，パワーユニットや燃料の搭載位置もおのずと変わる．

パッケージングが変わると形態も変わる．今のような，キャビンをがちがちに固めて，エアバッグを信じられないほどたくさんつけて，人命を守る方式は，クルマが思いきり軽くなってしまえば，当然そんな考え方も変えないといけなくなるだろう．風船玉のように，ぶつかっても形状がフレキシブルにふわふわ変化し，転がるだけで人命を守ってくれるかもしれない．速度に合わせて自動車の形状も変化し，高速域に入ると最もふさわしい形状に変化し，空力特性も画期的に良くなる，夢のようなクルマになっていくであろう．もちろん，運転に疲れれば何もしなくても高速で巡航してくれる機能も夢ではなくなってきている．こうなれば，高速道路や街の景色も変わらざるを得ない．また，街の中を走るコミュータのようなパーソナルモビリティもどんどん種類が増えていくだろう（図2-36）．

高速道路をキャパシタのような非接触で給電しながら走れ，EVでも長距離ドライブが可能になり，時速300 kmを超えても安全に走れるような自動車が開発され，今の私達の想像をはるかに超える自動車が現れるだろう．

1970年代にデザイナと空力エンジニアが一緒に風洞でより良い空力形状を探したように，新材料やたくさんの空力アイテムが研究され，分野を越えた研究者が共に高い目標に向けて取り組むことによって，画期的な今までになかった形状が生まれ，新しいモビリティでの夢の生活が実現されていくだろう．

2.7 最後に

空力学研究の歴史とその時代背景の関係を（図2-37）にまとめた．

車両全体の形状に関わる空力理論であるルンプラ・ヤーライの雨滴・流線型に始まり，シューレール＋カム理論，そしてウエッジシェープへと三つの大きな変化をベースに，細部の空気の流れをコントロールしながらC_D値の低減を目指してきたことがうかがえる．これらの変化の背景に，第一次・第二次世界大戦やオイルショックのような空力技術の進歩や，燃料危機が絡みながら進歩してきた関係を見ることができる．

図 2-36　i-ROAD（2014年）[2]

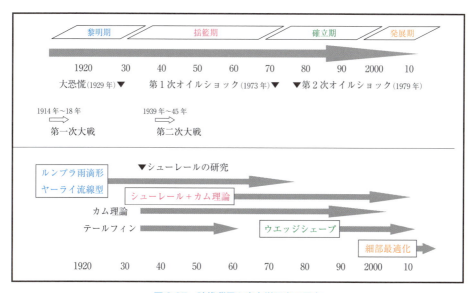

図 2-37　時代背景と空力学研究の歴史

参 考 文 献

(1) 自動車技術会：自動車のデザインと空力技術，朝倉書店
(2) トヨタ自動車公式サイト
(3) mecha.tumblr.com
(4) sakainaoki.blogspot.com
(5) golf4.blog65.fc2.com
(6) xcite.co.jp
(7) excite.co.jp
(8) tadaoh.net
(9) wikiwand.com
(10) ja.wikipedia.org
(11) デイリーニュースエージェンシー
(12) fuller_dimaxioncar.jpg
(13) mensclub.jp
(14) CAR STYLING
(15) ja.responsejp.com
(16) ASH INSTITUE Blog
(17) ホンダ公式サイト
(18) Airforce Museum of the Bundeswehr; Berlin-Gatow
(19) car-moby.jp
(20) fbnoodleman.blogspot.com
(21) alamy.com
(22) トヨタ博物館

第3章　車体周りの流れ場と空力特性

概　説

近年では，自動車の空力技術に関して，数値計算および実験技術が大きく進展し，より詳細な車体周りの流れ構造の理解ができるようになってきた．特に数値計算の進歩は目覚ましい．数値計算による流れの可視化は，これまで不明であった車体周りの流れに知見を与え，車体形状と空力特性の関係を，流れの現象から考察することを容易にする．単純に空気抵抗を低減させるには，1800〜1900年代のように，流線形の車体を考えればよい．しかし，自動車の車体形状はデザインとしても興味あるものでなければならず，自動車のジャンルに応じて多種多様であり，多くの車体デザインが提案されている．つまり，自動車の空力研究はデザインと空気力学の両側面の解決点を同時に見出さなければならず，乗用車の発達の歴史はデザイン屋と空気力学屋の努力と競合の歴史であったといっても過言ではない．これは今後も同様であろう．

したがって，与えられたデザインごとに空力特性が変化するため，個々のデザイン，つまり車体に対して，それぞれに改善しなければならなくなる．加えて，自動車はデザイン以外にも，衝突要件，視界視認性要件，乗員や荷物をレイアウトするパッケージ要件など，数多くの車体形状に対する制約がある．すべてを満足させて，空気抵抗低減等の空力特性を達成するには，膨大な試行錯誤的風洞実験や数値計算が必要になる．したがって，これらの結果や類例を取り上げて，自動車の空力特性をここに述べてもまとまりを得ない．それよりも，膨大な風洞実験や数値計算をなるべく少なくし，空力特性を向上させるためには，一般的な車体形状を分類し（車体形状の類型化），それらの車体形状における車体周りの流れ構造を明らかにすること（類型車体周りの流れ構造の特徴付け）が重要になる．

たとえば，空気抵抗低減に対する車体周りの流れの考え方はどうあるべきなのか．その流れ場は非定常な流れ場であり，車両の運動特性にも影響を与える．その現象の理解のためには，その流れ場をどう理解すべきなのか．本章ではこれを主題として，空力特性と後流も含めた車体周りの一つの流れ場構造を考察し，その流れ場を抑制することで，デザインを保ちながら空力特性を向上させる方法について考えてみたい．

3.1　車体形状と空力特性

3.1.1　車体各部の形状変化と空力特性

初めに，これまで多く実験されてきた車体形状変化と空力特性の結果をもとに，一般的な空力特性の向上方法について述べる．本章で述べる車体各部の名称などを図3-1に示す．乗用車の空力開発のポイントは，図3-2に示すように，車体のルーフ，側面，床下の三面の流れが，車体後方で収束するようにすることが大切である[1]．しかし，エンジンルーム，タイヤハウスや，さらには車体の前部，後部のさまざまな形状が，それぞれ相互に空力特性に影響を及ぼす．一般的な乗用車において，空気抵抗係数C_D，揚力係数C_L，ヨーイングモーメント係数C_{YM}などの空力特性を向上させるには，表3-1のように，フロント周りから車体中央部，後部，床下までの広い範囲にわたって多くの部位が関係する[2]．そして，それぞれの部位での最適化が必要になり，さらに，それらとの相互の関連性も考えなければならない．それでは，どのような形状であればC_D, C_L, C_{YM}が良いのであろうか．まず，C_Dの低減を中心にして，フロント形状からリア形状までC_Dと形状の基本的な考えを述べる．

フロント形状では，図3-3のように，基本形状としてフロントノーズを下向きにするとともに，横から見た形状として，なだらかに側面の形状変化を与えることが重要である[3]．もちろん細かな突起や隆起などは避けたい．基本的に断面形状が急変する場合には，流れの剥離が生じ，C_Dを悪化させることになる．また，フロント形状によっては床下へ流れる空気の量も変化するため，C_Lの前後配分が変化することに注意しておきたい．フロント形状には，一般的にフロントバンパやフロントスポイラが付いており，さらにはエンジン冷却風との両立が必要である．図3-4に，一例として，一般乗用車のフロント形状で，バンパとスポイラを変えたときのラジエータ通過風と車両のC_Dを示す[5]．ここで，ラジエータ通過風は，ラジエータ前面の圧力係数として示している．図の(a)(b)を比較しながらみると，フロントスポイラが下に下がれば，ラジエータ通過風は増大し，C_Dも小さくなる傾向がうかがえる．また，バンパが短くなれば，C_Dは小さくなるものの，ラジエータ通過風は少なくなっている．つまり，バンパの長さとスポイラの組合せでは，ラジエータ通過風は増大し，C_Dも小さくなる形状が存在しており，最適な形状の存在がうかがえる．

フロントバンパのコーナ部は，角（エッジ）の状態か

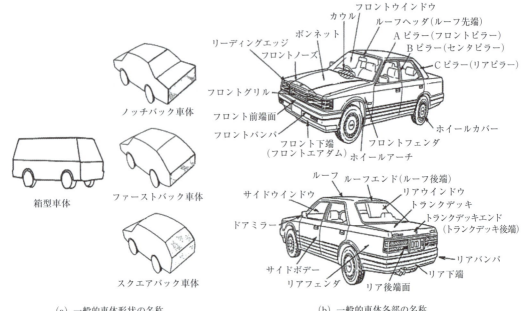

(a) 一般的車体形状の名称　　　　　　　　　　　(b) 一般的車体各部の名称

図 3-1　自動車車体形状および車体各部の名称[1]

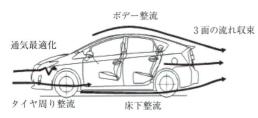

図 3-2　乗用車空力開発のポイント[2]

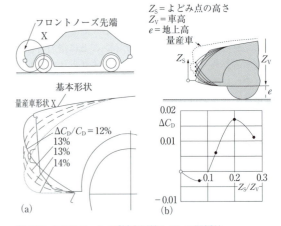

図 3-3　フロントノーズ基本形状と C_D の関係[3]
フロントノーズ先端の位置により，車体上部と床下への流れの配分が変わることにより C_D の増減も変化する．

ら曲率をつけることで C_D は低減できる．一つの例として，曲率半径 R と空気抵抗係数 C_D の関係を図 3-5 に示す．これは，図の上図にある箱型のモデルのルーフの先端を角（エッジ）から曲率へと変化させて，箱型のモデルの C_D を求めたものである．基本的には，R が大きくなれば C_D は低減する．しかし，R が 50～100 mm で車速によって C_D が大きく遷移している．これは，このモデルでのルーフ先端の曲率に伴う流れの剥離と再付着によってもたらされている．100R 以上では，モデルの C_D が低いものとなっている．

このような曲率の特性を考慮しながら，たとえば，フロントバンパコーナで車両側面のスムーズな流れを作るには，初めに水平断面で小さな曲率を設け，その後に大きな曲率半径を設定するような，前後に曲率を設ける二重曲率構造なども工夫の一つであろう．当部位で剥離する流れは，タイヤハウスからの流れ，車体側面の流れに大きく影響し，また，それは床下の流れにも影響するため，C_D を大きく悪化させる原因となる．一方，1Box 形状（バン，ワゴン形状などの箱型車体形状）の C_{YM} 低減では，フロントバンパコーナ，フロントピラーにおける側面の巻き渦を発生させな

いようにすることも重要であり，図 3-5 の効果も考えながら，ある程度のエッジ化が必要になることもある．車両全体の流れバランスをよくみて考える必要がある．

フロントウインドウ傾斜に関しては，傾斜角が小さいほうが C_D に対して有利であることは容易に推察できる．しかし，3.2.1(1)，(2)項で述べるように，フロントウインドウ傾斜角は 20°～30° 程度が最も効果的である．加えて，ボンネット先端周辺の剥離を極力少なくすることで，C_D の増大を最小限に抑えることができる．ボンネットは，ボンネット角を大きくしてスラントさせるほうが C_D 低減に有利であり，ボンネットとフロントウインドウとのなす角を大きくするほうが低減効果は大きい．しかし，このような形状は，

表 3-1 空力的に影響する部位[2]

1 フロント周り	2 リア周り	3 ディメンション	4 フロア	5 冷却風	6 タイヤ周り	7 フラッシュサーフェス	8 中央部
・ボンネット長さ，高さ ・エアダム形状 ・ボンネットとバンパのつなぎ形状 ・先端部の平面形状 ・平面絞り込み ・フロントウインドウ傾斜角 ・フロントウインドウ平面形状 ・フロントピラー断面曲率 ・フェンダ肩の曲率と形状 ・フェンダ先端の平面形状 ・ヘッドランプのレイアウトと形状 ・ボンネットのバルジの形状 ・ボンネットの側面形状 ・フロントワイパの飛び出しなどの最適化 ・エアダムとタイヤとの相対位置，形状	・トランクデッキ高さ ・トランクデッキエンドの曲率 ・リアウインドウ傾斜角 ・リアウインドウ絞り ・ノッチバック角度，形状 ・リアサイドウインドウの絞り込み ・リアピラーのたおし込み ・リアピラーラインの形状 ・リアピラー断面曲率 ・オーバーフェンダの有無 ・サイドウインドウガラスの三次曲率形状 ・ルーフとバックドアの段差 ・リアフェンダの絞りと後端のR ・リアタイヤとフェンダの隙，段差	・地上高 ・姿勢角 ・全長，全幅，全高 ・ホイールベース長，トレッド長 ・前後のオーバーハング長さ	・フラットなフロア ・リアバンパ下端形状 ・リアバンパとフロアの結合形状 ・FWD, 4WD等足周り部品の個々の最適化 ・床下突起物の平滑化 ・ストーンガード形状 ・タイヤハウスと床下のつなぎ形状	・ラジエータ周りのシール ・グリル形状 ・バンパの高さ（ノーズの断面形状） ・バンパの穴 ・ラジエータの位置，傾斜 ・アンダーカバーの形状 ・風量，冷却効率の最適化 ・ナンバープレートの取付け位置	・タイヤサイズと形状 ・ホイールカバー（穴の位置，サイズ，形状） ・ホイール形状（穴の位置，サイズ，形状） ・エアフラップ形状，位置 ・タイヤの回転の影響 ・タイヤとフェンダの相対位置 ・タイヤハウスへのエンジン冷却風の影響度	・フロントピラーの断面形状 ・ピラーとガラスの段差 ・ドアミラー（取付け位置，本体形状） ・ドアハンドル ・フロントサイドガラスとリアサイドガラスの段差 ・モールと車体との段差	・ルーフの曲率 ・ルーフの曲率ルーフとリアウインドウガラスのつなぎ形状 ・ルーフとサイドガラスのつなぎ ・フロントヘッダの位置 ・リアヘッダの位置 ・サイドウインドウタンブル角 ・サイドシル断面形状と下端の曲率

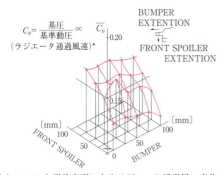

(a) フロント形状変更によるラジエータ通過風の変化

$C_p = \dfrac{\text{基圧}}{\text{基準動圧}} \propto \overline{C_p}$ （ラジエータ通過風速）*

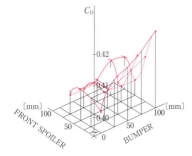

(b) フロント形状変更による空気抵抗の変化

図 3-4 エンジン冷却風とフロント形状の空気抵抗[5]

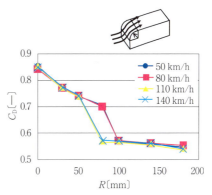

図 3-5 車体の曲率半径 R と空気抵抗係数

雨天時のカウル部から空調システムへの水の浸入，フロントウインドウへの水の這いあがりによる視界不良も発生するため，デザインや空力の機能だけでは決められない．

フロントウインドウ上端（ルーフヘッダ）の曲率は，図3-5のように，ルーフでの剥離を変化させ，C_Dに対し大きく影響を与える．また，この曲率によるC_D低減の効果は，フロントウインドウ傾斜角やフロントウインドウのラウンド量（水平方向の曲率）によっても

第3章 車体周りの流れ場と空力特性

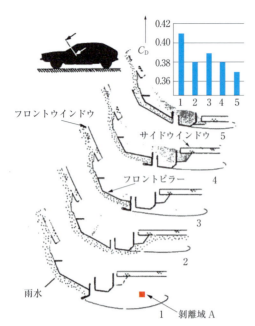

図3-6　フロントピラー形状の最適化[4]
剥離域Aを小さくするフロントピラー形状が空気抵抗を小さくする．剥離の抑制による細部形状最適化の例．

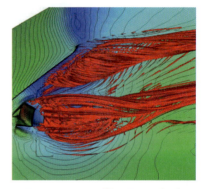

図3-7　フロントピラー周りの流れ場

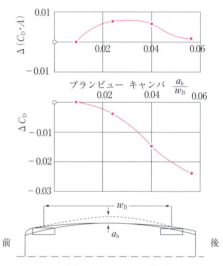

図3-8　C_Dに対する平面キャンバの効果[3]
平面キャンバのふくらみにより，車体前方からの流れを後方へ剥離をさせずに流すことによりC_Dが低減する．

変わる．このフロントウインドウ上端の曲率の効果は，一般的にフロントウインドウ傾斜角が大きいほど低減代は大きい．

上記のように，車体細部の流れの剥離を抑制することで，C_D低減を考えることができる．Huchoらは，これらを細部形状最適化と呼んだ[6]．図3-6にピラーの細部形状最適化によるC_D低減の例を示す[7]．基本的には，フロントピラーの段差などはなくすほうがよいが，実際の車体設計ではそのようにいかない．このように，設計的にフロントピラーやフロントウインドウ上端に十分な曲率がとれない場合には，フロントウインドウのラウンド量とフロントピラーの段差も含めて，流れからみた見かけの段差の曲率を変えることで，C_Dを低減することも可能になる．ここでも細部の局所的剥離と図3-2に示す車両全体の流れのバランスを考えた最適化が大切になる．この流れ構造については3.3節で述べたい．

サイドウインドウの場合，そのサイドウインドウのタンブル（正面から見たときのサイドウインドウの倒れ角）は，リアウインドウ後方の流れに直接影響する．図3-7のフロントピラー周りの流れ場に示されるように，サイドウインドウには，フロントピラーによる渦とミラーによる渦が発生している[8]．フロントピラーの渦は，3.3.3(2)項で述べるように，ルーフを通り，最終的に車体後方の後曳き渦へ直接影響を与える．したがって，タンブル角を大きくすることでフロントピラーの渦を強めることになれば，後曳き渦を強め，C_D増大に結びつく．車体上面と側面の流れを分

離するという点では，サイドウインドウを立てた形状でフロントピラーの曲率半径を大きくするほうが有利である．しかし，前面投影面積Aが増大し，車両の空気抵抗量$C_D \cdot A$も大きくなるので注意を要する．

車体側面の膨らみであるキャンバについては，図3-8のように，キャンバを大きくするほうがC_Dの低減に有利であり，負のキャンバであるコークボトルタイプでは，逆に車体側面の流れを乱しC_Dを悪化させる[9]．走行安定性を良くするために，前後のトレッドを車体幅限度まで広げる場合，これではデザイン的にもキャンバを大きく設定できず，車体形状としてはC_D低減に不利といえる．

ホイール部位は，フロントバンパコーナの下面や側面からの流れ，エンジンルームからタイヤハウスへの吹き出しによる流れにより，フロントフェンダホイールアーチ上端，およびタイヤ前方の下端から渦が発生する．これらの渦は，タイヤハウス後方に影響を与え，C_D悪化の原因になる．これを回避するには，ホイールアーチ上端を起点にして，アーチの下端に向けて

図 3-9　タイヤデフレクタ

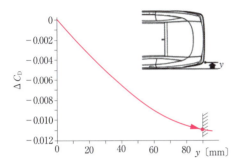

図 3-10　C_D とリアフェンダ平面絞りの効果[3]
リアフェンダの前方からの緩やかな平面絞りは、基本的には C_D を低減する。しかし、リアフェンダ後端から車体後面への曲率によっては、車体側面から車体後面への巻き込みが発生し、C_D 増大の可能性もある。

徐々に大きな曲率半径をつけたり、ホイールアーチから床下への流れを工夫することで、渦の発生を抑えることが大切になる。また、タイヤは抵抗増大へ大きな影響を与えるため、タイヤに走行風を直接当てない工夫も必要である[10]。このためには、一般的にはエアロフラップ（タイヤデフレクタ）などを設定している。図 3-9 にエアロフラップの一例を示す。これは、タイヤ、タイヤハウス、床下と、うまく流れを分散させ、ホイール周りの渦全体を抑制させた最適化を狙ったものと考えられる。

次に車体の後部形状に目を向ける。まず、リアウインドウ側面形状、すなわちキャビン後方の平面形状を考える。理想的には、サイドウインドウから曲率を与え、少しずつ絞り込むことが望ましい。しかし、後席の居住性を確保する必要もある。リアフェンダの平面絞り込み量を検討した例を図 3-10 に示す[5]。図のように、平面の絞り込み、あるいはラウンドが大きくなるほうが、C_D の低減には効果的である。これは流線形的な流れを考えると理解しやすい。また、リアフェンダの絞りは、車体後面での剥離を少なくするためには適度に絞る必要がある。図 3-11 に示すように、リアウインドウの絞りを大きくすることで、C_D 低減も大きくなる。実際の車では、レイアウト上、大きな絞りは難しく、40〜50 mm 程度であろう[11]。それらの条件で効果を大きくするためには、絞りの途中で流れ

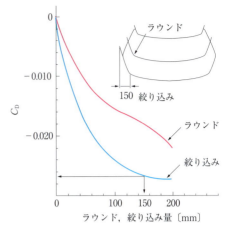

図 3-11　リアウインドウのラウンド、絞り込みと C_D の関係[2]

を剥離させないことである。

しかし、剥離の抑制といっても、ノッチバック車体におけるトランクデッキ側面の後端で、当部位に曲率を施す場合とエッジ化する場合とで、どちらが C_D 低減に効果的であろうか。平面絞りを効果的に設けたとしても、この後端に大きな曲率半径があると、トランクデッキ側面の流れが車体後部に流れ込むことになる。これは、ルーフからの流れ等と大規模な後曳き渦を形成することになり、抵抗は増大する。後流を混合させないという意味で、二次元的な流れに近づけるためには、当部位のエッジ化も重要になる。加えて、エッジ化はトランクデッキ側面の面積を有効に活用できるため、C_{YM} 低減への効果も期待できる。また、リアウインドウ形状およびリアピラーの曲率に関しても同様なことがいえよう。ここでも局所的な剥離の抑制でなく、車両全体での最適化が重要になる。

ルーフエンド（ルーフ後端）からトランクデッキまでの形状は、車体後方に発生する後曳き渦、および剥離域を少なくすることを考えながら造形することが重要である。一つの考え方として（詳しくは 3.2.2(2)項）、リア仮想角（ルーフエンドとトランクデッキエンドを結ぶ面が水平となす角度）が車体中央断面付近で 15° 程度になるように、トランクデッキ高さを調節することが C_D を低減するポイントとなる[12]。トランクデッキを高くして、リア仮想角を小さくすれば車体側面の面積も増大するため、C_{YM} の低減にも大きな効果が得られる。また、トランクデッキ後端のエッジ化は、デッキ後端へのルーフからの吹き降ろしを少なくし、後曳き渦の発生を弱くさせる。これは、C_D 低減だけでなく、C_L の低減にも寄与することができる。ルーフからトランクデッキエンドまでの吹き降ろす流れが速くなると、車体の直後方での圧力が低下し、リアウインドウやトランクデッキ両サイドからの流れが流入しやすくなり、車体後方での強い後曳き渦の発生を促

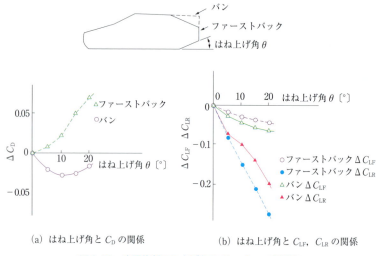

(a) はね上げ角と C_D の関係　　(b) はね上げ角と C_{LF}, C_{LR} の関係

図 3-12　床下後部はね上げ角の C_D, C_L への影響[2]

す．したがって，上述のエッジ化などにより，車体上面と側面の流れが混合しにくい二次元的な流れを作ることが大切になる．

リアの床下形状のはね上げは，床下の平滑度が十分でない場合にはあまり効果的ではない．平滑度が高い場合は，図3-12のように，後部床下のはね上げが C_D, C_L に有効である．ただし，図にもあるように，リアの車体形状によって効果が異なる[2]．これは，車体上部の流れと床下からの流れの合流を，車体後方の，どの高さで，どの位置でバランスさせるかによって決まると考えられる．

3.1.2　車体各部が空力特性に相互に与える影響

車体の各部における形状変化は，C_D 以外に，C_L（フロント揚力係数 C_{LF}，リア揚力係数 C_{LR}），C_{YM} などの空力6分力特性にそれぞれ影響を与える．C_D，C_L ともに増減するもの，あるいは C_D には影響を与えないが，C_L には大きく影響するものなど，傾向としては極めて複雑である．形状変化に対して，空力特性は相互にどのような関係をもつのであろうか．関係の明確化が望まれるものの，前項で述べたように，車体形状の自由度は非常に多く，車体形状のみを考えるだけでは一般的な体系化は難しい．ここでは，一つの車体形状について形状変化を与え，それによる C_D，C_L（C_{LF}，C_{LR}），C_{YM} の変化が，全体として，どのような感度をもつかをイメージしたい．

図3-13，図3-14の中央に示す1/5スケールモデルに対して，No.1 から No.24 の車体形状の各部位について，数種類の形状変更（図は基本車体形状から外側へ形状を変化させていく盛り方向の変更のみの例）を行った例を示す[2]．それぞれの形状変化に対して，当然，特性の増減が生じるが，増減は周りの形状に影響されるため，ここでは C_D，C_{YM}（この場合のみ偏揺角10°を設定），C_{LF}，C_{LR} の増減分 ΔC_D，ΔC_{YM}，ΔC_{LF}，ΔC_{LR} の絶対値をとり，それぞれの部位での平均値として示した．このようにすることで，空力特性に対する影響と形状変更との関係を全体的にみることができる．たとえば，図3-13の No.7 フロントウインドウカウルの前出しの形状変更は，各空力特性にあまり影響を与えないが，No.4 フロントバンパコーナ張り出しや No.11 ドア・ボデーサイドの面盛りは逆に大きく影響を与える．これらの図から，C_D，C_{YM}，C_{LF}，C_{LR} の感度の高い部位および低い部位をまとめて図3-15に示す[2]．図のグラフは，仮に実車で10 mm の形状変化を与えたときの空力特性の増減量の絶対値を示している．

C_D に対して影響の大きなところは，ドア，ボデーサイドの面盛り，コーナ張り出し，ドアガラス面盛り，トランクデッキ面盛りなどの車体側面へ張り出しているところである．一方，影響の小さい部位は，ボンネット・カウルの盛り，バンパ先端盛りなどである．これは，車体の側面からみて車体上部の基本的な車体形状による流れに支配される，たとえば，よどみ域に関する領域と考えられる．このように，基本形状による流れに支配されていれば，これらの部位の多少の変化は空力特性に影響を与えないのかもしれない．

C_{YM} に影響する部位は，車体側面のリアピラー，ドア・ボデーサイド，リアバンパやリアフェンダなどである．これは，C_D のように，車体上部の基本的な車体形状の流れに支配されるところではないようにみえる．一方，C_{LF} に対しては，フロントバンパ周りなどの部位が影響しており，フロントヘッダの前出しなどはあまり影響を与えてはいない．また C_{LR} は，リアフェンダサイドデッキ盛り，リアトランク周りが強く

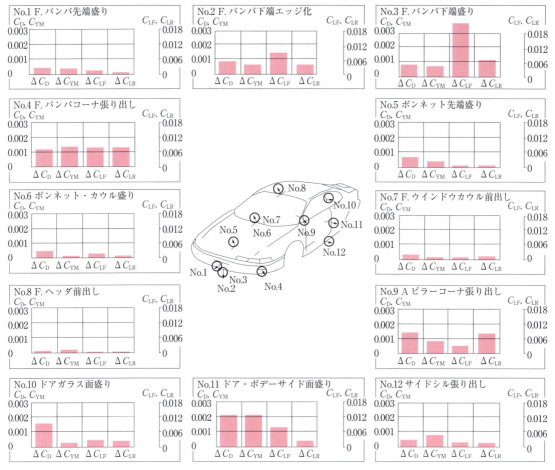

図 3-13　形状と C_D, C_{YM}, C_{LF}, C_{LR} 相互の関係（フロント形状）[2]

影響し，フロント周りは影響度が低い．

　以上のように，それぞれの部位をみていくと，たとえばリアピラーコーナ張り出しのように，C_D にも C_{YM} にも大きく影響する部位や，あるいは逆に，フロントヘッダ前出しのように，C_D，C_{YM} ともに影響の小さい部位が明らかになってくる．そこで，面を盛り方向だけでなく，内側へ削る方向での形状変更の結果も加味し，C_D 増減と他の空力特性の増減との相関を求め，C_D を改善する形状変更で，C_{YM}，C_{LF}，C_{LR} も同時に改善できる部位と，逆に悪化する部位を求めてみた．その傾向が強い順に図 3-16 に示す[2]．図 3-13，3-14 と比較しながらみると，C_D を良くするため，フロントバンパ周りを改善すれば，C_{YM} も改善される方向になる．ボデーサイドやルーフの面盛りやバンパコーナの張り出しは，C_D が良くなれば C_{YM} は大きくなり，相反するようである．また，C_{LF} について，フロントバンパの下端，トランクデッキの盛り方向などはともに改善方向であるが，フロントバンパ下端をエッジ化すること，フロントウインドウのカウルの前出しなどは，C_D が良くなれば C_{LF} は悪くなる可能性

が大きい．C_{LR} については，相対的なものだけに C_{LF} と反対の傾向がうかがえる．

　以上のように，車体の各部位と空力特性の関連がみえてくると，車体形状と空力 6 分力には何らかの関係があるように思われる．デザイン自由度の高い車体形状ではあるが，車体周りの流れ場を把握することで，それらの関係がみえてくると考えられる．

3.2　抵抗低減のための車体形状の最適化技術

3.2.1　車体基本形状の変化と空気抵抗低減の関係

　これまでの空力技術は，前節で示したように，実際の自動車デザインの空力開発における膨大な風洞実験から，車体各部と C_D 低減を中心に空力特性がどのように変化しているかを示した車体のデザイン形状と空力特性の関係であった．これらの結果からは，傾向はあるようにみえるものの，これでは空力的に素性の良い車体形状の類似化と類型車体周りの流れ構造の特徴付けは難しい．また，空気特性を低減させるには，Hucho らによる細部形状最適化だけでなく，車体形

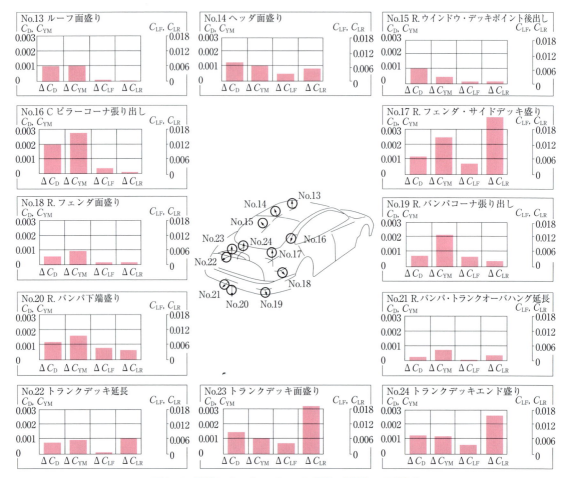

図 3-14　形状と C_D, C_{YM}, C_{LF}, C_{LR} 相互の関係（リア形状）[2]

状そのものの最適化が要求される．これには，車体周りの流れ現象を理解し，その流れとその形状を関係づけることが必要になる．実際に多くの車体形状について風洞実験を重ねていると，1Box の箱型形状，ファーストバック形状，あるいはノッチバック形状に共通した現象があることに経験的に気づくことがある．その類似する現象を結びつければ，車体形状と空力特性の体系化の糸口になるかもしれない．ここでは，車体形状と空気抵抗の類似化の例を示すことで，体系化の試みを述べる[12]-[14]．

ファーストバックの車体の後部形状は，1Box の箱型車体にリアウインドウ傾斜が付いたものと考えると，自動車車体は，図 3-17 に示すように，箱型車体とノッチバック車体に大別することができる．曲面や角の曲率まで考慮すると，自動車車体は多様すぎてしまうため，平面の組合せで車体形状を代表させ，ここでは箱型車体，ノッチバック車体形状と空気抵抗係数 C_D の関係について述べることとする．一定形状のリアについてフロント形状を変化させ，また，一定形状のフロントについてリア形状を変化させて考える．車

体の形状の名称は図に示した．

(1) 箱型車体の空気抵抗特性

(a) フロントでの主たる形状と空気抵抗

箱型車体の主たる形状としては，フロントウインドウ傾斜面，フロントサイドのフロント平面絞り面，フロント下端傾斜面とを考える．

① フロントウインドウ傾斜と C_D

フロントウインドウの形成として，全高 H に対するリーディングエッジの高さ H_{FT} を $H_{FT}=0.5H$ および $H_{FT}=0.7H$ と一定にした場合，また，全長 L に対するフロントウインドウ折れ点長さ l_{BF} を $l_{BF}=0.125L$ と一定にした場合について，フロントウインドウ傾斜角 θ_{FW} を変化させたときの C_D の変化について述べる．結果を図 3-18 に示す[13]．図中の ΔC_D は直方体の C_D を基準としたときの C_D の割合である．

また，図中の実線はリーディングエッジ高さと全高の比 H_{FT}/H，またはフロントウインドウ折れ点の長さ l_{BF} と全長 L との比 l_{BF}/L を一定にした場合の θ_{FW} による ΔC_D の変化であり，破線は，$l_{BF}/L=0.25$ の計測値を用いて推測した $H_{FT}/H=0.8$，0.9 のときの推定

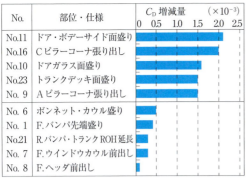

(a) C_D 感度の高い部位，低い部位

(c) C_{LF} 感度の高い部位，低い部位

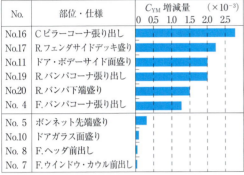

(b) C_{YM} 感度の高い部位，低い部位

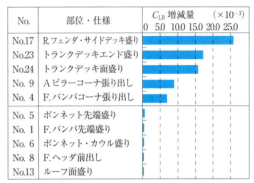

(d) C_{LR} 感度の高い部位，低い部位

図 3-15　空力特性感度の高い部位，低い部位[2]

No.	車体各部位
No. 3	F. バンパ下端盛り
No.11	ドア・ボデーサイド面盛り
No.23	トランクデッキ面盛り
No. 1	F. バンパ先端盛り
No.15	R. ウインドウ・デッキポイント後出し

(1) C_D，C_{LF} ともに改善する部位

No.	車体各部位
No. 2	F. バンパ下端エッジ化
No.19	R. バンパコーナ張り出し
No. 7	F. ウインドウ・カウル前出し
No. 9	A ピラーコーナ張り出し
No. 6	ボンネット・カウル盛り

(2) C_D が改善されれば C_{LF} が悪化する部位

(a) C_D と C_{LF} の相関（傾向が強い順）

No.	車体各部位
No. 9	A ピラーコーナ張り出し
No. 2	F. バンパ下端エッジ化
No. 7	F. ウインドウ・カウル前出し
No.17	R. フェンダ・サイドデッキ盛り
No.22	トランクデッキ延長

(1) C_D，C_{LR} ともに改善する部位

No.	車体各部位
No.12	サイドシル張り出し
No.14	ヘッダ面盛り
No.23	トランクデッキ面盛り
No.15	R. ウインドウ・デッキポイント後出し
No. 1	F. バンパ先端盛り

(2) C_D が改善されれば C_{LR} が悪化する部位

(b) C_D と C_{LR} の相関（傾向が強い順）

図 3-16　C_D と C_{LF}，C_{LR} の相関[2]

線である．$H_{FT}/H=0.5$ の場合，$\theta_{FW}=20°\sim30°$ で ΔC_D は極小となり，C_D 低減は最も大きい．θ_{FW} が大きくなると，C_D はあまり低減していない．$H_{FT}/H=0.7$ の場合もほぼ同様の傾向を示している．一方，$l_{BF}/L=0.125$ のときは $\theta_{FW}=30°$ において ΔC_D 低減の傾向は θ_{FW} にほぼ支配され，$\theta_{FW}=20°\sim30°$ で C_D 極小値をもつと推測できる．すなわち，フロントウインドウの形成は異なっても，C_D 低減は θ_{FW} に支配されていると考えられる．

② フロント平面絞りと C_D

フロント平面絞り角 θ_{FC} とフロント平面絞り量 w_f/W を変えることによるの変化を図 3-19 に示す[14]．

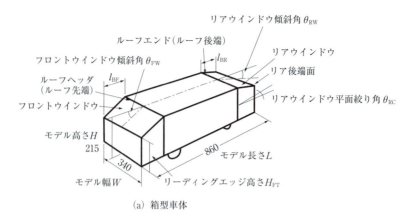

(a) 箱型車体

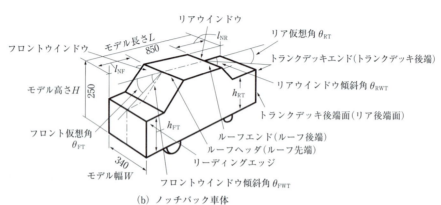

(b) ノッチバック車体

図 3-17　モデル各部の名称[(12)(13)]

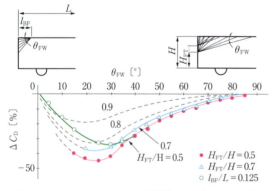

図 3-18　フロントウインドウ傾斜角 θ_{FW} が C_D へ及ぼす影響[(13)]

ΔC_D の定義は，図 3-18 の場合と同様で，平面絞り量が小さい場合 ($w_f/W=0.025$)，絞り角による影響は一定であるが，w_f/W が 0.05 以上では，ΔC_D の低減度合は平面絞り量によって変わり，かつ $\theta_{FC}=20°$～$30°$ で極小値を示す．この傾向は図 3-18 と類似している．平面絞りは，フロントウインドウ傾斜とは横と縦の違いではあるが，類似した効果を与えていることがわかる．

それでは，フロントウインドウ傾斜とフロント平面絞りの主たる形状を組み合わせた場合にはどのように

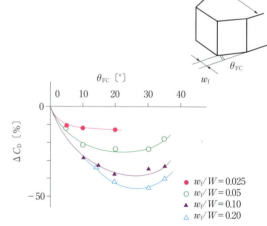

図 3-19　フロント平面絞り角 θ_{FC} および絞り量 w_f/W が C_D へ及ぼす影響[(14)]

なるであろうか．これらの 2 面による影響を，フロント絞り角 θ_{FC} をパラメータにして図 3-20 に示す[(14)]．この場合，縦軸は図 3-18，図 3-19 の ΔC_D ではなく，C_D 値そのものとしている．また，フロントウインドウおよび平面絞りの折れ点長さと全長の比 l_{BF}/L，l_{FC}/L は 0.185 で一定としている．図 3-20 をみると，

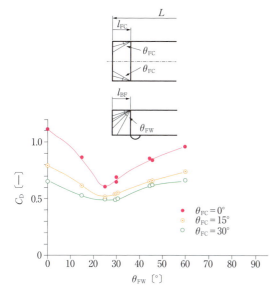

図 3-20 フロント傾斜角 θ_{FW} とフロント平面絞り角 θ_{FC} の組合せが C_D へ及ぼす影響[14]（$l_{BF}/L=l_{FC}/L=0.185$）

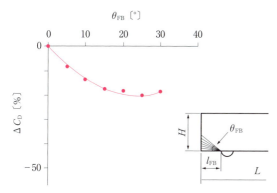

図 3-21 フロント下端傾斜角 θ_{FB} が C_D へ及ぼす影響[14]（$l_{BF}/L=0.185$）

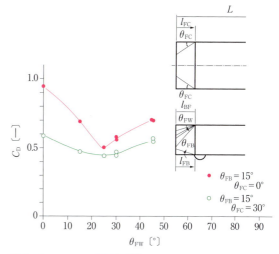

図 3-22 フロント下端傾斜角 θ_{FB} とフロントウインドウ傾斜角 θ_{FW}，およびフロント平面絞り θ_{FC} の組合せが C_D へ及ぼす影響[14]（$l_{BF}/L=l_{FB}/L=l_{FC}/L=0.185$）

フロント平面絞りがない $\theta_{FC}=0°$ のときは，前述のように $\theta_{FW}=20°〜30°$ で C_D は極小値を示す．これに平面絞りを加えると，$\theta_{FC}=15°，30°$ の場合は，平面絞りが大きくなるにつれて C_D は全体的に小さくなり，C_D のフロントウインドウ傾斜角度による変化も小さくなる．しかし，それでも $\theta_{FW}=20°〜30°$ で極小値を示している．面白いことに，フロントウインドウ傾斜は，フロント平面絞りの2面を変えた場合でも，$\theta_{FW}=20°〜30°$ のときに C_D が極小値となる傾向が現れている[13]．

③ フロント下端傾斜と C_D

次に，フロント下端傾斜の場合はどのようになるであろうか．フロント下端傾斜角 θ_{FB} のみを変えたときの ΔC_D（定義は図 3-18 と同じ）の変化を図 3-21 に示す[14]．この場合，フロント下端傾斜の折れ点長さと全長の比 l_{FB}/L は 0.185 である．θ_{FB} についても $\theta_{FB}=20°〜30°$ で，フロントウインドウ傾斜角やフロント平面絞り角と同様に，ΔC_D は低減する傾向にある．では，フロントウインドウ傾斜，フロント平面絞りおよびフロント下端傾斜の三つの面を同時に変えた場合の傾向はどうであろうか．図 3-22 にその結果を示す[14]．図は，θ_{FB} を15°で一定とし，$\theta_{FC}=0°$ と 30° について θ_{FW} を変えた場合の C_D 変化を示している．この C_D は計測されたそのものの値である．フロント平面絞りのない場合（$\theta_{FC}=0°$）の場合は，上述のように，$\theta_{FW}=20°〜30°$ で大きく C_D は低減するが，$\theta_{FC}=30°$ の場合も C_D 低減は大きくなり，$\theta_{FW}=20°〜30°$ で極小になる傾向は同様になっている．このように，C_D 低減の程度は三つの主要面の組合せ方法によって異なるものの，共通して $\theta_{FW}=20°〜30°$ で極小値をもつことは非常に興味深い．

以上のように，箱型車体のフロント形状では，フロントウインドウ傾斜，フロント平面絞り，フロント下端傾斜の三つの主たる形状を単独，あるいは組合せで変化させても，それぞれの角度が $20°〜30°$ において，C_D は極小値を示すことがわかった．この特徴のメカニズムは流れ場と関連しており後述する．

(b) リアでの主たる形状と空気抵抗

リア下端の傾斜角は，平面的な造形でみたときには自由度が少ないため，ここでは，主たる形状としてリアウインドウ傾斜とリア平面絞りに関して述べる．

① リアウインドウ傾斜と C_D

まず，リアウインドウ折れ点長さ l_{BR} をパラメータとし，リアウインドウ傾斜角 θ_{RW} を変えたときの抵抗値の増減割合 ΔC_D を図 3-23 に示す[13]．ただし，ΔC_D は，図 3-5 上部の付図のように，フロントヘッダに曲率をつけた直方体（後部形状の実験にはフロントでの剥離を少なくした形状を与えている）の C_D に

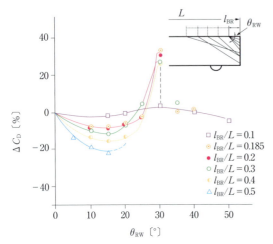

図 3-23 リアウインドウ傾斜角 θ_{RW} が C_D へ及ぼす影響[13]

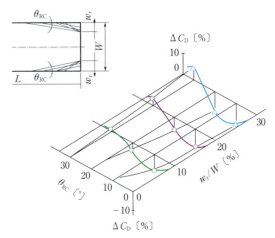

図 3-24 リア平面絞り θ_{RC} とリア平面絞り量 w_r/W が C_D へ及ぼす影響[14]

対する変化である．結果をみると，リアウインドウ折れ点位置が $l_{BR}/L=0.1$ の場合は，リアウインドウ折れ点長さが小さいために，リアウインドウ角度に対して ΔC_D はあまり変化していない．また，$l_{BR}/L=0.5$ と大きくすると，θ_{RW} をわずかしか変えることができないが，なだらかな傾斜面になるので ΔC_D は低減する傾向になる．両者を除いた $0.4>l_{BR}/L\geqq0.185$ では，θ_{RW} の増加に伴って ΔC_D は一旦低減し，$\theta_{RW}\fallingdotseq15°$ （$10°\sim20°$）近傍で極小値を示した後，$\theta_{RW}\fallingdotseq30°$ で ΔC_D が急増する顕著な特性が現れている．これは，Ahmed が示した Ahmed モデルの臨界形状を示している[15]．臨界形状については，3.3.2(1)項で述べる．$\theta_{RW}\fallingdotseq30°$ における C_D の増大は，l_{BR}/L への依存度は弱く，リアウインドウ傾斜角 θ_{RW} に強く依存していることが理解できる．一方，$\theta_{RW}\fallingdotseq15°$ 近傍の C_D 低減は，リアウインドウ折れ点長さが大きくなると，より顕著になる．

② リア平面絞りと C_D

次に，リア平面絞りを単独に変えた場合を述べる．リアの平面絞りの方法は平面絞り角 θ_{RC} と平面絞り量 w_r/W による二つの方法が考えられる（図 3-24 付図）．そこでリア平面絞り w_r/W をパラメータにし，リア平面絞り角とリア平面絞り量の関係を図 3-24 に三次元表示で示す[14]．図のように，リア平面絞りについては，リア平面絞り角 θ_{RC} が小さく，リア平面絞り量 w_r/W が大きいほど C_D を低減できる．θ_{RC} が大きく，$\theta_{RC}=30°$ のときは，w_r/W とともに C_D は増大することもわかる．

次に，リア平面絞り角 θ_{RC} とリアウインドウ傾斜角 θ_{RW} の二つを変えた場合について ΔC_D の関係を述べる．リアウインドウ折れ点長さ，およびリア平面絞り折れ点長さと全長の比 l_{BR}/L，l_{RC}/L を 0.185 と一定にした場合について，θ_{RW} と θ_{RC} の組合せと ΔC_D の関係を図 3-25 に示す[14]．ここでの ΔC_D は図 3-23 と同じ

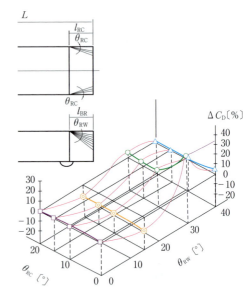

図 3-25 リアウインドウ傾斜角 θ_{RW} とリア平面絞り角 θ_{RC} の組合せが C_D へ及ぼす影響[14]（$l_{BR}/L=l_{RC}/L=0.185$）

である．平面絞り $\theta_{RC}=0°$ の場合は，前述のように，$\theta_{RW}\fallingdotseq30°$ で ΔC_D は増大するものの，リア平面絞り θ_{RC} を $10°$，$20°$ と与えると，$\theta_{RW}=30°$ における ΔC_D の増大は低減される．つまり，リア平面絞りは平面絞り角が小さく，平面絞り量が多くなると，より ΔC_D は低減される傾向を示す．これは，個別車種で示した図の傾向を裏づけている．

以上のように，リアウインドウ傾斜角，リア平面絞り角については，それぞれの折れ点長さが大きくなると，角度 $30°$ で C_D が急増する臨界形状という特徴的な傾向が出現することがわかった．箱型形状の場合，フロントでもリアでも C_D が増減する特徴的な形状が現れる．これらは，ノッチバック車体を考える上で大きな知見を与えてくれる．

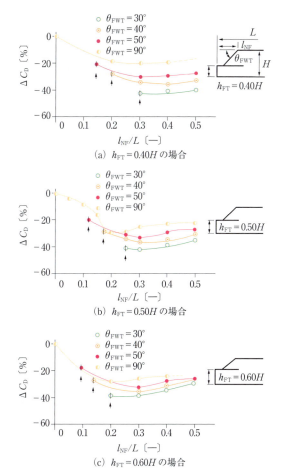

図 3-26 フロントウインドウ折れ点長さ l_{NF} が C_D へ及ぼす影響[14]（ボンネット高さ固定の場合）

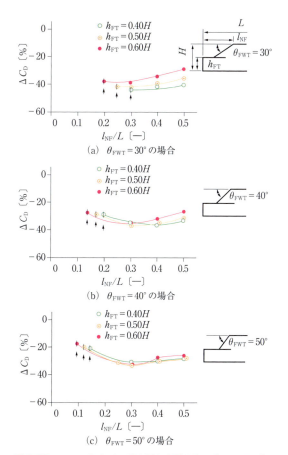

図 3-27 フロントウインドウ折れ点長さ l_{NF} が C_D へ及ぼす影響[14]（フロントウインドウ傾斜角固定の場合）

(2) ノッチバック車体の空気抵抗特性

ノッチバック車体の形状変化に伴う C_D の変化は，形状パラメータが増大するため，箱型車体に比べて多様化する．ここでは，多様化する傾向を近似的に総括し，箱型車体およびノッチバック車体の抵抗変化を統一的に考察することができないかを試みる[12][14]．ノッチバック車体のフロントの主たる形状として，ボンネット面，フロントウインドウ面を考え，リアの主たる形状として，リアウインドウ傾斜面とトランクデッキ面を考えた．実験に用いたモデルは図 3-17 に示すものである．

(a) フロントでの主たる形状と空気抵抗

① フロントウインドウ折れ点およびフロントウインドウ傾斜と C_D

ボンネット高さと全高の比．h_{FT}/H を一定にした場合のフロントウインドウ折れ点長さ l_{NF}，およびフロントウインドウ傾斜角 θ_{FWT} による C_D の変化を図 3-26 に示す[14]．図中に示した ΔC_D は，図 3-18 に示した直方体の箱型モデルの空気抵抗係数を基準としたときの C_D の増減割合である．図中に矢印で示した点は，この点でボンネットが存在しなくなることを示す．図 3-26(a)では，$\theta_{FWT}=30°$ のとき，l_{NF}/L が大きくなるにつれて C_D は増大するが，$\theta_{FWT}>30°$ では，$l_{NF}/L=0.3 \sim 0.4$ において ΔC_D の極小値が存在する．極小値は，図(b)(c)のように，h_{FT} を高くすると顕著になった．

一方，$\theta_{FWT}=$ 一定とし，h_{FT}/H をパラメータにとると，図 3-27 になる．$\theta_{FWT}=30°$ の場合は多少ばらつきがあるが，$\theta_{FWT}=40°$，$50°$ では，h_{FT}/H によらず ΔC_D はほぼ一本の曲線にまとまり，フロント形状に関してはフロントウインドウ傾斜角よりもボンネット高さやフロントウインドウ折れ点長さを変数とみるほうが，C_D の低減は統一的に考察しやすいことがわかる．図 3-27 では，$l_{NF}/L=0.3$ 近傍で ΔC_D が極小になる[14]．形状としては複雑にはなるが，車体形状と ΔC_D には何らかの傾向が見受けられよう．

② ボンネット高さおよび長さと C_D

次に，ボンネット高さおよび長さが C_D に及ぼす影響を図 3-28 に示す[14]．図はフロントウインドウ折れ点長さ l_{NF} 一定として，θ_{FWT} をパラメータにした場合の h_{FT}/H と ΔC_D の関係を示している．ΔC_D は先述と

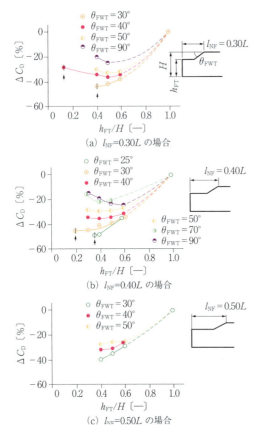

図 3-28 ボンネット長さ l_{NF} が C_D へ及ぼす影響[14]
（フロントウインドウ折れ点長さ固定の場合）

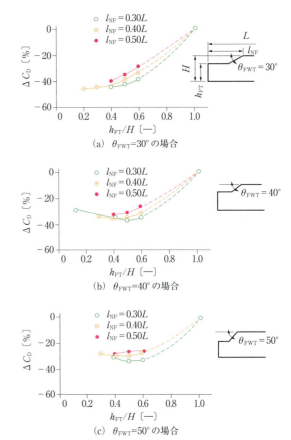

図 3-29 ボンネット高さ h_{FT} が C_D へ及ぼす影響[14]（フロントウインドウ傾斜角固定の場合）

同様の定義である．図中の実線はデータを結んだものであり，破線は推定したものである．この図では，ボンネットが高くなることは，フロントウインドウ折れ点長さを一定としているため，ボンネット長さが長くなることを意味する．$l_{NF}=0.30L$ の場合，$\theta_{FWT}=30°$ では，h_{FT}/H が大きくなり，ボンネット長さが長くなるに伴って ΔC_D は単調に増大するが，$\theta_{FWT}>30°$ では，$h_{FT}/H=0.5$ 近傍で ΔC_D が極小値を示すボンネット高さが存在するようにみえる．$l_{NF}=0.40L$ の場合もほぼ同様で，$\theta_{FWT}=30°$ では，h_{FT}/H とともに ΔC_D は単調に増加するが，$\theta_{FWT}>30°$ では，$h_{FT}/H=0.4$ ないし 0.6 において，ΔC_D の極小値が存在するようにみられる．l_{NF} をさらに大きくした図(c)では，極小値はなくなっている．

このように図 3-28 では複雑な傾向を示すようにみえるが，図 3-27 と同様に θ_{FWT} を一定にし，l_{NF}/L をパラメータとすると，図 3-29 のように，ΔC_D の変化傾向がわかりやすい[2]．すなわち，$\theta_{FWT}=30°$ のときは h_{FT}/H とともに ΔC_D は増大するものの，$\theta_{FWT}=40°$，50° になると，ΔC_D は極小値を示している．この意味することは，最適なボンネット高さが存在するということが推察できる．ここで示される最適なボンネット高さはフロントウインドウ折れ点長さによって異なるものの，次のように推定される．

$l_{NF}/L=0.30$ で，$h_{FT}/H \fallingdotseq 0.50$
$l_{NF}/L=0.40$ で，$h_{FT}/H \fallingdotseq 0.40$
$l_{NF}/L=0.50$ で，$h_{FT}/H \fallingdotseq 0.30 \sim 0.40$

これらの形状を比較すると，一つの共通性を見出すことができよう．すなわち，それぞれの形状に対して，ルーフヘッダとボンネット先端とを結ぶ面が水平となす角度を求めると，それぞれ 25.9°，23.5°，22.1° となっていることである．

③ 主たる形状パラメータとしてのフロント仮想角

フロントの主たる形状と C_D の関係をそれぞれ解析すると，C_D に対する折れ点長さやボンネット高さの影響は，フロントウインドウ傾斜角 $\theta_{FWT}=$ 一定のデータをみるとまとまりが良くなる．すなわち，これは $\theta_{FWT}=$ 一定の見方から，次に定義した仮想角 θ_{FT} を形状パラメータにとると，データはさらによくまとまるであろうことを示唆している．

フロント仮想角 θ_{FT}：ルーフヘッダとボンネット先端とを結ぶ面が，水平となす角度（図 3-30 付図）．

そこで，フロントウインドウ長さ l_{NF} やボンネット高さ h_{FT} をフロント仮想角 θ_{FT} に変えた結果を図

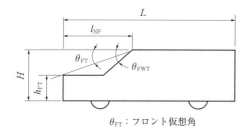

θ_{FT}：フロント仮想角

フロント仮想角の定義

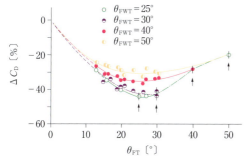

図 3-30　フロント仮想角 θ_{FT} と C_D の関係[12]

3-30 に示す[12]．図中の矢印で示したデータはボンネットが存在しなくなる限界点を示している．また実線はデータの傾向，破線は $\Delta C_D=0$ に向かう仮想曲線である．図中の一点鎖線はボンネットが存在しなくなる限界点を結ぶ包絡線である．図の結果をみると，いずれも l_{NF} や h_{FT} にかかわらず，ほぼ一本の曲線にまとまっており，フロント仮想角 θ_{FT} は，フロント形状について C_D の支配的なパラメータとして考えることができる．加えて，フロントウインドウ傾斜角にかかわらず，$\theta_{FT}=20°$〜$30°$ で C_D は最小値になることを示している．そこで，この図と箱型車体のフロント形状について述べた図 3-18 を比較する．ノッチバックでは仮想角 θ_{FT}，箱型車体は実際の角度 θ_{FW} といった違いはあるが，いずれの図においても $20°$〜$30°$ で，C_D が極小値を示すという共通した興味深い結果が得られる．すなわち，フロント仮想角という形状パラメータを用いることで，ノッチバック車体，箱型車体の主たる形状と C_D の関係を同様に考えることが可能になる．これは車体形状の類型化の可能性を示すと考えられよう．

(b) リアでの主たる形状と空気抵抗

次に，フロント形状よりも複雑と考えられるリア形状について述べる．類型化を可能とする形状パラメータを考えよう．

① リアウインドウ傾斜と C_D

トランクデッキ高さ h_{RT}/H を一定にしたとき，リアウインドウ折れ点長さと全長の比 l_{NR}/L をパラメータにして，リアウインドウ傾斜角 θ_{RWT} が C_D に及ぼ

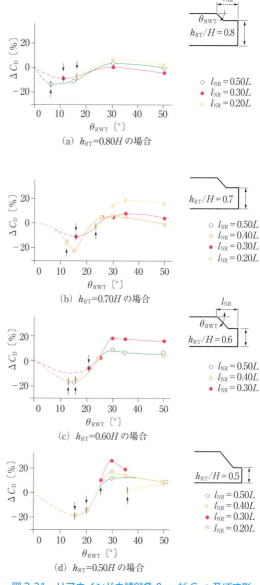

図 3-31　リアウインドウ傾斜角 θ_{RWT} が C_D へ及ぼす影響[14]（トランクデッキ高さが固定の場合）

す影響を図 3-31 に示す[14]．ここで用いた ΔC_D は，図 3-34 付図に示した，ノッチバック車体形状でリア形状が箱型車体の空気抵抗係数を基準とした C_D 低減率である．図中に矢印で示したデータは，パラメータを変えたときにトランクデッキが存在しなくなる，すなわち箱型車体になることを示している．また，図中の破線は $\Delta C_D=0$ に向かう仮想曲線である．図 3-31 に共通する性質は，$\theta_{RWT}≒30°$ の極大と同時に，$\theta_{RWT}≒10°$〜$20°$ の極小が存在するようであること，h_{RT} が低下するに伴って（図(a)→図(b)），その極大と極小の差が大になり，また，極小値も $\theta_{RWT}=10°$〜$20°$ で明確になる．

② トランクデッキ長さと C_D

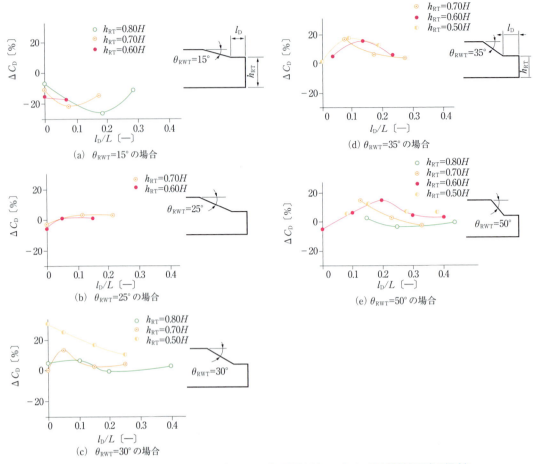

図 3-32　トランクデッキ長さ l_D が C_D へ及ぼす影響[14]（リアウインドウ傾斜角固定の場合）

次に，トランクデッキ長さ l_D と C_D の関係を示す．リアウインドウ傾斜角 θ_{RWT} を一定にして，トランクデッキ高さ h_{RT} をパラメータとしたとき，トランクデッキ長さ l_D と C_D の関係を図 3-32 に示す[14]．図中の ΔC_D は図 3-31 と同様の定義による．図 3-32 は上に凸，あるいは凹となるなど，一見すると図のような表示では C_D 変化の共通性を見出しにくいようである．しかし，図(a)は全体的に $\Delta C_D<0$，図(c)〜(e)は全体的に $\Delta C_D>0$，すなわち抵抗が減少から増大に転じ，かつ特に抵抗が大きくなるのは $h_{RT}/H=0.5$〜0.6 のときである．また図(d)(e)では極大値は l_D/L が大きくなるほうにずれていくなど，ΔC_D の極小値，極大値に注目すると，共通性をもっていることが推察できる．

③　主たる形状パラメータ（リア仮想角）および臨界形状

箱型車体の C_D はリアウインドウ傾斜角 $\theta_{RW}=10°$〜$20°$ で極小，$\theta_{RW}=30°$ で急増し極大になる傾向をもっていた．これに対して，ノッチバック車体ではトランクデッキが付加するだけで，C_D 変化は多様化する．しかし，前項において，何らかの共通性がみえていることを考えて，形状と C_D の傾向を表すパラメータを

考える．前述したように，ノッチバック車体のフロント形状での類推から，ΔC_D に対して次の形状パラメータが想定できる．すなわち，図 3-30 と対照的に，リア仮想角 θ_{RT} を次のように定義する．

リア仮想角 θ_{RT}：ルーフエンドとトランクデッキエンドとを結ぶ面が水平となす角度（図 3-34 参照）．

これまでのデータを，θ_{RT} を変数にしてまとめ直した結果を，図 3-33 に示す．図(a)の $\theta_{RWT}=15°$ では $\Delta C_D<0$ であり，ばらつきがあるものの，図(b)〜(f)では ΔC_D の極大値の付近のみではなく，小さいときも含めてよくまとまっており，θ_{RT} は予期される以上に良いパラメータである．

図 3-34 は図 3-33 をまとめて示したものである．すでに述べたように $\theta_{RWT}=15°$ のときは $\Delta C_D<0$ となり，$\theta_{RWT}>20°$ の他のデータ群とまったく異なった傾向を示す．θ_{RWT} をパラメータにして，これが大きくなるにつれて ΔC_D は全体に大きくなるが，変化の傾向は 2 本の実線によって代表的に示したように，ほぼ相似している．すなわち $\theta_{RT}=20°$〜$30°$ において常に C_D が極大を示している．一方，図中に，箱型車体の臨界形状の場合を破線で示しているが，ノッチバック

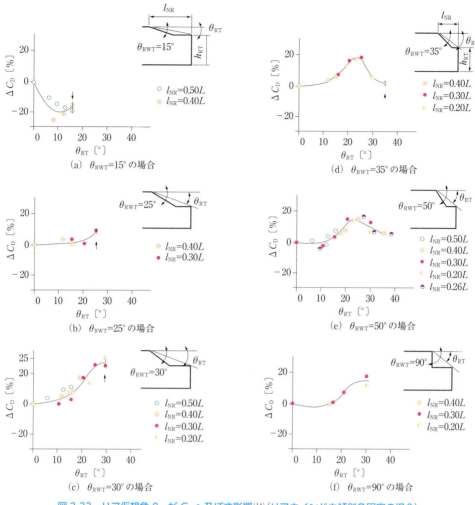

図 3-33 リア仮想角 θ_{RT} が C_D へ及ぼす影響[14]（リアウインドウ傾斜角固定の場合）

車体のデータとも類似している．このリア仮想角 $\theta_{RT}=20°\sim30°$ は，ある意味で臨界形状を表すと考えることができよう．

以上，C_D の増減に関してフロント形状のみならず，リア形状についても仮想角の概念が妥当であることがわかった．リア仮想角を定義することによって，ノッチバック車体のリア形状も箱形車体に近づけて考察できることがわかった．

本項で述べたように，効果的な形状パラメータを導入することでまったく異なると思われる車体形状を類推的に考察することができる．

3.2.2 車体の基本形状での抵抗低減と最適化

複雑にみえる自動車でも，車体を構成する基本形状を考えることで，C_D 低減に関する特徴が見出され，効果的な形状パラメータも明らかになった．次に，この特徴を大まかな車体周りの流れと結びつけて考える．

(1) 箱型基本形状での空気抵抗特性の最適化

箱型車体において，デザイン的に構成される大きな

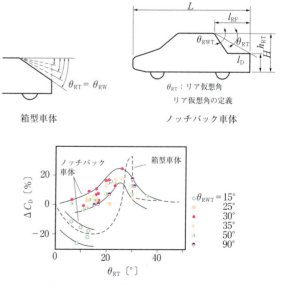

図 3-34 リア仮想角 θ_{RT} と C_D の関係[12]

面として車体形状を考えれば，主たる形状は，フロント形状ではフロントウインドウ傾斜面，リア形状ではリアウインドウ傾斜面とリア平面絞り面であった．箱型車体は，これらの面が単独か，あるいは複合されて存在するとみなせる．

フロント形状については，フロントウインドウ傾斜角 θ_{FW} を大きくするほど，イメージ的には抵抗が減少するように思えるが，実際には，図 3-18 のように $\theta_{FW}=20°\sim30°$ で C_D が極小値を示した．しかも，この特徴的な傾向は，フロントウインドウ傾斜面だけでなく，フロント平面絞りやフロント下端傾斜面を単独でそれぞれ変化させても，同じ傾向が現れた．さらに，フロントウインドウ傾斜面にフロント平面絞りや，同傾斜面に，フロント平面絞りやフロント下端傾斜面が複合化した場合も，フロントウインドウ傾斜単独での低減効果はないものの，やはり $\theta_{FW}=20°\sim30°$ で C_D が極小値を示している．

すなわち，どの面も，あるいは面の複合に対しても，角度 $20°\sim30°$ がフロント形状の C_D 低減を決定する主因子になっている．では，なぜこのような特徴が現れるのだろうか．

この現象を時間平均の流れパターンと対比して考察する．図 3-35 に，フロントウインドウ傾斜角 θ_{FW} を $15°$，$30°$，$45°$ と変えた場合の煙法による流れの可視化を示す[13]．図をみると，フロントウインドウ傾斜角 θ_{FW} が $20°$ より小さい場合(図(a))には，流れはフロントウインドウ下端のリーディングエッジから剥離し，θ_{FW} が $30°$ より大きい場合(図(c))は，フロントウインドウ傾斜面に沿った流れになるものの，ルーフヘッダで剥離している．どちらにしても剥離域が大きくなっている．一方，C_D が極小値を示す流れは ($\theta_{FW}=20°\sim30°$)，リーディングエッジで剥離した流れがフロントウインドウ傾斜面に再付着し，フロントウインドウ傾斜面に沿って流れている．ルーフヘッダでの剥離は小さく，ルーフに流れは再付着している．フロントウインドウ下端，ルーフヘッダともに，基本的に剥離は抑制されている．すなわちフロント形状では，抵抗の増大や低減は，剥離の抑制に結びついていると考えることができる．

一方，リア形状については，リアウインドウ折れ点長さと全長の比 l_{BR}/L とリアウインドウ傾斜角 θ_{RW} を幅広く変えて現象を調べた結果，l_{BR}/L が小さい場合にはリアウインドウ傾斜の影響は顕著でなく，l_{BR}/L がある程度大きい場合に影響が現れた．この場合，リアウインドウ傾斜角 $\theta_{RW}=10°\sim20°$ のときに C_D は極小となる傾向をもち，$\theta_{RW}=30°$ において C_D は急峻なピークを示し，急増する．これは Ahmed が示した臨界形状であった．この現象はリア平面絞り面を単独に変えたときも，θ_{RW} と同様に，$\theta_{RC}=10°\sim20°$ で C_D は

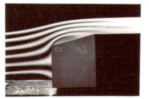

(a) $\theta_{FW}=15°$ の場合

(b) $\theta_{FW}=30°$ の場合

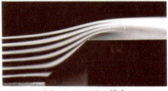

(c) $\theta_{FW}=45°$ の場合

図 3-35　フロントウインドウ傾斜角による流れの可視化[13]

極小になり，$\theta_{RC}=30°$ で C_D が増大する傾向を示している．やはりリア形状についても，流れに対する角度が主因子となると考えられる．しかし，面を組み合わせた場合には，フロント形状のように特徴が残ることなく，臨界形状の抵抗増大は消失した．

これらの現象は，箱型車体におけるリア形状の大きな特徴である．この C_D の増減と臨界形状の後流の現象は，リアウインドウ傾斜面の両サイドから発生する後曳き渦の強弱と，その面上の流れが関係しており複雑である．このことについては，項を改めて車体周りの流れ場構造で述べる．

(2) ノッチバック基本形状での空気抵抗特性と最適化

ノッチバック車体は，箱型車体に比べ，形状パラメータが増加するため，ノッチバック車体の形状変化に伴う C_D の変化は多様化し，複雑化した．ノッチバック車体特有の形状は，ボンネット面，トランクデッキ面を考えなければならない．フロント形状では，ボンネットの面を構成するにはフロントウインドウ折れ点長さ，フロントウインドウ傾斜角，ボンネット長さおよび高さの組合せが必要であった．一方，リア形状では，トランク面は，リアウインドウ折れ点長さ，リアウインドウ傾斜角，トランクデッキ高さを形状パラメータとして考えなければならない．これらのそれぞれを組み合わせた結果をみても複雑であり，上述のように，個々では明確な傾向，知見はみえにくい．

しかし，これらの結果を大きく捉えれば，フロント形状については，フロントウインドウ傾斜角 $\theta_{FWT}=$

一定のときの，フロントウインドウ折れ点長さ l_{NF} およびボンネット高さ h_{FT} の C_D に対する影響には，共通した傾向があることが見出された．一方，リア形状についても，リアウインドウ傾斜角 $\theta_{RWT}=$ 一定のときのトランクデッキ高さ h_{RT}，リアウインドウ折れ点長さ l_{NR} の C_D に対する影響には傾向があることがわかった[14]．

これらの傾向を近似的に総括し，かつ箱型車体の抵抗変化とも統一的な考察を可能にするため，フロント仮想角，リア仮想角の概念を導入した．すなわち，ノッチバック車体をあたかも箱型車体のように見直して，形状変化と C_D の特性を考えることに他ならない．図 3-30 に示したように，フロントウインドウ傾斜角 $\theta_{FWT}=$ 一定とした場合のフロント仮想角と ΔC_D の関係では，フロント形状ではフロント仮想角 θ_{FT} が 20°～30°のとき，空気抵抗が箱型車体と同様に極小になり，しかもフロントウインドウ傾斜角が小さいほど低減効果が大きかった．

一方，リア形状については，図 3-34 のリア仮想角 θ_{RT} と C_D の関係では，リアウインドウ傾斜角 $\theta_{RWT}=15°$ のときは，θ_{RT} が大きくなるにつれて C_D は減少し，リア仮想角 $\theta_{RT}=20°$～30° において常に極大を示し，図中に破線で示した箱型車体の臨界形状の傾向と類似する[12]．ある意味でノッチバック車体の臨界形状が存在することがわかった．フロント形状，リア形状において角度 20°～30°が C_D の増減に大きく影響する主因子である．

そこで，これらの現象を車体周りの流れと対比する．まずフロント形状の場合，図 3-36 にフロント仮想角 $\theta_{FT}=15°$，25°，37°の場合の煙法による流れの可視化を示す[12]．フロント仮想角が小のときは，ボンネット先端のリーディングエッジで大きく剥離しており，フロント仮想角が 20°～30°のときは，リーディングエッジで剥離した後も，フロント仮想角面にあたかも沿うように流れ，ルーフヘッダ（ルーフ後端）から剥離している．フロント仮想角がそれより大きくなるときは，ボンネット先端のリーディングエッジで，剥離した流れがフロントウインドウ面に再付着し，ルーフヘッダからもう一度剥離する．この様子から，空気抵抗が極小になる $\theta_{FT}=25°$ は，フロントで剥離が抑制された状況と対応している．この現象は箱型の場合と類似しており，フロント仮想角という形状パラメータで類型化して考えられることを示している．

一方，リア仮想角 $\theta_{RT}=20°$～30°の臨界形状では車体後方で強い後曳き渦も発生しており，複雑である．そこで，3.3.2(2)項で詳細を述べる．フロント形状では，剥離を抑制すること，リア形状でも車体後方で後曳き渦が発生し，それを抑制することが箱型車体と同様であることは，興味深い共通の現象である．車体

(a) $\theta_{FT}=15°$ の場合

(b) $\theta_{FT}=25°$ の場合

(c) $\theta_{FT}=37°$ の場合

図 3-36　フロント仮想角による流れの可視化[12]

形状の最適化を考える上で重要な点といえる．このような考察を C_L，C_{YM} などの空力特性へも展開することで，車体形状と空力特性全体の体系化，および最適化が可能になる．

3.2.3　細部形状変更による空気抵抗低減の最適化技術

これまで，車体形状の構成における最適化を述べてきた．フロント車体形状では，形状に対する剥離の抑制がポイントであった．この視点で，Hucho らは，車体の細部に対する細部形状最適化の考え方を示している[6]．図 3-6 で，フロントピラーの構造による最適化や，図 3-3 のボンネット先端の曲率を最適化することによる C_D の低減の例を示したが[3]，これらは二次元的にみた流れの剥離の抑制を示している．つまり，自動車車体の各部は，まったくの平面や曲率ではなく，いろいろな構造により凹凸を作っている．その断面形状において二次元的な流れを考え，流れの剥離を最小にすることで，抵抗を低減させようというのが細部形状最適化の考え方である．この考え方は，実際の自動車の開発で，車体の各所で用いられている．

図 3-6 では，フロントピラーとフロントウインドウ，サイドウインドウの断面構造を示している．図中の 1 の仕様では，フロントウインドウからの雨水をサイドウインドウ側へ巻き込まないように，雨水を止めるレインガータが設置されているが，そこからサイド

ウインドウ側への剥離が大きく，抵抗を増大させている．そのレインガータやピラーの断面形状や曲率，サイドウインドウとの段差の工夫により，雨水防止を図りつつ，抵抗を低減させている．また，床下などは多くの足周りの部品やフレームで凹凸が激しく，そのために広くアンダーカバー等で各部位の剥離を抑制している．

最近では，二次元流れだけではなく，三次元的な流れの剥離を最小にする細部形状の最適化技術も定着してきた．それらの中で，タイヤデフレクタの例を紹介する．一般的に，タイヤデフレクタは，タイヤの前に板状のものを立てて，タイヤハウスへの風を押さえることで，タイヤに当たる抵抗を低減する．他にも，タイヤデフレクタには，ブレーキ冷却風とのバランスや，タイヤハウスから車体側面への流れをコントロールする機能が考えられる．図 3-9 のタイヤデフレクタは，それらの機能をうまく発揮できるように，タイヤハウス周りの流れを三次元的に制御しているように考えられる．局所，局所の車体の部位において，二次元的な断面の剥離の抑制や，あるいは三次元的な流れのコントロールにより，各部位での抵抗低減を積み重ねることで，車両全体の C_D を低減することも大切な基本手法である．

3.3 車体周りの流れ場の構造

3.3.1 一般的な車体周りの流れ

車体周りの流れに関する研究は，当然のことながら古くから行われてきた．しかし最近では，数値計算の発達によって，車体周りの流れの様子が容易に可視化できるようになっている．図 3-37 に，一般的なノッチバック車体の車体周りの時間平均の圧力分布を示す．この数値計算は，非圧縮，非定常三次元ナビエ・ストークスの方程式を解いたもので，乱流モデルはLESを用い，エンジンルーム，床下といった自動車の複雑形状を再現できるように非構造格子を用いたものである．格子数は約 4,000 万，節点数は約 3,100 万，境界条件は風洞と同様で，流入は 27.8 m/s の一様流で，流路出口は圧力勾配ゼロの条件を課しており，側壁，天井は自由すべり条件を与えている．図中の白い所が圧力が高く，黒くなるほど圧力が低下している．

この空間を含めた圧力分布から，車体周りの流れの様子を推察してみよう．バンパ，グリルは正圧が高く，よどみ点近傍の現象として理解できる．ボンネット先端の圧力が低下していることから，ボンネットに沿って速く流れる様子が推察できる．先端では多少の剥離も存在するかもしれない．ボンネットからフロントウインドウへ沿う流れも，カウル部では境界層が厚くなり，逆流なども生じ，圧力が高くなる．ルーフの滑ら

図 3-37 ノッチバック車体周りの時間平均圧力分布（計算結果）

かな先端では，流れが速くなり（滑らかでない形状では剥離も発生して）圧力が低下するものの，ルーフに沿ってルーフ後端まで流れることで圧力の低下も回復している．一方，車体側面における，バンパサイド，フロントフェンダでは，側面への流れ込みにより，タイヤハウス周りの圧力を低下させている．この流れは重要であり，車体後方の流れに大きく影響を与える．また，フロントサイドウインドウでは，フロントピラーから剥離した流れの巻込みにより，フロントピラーに沿って，図 3-7 で紹介したように，三次元らせん渦を発生させ，サイドウインドウでの圧力低下を招いている．この渦はルーフの流れに合一していくが，サイドウインドウの負圧を決定し，風騒音に悪影響を与える．

一方，サイドウインドウ下の車体側面の流れは車体に沿って後方へ流れ，リアピラーでは，リアウインドウの後方での流速が速くなることに伴って，リアウインドウ側へ巻き込むための圧力が低下している．トランクデッキ面での巻込みも，ルーフからの流れとともに，この複雑な剥離を生じさせる．この剥離により圧力低下が発生している．

図 3-38 に，ある瞬間の等速度分布を示す．時間平均で示した車体周りの流れは上述通りであるが，実際には図のように非定常に変動している．この変動が激しい流れ場も，どのような流れ構造になっているのか，見ただけでは想像しにくい．しかし，車体の基本となる流れ構造（車体形状の類型化とその流れの類型化）を明らかにすることができれば，非定常な流れも理解ができるであろう．ここについては 3.3.3 項で述べる．

このような車体周りの流れの研究については，これまで大きく二つの方向に分かれてきた．一つは，ボンネット先端，フロントスポイラ，カウル部，ルーフ部，車体サイドなどの部位における剥離流れである．これらは二次元的な剥離である[3]．二次元的な剥離においては，剥離を少なくすることが空力特性の低減に直接

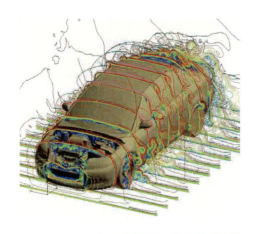

図 3-38 ノッチバック車体周りの非定常な流れ場（計算結果）

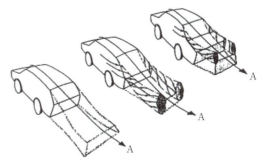

図 3-39 車体形状と後流パターン[4].
ルーフからの流れ A に対して，車体の側面から後部への流れ込みのパターンが車体後部形状によって異なる後流構造の簡単なイメージ図.

寄与する．Hucho らはこの二次元的な剥離に対して，前述の細部形状最適化を提案した[6]．二つ目は，車体後方に発生する後流の構造に関する研究である[2]．しかし，後流については複雑であり，次頁のことが明らかになってきたが，まだ十分に明確ではない．

3.3.2 車体の直後方の後流構造

これまでに，車体の形状変化と空気抵抗の関係から，その中で共通化する現象を述べた．ここでは，その共通化する現象を，類型車体周りの流れ現象として結びつけることを考える．車体周りの流れの中で，箱型車体のフロントウインドウ周りや，ノッチバック車体のボンネット〜フロントウインドウ間の流れのような擬二次元的な流れは，直感的にも類推しやすい[12][13]．そこで，ここではより複雑な現象を示す車体後部近傍の流れや後流について述べる[16][17]．

Hucho らは，イメージとして図 3-39 のように，後部形状が異なる車体について後流のパターンを示した[4]．概念的には理解しやすい表現である．車体後方の詳細な流れについては，Ahmed らが，ノッチバック車体，ファーストバック車体およびスクエアバック車体の車体後断面における後流のパターンを計測して，速度ベクトル分布を求めた（図 3-40〜図 3-42）[4]．この結果からわかるように，ノッチバック，ファーストバック車体の後方には，一対の後曳き渦（Trailing Vortex）が発生し，車体後方で横に広がり，地面に近づきながら崩壊することが確認された．この後曳き渦の循環は，車体から遠ざかるほど弱くなっている．一方，スクエアバック車体では，車体後端面で全体剥離をするために，後曳き渦は見出されない．

(1) 箱型車体の後部形状変化と後流

3.2.1(1)項では，共通する現象として，抵抗が増大する臨界形状について述べた．この後流構造を把握できれば，類型化した車体周りの流れ現象，すなわち

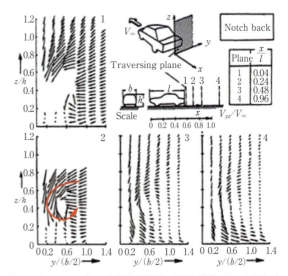

図 3-40 ノッチバック車体後方断面における速度ベクトル分布[4].
車体後方断面 2 に後曳き渦の特徴が現れ，それが後方に推移していく様子が窺える．

抵抗増大のメカニズムを理解することができる．そこで，初めに箱型車体の後部の基本形状変化と後流について考え，抵抗増大と後流構造の関係を推察する．

Ahmed は，ファーストバック車体の後流構造を調べるため，箱型車体にリアウインドウ傾斜角 θ_{RW} を与えた Ahmed モデルを用いて，$\theta_{RW}=30°$ で C_D が急増する臨界形状における車体直後方の流れ場を調べた[15]．$\theta_{RW}=5°〜10°$ では，リアウインドウ傾斜面および両側面に沿って剥離のない流れになるが，$\theta_{RW}=15°$ からはリアウインドウ傾斜面の両端において，リアウインドウ側面から剥離流れが生じ始め，同時に後曳き渦の形成が始まる．後曳き渦は $\theta_{RW}=25°$ から強くなるが，$\theta_{RW}>30°$ ではルーフ後端で流れが剥離し始めるため，リアウインドウ傾斜面の両端から発生する後曳き渦は抑えられ，全体的な剥離となり明確な渦を形成しない．$\theta_{RW}=30°$ のときは，図 3-43 に示すように，リアウインドウ傾斜面に接した剥離泡とリア後端面に接した上下一対の剥離泡，およびこれらより後方に後

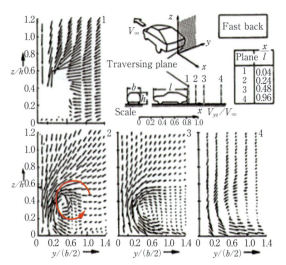

図 3-41 ファーストバック車体後方断面における速度ベクトル分布[4].
車体後方断面 2 に後曳き渦の特徴が顕著に現れ，それが後方に推移している．図 3-40 と比較して，その特徴が強い．

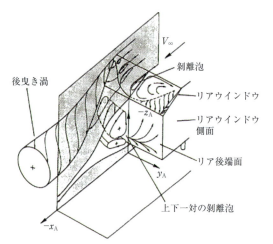

図 3-43 Ahmed モデルの後流模式図[4].
リアウインドウ側端から発生する後曳き渦，それに伴うリアウインドウ面の剥離泡，リア後端面での上下一対の剥離泡と，ファーストバック車体の直後方の渦構造が示されており，図 3-41 のファーストバック車体の結果と一致している．

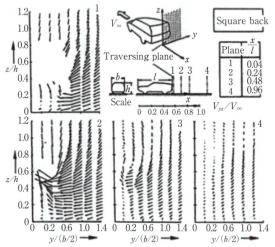

図 3-42 スクエアバック車体後方断面における速度ベクトル分布[4].
車体後方各断面とも，図 3-40，図 3-41 で現れた後曳き渦の特徴は見られず，車体後部形状で全体的な剥離が生じている．

曳き渦と三つの渦が生じることが見出された．

それでは，Ahmed の模式図と，リアウインドウ傾斜面近傍の流れと後流を比較しながら，抵抗増大の現象を考察しよう．まず，車体近傍の流れを推察するために，車体後部各面の圧力分布を示す．図 3-23 で述べた $\theta_{RW}=30°$，$l_{BR}/L=0.185$ のときのリアウインドウ傾斜面，リア後端面，リアサイド面の圧力係数 C_p 分布を図 3-44 に示す．図はモデルの左半分を示している．各面の圧力分布を比較すると，圧力レベルの低下はリアウインドウ傾斜面において最も著しい．リア後端面とリアサイド面上では，この半分にすぎない．C_D の増減には，リアウインドウ傾斜面が最も寄与していると推定できる．また，リアウインドウ傾斜面の

側端では，等圧線が著しく湾曲しているので，この付近で強い渦が発生していることもうかがえる．この流れは，リアサイド面上部の圧力分布がリアウインドウ傾斜面に平行になっていることから，リアサイド面に沿う流れがリアウインドウ傾斜面へ流れ込むことによって生じている．

また，リア後端面の圧力分布をみると，この面の上下に二つの低圧領域が存在している．一つは，リアウインドウ傾斜面からの剥離泡と，もう一つは床下面からの剥離泡である．これらの領域の広さは，Ahmed の模式図とは多少の差異はあるものの，圧力分布と流れの様子はほぼ対応している．

それでは，抵抗増大に最も寄与するリアウインドウ傾斜面の側端近くに注目して，臨界形状における流れを詳細に観察する．リアウインドウ傾斜面の表面流れを油膜法によって可視化した結果を図 3-45 に示す．表面流れの様子をまとめると，図中の下の図のようになる．リアウインドウ側縁のごく近くに強い流れ，その内側にも強い流れがある．その領域は，いずれも側端上端を頂点とする三角形状である．前者(領域 1)の頂角は約 5°，後者(領域 2)のそれは約 40°で，両者の境界は極めて明瞭である(線 A)．領域 2 では，外下向きの流れ(流れ d)と，内下向きの流れ e に明確に分かれている．領域 2 の内側では(領域 3)，流れは弱くなっているが，全体として上方に回り込む流れ(流れ f)，逆流とみられる流れ g が確認できる．さらに，ルーフエッジの剥離境界層とみられる曲線 C 内(領域 4)には，ルーフエッジに沿い両側端にに向かう流れ i がみられる．Ahmed の模式図と各面に現れる様子がよく対応しているのが理解できる．

一方，図 3-46 に，図 3-44 のモデル直後方のタフ

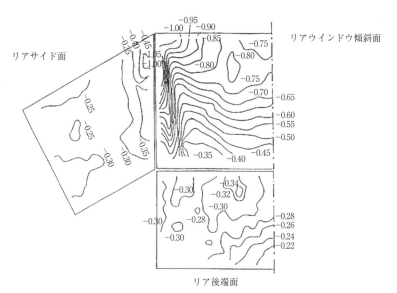

図 3-44 Ahmed モデルの臨界形状におけるリアウインドウ傾斜面，リア後端面，およびリアサイド面の圧力分布[14] ($l_{BR}/L=l_{RC}/L=0.185$)

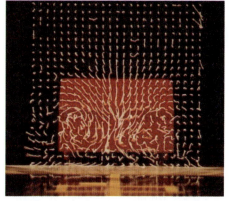

図 3-46 Ahmed モデル直後方の流れの可視化[14] ($l_{BR}/L=l_{RC}/L=0.185$)

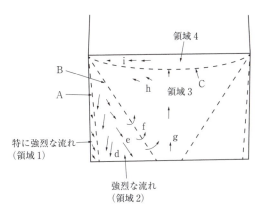

図 3-45 Ahmed モデルのリアウインドウ傾斜面の油膜法による流れの可視化[14] ($l_{BR}/L=l_{RC}/L=0.185$)

トグリッド法による流れの可視化を示す．図から顕著にわかるように，一対の後曳き渦が発生している．リアウインドウ傾斜面の側端に現れた圧力の褶曲分布は，この後曳き渦につながることが明確に推察されよう．臨界形状の抵抗増大は，この縦渦，すなわち後曳き渦の強さに大きく関連している．

しかし，臨界形状では突然，規則性なしに遷移して，

リアウインドウ傾斜面全体が剥離した低抵抗状態になる．この遷移にはリアウインドウ傾斜面の剥離泡が影響しており，武田，郡らは剥離泡の非定常な遷移現象を調べている[18]．彼らは，ドライアイスを温水に入れることで発生するミストをトレーサとして，Ahmed モデルのリアウインドウ傾斜角を変えて，図 3-47 のように，リアウインドウ傾斜面の剥離泡の非定常性を観察した．傾斜角 12.5° では，リアウインドウ傾斜面の上端部から後端部まで，気流は傾斜面に沿って流れている．ところが，傾斜角 25° では，上端部の下流には連続的な渦が生成され，放出された渦は傾斜面に沿って成長しながら下流へ移動する．

傾斜角 27° では傾斜面上の逆流領域も拡大し，29° ではさらに渦の規模が大きくなり，30° の高抵抗流れでは渦の規模，逆流領域が最も大きくなるが，放出される渦はまだ傾斜面に残っている．このとき，放出さ

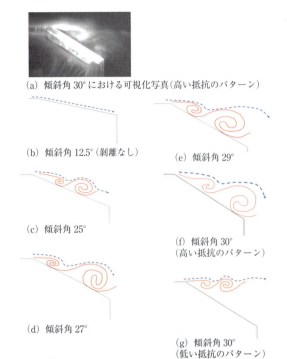

図3-47 Ahmedモデルのリアウインドウ傾斜面における剥離泡の非定常性[18]

図3-48 Ahmedモデルのリアウインドウ傾斜面，リア後端面，およびリアサイド面の流れの可視化[19]（リアウインドウ傾斜角25°の場合の数値計算結果）

計算された平均場の流れは，図3-43の後流模式図，図3-44，図3-45，図3-46の実験結果とも良く一致しており，Ahmedモデルの特徴的流れ場が計算されている．

れる渦の成長速度や対流速度には変動がみられ，このため，剥離せん断層の上下動の差が大きくなって不安定になっている，と武田，郡らは述べている．高抵抗から低抵抗への不安定性を詳細に観察した結果，彼らは，高抵抗のときに発生しているリアウインドウ傾斜面の下流側の渦(図(f))が傾斜面後端部でわずかに停滞し，そのとき上流側の渦がこの渦に乗り上げるために，上流側の渦が傾斜面から離脱するようにうかがえると示している．そして，低抵抗側の流れ(図(g))へと遷移する．しかし，これはまた高抵抗側の流れへと戻ることもあるとしている．このように，抵抗増大には，リアサイド面からリアウインドウ傾斜面への巻込みと，リアウインドウ傾斜面の剥離泡の発生とその流れの変化が影響していることがわかった．

この遷移の詳細なメカニズムは，数値計算が活用できる現在でもまだ明確ではない．ただ，平均場での流れのパターンについては，数値計算結果と上述の現象は良い対応を示している．DuncanらはLattice-Boltzmann法を用いて，モデルの近傍ではボリュームセルをモデル高さhの$h/220$まで細かくしてAhmedモデルの解析を行っている[19]．リアウインドウ傾斜角30°の計算では，高抵抗状態から低抵抗状態の全体剥離に遷移してしまい，高抵抗状態の流れ場は示されていない．しかし，傾斜角25°の時間平均の流れ場を図3-48のように示してあり，図は特徴的な流れ場の流線を示している．傾斜面上の剥離泡の状態，

傾斜面両端からの剥離による渦，リア後端面の剥離泡，そして後曳き渦へとつながる様子は，上述の実験による流れの状況を示している．

また，先述の武田，郡らも，非圧縮性RANS方程式を用い，乱流モデルにRealizable k-ε モデルを，壁面近傍の流れの対流項には二次風上を適用して，Ahmedモデルの計算を行っている[20]．主流風速は60 m/s，車体全長に基づくレイノルズ数は4.29×10^6である．リアウインドウ傾斜面の剥離泡の計算での再現が重要として，傾斜面の車体表面にプリズム格子を用い，格子点数500～600万で，前頭部から胴体部は最小格子幅を0.4 mm，傾斜面上は最小格子幅を0.01 mmとする細密な格子を用いて計算を行った．計算格子を密にすることで，実験で現れたリアウインドウ傾斜面の両端の強い巻込みの渦と傾斜面上の剥離泡が現れることを示している．平均場の流れは，やはり上述のイメージである．このような遷移を伴う流れ場では，やはりモデル表面の格子生成や壁面の扱いなど，まだ課題がある．しかし，より計算速度の速いコンピュータで，表面も細密にして計算することで，高抵抗から低抵抗への遷移の詳細な様子を把握することは可能になろう．

(2) ノッチバック車体における抵抗増大の後流

Hackett，Cogotii[21][22]らも，古くから後流の総圧分布や速度ベクトル分布を示しているが，ノッチバック車体の後流は，後曳き渦を伴った大規模な渦構造をしている．図3-49にノッチバック車体，ハッチバッ

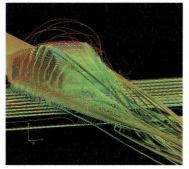
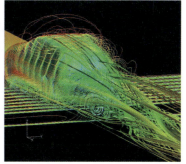

(a) ノッチバック車体（$C_D = 0.27$）　　(b) ハッチバック車体（$C_D = 0.31$）

図 3-49　ノッチバック，ハッチバックの車体周りの流線（数値計算結果）

ク車体の数値計算での車体周りの流線を示す．図からわかるように，車体直後方から強い後曳き渦が発生し，抵抗の大きな車体では，その渦は顕著になる．しかも，図 3-38 に示されたように，車体周りの流れ場は三次元の非定常な乱流場である．これらのそれぞれの変動や流れは，最終的には後曳き渦へと集約されるであろう．車体周りの流れと後曳き渦の関係は次項で述べることとし，ここではノッチバック車体でも抵抗が増大した臨界形状での車体直後方の流れを対象とする[16]．

一般的に三次元の鈍い物体では，後曳き渦は発生しやすい．したがって，ノッチバック車体で C_D が急増する場合には，後曳き渦の強調だけでなく，車体後面の圧力を直接決定する車体直近傍の後流構造が，C_D の増大を左右すると考えられる．そこで，図 3-50 のような 1/5 スケールモデルの解析例を用いて，3.2.1(2)項で述べたノッチバック車体における臨界形状の後流のイメージを明らかにする[14]．

(a) 車体近傍の後流構造

後部形状は，C_D が増大する臨界形状に至ると，車体の近傍の後流が急激に複雑化する．このことは時間平均量でも明らかに示された．図 3-51 は図 3-50 のスケールモデルでの $\theta_{RT}=10°$，25°（臨界形状），および 35° におけるリアウインドウ，トランクデッキおよびリア後端面の各面（中央より右側半分）の表面における時間平均圧力分布 p を比較したものである．圧力分布は，臨界形状のときに，リアウインドウからトランクデッキの全面にわたって最も複雑かつ込み合い，圧力係数 C_p が $-0.3 \sim -0.4$ の強い圧力低下が広い範囲に生じている．この複雑さは，車体の形状抵抗が著しくなることに対応している．

後流が複雑になっても，乱れの最大渦は車体幅程度の規模をもつと考えられる．そこで初めに，油点法により，抵抗が大きい一般的ノッチバック車体（実車）のリアウインドウおよびトランクデッキの表面流れを可視化した．結果は，図 3-52 のように鮮やかな模様を描き，表面付近にはリアウインドウからトランクデッ

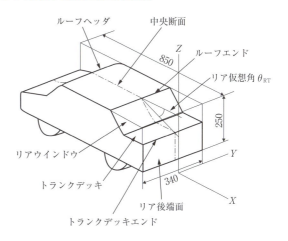

臨界形状モデル
（$\theta_{RWT} = 50°$，$\theta_{RT} = 25°$，$l_{NR}/L = 0.26$）

図 3-50　実験に用いた臨界形状モデル[16]

キにかけて，規則性をもった流れが存在することがわかった．図(b)は図(a)の流れる方向を模式化したものである．

そこで，その規則的流れの実態を捉えるために，臨界形状モデルのリアウインドウ傾斜面上にスモークワイヤを張り，三次元流れの可視化を試みた．その結果の一例（風速 $U=4$ m/s）を図 3-53 に示す．それぞれの図は立体象を捉えるように，左車体後方斜め上より，0.3 秒間隔で連続撮影したものである．通電を始めた直後の図(a)ではリアウインドウ傾斜面で逆流が発生しており，これは図 3-52(b)の流れ D，E に相当する．一方図 3-53(a)では，リアウインドウ側端近くに下降する流れ（図 3-52(b)の流れ A に対応）も捉えられている．

多数の可視化写真をまとめると，図 3-52 の流れ A および D，E は高速度で次のように変化している．流れ A は，リアウインドウからトランクデッキにかけて車体側面に拡がる渦に急成長していく（側面渦）．一方，流れ D は上向きに向かい（流れ E），リアウインドウ上端近くで強い渦となり，これが左右に急速に広

(a) $\theta_{RT}=10°$ の場合　(b) $\theta_{RT}=25°$ の場合　(c) $\theta_{RT}=35°$ の場合
　　　　　　　　　　　　　　　（臨界形状）

図 3-51　リア仮想角によるリア主要面上の圧力の変化[16]

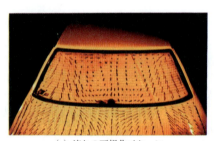

(a) 流れの可視化パターン

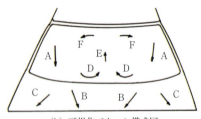

(b) 可視化パターン模式図

図 3-52　実車後部表面（リアウインドウ，トランクデッキ）の流れの可視化[16]

がっていく（ルーフエンドの渦，流れ F）．

これらの流れ模様を模式図として図 3-54 に示す．同じ回転方向の二つの渦がそれぞれ近くで独立して存在することはなく，側面側とルーフエンドの渦（図の渦 I と K）は互いにいつかはつながり，一つの渦軸をもった横 L 字型の渦（左右の L 字型の渦がつながりアーチ状の渦となることもある）になり成長を終えると考えられる．L 字状であるから，この状態で安定して存在し続けることは考えにくい．実際は，これらは直ちに掃流されてしまう．図 3-53(c) はリアウインドウ近くから掃流されつつある状態を示している．このように短時間のうちに後流構造が急変する．抵抗増大にも密接に関係するこれらの渦を，ここでは総称してアーチ渦と呼び，また実態を述べるときは L 型渦と呼ぶこととする．

(b) 後流の不安定性

実際には，L 型渦は左の渦が強くなる場合と右の渦が強くなる場合とがあり，図 3-53(b) では右側へ強く巻き込み，左に比べて大きな渦を形成している．右側の L 型渦は，リアウインドウ中央で左側の小規模 L

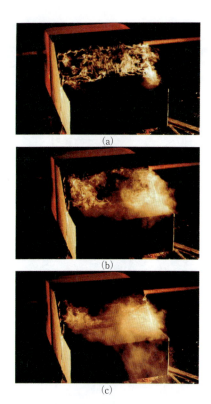

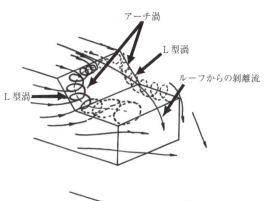

図 3-55 ノッチバック車体臨界形状における後流構造の模式図[16]

図 3-53 アーチ渦の偏りの可視化例．リアウインドウにスモークワイヤを設置した場合[16]（$\theta_{RT}=25°$，0.3秒間隔，主流風速 4 m/s）

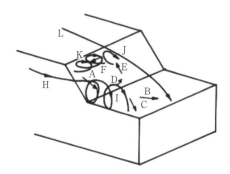

図 3-54 リアウインドウおよびトランクデッキの渦構造を含む後流模式図[16]

字型渦と分離しており，流出する際に左側に引き寄せられながら（トランクデッキ中央に寄って）流下している．これが，統計的には左右交互に生じるのが基本パターンとであると推測される．時間平均的にはアーチ渦といえるだろう．このように渦の発生〜流出によって，ルーフからの剥離流は，ルーフエンドから吹き下ろしたり水平へ流れたりと，交互的に変化する．しかも吹き下ろしによって後曳き渦の循環は大きくなる．L型渦の渦度はやがて後曳き渦のそれと合体するのであろう．

図 3-55 に車体直後方の渦の発生〜掃流過程を模式図としてまとめた．この図は，左のL型渦の発生〜掃流をイメージしたものである（ルーフエンドの渦端は中央である必要はなく，ルーフエンド上のいずれかであり，基本的にはルーフエンドの左右端であると考えられる）．アーチ渦が発生し始めるときには（たとえば図 3-53(b)），ルーフから吹き下された剥離流がトランクデッキ後端に衝突しているときであり，アーチ渦が流出するときは，剥離流が水平あるいは斜め上方に向かう．このことに注目すると，アーチ渦は，ルーフエンドからの剥離流が作る弧状面とリアウインドウおよびトランクデッキで囲まれた空間に，後流が閉じ込められたときに発生し，成長すると推察される．すなわち，抵抗が増大する臨界形状はアーチ渦が最も発生しやすい形状であり，そのきっかけはルーフからの剥離流が後流域を最も大きく閉じ込めることによると推定できる．したがって，前述のリア仮想角の概念は，ルーフからの剥離流をトランクデッキ後端に向かって直線近似したとみなすことができる．

リア仮想角が小である場合，つまり，トランクデッキが高く，長い場合には，剥離流はトランクデッキに再付着し，アーチ状のパターンは多少なりとも存在するが，閉じ込み空間が小であるため，抵抗が大きくならない．リア仮想角が大である場合，つまり，トランクデッキが低く，短い場合には，リアウインドウ後方が全体的な剥離になり，トランクデッキ後方からリアウインドウ傾斜面の逆流を誘起することに対応し，抵抗も小さくなっている．このように，車体直後方の流

れと結びつけることで，第一次近似ではあるが，リア仮想角の物理的意味を理解できる．

L型渦発生の間欠性を確認するため，リアウインドウ後方のトランクデッキ上の空間で速度 u の同時計測を行った結果では(モデル長さ基準のレイノルズ数 $Re=0.85×10^6$)，リアウインドウ直後方とトランクデッキ側端の相互相関はラグタイム $\tau=0$ において負になり，位相は反転していた[16]．つまり，側面から回り込む流れは渦に巻き上がるが，そうでないときは流下することを裏づけている．また，トランクデッキ側端とデッキの後端における $\tau=0$ 付近での相互相関は高く，一方，トランクデッキ後端の左右の相互相関は広い時間にわたって位相が反転しており，L型渦が交互に流出することに対応することもみられた．このモデルにおける速度の変動は，後流の中央部分において速度 $U=15.8$ m/s のとき，20～30 Hz 程度の周波数が卓越しており，最大渦の関係性と結びつけられる．

実際の実車は複雑な曲率をもつため，これまで述べたように，後流構造は簡単ではない．したがって，実験的にはその流れ構造を明確にすることは難しいが，最近の数値計算を行った結果では，サイドウインドウからのリアウインドウへの巻込みとルーフからの剥離とで，リアウインドウ傾斜面にアーチ状の渦が発生し，それが非定常的に変動していることがみられる．

（c）Ahmed モデルの後流との比較

ここで，ノッチバック車体の後流構造と Ahmed らが解析したモデルの後流構造を比較する．両方とも，C_D 増大に関係する渦構造が類似していることが直感的にも理解できる．上記のL型渦の構造から考えると，Ahmed モデルでは，リアウインドウとトランクデッキの間の空間がないことから，リアウインドウ表面の境界層が薄くなり，ルーフ後端の渦発生が弱いため，L型渦は形成せず，ルーフ後端の左右端からリアウインドウ傾斜面の側端に沿った強い直線状の渦が発生する．このように考えれば，渦構造の類似性は説明できる．すなわち，ノッチバック車体，箱型車体の後部でL型渦，あるいはリアウインドウ側端に発生する渦の強さが，後曳き渦とつながりをもって車体近傍の圧力を低下させ，C_D の増大を決定づけると推察できる．このような概念で後流構造を推察すれば，類型化した流れ構造の考え方を示すことができよう．

次に，図 3-38 に示されたような車体周りの全体の流れ構造を考える．車体全体がどのような渦に支配され，それらがどのように関連し，空気抵抗を増大させる車体後方の後曳き渦につながっているのであろうか．一般的なノッチバック車両を例として，空気抵抗を増大させる車体周りの一般的な渦構造のイメージを試みる[23][24]．

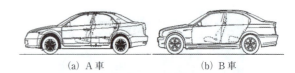

(a) A車　　　　　　　(b) B車

図 3-56　供試車両

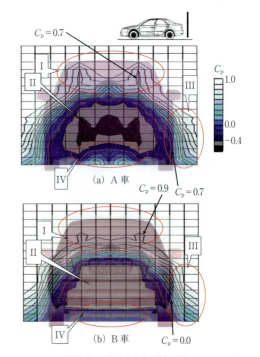

図 3-57　車両後方の総圧分布[23]（車両後方 250 mm）

3.3.3　空気抵抗を増大させる車体周りの流れ場
(1) 車両の空気抵抗の違いと車体後方流れ

図 3-56 に示した A 車と B 車の空力特性は，A 車 $C_D=0.32$，$C_{LF}=0.09$，$C_{LR}=0.11$，B 車 $C_D=0.30$，$C_{LF}=0.11$，$C_{LR}=0.08$ である．C_D の差は 0.02 である．実際の自動車開発では 0.02 の値は大きい．基本的に車両の形が決まると，$\Delta C_D=0.02$ の低減は困難なレベルであろう．そこで，A 車，B 車の後流の差を調べることで，空気抵抗を増大させる車体周りの渦構造を考える[23]．

図 3-57 に A 車と B 車の車体後方 250 mm の Y-Z 断面(2.4 m×1.5 m)における後方からみた総圧分布を示す．図(a)の A 車をみると，図中に示した I～IV の領域に総圧の特徴的な流れの様子が観察された．I には，リアウインドウ後方に一対の角のような総圧の褶曲した分布がみられる．II には一対の総圧が大きく低下した領域を示している．これはトランクデッキ直後方の運動量が損失した領域に相当し，一対のパターンは，これまでに述べた自動車の大きな特徴である後曳き渦の存在を示していると推察できる．III は車体サイドから後方へ流れるパターンを示している．IV は床下の流れであり，ここにも一対の流れのパターンが

50

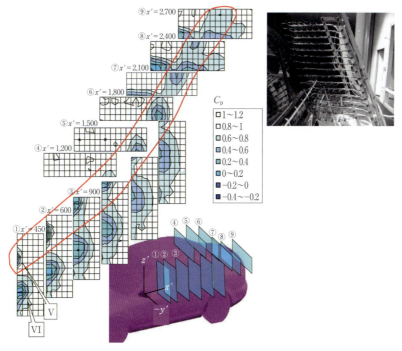

図 3-58 サイドウインドウおよびルーフでの総圧分布[23]

みられる．

一方，図(b)のB車では，A車との違いとして，Ⅰの一対のリアウインドウ後方の褶曲部分がとても弱くなっている．Ⅱの総圧低下も，A車ほど著しくはない．Ⅳの一対のパターンも消失している．A車とB車の後流の著しい違いとして，ⅠとⅣの流れが特徴的である．そこで，まずⅠの流れについて述べる．

(2) フロントピラーからトランクデッキ上の流れの構造

(a) トランクデッキ上の流れ

A車のリアウインドウ後方の流れを明らかにするため，図 3-58 の付図に示した治具（キール管）を用いて，サイドウインドウからルーフおよびトランクデッキにかけて総圧分布を求めた．具体的には，ミラーからの局所的な座標で，フロントピラー上端，すなわちルーフの先端（図中①）の位置から，図に示した間隔でy-z断面の総圧分布を計測した結果を示す．図中，①～③はサイドウインドウでの結果であり，④～⑥はサイドウインドウとルーフの，⑦～⑨はリアウインドウからトランクデッキ面のy-z断面の結果を示している．

図の①では，図中に示すⅤとⅥに総圧の低下がみられる．Ⅴの領域は，図 3-7 にも示したサイドウインドウの風騒音に影響するフロントピラーから発生する渦と考えられる．Ⅵはミラー後方に発生する渦に対応する[3]．ミラー後方の渦は，サイドウインドウに沿って図中の②～⑥へと後方に広がりながら移動している．Ⅴの渦は，図中の③～④の位置で，サイドウインドウから少しずつルーフ側へ移動し，⑤のルーフ後端位置ではルーフ上に移動している．さらに，後方の⑦，⑧，⑨では，この渦はリアウインドウからトランクデッキ上へとつながっているようにみられる[23]．

図 3-59 には，A車のトランクデッキ上の総圧分布の詳細を示す．各断面は，図に示された局所的な座標軸（トランクデッキ中央で後端）によるものである．図の白い矢印で示した総圧低下の領域は，⑩の位置から⑬の位置までつながっている様子を示す．図 3-58 で示されたフロントピラーから発生した渦はルーフへ移動し，トランクデッキへの特徴的な流れにつながっていることがわかる．これらの結果から，図 3-57(a)のA車に示したⅠの領域は，この低圧領域が車体後方に移動したものと考えることができよう．

(b) フロントピラーからの渦の流れの可視化

次に，このフロントピラーからの渦の移動を流れの可視化によって確認する．実車であるA車のフロントピラーの断面形状を修正するのは大変なため，すでにフロントピラー断面が大きな曲率半径をもつC車を用いて，フロントピラーの形状変化と，それによる渦の発生とその移動を調べた例を示す[23]．

図 3-60 に，そのときのC車の車体形状および，大きく尖らせた改造の断面形状を示す．図中には，変更した段差とフロントウインドウからの面に対するピラーの角度を示している．図(b)はC車オリジナルのフロントピラー断面のものである．ちなみに，A車は段差21 mm，角度28°，B車は段差16 mm，角度

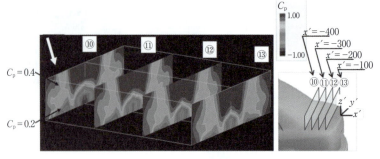

図 3-59　トランクデッキ上の総圧分布[23]

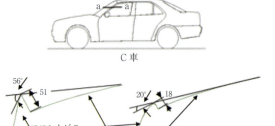

図 3-60　C 車におけるフロントピラーの断面（a-a 断面）[23]

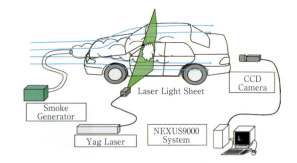

(1) フロントピラー後の断面

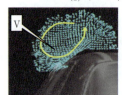 

(2) ルーフセンターの断面

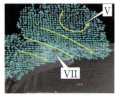 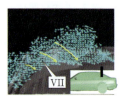

(3) ルーフエンドの断面

(a) 修正ピラー C 車　　　　(b) C 車

図 3-61　PIV 法を用いたサイドウインドウおよびルーフ周りの流れの可視化[23]

26°である．図 3-61 に，図 3-60(a)(b)の断面形状における，PIV による流れの可視化結果を示す．PIV は，図 3-61 の付図に示したように，車体側方から Yag Laser を用いて煙による流れを可視化し，車体後方の CCD カメラで画像を記録して処理している．

図 3-61 は，各位置での速度ベクトル分布を示した．フロントピラーを尖らせた改造 C 車において，フロントピラー後端の(1)では，サイドウインドウ近傍の速度ベクトルは，図中の矢印で示したように，明らかに反時計回りに回転していることがうかがえる．さらに下流のルーフ中央の位置(2)では，反時計回りの回転を保ち，サイドウインドウからルーフへ移動している．(3)のルーフ後端の位置では，ルーフ上には，反時計回りの回転を残しながら，一方で，サイドウインドウ側からリアウインドウ上へ入り込む流れ((3)の図中の VII)と合流している．これらの連続した可視化からも，図 3-58 の①における V の領域は，図 3-61 の V の領域と考えることができよう．

一方，曲率半径が大きなピラーの C 車の場合，図(1)のフロントピラー後端の位置では，特定の渦が観察されない．さらに図(2)のルーフ中央の位置でも特定の渦はなく，図(3)ではサイドウインドウから巻き込むような流れのみが観察された．フロントピラーの曲率半径が大きくフロントピラーでの剥離が顕著でない場合，図 3-57(a)の I の特徴的な流れのパターンは弱いと考えられる．

図 3-62 に，フロントピラーを尖らせた改造 C 車とオリジナルの C 車における車体後方 250 mm の総圧分布を示す．図(a)では，上述のように，フロントピラーからの渦が移動の結果，リアウインドウ後方に総圧の褶曲した一対の分布（線で囲んだ領域）につながっている．また，フロントピラーの渦が弱い図(b)では，

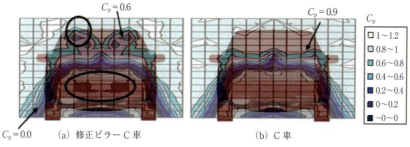

図 3-62　C 車車両後方の総圧分布（車両後方 250 mm）[23]

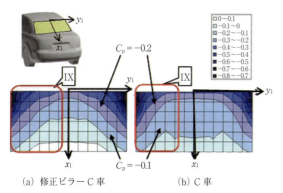

(a) 修正ピラー C 車　　　　　(b) C 車

図 3-63　C 車におけるリアウインドウ傾斜面の圧力分布[23]

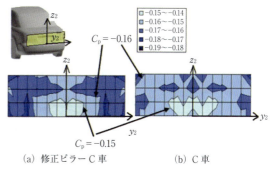

(a) 修正ピラー C 車　　　　　(b) C 車

図 3-64　C 車におけるリア後端面の圧力分布[23]

PIV の可視化のように特徴的な流れのパターンは現れていない．図(a)は，A 車の図 3-57(a)の I の褶曲した一対の総圧分布と同様な流れのパターンである．すなわち，フロントピラーの形状によって渦が発生する場合，その渦はルーフを経由して，リアウインドウ後方へ流れ，後曳き渦へ合流すると考えられる．

(c) フロントピラー渦と空気抵抗の増大

ここでは，そのフロントピラーの渦の発生と空気抵抗の関係について述べてみたい．図 3-62(a)(b)の C 車における車体後方の総圧分布を比較すると，明らかに，(a)はリアウインドウ後方とトランクデッキ後方に総圧の低下，すなわち運動量の低下を確認できる．

そこで，この二つの仕様差によるリアウインドウ傾斜面とリア後端面の表面圧を 100 mm 間隔で計測した．それぞれの結果を，それぞれの座標軸で図 3-63 と図 3-64 に示す．図 3-63(a)では，(b)に比べて，リアウインドウの線で囲んだ IX の領域で，等圧線が斜めになり，かつ密になっている．この分布から，フロントピラーの渦が，ルーフおよびサイドウインドウから強い流れをリアウインドウへ導いていることもうかがえる．ただし，面圧の低下をみると，分布からは(b)のほうの面圧が少し低下しているようにもみられる．図 3-64 のリア後端面では，(a)は面圧の低下が著しく，しかもトランクデッキの両サイドでの低下が特徴的である．このことは，強い後曳き渦の存在が推察できる．これらの圧力分布から，空気抵抗成分のみを積分し，

C_D 差として換算した結果，フロントピラー渦の発生がある(a)は，(b)に比べ ΔC_D=0.043 ほど悪化していた．この車両は同じ C 車であり，違いはフロントピラーの形状だけである．この形状差によるフロントピラーの渦の発生は，リアウインドウ，リア後端面の圧力低下を発生させ，空気抵抗増大に影響を与えていることがうかがえよう．

(d) 数値計算にみられるフロントピラー渦

ここで，参考として A 車に戻り，A 車の数値計算による車体周りの流れを示す．この計算における車両モデルは，エンジンルームなし，床下は実車相当を模擬したものである．計算格子は構造格子を用いており，空間も含めて約 1,000 万の格子であり，車体は 4 mm 程度の段差形状まで再現している．この計算により求めた車体周りの等速度面を図 3-65 に示す．図は一様流速 U で無次元化した速度 u=0.7 の面である．図をみると，フロントピラーとミラー後方に，車体表面から少し盛り上がった面があり，図 3-58 の①断面の V と VI の領域が再現されていることがみられる．フロントピラーの渦に相当する流れは，図 3-65 の図中の線で囲んだように，車体後方の図 3-57(a)のリアウインドウ後方の I の領域へつながる様子を示している．A 車とまったく同じ形状ではないが，数値計算からもフロントピラーの渦がルーフへ移動し，リアウインドウ後方から後曳き渦へ移行する様子は確認できる．

(e) トランクデッキ上の流れ構造

空気抵抗が大きな A 車の特徴的な流れとして，図

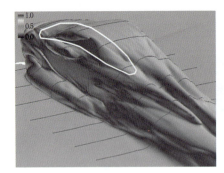

図 3-65　車両の等速度面（$u=0.7$ CFD 結果）[23]

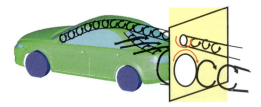

図 3-66　ノッチバック車両の車両後方の流れの模式図[23]
フロントピラーからの渦は，車体後方から見て反時計回りに発生し，その強さにより，車両の抵抗等を支配する車体後方の後曳き渦を強化する特徴を持つ．

3-57(a)のⅠの領域の流れに着目して，その流れの現象を捉えてきた．ここで，これらの現象を整理して流れの構造を考え，図 3-66 にその模式化を試みた．図は車体の左半分の流れを示している．図 3-57(a)のⅠの総圧が褶曲した分布は，フロントピラーに発生する渦が，サイドウインドウからルーフに移動し，リアウインドウの後方に流れることが理解できる．その渦の回転方向は，車体後方からみて反時計回りであり，車体後方の後曳き渦に上方から合流する．

一般的な，車体左側の後曳き渦は，図のような，車体後方からみて時計回りの回転方向をもっている．図 3-62(a)でC車のフロントピラーの渦を強くした場合，トランクデッキ後方の総圧の低下が顕著になり，結果として後曳き渦が強くなっていることも推察できた．このこともあわせて考えると，この流れ構造の特徴は，図 3-66 に示されたように，フロントピラーの渦が強く回転すると，リアピラーからトランクデッキへ巻き込む流れを強くさせ，その流れによって結果的に後曳き渦を強化させる方向に導いていることである．

(3) 車体側面の流れ構造

図 3-57 の車体後方の総圧分布をもう一度みると，Ⅱ領域は，自動車車体の後流の大きな特徴である後曳き渦の存在を示しており[1]，Ⅲは車体サイドから後方へ流れるパターンを示している．Ⅳは床下からの流れであり，ここにも一対の流れのパターンがみられる．しかし，(b)のB車では，A車と比較して，Ⅰの領域が弱いだけでなく，Ⅲの領域も広がりが弱くなり，Ⅳの一対のパターンもなくなっている．その結果として，Ⅱの総圧低下も，A車ほど著しくはない．ここでは，A車とB車における後流の違いとして，Ⅲの特徴的な流れについて考える[24]．

(a) 車体サイドの流れの構造

図 3-67 に，フロントタイヤ中心の局所的な座標で，図中に示した $y'\text{-}z'$ 断面におけるA車の車体サイドの総圧分布を示す．フロントタイヤ中央位置の断面である②の図をみると，図中ⅤとⅥで示した二つの低総圧域が存在している．また，タイヤ後端の③の位置では，この二つの領域がつながるとともに，後方では車体の外側へ広がる様子を示す．この流れのパターンをみるため，前後タイヤの中間である図中の④の位置において，タフト法による側面の流れの可視化を試みてみると，車体後方からみた断面で，上と下とに二つの時計回りの流れをみることができた．図 3-67 に示された総圧の低下は，この二つの流れによって構成されると考えられるが，これらの流れは三次元で複雑である．そこで，数値計算を用いて流れ構造を考えてみよう．

フロントピラーの渦で示した数値計算から，フロントバンパとタイヤハウス周りの流線を図 3-68 に示す．フロントバンパから車体サイドへ回り込んだ流れはタイヤに当たり，車体後方からみれば，時計回りに回転した流れを生じている．一方，タイヤハウスから出た流れは，フロントバンパから出た流れとは独立して，後方からみて時計回りの流れを形成する．タフトにより観察された流れは，この現象を捉えていたのである．同じ方向の流れパターンが近傍で存在する不思議さは，数値計算による流れの可視化から，それぞれ発生が異なる流れであることが示される．

さらに，図 3-67 における総圧分布の流れを理解するため，図中の③，④，⑥，⑧の断面における速度ベクトル分布の数値計算結果を図 3-69 に示す．③の位置では，流線で示されたタイヤハウス周りの発生の異なる流れに対応して，後方からみて時計回りの上下の流れが確認できる．④の断面では，図中の矢印のように，実験によりみられたタフトの流れと同じⅦとⅧのパターンが確認できる．下の流れは，地面に当たり，車体床下からの流れも伴って，車体の外側へ広がると考えられる．⑥，⑧の断面のⅦ，Ⅷのパターンからは，トランクデッキのサイド付近で上下の流れが一つになるような傾向を示している．

これらの現象から，車体サイドの流れについて，図 3-70 のように模式化を試みた．図に示すように，フロントバンパからの渦とタイヤハウスから発生した渦が車体サイドで外側に広がりながら，車体後部では重なるように上方への流れとなり，トランクデッキ上面へ巻き込む流れ構造になっている．図のように，車体サイドの流れの方向は後曳き渦と同じ回転であるため，

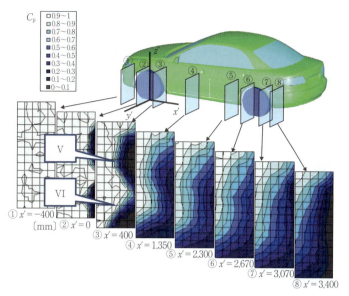

図 3-67　車両側面の総圧分布[24]

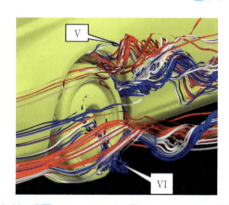

図 3-68　車両のフロントタイヤ周りの CFD による流線[24]

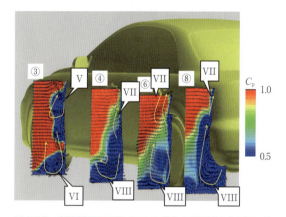

図 3-69　車体側面の速度ベクトル分布と総圧分布[24]（CFD）

車体サイドの流れが強くなれば，後曳き渦も強くなると考えられる．また，この車体サイドの流れは，フロントバンパの両端の形状や，あるいはエンジンルーム床下の形状，および車体のフェンダ等の形状差に伴う流れによっても影響されると考えられる．このタイヤ

図 3-70　車体側面の流れの模式図[24]
フロントのタイヤハウスから大きく二つの渦が発生し，その強さにより車体後方の後曳き渦を強化する特徴を持つ．

ハウス周りの流れは，車体の抵抗低減だけでなく，操縦安定性からも近年注目され，この詳細な流れ構造の研究が進められている[31]-[33]．

（4）車体の床下流れの構造

次に，図 3-57 の IV の領域である床下流れについて考えよう．図 3-71 に A 車の地面から 100 mm の位置での床下 X-Y 断面における総圧分布を示す[24]．図 (a) は風洞実験における結果であり，図 (b) は数値計算における結果である．実験における総圧分布をみると，床下のエンジンルームの下の辺りから，IX の記号で示したように，車体の後方まで一対の総圧の大きな領域が存在している．総圧が大きいということは，基本的に流れが速い領域と考えられる．この一対の流れの間の領域（X の記号）は，総圧の低下が大きく，遅い流れが生じている．数値計算の結果も，ほとんど同様なパターンを示している．

図 3-72 には，風洞実験におけるトランクデッキ後端の床下出口での総圧分布を示す．図は，地面から 40 mm の Y-Z 断面（高さ 310 mm，幅 960 mm）で，車両の後方からみたものである．この図からも，床下の中央部は遅く，左右一対の速い流れの領域が確認できよう．床下の流れも複雑であるため，詳細な実験は難

第 3 章　車体周りの流れ場と空力特性

しい．そこで，これまでと同様に，数値計算による流れの可視化を試みる．

その床下の Y-Z 断面の速度分布を図 3-73 に示す．図は車体後方からみた図である．図(a)のエンジンルームの床下出口の速度分布をみると，エンジンルームから，図中の矢印のように，吹き出した流れが地面に当たり，左右両側へ強く広がっている様子が見受けられる．この広がる方向の流れから，図(b)のトランクデッキ下部での速度分布では，左右一対の流れが誘発されている．車体の左側では，反時計回りの回転であり，右はその逆である．これらの結果から推察すると，風洞実験による総圧分布の図(a)(b)の床下における特徴的な流れは，床下中央より速い流れをもった一対の渦と推察できる．

しかし，一対の渦は理解されたが，この床下流れが実際に空気抵抗に影響するのであろうか．これを考える一つとして，A 車の床下の燃料タンク前(図 3-74 の付図に示した矢印の位置)に，幅 300 mm, 高さ 35 mm の鉄板を Y-Z 面で取り付け，床下の流れに直面して，板を取り付けることを試みた．この状態での図 3-72 と同位置での総圧分布を図 3-74 に示す．図の総圧分布は床下中央に流れが集まったパターンになっており，板によって明らかに床下の流れが乱され，特徴的な一対の渦が崩壊していることが示されている．この場合の C_D を測定すると，この板によって $\Delta C_D = -0.004$ の改善がなされていた．力で示すと，この抗

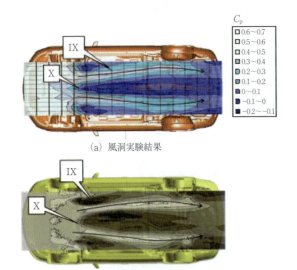

(a) 風洞実験結果

(b) CFD 結果

図 3-71　床下の総圧分布[24]
(地面より 100 mm の水平断面)

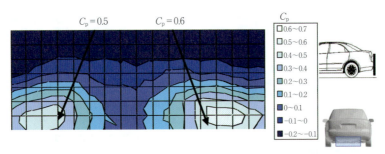

図 3-72　トランクデッキ下端の床下出口の総圧分布[24]

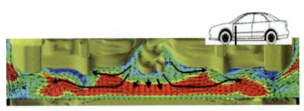

(a) エンジンルーム出口

(b) トランクの下

図 3-73　床下各断面の速度ベクトル分布[24] (CFD 結果)

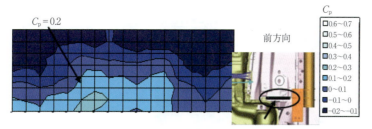

図 3-74 床下に板をつけた場合のトランクデッキ下端における床下出口の総圧分布[24]

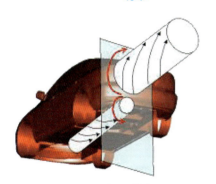

図 3-75 床下流れの模式図[24]

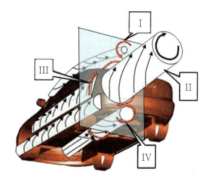

図 3-76 ノッチバック車両の車体周りの流れの模式図[24]
車体上部 I,側面 II,床下 IV のそれぞれの渦構造が強くなれば,結果的に車両の空気抵抗を支配する後曳き渦を強化する方向に働く特徴を持つ.

力の改善は 7.8 N である.天秤の抗力の測定精度の限界である 0.59 N から考えると,低減効果は明らかであった.

普通であれば,流れ方向からみたら抵抗となる板を付けるため,抵抗は増大すると考えられるが,実際には車両の空気抵抗は改善されている.このことは,床下に存在する一対の渦の発生が,車体全体の空気抵抗の増大に影響を与えたと考えることができる.

図 3-75 に,上述の床下流れと後曳き渦の様子を模式化して示す.エンジンルームの下はアンダーカバー等で均一に流れる傾向があるが,アンダーカバーの後端で,エンジンルームから吹き降ろす流れ,およびその後方の床下の平滑形状に起因して,車体の左では反時計回りの流れが発生すると推察される.図に示すように,この床下の渦が強くなれば,車体後方の後曳き渦の回転を強くする構造になっている[24].

(5) 空気抵抗を増大させる車体周りの流れ構造

C_D に,0.02 の違いを有する A 車と B 車の車体後流の総圧分布から,空気抵抗増大に影響を与えると考えられる I~IV の特徴的流れ場を明らかにしてきた[23][24].ここで,これらの流れを総合して,空気抵抗を増大させる車体周りの流れ場を考察してみよう.

図 3-76 に,これまでに調べてきた車体周りの流れ場の模式図をまとめて示す.図中には,図 3-57 で示した特徴的な領域の記号を示している.整理すると,フロントピラーの渦(I)はサイドウインドウから,ルーフを通り,トランクデッキ上へ,車両後方からみて反時計回りで後曳き渦に合流する[24].フロントバンパから回り込む流れおよびタイヤハウスから吹き出す流れ(III)は,時計方向の回転をもち,車体後方では,まとまる形でトランクデッキ上方へ巻き込む.エンジン冷却風等によって床下に発生する渦(IV)は,反時計回りで後曳き渦に影響を与える.

興味深いこととして,それぞれの特徴的 I,III,IV の渦や流れが強くなればなるほど,空気抵抗に支配的である後曳き渦を強化させる方向に働くと考えられる.すなわち,ピラーの段差やフロントウインドウの曲率などで,フロントピラー周りの渦を強くすると後曳き渦も強くなる.また,フロントバンパ形状やタイヤデフレクタ,あるいはタイヤハウスからの吹き出し,タイヤ形状などによってタイヤハウスからの渦が強化されることで,後曳き渦が強くなる.床下でも,床下の渦が強くなると後曳き渦が強くなる.したがって,前述のように,床下の抵抗となる板を設定しても,全体としては後曳き渦が弱くなり,抵抗が小さくなったと考えられる.

以上の考え方を確認するため,A 車に図 3-77 の付図のように,フロントピラーの断面形状変更と床下に平板のアンダーカバー等を取り付けた A 改造車を作成した.A 車と同様な後流の総圧計測の結果を図 3-77 に示す.A 車改の空力特性は,C_D=0.30,C_{LF}=0.09,C_{LR}=0.07 である.A 車の図 3-57(a)と比較すると,A 改造車はフロントピラーの形状変更と床下平滑化などによって,フロントピラーの渦(I),お

第 3 章 車体周りの流れ場と空力特性 | 57

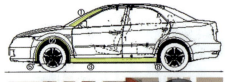

① フロントピラー曲率半径の拡大
② 前輪ホイールアーチ隙の縮小
③ サイドスカート
④ エンジンルーム下カバーの平滑化
⑤ フロントタイヤデフレクタ
⑥ センタフロアカバー
⑦ リアサスペンション前のカバー
⑧ リアタイヤデフレクタ

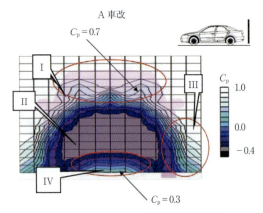

図 3-77 A車改の車体後方の総圧分布[24]（車体後方 250 mm）

よび床下に発生する一対の渦(IV)が弱くなっている．また，車体サイドの流れ(III)も，A改造車は横への広がりが少ない．それぞれの個別の流れと後流の総圧分布の関連は紙面の都合上割愛するが，A改造車では，車体直後方の後曳き渦に対応する(II)の総圧の低下は緩和されており，それぞれの特徴的な渦や流れの総合的な結果として，空気抵抗の低減が推察される．実際に，風洞の C_D 測定では，A改造車は $C_D = 0.30$ であり，A車に比べ $\Delta C_D = -0.02$ の低減がなされていた．つまり，空気抵抗増大に特徴的 I，III，IV の渦や流れが強くなると，それらの特徴的な流れが，空気抵抗に支配的である後曳き渦を強化させる方向に働き，A車の空気抵抗は増大したと考えられる．

すなわち，デザイン自由度が高い自動車車体の空気抵抗低減を考える場合，局所的な部位での抵抗を考えるだけでなく，図 3-76 に示されたように，車体全体の渦構造を弱めることを意識しながら造形することで，自動車のデザインを認めながら，抵抗を低減できることを示している．実際の自動車の開発ではデザインの自由度は非常に大きく，曲率の与え方などはそれぞれのスタイリングですべて異なる．したがって，このようなスタイリングや床下の凸凹によって車体左右の流れのバランスは異なり，これまで述べた後流の構造もそれに応じて変化する．

このような状況の中で，C_D の増大（これまで C_D 増大として述べてきたが，渦による後流の負圧の増大であり，C_L，C_{YM} などにも同様に関係する）をいかにして低減するかを考えなければならない．これには，これまで述べたような類型化された基本的な流れ構造をイメージしておき，それをもとに変更する形状と空力特性の関係を推察することが重要になる．

ここまでは C_D 低減を中心として，正対風の車体直後方の流れについて述べてきたが，これまで示した車体の類型化とその類型車体周りの流れ場は，横風も含め，揚力，横力，モーメントなど空力6分力を考える上でも知見を与えてくれる．詳細な共通する流れが解析されれば，もっと細かに，デザインを保ちながら空力特性を改善するアプローチもみえてくると考えられる．

3.4 車体周りの非定常流れの現象と非定常な空力特性

これまでに，空気抵抗を低減するための車体に関わる基本的な渦構造を示してきた．しかし，車体周りの流れ場は図 3-38 に示されたように非定常な流れ場である．これまで述べたように，時間平均的な渦構造からの車体に関わる力学的な関係は理解できたが，非定常な流れにおいてもダイナミックな力学的関係が推察される．しかし，時間平均以上に車体周りの非定常な流れは難しい．加えて，非定常流れは，C_D 低減では

直感的に感じることすらできない．そこで，これらの非定常な空力を理解するために，実際に人が感じられる高速の直進安定性から，車体に関わる非定常空力特性，流れ特性を考えることとする[25]．

3.4.1 高速直進安定性に伴う車両挙動と非定常流れ

自動車の高速直進安定性は，サスペンションや車体剛性等だけでなく，時速100 km以上の高速では，車体の空気力学も強く影響することが知られている[2]．ここでは，非定常な空力特性の一例として，実際の高速走行時に車両がふわふわ揺れたり，あるいは逆に，しっかり安定したりするように感じられるピッチ方向の空力的挙動(空力ダンピングの現象)について考えてみたい．ここでは，その現象が非定常流れと結びついていることを示し，定常の空力だけでなく，非定常な空力の解析の重要性を述べる[26]．

従来，自動車の高速直進安定性に関する空気力学(空力)開発では，代表特性として時間平均の揚力係数 C_L，ヨーイングモーメント係数 C_{YM} を小さくすることが求められてきた．しかし，実際の自動車の開発の中で，我々は，ほぼ同様な C_L，C_{YM} であっても，高速の安定性に差があることを経験している．そこで，これまでの車体周りの流れ場で述べてきた図 3-57 のA車とB車を用いてこの安定性を考える．A車とB車の空力特性をみると，両方の車両のフロント揚力係数 C_{LF}，リア揚力係数 C_{LR} の値は，前後のバランスの差はあるものの同等レベルである．仮に，車両の C_{LF}，C_{LR} がそれぞれ0.1として，前面投影面積 2.0 m² の車両が時速200 kmで走行したときに，前輪，後輪にそれぞれかかる揚力はたかだか378 N程度である．揚力を抑えることが単純に高速安定性に良いならば，人一人が同乗すれば安定性が良くなるということになる．しかし，これまでの経験から，そのようなことも言い難い．これらのことは，時間平均の値である C_L，C_{YM} も確かに高速直進安定性に重要な要素ではあるが，時間平均的な空力特性では示せない非定常空力がもつ未解明なことがあるのではないかと推察できる．

(1) 高速直進安定性と車高変動

A車とB車の C_{LF}，C_{LR} は，多少のバランスの違いはあるがほぼ同じレベルであるが，図 3-78 に示すように，操縦安定性を開発する専門家の官能評価では，時速 180 km の高速直進安定性はA車に比べB車のほうが勝っていた．

そこで，この官能の差を捉えるため，まず走行中の車両挙動を調べた．図 3-79 に示すレーザ変位計を用い，静止時の車高をゼロとした時速 180 km でのA車のフロント車高 H_1，リア車高 H_2 の時間変化を計測した．結果を図 3-80 に示す．実走テストに用いた自動車試験場の周回路は，三角形のためバンクと直線路が交互になっているが，図はそのまま走行した状態の結果である．H_2 の変動は H_1 に比べて大きく，しかも図中に示した矢印のタイミングでは特に大きく変動している．

同様に，同じ路面を走ったB車の結果を図 3-81 に

図 3-78　高速直進安定性の官能評価[25]
ここでの標準は，専門家による市販されている車両の平均的な評価を基準にしている．A車から車体周りの流れ場のみを変えたA車改で，高速直進安定性の評価が向上している．

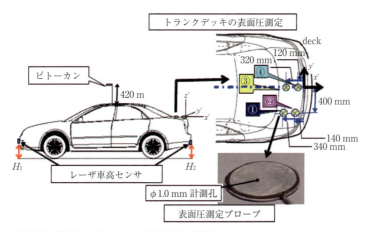

図 3-79　車高とトランクデッキ面の圧力計測[25]
車速はルーフのピトー管で，車両の前後の車高はレーザ変位計で計測している．トランクデッキ表面の圧力測定プローブは，3.3.3項での述べた車体周りの流れ場から適切な位置に設置している．

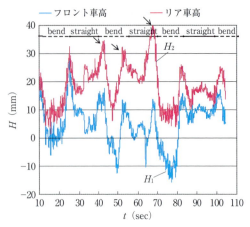

図 3-80　A 車両の前後の車高変動[25]
フロントの車高は比較的に小さく安定しているが，リアの車高はテストコースの位置により，大きくかつ変動しているのが顕著である．

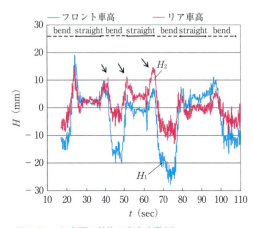

図 3-81　B 車両の前後の車高変動[25]
B 車両は，前後共に同じような車高変化のレベルであり，それぞれのテストコースの位置で，前後の車高変化は同様な傾向を示している．

示す．B 車は，車高変動そのものが A 車に比べて全体的に 10 mm 程度少なく，変動そのものも弱い．フロント車高 H_1 の変動は A，B 車ともにあまり変わらないが，B 車ではリア車高 H_2 の変動が極めて少なくなっている．また，B 車は A 車にみられるある路面の場所でも変動が小さい．これらの結果からみて，高速直進安定性の官能評価で B 車が優れているのも理解できるであろう．

(2) 車高変動とトランクデッキの圧力変動

車高の変動は，サスペンションやダンパ，また車体剛性によっても大きく影響を受けるため，これだけでは空力としての議論は難しい．そこで，車体に受ける圧力と車高の関連を調べる．図 3-79 に示したように，トランクデッキに 4 個の表面圧力測定プローブを取り付け，車高の走行計測と同時に圧力計測も行い，車両挙動と車体周りの流れとの関連性を考えた．

図 3-82，図 3-83 に，A 車，B 車の計測開始から

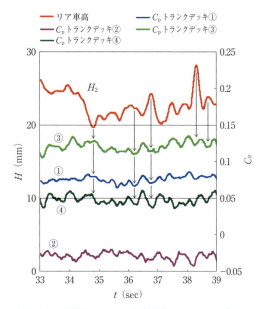

図 3-82　走行中のリアの車高変化とトランクデッキの圧力分布[25]（A 車）
①，③，④のトランクデッキの圧力は，リアの車高が高い時には低く，リアの車高が低い時には，高くなる傾向を示している．

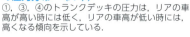

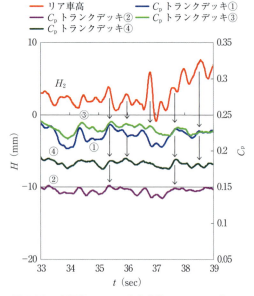

図 3-83　走行中のリアの車高変化とトランクデッキの圧力分布[25]（B 車）
①，②，③，④のトランクデッキの圧力は，リアの車高が高い時には高く，リアの車高が低い時には，低くなる傾向を示しており，A 車とは逆の傾向が見える．

33〜39 秒における同じ場所の車高変化とトランクデッキ各点の圧力係数 C_p を示す．C_p は車速の動圧基準である．両車の車速は，ルーフに取り付けたピトー管の動圧で一致させている．図 3-82 の A 車では，リアウィンドウ下端③の位置で $C_p=0.13$ レベル，①，④のところでは $C_p=0.05〜0.08$ レベルの正圧であるが，

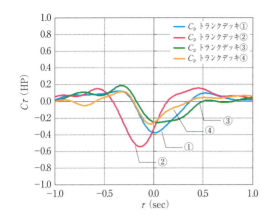

図 3-84 A車両における車高変化と圧力変動の相互相関[25]
①〜④の圧力変動は，車高に対して負の相互相関を示している．これは，リアの車高が上がった時には，トランクデッキ表面の圧力は下がることを示しており，車高を更に引き上げる方向の力が働くと推察できる．

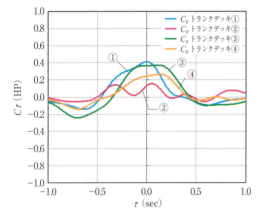

図 3-85 B車両における車高変化と圧力変動の相互相関[25]
図3-84とは逆の傾向であり，B車両はリアの車高が上がった時には，トランクデッキ表面の圧力は高くなり，車高の上昇を抑える方向の力が働くと推察できる．

②では負圧になっており，トランクデッキ面の外側では車体を引き上げる圧力になっている．一方，図3-83のB車では，A車とは異なり，①〜④までC_p=0.15〜0.24とすべて大きな正圧で，車体を押さえる圧力になっている．このことは，B車はC_{LR}が小さいことを確かに裏づけている．

しかし，圧力変動と車高変動との関係はA車とB車で異なるようにみえる．リア車高H_2が上下変動するときの圧力の変動をみると，図中の矢印で示すように，A車は車高が上がったとき，トランクの圧力は下がる傾向を示す．しかし，B車は逆で，車高が上がったときは圧力が上がるようにみえる．この現象を明らかにするため，図3-84，図3-85に車高変動と各点の圧力変動の相互相関係数$C\tau$(HP)を求めた．図3-84のA車では，ラグタイムτがゼロ近傍で，②の位置は，$C\tau$(HP)=−0.6レベル，①，③，④は$C\tau$(HP)=−0.4〜−0.2レベルと，どの圧力位置でも負の相関を

もっている．この意味は，車高が上がったとき，トランクデッキの圧力は下がるということであり，車高が上昇すると車体周りの流れが，さらに車高を上げる方向に増長させるということを示している．B車の相互相関係数$C\tau$(HP)は，逆に，①と③の位置では，$C\tau$(HP)=0.4レベル，②と④は$C\tau$(HP)=0.2レベルであり，いずれにしても正の相関をもつ．すなわち，B車は車高が上がるとトランクデッキ面の圧力は高くなり，車高の上昇を車体周りの流れが抑制する方向に作用している．

言い換えると，定常な揚力による力だけでなく，非定常な車高変動が生じるとき，車体周りの非定常な流れが車高を増長，抑制させているということになる．

3.4.2 高速直進安定性をもたらす車体周りの非定常流れ場

前項で示した高速直進安定性をもたらした現象は，単純にサスペンションやダンパ，車体剛性等の違いによるものであろうか．ここでは，前述の車両挙動と車体の周りの非定常流れ場や特徴的な渦構造との関係について考える．

(1) 風洞と実走によるトランクデッキ上の流れ

A車とB車は，図3-57に示した車体後流の総圧分布のように，空気抵抗増大に影響を与えるI〜IVの特徴的な流れ場を有していた．その車体周りの流れ場は，図3-76のように推察されている[25]．

繰り返しになるが，フロントピラーの渦(I)はサイドウインドウから，ルーフを通り，トランクデッキ上へ反時計回りで後曳き渦に合流する．フロントバンパから回り込む流れ，およびタイヤハウスから吹き出す流れ(III)は，時計方向の回転をもち，車体後方ではまとまる形でトランクデッキ上方へ巻き込む．エンジン冷却風の吹出しによって床下に発生する渦(IV)は，反時計回りで後曳き渦に影響を与える．この模式図からわかるように，空気抵抗増大に特徴的I，III，IVの渦や流れが強くなると，空気抵抗に支配的である後曳き渦を強化させる方向に働いている[23][24]．この車体周りの流れ構造から推察すると，車高の変動に伴って，車体を取り巻く，図のような渦が揺れて非定常的に車体に影響を与えることが容易に推察できる．

(a) 特徴的な車体周りの流れを抑制することによる車高変動とトランクデッキの圧力変動の関係

A車とB車ではサスペンションや車体の構造が異なるので，車体の特徴的な渦との関係を議論しにくい．そこで，A車の特徴的な渦に着目し，その流れだけを変えて，車高変動とトランクデッキの圧力変動の関係を調べることを試みた[25]．そこで，3.3.3(5)項で述べたA車に，フロントピラーの曲率半径を大きくした形状変更と床下に平板アンダーカバー等を取り付

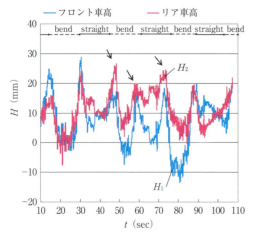

図 3-86　A 車改の前後の車高変動[25]
　図 3-80 における A 車両のリアの車高変動が抑えられ，図 3-81 の B 車両の変動に近い傾向になっている．サスペンションや車体剛性等は同じ車両でも，車体周りの流れ場の違いでこの差が生じている．

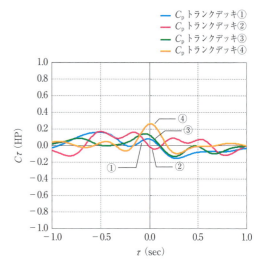

図 3-88　A 車改における車高変動と圧力変動の相互相関[25]
　相互相関係数の値としては顕著な特徴は現れないが，図 3-84 の A 車両の現象が消失し，むしろ図 3-85 の B 車両の傾向に近いものが示されている．

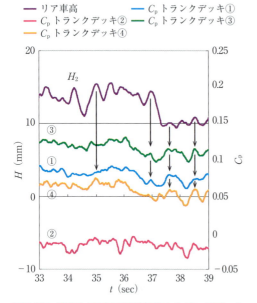

図 3-87　走行中のリアの車高変化とトランクデッキの圧力分布[25]（A 車改）
　図 3-82 の A 車両の傾向が緩和され，図 3-83 の B 車両の傾向が見受けられる．

けた図 3-77 の A 車改が，B 車と A 車の中間程度の渦構造であったことを活用して，A 車改で同様の実験を行った．
　A 車改の車高変動を図 3-86 に示す．図 3-80 の A 車の変動と比較すると，A 改造車は，フロント車高 H_1 の変動はそれほど変わらないが，リア車高 H_2 においては平均して 10 mm 程度，A 車よりも変動が弱くなっている．しかも，図中の矢印のように，ある路面の変動においても小さくなっており，どちらかというと B 車に近い．

　次に，これまでと同じ条件で計測した車高変動とトランクデッキの走行による圧力変動を図 3-87 に示す．図 3-82 の A 車と比較すると，A 車改におけるトランクデッキ上の①と③の圧力レベルはあまり変わらないが，②と④の圧力は多少圧力が高くなっている．また，車高との変動に着目すると，車高が高くなるとき，圧力も高くなるような様子もみられる．
　そこで，これらの相互相関を求め，その結果を図 3-88 に示す．図をみると，①～③は，ラグタイム $\tau=0$ 近傍で相互相関係数 $C\tau(\mathrm{HP})=0 \sim 0.2$，④では $C\tau(\mathrm{HP})=$ 約 0.3 と正の相互相関係数をもっている．図 3-84 の A 車の相互相関係数では，どの位置の圧力変動も，車高に対して明確に負の相関であったが，A 車改では，正の相互相関の傾向に変わっている．このことは，車高が高くなったとき，トランクデッキの圧力は高くなり，車高を押さえる方向の力が働いていることになる．図 3-85 の B 車ほどその傾向は強くはないが，少なくとも，車高が高くなったときに，トランクデッキの圧力が下がり，さらに車高を高く増長させるようなことはなくなっていると考えられる．A 車改は，A 車とサスペンションも車体の剛性も同じ車である．変わったのは車体周りの流れだけである．その流れの変更だけで，A 車から B 車の特徴に変わっている．すなわち，空力ダンピング（車両挙動の変動抑制）が生じている．実際の高速直進安定性における専門家の評価を図 3-78 に示した．A 車改は，B 車ほどの安定性にまで改善されてはいないが，少なくとも，A 車よりも高速直進安定性が改善された結果となっている．
　改めて，図 3-77 の A 改造車の車体後方 250 mm で

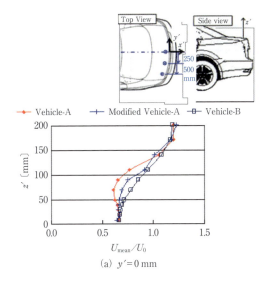

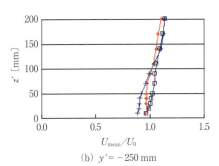

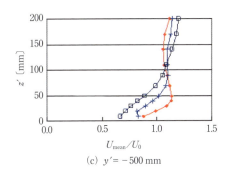

図 3-89　A車，A車改，B車でのトランクデッキ上の速度分布[25]（風洞実験結果）

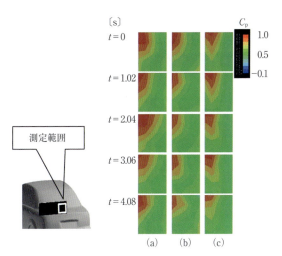

図 3-90　トランクデッキ上の瞬時の総圧分布[25]（走行時，(a) A車，(b) A車改，(c) B車）

の総圧分布をみると，図 3-57(a)のA車と比較して，A車の特徴的な一対のⅠの渦は存在するものの，総圧の低下も弱く，その領域も少し狭くなっている．床下の一対の渦Ⅳも消えている．Ⅲの領域も広がりが少し弱いようにもみえる．まさに，流れの面からも，A車改はA車からB車に近づいている．

(b) 高速直進安定性とトランクデッキ上の非定常流れの関係

次に，トランクデッキ上の流れの具体的な状況をみるため，風洞実験におけるA車，A車改，B車のトランクデッキ上の速度分布を図 3-89 に示す．速度分布の計測位置は図中に示す．図から，(a)トランクデッキ中央の $y'=0$ mm の分布では，A車は，トランクデッキ面から 70〜80 mm で速度の欠損が大きくなり，そこから上方の速度は急増するが，B車では，壁面からリニアに速度が増加している．(b)の $y'=-250$ mm では，双方ほとんど変わりはない．しかし，(c)のトランクデッキ外側の $y'=-500$ mm では，A車は壁面から 50 mm 程度で速度が大きくなり，それより上では速度は減少する．一方B車は，ここでも壁面から上方へリニアに速度が増加している．A車改はどの速度分布も，A車とB車の中間の状況を示している．この速度分布からみても，A車は模式図のⅠとⅢの流れの影響を受け，トランクデッキ面は横からの流れの流入が強くなり，これらの流れによって，トランクデッキ上の流れが混合されていることがうかがえる．言い方を変えると，トランクデッキ面が三次元的な複雑な流れ構造をもち，時間的にも変動していると考えられる．一方B車は，そのような混合が少なく，トランクデッキ面が一様な流れで，二次元的な定常に近い流れになっていると推察される[25]．

実際の車高変動を伴うトランクデッキ上の非定常な現象を詳細に計測することは難しい．そこで，簡易的に風洞にて，通常の車高と車高を 50 mm 上げたときのトランクデッキ上の流れの差をみると，トランクデッキ上で，これまで述べたように，A車はフロントピラーからの渦によるの総圧分布が，車高が高くなると低下しているのが確認できた．一方，A改造車は車高が上がってもほとんど変わらない．車高の固定と実際の車両振動では流れ場は異なると考えられるが，少なくともA車は，トランクデッキ上の図 3-57 のⅠの流れに強弱が生じており，上述の三次元的な流れ場が変化していると推察される．つまり，A車改は，車高の違いに対して，変化の少ない鈍い流れ場である

と推察された．

そこで，この特徴に注目して，A車，A車改，B車のトランクデッキ面上の空間での総圧の時間変化を実走行状態にて調べてみた．図 3-90 に，図 3-59 で計測したキール管をトランク後端に取り付け，3.9 Hz で計測したある時刻を起点としたときの約 1 秒間隔の総圧分布を示す．実走行試験では図と同様の面で計測は難しいため，図 3-90 の付図の白い枠（5×5 点，50 mm 間隔）での計測を行っている．

図をみると，(a)の A 車は，時刻 $t=0$ の流れの速い領域（分布図の左上方の領域）が，$t=2.04$ では，右へ広がり，等圧間隔も広がる．すなわち，走行の車高の変動等によって，速度の速い領域が強くなり，トランクデッキ中央へ移動する非定常で三次元的な流れであることがうかがえる．A 車における揺れは，図 3-57 の I の流れおよび III の変動に関連があるのではないかと推察できよう．

一方で，(b) A 車改と(c) B 車をみると，流速の速い総圧領域は横方向への動きが明らかに弱く，一定の位置での上下の強弱になっている．つまり，A 車改と B 車のトランクデッキ面の流れは，車高変動による横からの混合は少なく，ルーフからリアウインドウ，トランクデッキへと流れる二次元的な流れ場が主流になっているようにみえる．この流れ場のイメージ図を図 3-91 に示す．

高速直進安定性は，サイドからトランクデッキに入る非定常流を抑制し，トランクデッキ上の流れの変動を少なくする二次元的な流れ場と関連していることがみえてきた[25]．そこで次に，このメカニズム解明のため，トランクデッキ上の流れが，複雑で三次元的な流れになる三次元モデル（3D）と，きれいにトランクデッキに沿って流れる二次元的な流れの二次元モデル（2D）を作成して現象解析を試みた．

(2) トランクデッキ上の三次元的流れ場と二次元的流れ場

空力ダンピング（車両挙動の変動抑制）のメカニズムによる流れの制御を考える．

(a) モデルによる再現

実車モデルよる過渡的な車高変化の計算は難しいため，図 3-92 に示すように，実車の後流を再現した三次元モデル（3D）と二次元モデル（2D）を用いて解析を試みる．図(a)の三次元モデルは，前端形状は剥離をなくし，床下はフラットである．加えて，フロントピラーを角ばらせ，リアピラーを滑らかにしている．一方，図(b)の二次元モデルは，図(a)とは逆で，フロントピラーを滑らかにし，リアピラーを角ばらせた形状である．この形状変更の結果，三次元モデルでは，フロントピラーの渦やトランクデッキ上の流れが再現され，二次元モデルではトランクデッキ両端に渦があ

(a) A 車　　　　　　　　(b) A 車改

図 3-91　車体周りの流れのイメージ
A 車はフロントピラーの渦が強く，かつ車体サイドからトランクデッキへの巻き込みも強いため，トランクデッキ上の流れが複雑な三次元的な流れ場になっている．A 車改は，フロントピラーの渦が弱くなり，車体サイドからトランクデッキへの巻き込みも弱く，ルーフからの流れが強くなることで，トランクデッキ上の流れが二次元的な流れ場になっている．

(a) 3D モデル　　　　　　(b) 2D モデル

図 3-92　三次元モデル（3D）と二次元モデル（2D）[28]
フロントピラー，リアピラー以外は同形状であり，両ピラーで生じる渦の干渉が車体の渦構造に及ぼす影響を調べるモデル．

り，トランクデッキ中央部では二次元的な流れが再現されている．

実車スケール比 1/20 のこのモデルを用いて，Ichimiya らは，風洞によるモデル前輪を固定した正弦振動実験を行った[27]．風速は，16.7 m/s，Re 数は $2.3×10^5$ である．その結果の一例として，それぞれのモデルにおけるトランクデッキ後端での速度分布を図 3-93 に示す．三次元モデルの速度分布をみると，トランクデッキの上下振動に伴ってリアウインドウ後方の剥離域は，トランクデッキが上がるにつれて，ルーフからの一様流により縮む形になり，フロントピラーの渦も剥離域に付随して変化する．一方，二次元モデルでは，トランクデッキが振動しても，トランクデッキの端の渦はトランクデッキから離れずに強く存在していることが見受けられた．これら状況から，このトランクデッキ端のこの渦が，メカニズムに重要であることが推察できる．

(b) 空力ダンピング現象とメカニズム

そこで，Cheng，Tsubokura，Nakashima らは，Ichimiya らと同様に，モデルの前輪の位置を原点（図 3-94 の付図）としてダイナミックな上下振動の数値計算を行った[28]．ピッチ角を水平から 0°～4° まで，10 Hz で正弦振動させている．用いた数値解析手法は LES である．モデルの振動は ALE 法を用いている．

ダイナミックな（上下振動）状態で，位相平均したピッチングモーメントの計算結果を図 3-94 に示す．図中の○は，0°，2°，4° と，モデルの傾き（位相）を固定した場合のピッチングモーメントの計算結果である．

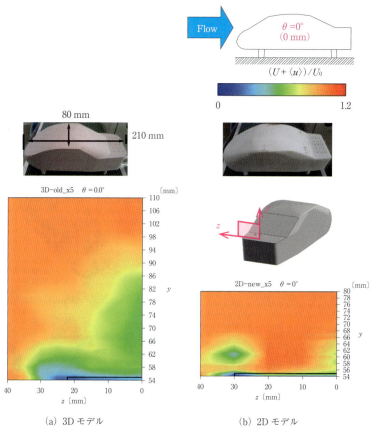

(a) 3D モデル　　　　　　　　(b) 2D モデル

図 3-93　三次元モデルと二次元モデルにおけるトランクデッキ後端での速度分布（風洞実験）

どちらのモデルも，傾き固定の○は，多少のばらつきはあるがほぼ一定のピッチングモーメントを示している．しかし，ダイナミックな場合は，強制的な正弦振動のため，位相平均したピッチングモーメントも周期的に大きく変動する．しかし，両モデルを比較すると，どちらも振動はしているものの，二次元モデル（2Dモデル）は，三次元モデル（3Dモデル）に比べ，振動に多少の位相差が生じているように観察される．そこで，式(3-1)を用いて，ピッチングモーメント M_{pitch} を各成分に分けて同定することが試みられた[29]．

$$M_{pitch} = C_0 + C_{cos}cos(2\pi ft) + C_{sin}sin(2\pi ft) \quad (3\text{-}1)$$

ここで，C_0 は定常成分，C_{cos} は流体力による減衰成分，C_{sin} は準定常の振動成分（含付加質量成分）を示している．f は周波数，t は時間である．図 3-95 に，式(3-1)によって同定された各成分のうち，減衰成分の係数 C_{cos} を，モデルの各部位に分けて示した．係数は負の値が大きいとダンピング，すなわち減衰の効果が大きいことを示している．各部位の係数をみると，やはり，二次元モデルのトランクデッキの部位は，三次元モデルに比べ，明らかにダンピングが大きいこと

が示された．トランクデッキにはこれまでも着目してきたが，一方で，フラットな床下もダンピング効果をもたらすことが明らかになった．これは両モデルに共通している．確かに，フラットであると，路面との反発でダンピング効果も大きくなると推察できる．実車でも，床下をフラットにすることは，抵抗低減だけでなく，走行安定性にも効果があることが理解できる．

では，二次元モデルのトランクデッキにおける，空力ダンピングのメカニズムはどのようになっているのであろうか．図 3-96 に，計算による三次元モデルと二次元モデルにおける流れの等渦度面を示す．三次元モデルでは，フロントピラーからの渦とリアピラーからの渦の二本がトランクデッキのサイドに発生している．車両の左側の渦に着目すると，フロントピラーの渦は，車体後方からみて反時計回りである．リアピラーの渦は時計回りである．つまり，これらの渦が強いと，トランクデッキ側面の流れは両渦に引き込まれるように，常にトランクデッキ上へ流入することになる．一方，二次元モデルは，フロントピラーの渦が弱く，ほとんどリアピラーから発生する渦に支配されている．トランクデッキサイドの流れはリアピラーの渦でブロックされ，トランクデッキ上への流入は少ない

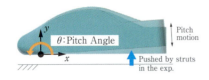

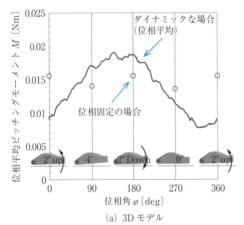

(a) 3D モデル

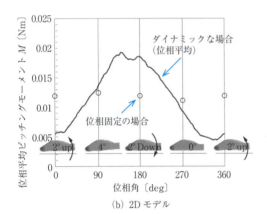

(b) 2D モデル

図 3-94　上下振動における各モデルの位相平均ピッチングモーメント[29].
ダイナミックな(上下振動)場合の位相平均ピッチングモーメントは，振動位相固定とは大きく異なること，またモデル形状によって位相差が生じていることが観察できる．

Part	3D モデル	2D モデル
	$C_{\cos}$ (Danping)	$C_{\cos}$ (Danping)
Underfloor	−0.032	−0.036
Trunk deck	−0.0021	−0.01
Rear-shieled	−0.00036	−0.0073
Roof	−0.0068	−0.0062
Base	0.00017	0.00013
Panel	0.00039	0.00046

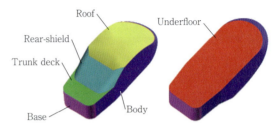

図 3-95　モデル各部位におけるダンピングの効果[30]

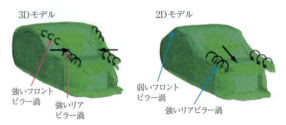

図 3-96　三次元流れと二次元流れのメカニズム[30]

と推察される．

　この現象が振動した場合を考えてみよう．三次元モデルは，トランクデッキが上がれば，フロントピラーの傾きは急になり，フロントピラーの渦は強く発生する．逆にリアピラーは緩やかな傾きになり，リアピラーの渦は弱くなる方向にある．トランクデッキが下がる場合はその逆で，フロントピラーの渦が弱くなり，リアピラーの渦が強くなる．つまり，三次元モデルの場合，トランクデッキが上がっても下がっても，フロントピラーとリアピラーの渦が強くあるいは弱いながら存在し，常にトランクデッキ上に流れを流入させている．

　このことにより，空力ダンピングは次のように考察できる．三次元モデルでは，車高が上がった場合に，

トランクデッキ上が流れの流入により乱れ，負圧が発生し，さらに車高を上げる方向に力が働く．下がった場合は，横からの流入と，ルーフからの流れで，車高を下げる方向に力が加わる．結果として振動を助長する．しかし，二次元モデルの場合は，もともとフロントピラーの渦がないため，車高が上がるときにも，リアピラーの渦は弱いながら存在し，トランクデッキ側面からの流れをブロックする．したがって，ルーフからトランクデッキ上への流れ(二次元的な流れ)が支配的になり，トランクデッキ面を抑える方向に力が加わる．下がるときには，リアピラーの渦が強まり，トランク側面からの流入がブロックされる傾向は強くなる．やはり，ルーフからの流れが支配的になる．その結果，車高が上がって，下がり始めるとき，リアウインドウ後方の循環渦が剥離し，その負圧により下がる方向を抑制すると考えられる[30]．これらの解析は，正弦振動をした場合である．路面からの外乱による実車の車高変動は急激であり，渦の挙動やダンピングの効果は，より顕著に現れると考えられる．

3.5 空力設計における非定常な空力特性の重要性と流れの制御の可能性

非定常な空力特性や流れ場は、これまで述べてきた高速直進安定性だけでなく、ヨー方向の操縦安定性、実走行の空気抵抗低減、風騒音の低減等に大きく影響する。実際の走行では、いろいろな外乱による非定常流れが車に作用している。この特性が明らかにならなければ、実際に走行する車の空力特性を開発することはできない。自動車の空力設計においては、非定常な空力特性の現象も踏まえた、その評価手法が大切であり、実際の走行においても優れた車が開発できる空力開発プロセスを見出さなければならない。非定常な空力特性の重要性が理解できる。

しかし、非定常な車体周りの流れ場の解析は、速度や圧力の空間での多点同時計測が必要であり、実験的には大変難しい。一つの進め方として、前節で述べた空力ダンピングのように、特徴的な非定常現象に着目し、その現象の解明の中で、非定常な車体周りの流れ構造を一つ一つ構築して、全体像にしてゆく努力が必要に思える。実験的に問題の本質近くまで追求しておけば、数値計算の活用により、そのメカニズムの解明も可能になる。

一方で、実際の自動車開発において、基本的に高い空力特性をもった車体形状とデザインを早期に融合させる場合には、いきなり非定常特性を考えることは難しい。そこで、次のようなステップで融合を考えたい。まず第一に、定常的な空力の解析を行う。新しい自動車のデザイン形状に対して、これまで述べてきた類型化された車体形状や類型化された流れ場の構造を当てはめてみる。そして、そのデザインの特徴による車体周りの流れ場を類推する。第二に、細かな部位での剥離の抑制という視点で形状と流れを考える。第三に、車体全体の渦構造から、どのデザインの部位を改善すると、全体の渦構造が空力6分力に有効になるか、形状と流れを考える。これらのステップを踏まえれば、その車体周りの流れの非定常な動きを推察することも容易になり、非定常流れと車体挙動も考えやすくなるだろう。

また、非定常な空力特性や流れ場が解析できれば、流れの制御の可能性も考えることができる。高速直進安定性をもとに解析した車体周りの空力ダンピングによる非定常流れ場は、フロントピラーやリアピラーの渦を制御する、ある意味、車体形状がもたらした流れの制御である。これまでは、臨界形状における後流を壊すことによる抵抗低減とか、特異な領域での後流制御による空力特性コントロールについては示されていた[2]。しかし、上述のことは、車体の各部位の渦で、車体形状全体の渦が制御できるという面白い知見を与えてくれた。今後の空力技術を考える場合、流れの制御は非常に興味深い技術である。どのような車体形状であろうとも、デザインを意識することなく空力特性をコントロールできることが望ましい。実際の自動車でそれが可能であろうか。ここでは、将来における本格的な流れの制御の可能性について述べる。

3.5.1 後流制御による空力特性コントロール

まず初めに、特徴的な渦を破壊することによる流れの制御である。古くから、自動車車体にリブレット（流れ方向に規則的に配列された極小寸法の溝など）や、小さな突起を与えたりすることで、流れの制御が試みられていた[34]。また、リアウインドウ傾斜角が臨界形状に近い実際のハッチバック車体では、ルーフ後端に突起を設けることでC_D, C_Lを低減している[35]。渦の制御という意味では、臨界形状がもつ特徴的渦構造を壊すことで空力特性がどの程度変化するかは興味深い。セダンタイプでC_Dが増大する臨界形状のリアウインドウ後方に、車体幅を超える$\phi 12$ mmの丸棒を設定し、丸棒の位置を変えてC_Dの値を計測した実験例がある（丸棒は、モデルとはもちろん接していない）[2]。丸棒は、リアウインドウ中央、リアウインドウ下端、トランクデッキ中央と、それぞれでの位置と高さを変えている。丸棒の位置により多少の差はあったが、トランクデッキ面からの丸棒高さ$h=100$〜150 mmで、C_Dは約10%低減した。C_Dが大きく低減するhはルーフ近くの高さであり、流れの可視化から、この流れはルーフからのせん断流が丸棒で分離され、リアウインドウ後方の特徴的渦構造を壊し、渦構造の外部より流れが流入する様子を示していた。この現象がリアウインドウ近傍の圧力を回復させると考えられる。特徴的な渦の制御では、最大でこれと同程度のC_D低減が可能と推察される。

このように小さなものでも、流れが大きく変わる場合には著しい効果が期待できる。しかし、流れが急変しない形状では、突起は逆に抵抗を大きくさせ、流れ構造を変えるところまでは至らない。従来、自動車車体のような鈍い物体の流れを変えるには、比較的大きなエネルギーを必要とするとして、リアスポイラやフロントスポイラなどが用いられてきた[36]。これらのスポイラも流れの制御技術として使われてきた。トランクデッキ上に取り付けられたリアスポイラについて、この意味を考えてみる。3.3.2(2)項では、リア仮想角$\theta_{RT}=25°$のノッチバックの臨界形状においては、アーチ渦を含む剥離泡がリアウインドウとトランクデッキ間で最大となり、L型渦が大きく左右交互に強調されるとともに周期的に後方へ放出され、抵抗が大きくなることを述べた。しかし、リア仮想角θ_{RT}が臨界形状より小さい場合には、アーチ渦を含む剥離泡は

抑制され，抵抗は小さくなる．これは見方を変えると，リア仮想角 θ_{RT} がアーチ渦を含む剝離泡の大きさを制御していると考えられる．このように考えると，経験的に行ってきたトランクデッキスポイラは，見かけ上の仮想角を変えることにほかならず，流れの制御の一つと考えることができる．タイヤデフレクタ，フロントスポイラ，サイドシルスポイラなど，従来用いてきた手法も，これまで述べてきた流れ構造を認識すれば，最終的には車体後方の後流構造を変える制御技術である．この応用で，さらに独特な付加物や装置の開発が期待できる．

3.5.2 車体周りの流れ場を二次元化する流れ制御による空力コントロール

次に，渦により車体全体の流れ場を制御する流れの制御を考える．前述のように，自動車の高速直進安定性は，車体周りの流れ場でも大きく変わることが明らかになり，ルーフからトランクデッキへ沿って流れる二次元的な流れを作ることで，車高の変動を抑制する空力的なダンピング効果をもたらすことがわかった．また，解析の結果，床下がフラットな構造も，このダンピングに効果をもたらした．

この非定常流れ解析により明らかになった車体周りの二次元化された流れは，今後の流れの制御に大きな知見を与えてくれる．空力ダンピングが弱い車体周りの三次元流れは，フロントピラーによる渦とリアピラーの渦が強くなることで，車体側面の流れがトランクデッキに流入し，リアウインドウ後方および車体の直後流を乱し，後曳き渦の強い三次元的な流れ場を形成していた．この流れ場により，抵抗増大および高速直進安定性に影響を与えていた．しかし，二次元的な流れは，フロントピラーの形状を丸くしてフロントピラー渦を弱くさせ，リアピラーの形状を角ばらせてリアピラーの渦を強調させることで，リアウインドウおよびトランクデッキ側端にリアピラーの渦のみを発生させる．この強いリアピラーの渦にブロックされて，車体側面の流れはトランクデッキ上へ流入できず，ルーフからリアウインドウ，トランクデッキにかけての車体上部の流れは，スムーズな二次元の流れが生じた．結果として，抵抗低減，高速直進安定性を向上させている．これも見方を変えると，まさにリアピラーの渦による後流の制御であり，渦による渦の制御と考えることができる．

リアピラーの渦も，その渦による運動量の欠損が生じ，抵抗増大は発生する．しかし，その抵抗増大以上に影響を与える後曳き渦を抑制している．臨界形状の流れ場のように，特徴的な渦を壊すのではなく，車体周りの，車体上部，側面および床下の流れをそれぞれ混合させないような渦を強調させて，車体周りの全体流れを制御する方法は，実際の自動車を考える上で重要に思える．たとえ角ばった独特の自動車のデザインであっても，この二次元流れを考えた流れの制御で，空力特性とデザインを両立させることができるであろう．このような二次元流れを生じさせる例として，ここではリアピラーの渦を示したが，自動車においては，フロント形状，床下等に，その制御の基本となる渦が存在すると考えられる．デザインに応じて，多少のデザイン造形を工夫しつつ，この制御の基本となる渦による流れの制御を行い，車体の二次元流れを実現させることが可能になる．

また，この二次元流れの実現は，後流の制御だけでなく，ボルテックスジェネレータや吹き出し，吸い込みのような航空機で活用される境界層をコントロールする制御でも，流れを変える効果が出てくると考えられる．実際に，トラック形状をした基本形状モデルで，地面効果を活用する実験と計算が試みられている[37]．これまで難しいとされてきたこのような制御は，あまりにも車体周りの流れが三次元的で，複雑な流れ場であるため，その制御の効果が発揮できなかったのではないかと考えられる．したがって，スポイラのような，複雑な流れ場でも大きく流れ構造を変えることができる流れの制御手法しか効果的ではなかった．しかし，渦による渦の制御で車体周りに二次元流れを確保できれば，車体のルーフからリアウインドウにかけて，あるいは車体の側面，床下，フロントのノーズ周りなどで，航空機等で活用される流れの制御の自動車への適用もみえてくると思われる．

最近では，航空機の翼だけでなく，風車翼の剝離制御や鉄道のパンタグラフの空力騒音低減に，プラズマアクチュエータによる乱流制御が適用されている[38]．また，これらの制御技術を用いて，自動車への適用も試みられている．清水らは，図 3-92 の二次元流れの 2D モデルを用いて，トランクデッキのサイドからリア後端面にかけて曲率をつけて，その曲率の前方で，プラズマアクチュエータによる吹き出し流れの制御を行う実験を行っている．一般的に，曲率半径を大きくすると，後端面への回り込みが強くなり抵抗は増大する．しかし，プラズマアクチュエータの吹き出しにより，抵抗の少ないエッジの場合と同様な，リア後端に回り込みの少ない流れになることを，流れの可視化により確認している[39]．将来においては，このような技術が実際の自動車に適用できるかもしれない．

以上のように，実際の車両で，アクティブデバイス，付加物を用いた流れの制御だけではなく，境界層をコントロールするような流れの制御の可能性もみえてきたと思える．車体全体の流れをきれいな二次元的な流れにすることや流れの制御を用いることで，デザインの自由度を保ちながら，フロントピラー等の渦や乱れ

を低減して風騒音をも良くし，後曳き渦も弱くして空気抵抗低減も実現し，さらには高速直進安定性や横風等の安定性も良くする車体周りの流れ場が可能になるであろう．そのような流れの制御技術の今後に期待したい．

参考文献

(1) 小林敏雄，農沢隆秀編著：自動車技術シリーズ第10巻「自動車のデザインと空力技術」，朝倉書店(1998. 9)(引用ページ：p. 29, Fig. 3. 1. 1, p. 32, Fig. 3. 1. 7, p. 33, Fig. 3. 1. 8, p. 40, Fig. 3. 2. 8, p. 41, Fig. 3. 2. 9, p. 42, Fig. 3. 2. 10, p. 43, Fig. 3. 2. 12, 3. 2. 13)

(2) 前田和宏：自動車における空力研究と取り組み動向，日本風工学会，第36巻，3号，No. 128, p. 242-249(2011)(引用ページ：p. 243, Fig. 5)

(3) W. H. Hucho, et al.：Aerodynamics of Road Vehicles Fourth Edition, SAE(引用ページ：p. 158, Fig. 4. 31, p. 178, Fig. 4. 67, p. 166, Fig. 4. 45)

(4) W. H. Hucho, et al.：Aerodynamics of Road Vehicles, Butterworths(1989)(引用ページ：p. 137, Fig. 4. 35, p. 108, Fig. 4. 4, p. 110, Fig. 4. 7, p. 116, Fig. 4. 12)

(5) 農沢隆秀，日浅一彦，吉本勝：空気抵抗に及ぼすエンジン冷却風の影響，自動車技術会論文集，No. 40, p. 76-84(1989. 1)(引用ページ：p. 78, Fig. 3, Fig. 4)

(6) W. H. Hucho, et al.：The Optimization of Body Details — A Method for Reducing the Aerodynamic Drag of Road Vehicles, SAE Paper 760185

(7) L. T. Janssen, et al.：Aerodynamische Entwicking von VW Golf und VW Sciroeeo, ATZ, Vol. 77, p. 1-5(1975)

(8) T. Nouzawa, Ye Li, Naohiko Kasaki, Takaki Nakamura：Mechanism of Aerodynamic Noise Generated from Front-Pillar and Door Mirror of Automobile, Journal of Environment and Engineering, Japan Society of Mechanical, Vol. 6, No. 3(2011)

(9) R. Bucheim, et al.：Necessity and premises for Reducing the Aerodynamics drag of Future Passenger Car, SAE Paper 810185

(10) A. Waschle：The Influence of Rotating Wheels on Vehicle Aerodynamics — Numerical and Experimental Investigations, SAE Paper, 2007-01-0107

(11) 塚田英久ほか：スバルアルシオーネの空力特性について，スバル技報，第14号(1983)

(12) 農沢隆秀，佐藤浩：自動車形状を持つ鈍い物体の空気抵抗低減に関する形状パラメータの研究(第2報 ノッチバック車体の空気抵抗と後流構造)，日本機械学会論文集B編，Vol. 58, No. 556, p. 70-75(1992. 12)(引用ページ：p. 71, Fig. 1, p. 72, Fig. 5, p. 72, Fig. 6, p. 73, Fig. 7)

(13) 農沢隆秀，佐藤浩：自動車形状を持つ鈍い物体の空気抵抗低減に関する形状パラメータの研究(第1報 箱型車体の空気抵抗と後流構造)，日本機械学会論文集B編，Vol. 58, No. 556, p. 64-69(1992. 12)(引用ページ：p. 65, Fig. 1, p. 66, Fig. 5, p. 67, Fig. 6, Fig. 7)

(14) 農沢隆秀：自動車車体の空気抵抗低減に関する研究，広島大学博士学位論文(1994. 9)(引用ページ：p. 61, 図 3-2, p. 62, 図 3-3, p. 63, 図 3-4, 図 3-5, p. 65, 図 3-8, p. 66, 図 3-9, p. 87, 図 4-1, p. 88, 図 4-2, p. 89, 図 4-3, p. 90, 図 4-4, p. 93, 図 4-8, p. 95, 図 4-9, p. 97, 図 4-11, p. 143, 図 6-3, p. 144, 図 6-6, p. 71, 図 3-14)

(15) S. R. Ahmed, et al.：Some Salient Feature of the Time — Averaged Ground Vehicle Wake, SAE Paper 840300

(16) 農沢隆秀：ノッチバック車体臨界形状における後流構造，日本機械学会論文集B編，Vol. 60, No. 575, p. 129-134(1994. 7)(引用ページ：p. 130, Fig. 1, Fig. 3, p. 131, Fig. 4, Fig. 5, Fig. 6, p. 133, Fig. 9)

(17) S. R. Ahmed, et al.：The structure of wake flow behind road vehicles, Aerodynamics of Transportation, ASME-CSME Conference, June 18th to 20th, p. 93-103(1979)

(18) 武田数馬ほか：傾斜後面を持つブラフボディ空力特性の研究(第3報 非定常な後流構造の可視化)，自動車技術会学術講演会前刷集，No. 134-09, 20095777(引用ページ：p. 20, Fig. 5)

(19) B. D. Duncan, et al.：Numerical Simulation and Spectral Analysis of Pressure Fluctuations in Vehicle Aerodynamic Noise Generation, SAE Paper, 2002-01-0597(引用ページ：p. 11, Fig. 3)

(20) 武田数馬ほか：傾斜後面を持つブラフボディ空力特性の研究(はく離パターン遷移現象の計算予測手法の検討)，自動車技術会学術講演会前刷集，No. 138-08, 20085931

(21) A. Cogotti：Wake Surveys of Different Car — Body Shapes with Coloured Isopressure Mapa, SAE Paper 840299

(22) J. E. Hackett, et al.：Evaluation of a Complete Wake Integral for the Drag of a Car — like Shape, SAE Paper 840577

(23) 農沢隆秀，岡田義浩，大平洋樹，岡本哲，中村貴樹：自動車の空気抵抗を増大させる車体周りの流れ構造 第一報 トランクデッキ上の流れ構造，日本機械学会論文集B編，75巻，756号，p. 1584-1589(2009. 8)(引用ページ：p. 25, Fig. 3, p. 26, Fig. 4, Fig. 5, p. 27, Fig. 6, Fig. 7, Fig. 8, p. 28, Fig. 9, Fig. 10, Fig. 11, p. 29, Fig. 12)

(24) 農沢隆秀，岡田義浩，大平洋樹，岡本哲，中村貴樹：自動車の空気抵抗を増大させる車体周りの流れ構造 第二報 セダン車体の特徴的な流れ構造，日本機械学会論文集B編，75巻，757号，p. 1807-1813(2009. 9)(引用ページ：p. 85, Fig. 6, p. 86, Fig. 8, Fig. 9, Fig. 10, p. 87, Fig. 11, Fig. 12, Fig13, Fig14, p. 88, Fig. 15, Fig. 16, Fig. 17)

(25) 農沢隆秀，岡田義浩，岡本哲，中村貴樹：自動車の高速直進安定性に影響する車体周りの非定常流れ特性，日本機械学会論文集B編，75巻，754号，p. 1259-1265(2009. 6)(引用ページ：p. 46, Fig. 1, Fig. 4, Fig. 5, p. 47, Fig. 6, Fig. 7, Fig. 8, p. 48, Fig. 9, Fig. 10, p. 49, Fig. 13, Fig. 14, Fig. 15, p. 50, Fig. 17, p. 51, Fig. 19)

(26) Y. Okada, T. Nouzawa, T. Nakamura, S. Okamoto：Flow structures above the trunk deck of sedan-type vehicles and their influence on high-speed vehicle stability 1st report: On-road, wind-tunnel and CFD studies on unsteady flow characteristics that stabilize vehicle behavior, Society of Automotive Engineers(SAE)International Journal of Passenger Cars-Mechanical Systems 2(1), 138-156(2009)

(27) M. Ichimiya, et al.：Pressure Fluctuation on the Vibrating Vehicle Model, Proceedings of JSMEFED-2007, 212(2007)(In Japanese)

(28) S. Y. Cheng, M. Tsubokura, T. Nakajima, T. Nouzawa, Y. Okada：A numerical analysis of transient flow past road vehicles subjected to pitching oscillation, Journal of Wind Engineering and Industrial Aerodynamics, J. Wind Eng. Ind. Aerodyn., Vol. 99, p. 511-522(2011)

(29) S. Y. Cheng, M. Tsubokura, T. Nakajima, Y. Okada, T. Nouzawa：Numerical quantification of aerodynamic damping on pitching of vehicle-inspired bluff body, Journal of Fluids and Structures 30, 188-204(2012)(引用ペー

(30) 農沢隆秀：自動車の高速直進安定性と車体周りの流れの制御，日本機械学会誌，Vol. 115, No. 1127, p. 716-719 (2012)（引用ページ：p. 36, 図6, 図7, p. 37, 図9, 表1）
(31) 岡田義浩，農沢隆秀，坪倉誠，中島卓司：自動車の高速操舵走行時の安定性に寄与する車体周りの非定常流れ特性，日本機械学会論文集，Vol. 80, No. 809 (2014)
(32) P. Theissen, J. Wojciak, K. Heuler, R. Demuth, T. Indinger, N. Adams：Experimental Investigation of Unsteady Vehicle Aerodynamics under Time-Dependent Flow Conditions Part 1, SAE Paper, 2011-01-0177 (2011)
(33) J. Wojciak, B. Schnepf, T. Indinger, N. Adams：Study on the Capability of an Open Source CFD Software for Unsteady Vehicle Aerodynamics, SAE Paper, 2012-01-0585
(34) 片岡拓也ほか：空力解析システムと空力制御デバイスの応用，三菱自動車テクニカルレビュー，No. 3, p. 46-56 (1990)
(35) S. Artiaga Hahn, N. Kruse, F. Wemer：Virtual Aerodynamic Engineering at GM Europe Development of 2006 OPEL Corsa, SAE Paper, 2007-01-0102
(36) S. Sebben：Numerical Simulations of a Car Underbody: Effect of Front-Wheel Deflectors, SAE Paper, 2004-01-1307
(37) R. K. Agarwal：Computational Study of Drag Reduction of Models of Truck-Shaped Bodies in Ground Effect by Active Flow Control, SAE Paper, 2013-01-0954
(38) 瀬川武彦，清水一男，松田寿，光用剛，松沼孝幸：プラズマアクチュエータの産業応用，J. Plasma Fusion Res., Vol. 91, No. 10, p. 665-670 (2015)
(39) 清水圭吾：プラズマ気流制御の自動車空力への適応，文科省 HPCI戦略プログラム第6回「分野4次世代ものづくり」シンポジウム（最終成果報告会）予稿集，p. 37-41 (2016)

第4章　空力・車両運動・熱技術連成

4.1　自動車における流れとの連成問題

　自動車の計算設計は，空力，伝熱といった単独の領域で完結する問題は少なく，多くの場合，複数の物理的あるいは化学的な現象の連成問題になっている．こうした問題は，現象や性能を支配する非常に多くのパラメータが存在し，実験的なアプローチだけで系統的に検討することが甚だ難しく，定性的な特性をもとに設計し，最終的に性能を確認したり，その場限りの改良をしたりして済まされることが多かった．しかし，近年では，車両の開発段階で，限界の性能や機能が求められ，それを設計するためには，高精度な計算設計が余儀なくされている．その際，闇雲に複雑な計算解析を用いても適切な解が得られるわけではなく，連成問題の理論的な部分を知った上で適切なモデル化をする必要がある．

　本章では，連成問題の中でも，流動現象との連成問題に着目して述べる．流動現象との連成は複雑で非線形性が強いため，直感や経験だけで判断することが難しい．自動車の開発において流動現象と連成する物理現象としては，物体の運動，固体の変形・振動，熱力学的なエネルギー変換，熱化学反応，相変化・混相流，物質輸送・拡散などが挙げられる．これに加え，制御システムによる応答問題も，広い意味での連成問題と考えられる．こうした制御システムは，電気・機械工学的な制御にとどまらず，乗員の状況に応じた判断論理や生理反応が関与した制御システムをも含んでいると考えることができる．

　さて，こうした連成問題は，元来すべて強連成問題であるが，具体的な解析を行う場合は必ずしもすべて強連成で考える必要はない．たとえば，浮力を伴う流れの場合でも，強制対流が支配的な問題を扱う場合は弱連成で考えてもほとんど問題はないが，自然対流が支配的な問題は強連成で考える必要がある．解析技術上は，できるだけ弱連成問題に落とし込んだほうが，計算負荷が小さく，計算の安定性や収束性も高くなる．

　また，現象解析においては，複雑な物理現象のモデル化も重要な課題である．いたずらに物理現象を厳密に考えても，現象解析に要求される時間・空間スケールの違いや与えることのできる条件の精度の違いにより，現実的な解が得られるとは限らない．実用的な解析には，適切なモデル化が不可欠である．それによって，初めて複数の物理機構を含む問題の解を実用的な精度で求めることができる．以下に，車両空力に関わりの深い代表的な連成問題を取り上げ，その概要を紹介する．

　第3章でも触れたような，高速で走行する車両の走行安定性能に関する流れと車両運動との連成の場合は，次のような連成問題になる．高速走行時の自然風擾乱に対する走行安定性を解析する場合，図4-1に示すように，空気外乱を入力として車体周りの非定常な流れ場を求め，それにより発生する空気力を計算する．これを，車両運動の入力として与えて車両の運動を解く．その結果変化した車両の姿勢やその変化速度を流れ場の解析の境界条件にフィードバックし，姿勢変化による車両周りの流れ場の変化を計算する．また，車両運動結果をもとに，ある制御アルゴリズムをもとにして操舵を制御する場合は，図4-2に示すように拡張することができよう．操縦者の操舵特性を模擬したヒューマンモデルにすることも可能であるし，また，自動操縦を想定したモデルに置き換えることも可能である．

　空力騒音における流れ，振動と音響との連成も，連

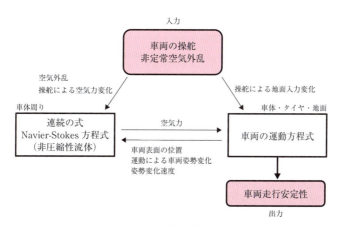

図4-1　高速車両走行安定に関する流れと車両運動との連成

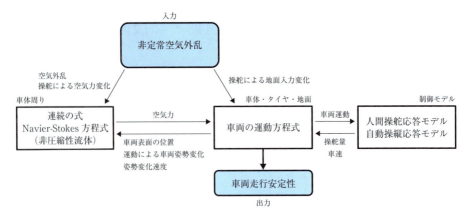

図 4-2 操舵応答を考慮した高速車両走行安定に関する流れと車両運動との連成

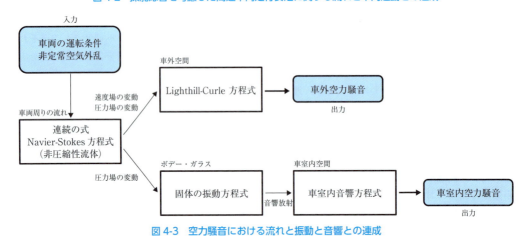

図 4-3 空力騒音における流れと振動と音響との連成

成問題の代表例の一つである．車外空力騒音の場合は，固体振動を考えず，空力変動から音波の伝播を計算する手法が一般的である．一方，車内空力騒音の場合は，車外で発生した騒音が，車体の外板やガラスなどを通過して室内に侵入する問題である．これは，図 4-3 に示すように，車体周りの流れ場の変動を計算し，車体表面の圧力変動分布を求め，それを外板等の固体振動系に入力する．さらに，振動解析で得られた車室内側の振動を室内音響解析の入力として与え，最後に乗員の耳位置で騒音を評価する方法である．この問題は複数の物理機構を含んでいるが，1way の弱連成問題として扱うことができる．

エンジン燃焼の問題は，典型的な連成問題である．図 4-4 に示すように，大きくは燃料の噴霧とアトマイゼーションと燃焼過程である．特に燃焼過程は強連成問題として扱う必要があり，ガス流動，燃焼反応（熱化学反応），筒内壁伝熱，燃焼・未燃焼ガスの物質・熱の輸送・拡散現象が相互に干渉しているため，それらの物理現象を記述した方程式やそれをモデル化した方程式を連立させて解かれる．このとき，吸気ポートからの流れも燃焼性能に大きく関与するため，吸気系の流動も考慮する必要がある．同様に，排気ポートからの流出も次のサイクルの流れに影響を及ぼす可能性があるので，考慮する必要がある．特に後述する排気系の熱害を検討する際は肝要となる．燃料の噴霧とアトマイゼーションも性能を支配する重要な要素であるが，それ自身が複雑な物理現象となるので，多くの場合，現象を簡易化したモデルが用いられる．また，筒内壁面からの伝熱現象は，物理的には後述するエンジン冷却とも連成しているが，実務的には，放熱特性は境界条件として与えて計算される．

冷却・熱害性能も，図 4-5 に示すように，流れと熱との連成問題の一つである．エンジンルーム内流れと，冷却ファン周りの流れ，熱交換器を通過する流れは，異なる物理現象ではないが，冷却ファンのような回転する要素は，解析上では静止した要素と異なる扱いをする場合が多い．また，熱交換器のように，他の要素に比べてスケールの小さい複雑形状を含む要素の場合は，冷却風の通風特性や伝熱特性をモデル化して扱うことが多い．熱交換器は伝熱工学的には複雑な問題であり，冷却風側の伝熱量と冷却水側の伝熱量が一致して平衡状態になるような連成問題である．しかも，冷却水系は，上述の燃焼時の伝熱現象とも連成した現象である．現実の車両のエンジンルームは，エンジン冷

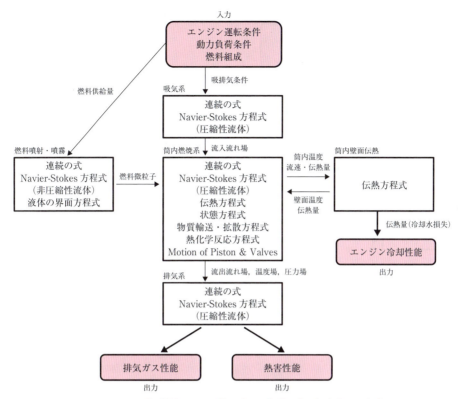

図 4-4　エンジン燃焼における熱・流れ・化学反応・相変化との連成

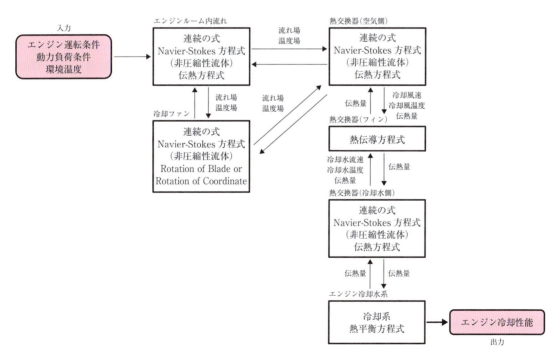

図 4-5　冷却・熱害性能における流れと熱との連成

却系のほかに，エアコンの冷却系であるコンデンサを介した伝熱系がある．そして，コンデンサからの伝熱量はエアコンの冷凍サイクルの熱輸送量とも連成し，さらにそれは後述する車室内の空調系と連成している．

空調快適性の問題は，熱・流れ・人体生理反応の連成問題である．人体の生理反応は，制御システムとみることができる．この問題は，図 4-6 に示すように，車周りの流れ，車室内の熱流動，輻射伝熱，車室内の

第 4 章　空力・車両運動・熱技術連成　73

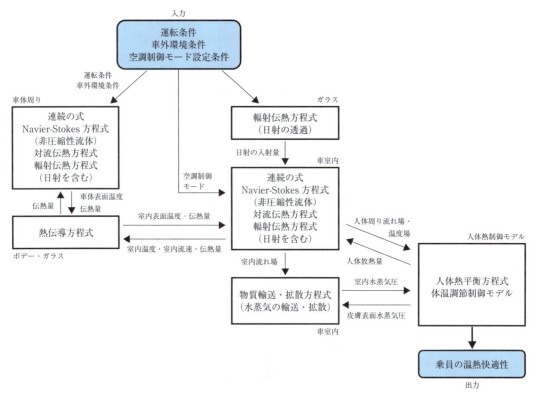

図 4-6　空調性能における熱・流れ・人体生理反応の連成

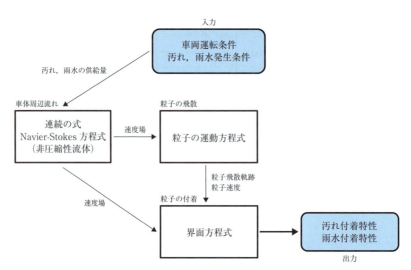

図 4-7　車体汚れ付着における流れと微粒子運動との連成

水蒸気の輸送・拡散，そして人体の熱平衡の連成問題である．車室外の系と車室内の系は，ボデー・ガラスを介して隔離されており，それらを通過する伝熱量を通じて連成している．車室内と人体内の熱生成・熱移動も車室内の系と独立しており，ここでは体表を通過する伝熱量と発汗による水蒸気の蒸散量を通じて連成している．

車体汚れ防止性能や雨水付着に関する流れと微粒子運動も連成問題の一つである．図 4-7 に示すように，物理的には，エンジン燃焼の燃料噴射の際に考慮した液柱や液滴の微粒化と同類の物理現象である．この場合は，さらにそれらの微粒子が車体表面などに付着する現象が含まれているので，それには界面工学を考慮した現象として扱う必要がある．ただ，このような問題の連成は 1way なので，弱連成問題として扱われる．

以上の例でも述べてきたように，自動車周りの流れとの連成問題はさまざまな対象がある．ここで述べた物理現象もすべてを網羅しているわけではなく，暗黙

図4-8 空力6分力

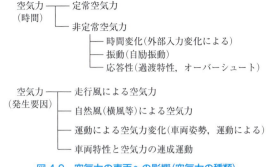

図4-9 空気力の車両への影響(空気力の種類)

表4-1 空気力の車両への影響(空気力の種類)

空力6分力	主として影響する項目
抗力(空気抵抗)係数 C_D	燃費,最高速度,加速性能
揚力係数 C_L	直進安定性,操舵時の安定性,横風安定性
横力係数 C_S	横風安定性
ローリングモーメント係数 C_{RM}	横風安定性
ヨーイングモーメント係数 C_{YM}	直進安定性,操舵時の安定性,横風安定性
ピッチングモーメント係数 C_{PM}	直進安定性,横風安定性

の裡に省略した現象がある.また,検討条件や検討目的によっては,考慮する物理現象を減らすこともできることはいうまでもない.次節では,上述の問題について,さらに具体例を取り上げて紹介する.

4.2 走行安定の空力設計

4.2.1 車両運動安定と空力特性の基礎

走行中車両に働く空気力の影響は,走行抵抗としての空気抵抗(いわゆる C_D)が最初に議論されている.しかし,車両の高性能化・高速化により快適性や走行安定性向上の必要性が高まっており,運動性能に与える空気力の影響も無視できない項目として重要視されるようになってきている.車両に働く空気力は図4-8,表4-1に示す六つの力に分解でき,おおまかには,それぞれ表に示す運動性能に影響を及ぼす.空気力は通常風洞にて一定風速で測定し,車両の前後,左右,上下の各軸の力と各軸周りのモーメントで表す.これらを総称して空力6分力と呼ぶ.

空気力は主流の動圧と前面投影面積で無次元化され,式(4-1)に示す車両前後方向の空気抵抗係数(C_D),同様に左右方向の横力係数(C_S),上下方向の揚力係数(C_L)で表される.モーメントに関しても,ホイールベースを代表長さとして,式(4-2)に示す前後軸周りのローリングモーメント係数(C_{RM}),同様に左右軸周りのピッチングモーメント係数(C_{PM}),上下軸周りのヨーイングモーメント係数(C_{YM})で無次元化される.たとえば,C_D や C_{RM} は次式のように定義される.

$$C_D = \frac{F_D}{\frac{1}{2}\rho V^2 \cdot A} \quad (4\text{-}1)$$

$$C_{RM} = \frac{M_R}{\frac{1}{2}\rho V^2 \cdot A \cdot l} \quad (4\text{-}2)$$

ここで,F:各軸方向の力[N],M:各軸周りのモーメント[Nm],ρ:空気密度[kg/m³],V:風速[m/s],A:前面投影面積[m²],l:ホイールベース[m].

また,違う観点で空気力を分類すると,図4-9のように考えられる.定常状態での平均値として捉える定常空気力(静的)と変動の瞬間値として捉える非定常空気力(動的)がある.非定常空気力には,単純な時間変化,渦が周期的に発生するために起こる流れの自励振動,入力変化に対し空気力が発生する際に起こる時間遅れやオーバーシュート現象がある.さらに,空気力を発生させる要因としては,走行風によるものに加え,自然風(横風)による風入力の変化,車両姿勢や運動で発生する空気力の変化,車両の運動とそれによる空気力変化の共振などが考えられる.

4.2.2 静的な車両運動特性と空力特性

静的な範囲での車両運動特性と空力特性の関係について考え,車両運動の横運動・ヨー運動・ロール運動の3自由度との空気力の関係で示すと,式(4-3)〜(4-7)となる.空気抵抗を除く五つの空気力が関係する空力係数を用いて,式(4-8)〜(4-12)で表される.

$$m \cdot U \cdot (\dot{\beta} + \dot{\gamma}) - m \cdot h \cdot \ddot{\phi} = CF_f + CF_r + F_{Sair} \quad (4\text{-}3)$$

$$I \cdot \ddot{\gamma} = l_f \cdot CF_f + l_r \cdot CF_r + M_{Yair} \quad (4\text{-}4)$$

$$I_x \cdot \ddot{\phi} + C_x \cdot \dot{\phi} + K_x \cdot \phi = m \cdot U \cdot h \cdot (\dot{\beta} + \dot{\gamma}) - M_{Rair} \quad (4\text{-}5)$$

$$CF_f = f_f(F_{Lf}) \quad (4\text{-}6)$$

$$CF_r = f_r(F_{Lr}) \quad (4\text{-}7)$$

ここで,m:車両質量,U:車速,h:ロールモーメントアーム,β:横滑り角,γ:ヨー角,ϕ:ロール角,I:ヨー慣性モーメント,I_x:ロール慣性モーメント,K_x:ロール剛性,C_x:ロールダンピング,l_f:前輪軸〜重心距離,l_r:後輪軸〜重心距離,CF_f:フロントコーナリングフォース,CF_r:リアコーナリングフォース,

表 4-2 定量評価指標と運動性能

運動特性を表す定量評価指標	対応する運動特性
①ヨー共振周波数(f_y)	ヨー運動の応答性
②ヨーダンピング($\zeta \cdot f_y$)	ヨー運動の収束性
③操舵トルク(M_T)	操舵時のハンドルの重さ
④ヨーレートに対する横G時間遅れ(t_{yr})	リアのしっかり感

F_{Sair}:空気横力,M_{Yair}:空気ヨーモーメント,M_{Rair}:空気ロールモーメント,F_{Lf}:フロント空気揚力,F_{Lr}:リア空気揚力,$f_f(\ )$:フロント空気揚力のコーナリングフォースへの影響を表す関数,$f_r(\ )$:リア空気揚力のコーナリングフォースへの影響を表す関数.

これらの運動方程式を用いて空気揚力の車両運動への影響を定式化して示す.揚力は小さいほど,さらにダウンフォースが大きいほど,直進安定性・操縦安定性が良いとされ,加えてフロントタイヤとリアタイヤにかかるリフト力の配分によってもその性能が大きく変わることも知られている.それらを重要とされる運動特性と空力特性(空気揚力)との関係で定式化すると,以下のようになる.

まず,空気揚力とタイヤ発生横力の定式化を示す.空気揚力は,フロントタイヤとリアタイヤにかかる力に分け,式(4-8),(4-9)で表し,運動特性を議論するときに基本となるタイヤのコーナリングフォース(タイヤに発生する横力)CFは,タイヤの特性,サスペンション特性,接地荷重と空気リフト力を合わせて,式(4-13)~(4-15)で表す(フロントで表記.リアも同じでここでは省略).

$$F_{Lf} = \frac{1}{2}\rho U^2 A \cdot C_{Lf} \quad (4\text{-}8)$$

$$F_{Lr} = \frac{1}{2}\rho U^2 A \cdot C_{Lr} \quad (4\text{-}9)$$

$$F_{Sair} = \frac{1}{2}\rho U^2 A \cdot C_S \quad (4\text{-}10)$$

$$M_{Yair} = \frac{1}{2}\rho U^2 A \cdot l \cdot C_{YM} \quad (4\text{-}11)$$

$$M_{Rair} = \frac{1}{2}\rho U^2 A \cdot l \cdot C_{RM} \quad (4\text{-}12)$$

ここで,C_{Lf}:フロント揚力係数,C_{Lr}:リア揚力係数,C_S:空力横力係数,C_{YM}:空力ヨーモーメント係数,C_{RM}:空力ロールモーメント係数,ρ:空気密度,A:車両前面投影面積,L:ホイールベース.

$$CF_f = Cp_f^* \cdot W_f \cdot \alpha_f \quad (4\text{-}13)$$

$$Cp_f^* = \left(Cp_{0f}^* + dCp_f \cdot \frac{F_{Lf}}{W_f}\right) \cdot (1 - F_{Lf}) \cdot e_f \quad (4\text{-}14)$$

$$e_f = \frac{1}{1 + (Rys_f + Gts_f + Gms + R_f + Rc_f + Yc_f) \cdot Cp_{0f}^*} \quad (4\text{-}15)$$

ここで,Cp_f^*:フロント等価正規化コーナリングパワー,e_f:フロントコーナリングパワーの増幅率,Cp_{0f}^*:フロント等価正規化コーナリングパワー(設定荷重),dCp_f:フロント等価正規化コーナリングパワーの荷重変動率,W_f:フロント静止荷重,α_f:タイヤスリップ角,Rys_f:フロント横力ステア係数,Gts_f:フロントねじり剛性係数,Gms:ステアリング系ねじり剛性係数,R_f:フロントロールステア係数,Rc_f:フロントロールキャンバ係数,Yc_f:横力キャンバ係数.コーナリングパワー(Cp^*)は接地荷重に対する横力発生のタイヤ特性を表しており,増幅率(e_f)でサスペンション特性を表す.空気リフト力は,接地荷重が変化することで影響を及ぼすことになる.

次に,運動特性を定量的に表す評価指標について述べる.ここでは車両の基本的な運動を表し,かつ,リフト力が影響する項目を取り上げ,四つの評価指標として選んだ.表 4-2 に対応する運動性能を示す.運動性能の良し悪しは一つの評価指標のみで表せるものではなく,すべての指標がバランスして理想的な値に近づくことが必要と考えられる.以下に,評価指標とする特性値の算出式を示す.(前述の式を使った展開より)

① ヨー共振周波数:f_y[Hz]

$$f_y = \frac{1}{2\pi} \cdot \frac{g}{U} \cdot \sqrt{\frac{Cp_f^* \cdot Cp_r^*}{I_n} \cdot (1 + K_h \cdot U^2)} \quad (4\text{-}16)$$

② ヨーダンピング:$\zeta \cdot f_y$[1/s]

$$\zeta \cdot f_y = \frac{g}{2 \cdot I_n \cdot U} \cdot \left(Cp_f^* \cdot \frac{l_f + I_n \cdot l_r}{l} + Cp_r^* \cdot \frac{I_n \cdot l_f + l_r}{l}\right) \quad (4\text{-}17)$$

③ 操舵トルク:M_T[Nm・m/s²]

$$M_T = \frac{U^2 \cdot W_f}{(1 + K_h \cdot U^2) \cdot N \cdot l} \cdot \frac{L_p + C_{og}}{P_H \cdot L_K} \quad (4\text{-}18)$$

④ ヨー速度に対する横加速度の時間遅れ:t_{yr}[s]

$$t_{yr} = \frac{l_r}{U} - \frac{1}{Cp_r^* \cdot g} \quad (4\text{-}19)$$

ここで,I_n:正規化したヨー慣性モーメント,l:ホイールベース,l_f:前輪軸~重心距離,l_r:後輪軸~重心距離,K_h:スタビリティファクタ,N:ステアリングギヤ比,C_{og}:キャスタトレール,L_p:ニューマチックトレール,P_H:高速パワーアシスト係数,L_K:有効ナックルアーム長,g:重力加速度.ここで,スタビリ

ティファクタ K_h は次式で与えられる．

$$K_h = \frac{1}{l \cdot g}\left(\frac{1}{Cp_f^*} - \frac{1}{Cp_r^*}\right) \quad (4\text{-}20)$$

これらの評価指標を用いて，フロント揚力（C_{Lf}）とリア揚力（C_{Lr}）の違い，車両諸元・特性による評価指標の違いを比較したものを示す．大型セダン（後輪駆動）A 車，コンパクトセダン（前輪駆動）B 車について，図 4-10 に車両の空力特性（C_{Lf}, C_{Lr}）と変化させた係数 $a_1 \sim a_4$, $b_1 \sim b_4$ を示し，そのときの 2 車の運動特性（評価指標）とその変化を図 4-11 に示す．この結果から，B 車は A 車に比べ運動性能が低いが，B 車のほうが空力特性の影響度合いが大きいことがわかる．また，車両

によって空力特性の影響する方向も異なることがわかる．さらに，C_{Lf} と C_{Lr} で運動性能の変化する方向が違っていることがわかり，すべての運動性能が良くなるためには，C_{Lf}, C_{Lr} それぞれの値が小さいとともに，その比率も考慮すべきであることがわかる．これが，車両の空気揚力特性を決定する場合に困難さが発生する原因となっていると考えられる．

さらにこの定式化を用いて，空力特性の影響と車両諸元の影響の比較を行った．B 車において，空力特性を A 車と同等にした場合と，タイヤ性能を 20％向上させた上で空力特性を A 車と同等にした場合の，運動特性（評価指標）の変化を比較した結果を図 4-12 に示す．空力特性の影響は，タイヤ性能を向上させると大きくなっていることがわかる．また，そのときの空力特性の影響度は，タイヤ変更の効果と同等であり大きな効果があるといえる．このことは，式(4-13)および式(4-14)が示すように，タイヤ性能と空力特性（接地荷重）とサスペンション性能との掛算でタイヤの発生力が決まることから説明ができる．

次に，空気横力・ヨーモーメント・ロールモーメントの運動性能への影響の定式化を行う．ここでは，風の中を走行した場合の直進安定性について対象とし，ロールレートを「運動性能を表す評価指標」として定式化する．まず，風入力 W を風向・風速から式(4-21)

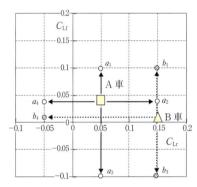

図 4-10 空気揚力変化の影響

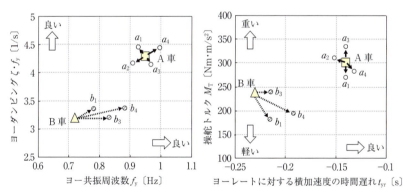

図 4-11 空気揚力変化に対する評価指標変化

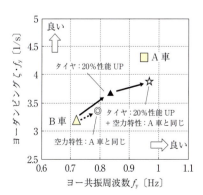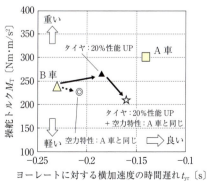

図 4-12 タイヤ特性と空力特性の影響度比較

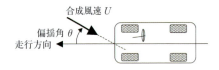
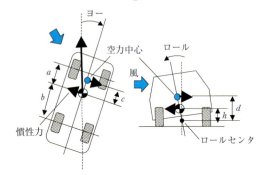

図 4-13 風入力と空力中心・ロールセンタ高さ

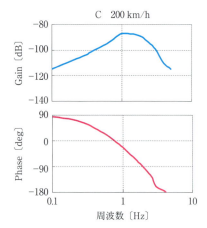

図 4-14 風入力に対するロールレートの応答(定式化による伝達関数)

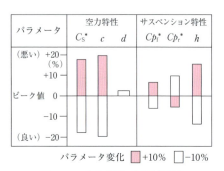

図 4-15 空力特性と影響度比較

のように定義する．

$$W = \frac{1}{2}\rho U^2 A \cdot \theta \tag{4-21}$$

ここで，θ：風向(偏揺角)．式(4-10)～(4-12)の空気力を式(4-21)を用いて表すと，式(4-22)～(4-24)で表される．

$$F_{Sair} = \frac{1}{2}\rho U^2 A \cdot C_S = C_S^* \cdot W \tag{4-22}$$

$$M_{Yair} = \frac{1}{2}\rho U^2 A \cdot l \cdot C_{YM} = c \cdot C_S^* \cdot W \tag{4-23}$$

$$M_{Rair} = \frac{1}{2}\rho U^2 A \cdot l \cdot C_{RM} = d \cdot C_S^* \cdot W \tag{4-24}$$

ここで，C_S^*：偏揺角 1 rad に対する C_S の変化，c：空力中心と重心の距離，d：空力中心とロールセンタの上下距離(図 4-13)．これらを，前述の式(4-3)～(4-7)の運動方程式に代入して，風入力に対するロールレートの伝達関数を求めると，式(4-25)のように解ける．ここではラプラス変換を用いて表している．

$$\begin{aligned} g_v(s) &= \frac{\varphi(s)}{W(s)} \cdot s \\ &= C_S^* \cdot \frac{A_2 \cdot s^2 + A_1 \cdot s + A_0}{B_4 \cdot s^4 + B_3 \cdot s^3 + B_2 \cdot s^2 + B_1 \cdot s + B_0} \cdot s \end{aligned} \tag{4-25}$$

ここで，$A_0 \sim A_2$ および $B_0 \sim B_4$：車両諸元の c や d で決まる定数，s：ラプラス変数(複素数)．この式に，大型セダン(後輪駆動)C 車の車両諸元値・特性値を入れて算出すると図 4-14 となり，$g_v(s)$ は風入力に対するロールレートの応答(定式化による伝達関数)を示している．

この伝達関数を用いることで，空力特性のロールレートへの影響度解析が可能となる．空力特性(C_S^*, c, d)の影響とタイヤ・サスペンション特性(Cp_f^*, Cp_r^*,

h)を，C 車においてそれぞれ ±10% 変化させた場合のゲインピーク値の変化を図 4-15 に示す．この C 車においては，自然風に対する直進安定性に関し，空力特性の影響度がサスペンション特性と同等に大きいことが確認できる．また，空力特性での運動性能の改善が小さくないことに加え，C_S および C_{YM} 低減の必要性を定量的に示すことができている．

4.2.3 非定常空力特性と車両運動特性

(1) 動的空気力と空力-車両運動連成問題

前項では，定常空気力によって車両運動特性の評価指標に生じる変化を示し，定常空気力が車両運動性能に与える影響が示された．それらは車両運動特性を考慮した空力設計において大変重要かつ有益な知見である．しかしその一方で，近年ではそれらの知見のみでは評価が困難な，過渡的，非定常的な空気力特性とその車両運動特性への影響[1]に対しても注目が集まっている．そこで本項では，特に車両運動特性に関連する非定常空気力特性とそれらの連成問題について紹介する．

なお，本節で用いる「定常」「非定常」の言葉の意味については基本的に図 4-9 の定義と分類に従うが，混乱を避けるために少し補足しておきたい．例えば，図

4-9において「非定常空気力」と分類された「時間変化(外部入力変化による)」であるが,これは基準状態とは異なる一定(定常)の車両姿勢や外部入力を与え,基準状態に対する時間平均空気力の変化を計測することによって部分的に評価可能である.このような「定常な外部入力」に対する空力特性の変化を「準定常」な空力特性と称することもあり,「定常」と「非定常」の中間的な特性として分類されることもあるため注意されたい.実際,前項の横風応答性の評価において横力の定常偏揺角に対する依存性を考慮したことは「準定常」空力特性を考慮したともいえる.このような「準定常」的評価は,車体周囲流れが条件変化に対して応答する特性時間と比べて,条件の時間変化が緩やかである場合には特に有効である.また,より激しい入力条件の変化の中であっても「準定常」空力特性が完全に失われるのではなく,準定常特性の要因となる流動現象が一部変化したり,それとは異なる非定常条件下特有の流動現象が生じたりすることによって空力特性が変化することが一般的である.このため,本項ではこれらを無理に分離することはせず「準定常」空力特性も「非定常」空力特性の一部として扱いながら,両者の分類が必要な場合にはこれを明示する.

さて,非定常空気力の影響を考慮するといっても,空力-車両運動連成問題に対する基礎方程式は定常空気力を用いる場合と本質的に変わらない.なぜなら,たとえ定常空気力を入力とする場合であっても,車両運動特性の評価は静的なものに限る必要がなく,動特性も含めて評価されるためである.たとえば前項と同様の車両運動自由度を仮定すれば,空気力の時間変化の有無には関係なく,車両運動の基礎方程式は前項の式(4-3)〜(4-7)と同様になる.したがって,非定常的な発生空気力(の時間変化)を適切に表現することができれば,定常空気力に基づく車両運動特性への影響評価手法を単純に拡張することも可能であろう.実際,近年では車両の動的な姿勢変化や横風帯突入によって発生する空気力を非定常成分も含めて表現し,その車両運動特性への影響を議論した例が報告[2]-[4]されている.

また,従来の風洞試験法の計測対象は定常空気力であるため,非定常空気力に対する知見は圧倒的に希少である.先に述べた「準定常」空力特性であれば従来の風洞試験法において計測されることもあるが,その他の非定常空気力成分については,風洞中で車両を加振する装置[5]や送風に変動を添加する装置,時系列での計測が可能な天秤など,特殊な試験装置が必要とされ,計測自体が困難なものも多々ある.そのような非定常空気力特性を意図したものにコントロールするには,その発生要因となる空力現象の理解と,その現象をコントロールしうる形状的特性の把握が必要となるであろう.

以上の観点から,本項では非定常空気力の表現法とその発生メカニズム解明の2点について,近年の研究方向事例を中心に紹介する.その際,路上走行する自動車に生じる車両運動は多様かつ複雑であり,それらを統一的に記述することは逆に煩雑となりかねない.このため,便宜上,車両運動を縦と横の2系統に分離して,各々に関連する話題を紹介する.ここでいう縦(鉛直方向)の運動はピッチング運動と縦併進運動であり,横(水平方向)の運動はヨーイング運動と横併進運動(およびそれらに起因するローリング運動)である.

(2) 車両縦方向の運動と空力の連成

まず,路面の凹凸や揚力変動に伴って生じる縦方向の車両運動と非定常空気力の連成問題に関連する事柄を紹介する.

縦方向の車両運動に対しては,車重を支持するサスペンションの特性が支配的であることは想像に難くない.それに対して非定常空気力の影響がいかほどであるかについては,実車と簡易車両模型の加振風洞試験において検討された例[2]があり,代表的な高速走行条件において準定常特性を除く空気力変化の鉛直ばね成分(鉛直上下変位に比例)がサスペンションの数%という無視できないオーダで存在することが報告されている.そして,そのような非定常空気力特性の差異に起因する車両運動特性差の事例として,空力パーツの有無によって走行時の動的車高変化量が異なる事例も複数報告[2][6]されている.

その要因となる流れのメカニズムとして,前後ピラー形状差に伴うトランクデッキ上の流れ構造の差がピッチ姿勢変化に対するトランクデッキ上圧力の非定常応答特性に差異を生じるとする報告[6]や,車両床下の形状差が車高とピッチ姿勢変化に対する車両前部の床下流れの応答特性に差異を生じるとする報告[2]がある.前者のメカニズムについては,実車の細部形状を簡略化した車両モデルを対象とした強制ピッチ加振時の空力解析[7](図4-16)においても,流れ構造の差異と空力ピッチモーメントの応答の差異との関係が示されている.このことについては,3章の非定常空力に関する項にも関連する空力現象が詳しく述べられているので併せて参照されたい.また,後者の事例では,フロント部床下にベンチュリ形状を与えることでフロント車高を下げる向きの空力ばね効果が生まれ,空力減衰の大きさにも変化が生じることが指摘されている.

一方,車両運動特性評価に有用な非定常空気力の表現法に関しては,河上ら[8]によってピッチング運動と鉛直上下運動の2自由度運動を想定した非定常空気力モデルが提案されており,簡易車両模型に2自由度運動を与えた加振風洞試験の計測空気力を適切に表現可

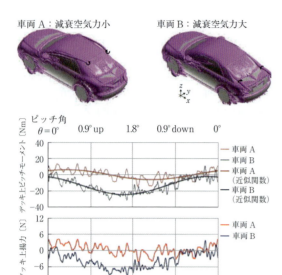

図 4-16 ピッチ変動に対する減衰空気力が異なる2車両の流れ構造（上）と強制ピッチ加振に対してトランクデッキ上に作用するピッチモーメントおよび揚力の変動（下）

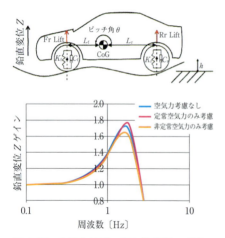

図 4-17 空気力（定常，非定常成分）の考慮による路面変位に対するばね上鉛直変位ゲインの差[3]

能であることが示されている．また，Ogawaら[3]はピッチ回転運動に起因する非定常な空気揚力と同ピッチモーメントについて車体表面の循環に比例するとした空気力モデルを用いて，前後輪の上下変位を考慮した鉛直2自由度車両モデル（図4-17）の運動特性を解析している．そして，それらの非定常空気力の表現モデルを用いた車両運動解析[2][3]によって，非定常空気力の入力やその差異が鉛直変位の特性（たとえば，路面変位に対するばね上車体の上下変位のゲイン[3]：図4-17）が影響を受けることが示されている．

（3）車両横方向の運動と空力の連成

次に，横風や操舵などの入力に伴って生じる横方向の車両運動と空力の連成問題について述べる．縦方向の車両運動におけるサスペンションと同様に，横方向の運動においてはタイヤ力が支配的要素となる．一方で，横方向の運動には地面による拘束がないことから，支配的要素であるタイヤ力は縦方向の運動におけるサスペンションのように必ず車両運動を安定させる方向に作用するとは限らない．このため，力のオーダとしては副次的な空気力であっても，車両運動特性に大きな影響を与える可能性がある．

それでは，横方向の車両運動に影響を与える空気力成分はどのようなものであろうか．ここでは，主に前項で定常空力特性に基づく評価を示した2要素を採り上げる．すなわち，周囲大気の時空間的な風速変動に起因して生じる空気力と，操舵入力などにより車両自身が横方向の運動をすることで生じる空気力について，それぞれの非定常空気力特性と車両運動への影響に関する研究事例を紹介する．

まず，周囲気流の風速変動によって生じる空気力であるが，これはたとえば大気乱流変動や周囲の走行車両の後流などによって一般的に生じうるものである．このような非定常空力現象については，近年さまざまな研究報告がなされている．たとえば，動的な偏揺角の変化によって生じる非定常空気力やその発生要因となる現象を明らかにするため，一様流中で車両をヨー方向に回転させた場合の風洞試験や数値解析による検討[9]-[11]がなされている．また，風洞中に風向変動フィンを設置した計測[12]や，境界条件として接近流の風向を変化させる数値解析[13]も行われている．さらに，より極端な条件として強風時のトンネル出口などのような相対風向風速の急激な変化となるケースにおける過渡的な空気力特性についても，数値解析[13]-[15]や空中曳航試験装置を用いた模型試験[15]，横風試験設備における実走試験[16]が行われている．

その結果，ヨーモーメントや横力に準定常的な計測からは評価できない非定常空気力が生じることが示されており，原因となる非定常空力現象についても議論されている．そして，車長方向に空間的な風向変化があるために車体局所圧力に位相差が生じること[13]（波長の異なる変動横風中の車体表面圧力分布：図4-18）や，偏揺角の動的な変化に伴って特に流れの剥離に伴う流場の変化が生じやすい車両後端部側面の表面圧力の変動量と位相に差異が生じること[9]などが数値解析や動的風洞試験の結果から指摘されている．また，強横風帯への突入においても，車型や床下形状による空気力の過渡特性の違いやその発生要因などが検討[14]されており，車体周りのさまざまな特徴的な渦構造や伴流の相互作用と時間応答が非定常空力応答を特徴づけることが指摘されている．

次に，操舵入力による車両運動に伴う空気力につい

ても，大気変動風の影響と比べて希少ながら，近年いくつかの研究報告がなされている．研究報告例が希少な理由は，車両横方向の運動が多自由度の複雑運動であることに加え，車両横方向の運動による接近流の相対風向風速変化が強風条件と比べると微小であるためであろう．しかし，横方向の車両運動に伴う準定常な横力，ヨーモーメントを考慮することで，推定される車両運動特性と官能評価の相関が増す[18]という報告もあり，その重要性が示唆されている．

横方向の車両運動の複雑さとして，たとえば非定常操舵入力を伴うスラローム走行時の車両運動を考えると，図 4-19 のようなヨー回転と横並進がともに時間変化する車両運動となることが知られている．加えてヨー回転に伴う遠心力はロール運動を生じるので，さらに運動は複雑になる．このような車両運動に伴う非定常空力現象については，スラローム走行時のセダン車両側方の流れの応答特性を計測した事例[19]があり，エアロパーツの有無によってその応答特性が異なることが指摘されている（図 4-20）．また，車両のピッチ，ロール運動まで考慮したレーンチェンジ走行時の非定常空力解析[20]では，横方向の車両運動に伴う非定常空気力としてロールモーメントに注目し，エアロパーツの有無によってその過渡応答特性に差異が生じることを報告している．

一方，横方向の車両運動に対する入力として非定常空気力を表現する空気力モデルについて，車両運動に

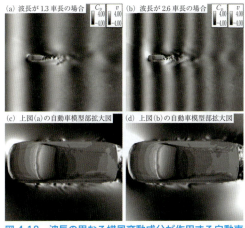

図 4-18　波長の異なる横風変動成分が作用する自動車模型周りの横方向流速分布と車体表面圧力分布

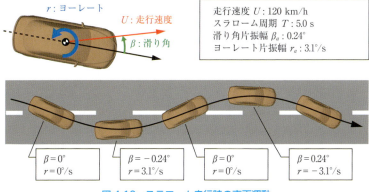

図 4-19　スラローム走行時の車両運動

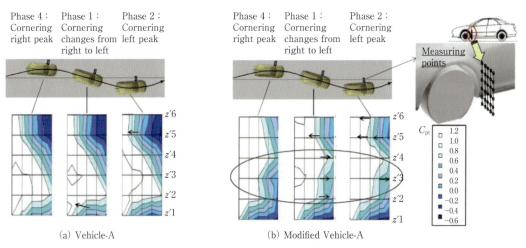

(a) Vehicle-A　　　(b) Modified Vehicle-A

図 4-20　スラローム走行時のセダン車両側方の空力応答[17]

第 4 章　空力・車両運動・熱技術連成　81

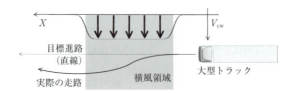

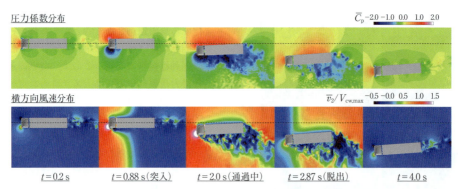

図4-21 強横風帯突入時のトラック車両周りの圧力および横方向風速分布

対する非定常空気力に関しては，基本的に縦方向の運動と同様の概念に基づいて考えることが可能であろう．たとえば，非定常操舵入力によるスラローム走行時の空気力について，横並進（偏揺角），ヨー回転，横加速，ヨー角加速の各運動成分に伴って発生する空気力を独立に評価し，それらの重ね合わせによる非定常空気力評価が試みられている．

また，大気変動風のような外部入力に伴う非定常空気力評価についても，別途検討がなされている．たとえば，偏揺角に対する準定常的な車体表面圧力分布の変化と車体局所の空力偏揺角の情報から表面圧力分布を推定し，それを積分することで準定常的に過渡的空気力を求める方法（Quasi Transient Gust Modelling）や，車長方向の風向変化による影響を風向が線形に変化するヨーレート影響に置換して評価する方法[16]などが提案されている．

さらに，ここまでは触れてこなかったが，車両自身が作り出す乱流場から生じる空気力変動成分についても，今後は車両運動特性への影響が考慮されてゆくであろう．特に，時間平均特性の差が車両運動性能に影響を与えうることが示されている（前項）揚力については，時間平均値に対する相対的な変動量が他の空気力成分よりも大きく，より高精度な車両運動性能への影響評価においてはその非定常変動特性も無視できないものになると考えられる．

(4) 横風，突風時の運動連成

本項では，ここまで非定常空力-運動連成に関連する事柄として，車両運動や外的入力変化に伴う非定常空力特性と，その車両運動特性への影響評価に必要な空気力の表現法に関する研究事例を紹介し，非定常空気力特性と車両運動特性の関係について述べてきた．しかし，製品としての自動車を考えたとき，これらの性能に関する最終的な評価指標としては，運転者や同乗者が感じる操縦性や安定性が非常に重要なものとなる．したがって，前節の図4-2にも示したように，空力-運動連成問題を論じる上では，運転者の感覚や反応という要素の介在もまた不可欠であるといえる．

ドライバの感性と車両運動特性との関係については，実走やシミュレータを用いた研究をもとに表4-2に示したような関連付けがなされている．また，外部入力に対して車両運動が変化した際の運転者の反応と，それに伴うさらなる車両運動の変化についても，ドライバ操舵モデルを用いて検討が行われている．

ここでは，強横風帯突入時のドライバの操舵応答も含めた非定常空気力-車両運動連成解析の事例として，図4-21に示すトラック車両の強横風帯突入時の連成解析[21]について紹介する．同解析では，ドライバの応答モデルとして吉本[22]が提案したモデルが用いられており，現在の車両位置，速度および加速度から時間τ秒後の車両位置を推定し，設定走路とのずれ量に比例した操舵力を発生するモデルとなっている．さらに，人間の反応を模擬するため，この操舵力の決定をある一定の時間間隔で行っている．ただし，実際にドライバモデルを用いた解析を実施する場合には，対象とする問題に応じて適切な応答モデルを選択する必要があるので注意されたい．

また，ドライバの操舵応答の再現には，ドライバの操舵入力が操舵系を通してタイヤ角変化となる過程も適切に表現しなければならない．そのため，ドライバの操舵力F_dから前輪舵角α_{stf}を与える操舵系の運動

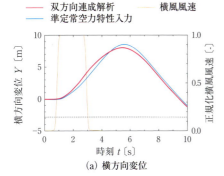

(a) 横方向変位

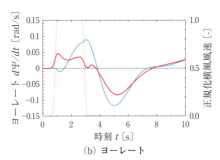

(b) ヨーレート

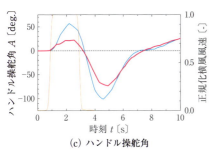

(c) ハンドル操舵角

図 4-22 ヨーレートとステアリング舵角に対する過渡空気力の影響

方程式を解く必要がある．これはたとえば，操舵系の等価慣性モーメント I_{st}，等価減衰係数 C_{st}，等価ねじりばね係数 K_{st} を用いて，

$$n_{st} \cdot I_{st} \cdot \ddot{\alpha}_{stf} + n_{st} \cdot C_{st} \cdot \dot{\alpha}_{stf} + K_{st}(n_{st} \cdot \alpha_{stf} - \delta) = \frac{F_d r_{st}}{n_{st}} \quad (4\text{-}26)$$

と表される方程式である．ここで，n_{st} はステアリング比の逆数，r_{st} はハンドル半径であり，ハンドル舵角 δ は前輪のセルフアライニングトルク T_{SA} から，

$$\delta = \frac{2T_{SA}}{K_{st}} + n_{st} \cdot \alpha_{stf} \quad (4\text{-}27)$$

で与えられる．

以上のドライバ操舵モデルと車両の水平面内運動解析，および非定常流体解析を連成した解析によって，強横風帯に突入したトラックの車両周囲流れ（図4-21）や車両運動（図4-22）が得られ，強横風によって生じた車両の走路からの横変位がドライバの応答によってのちに減少する様子が示されている．また，解

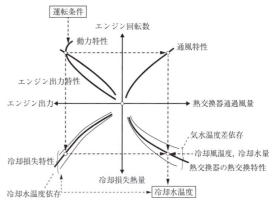

図 4-23 エンジン冷却性能を支配する熱平衡

析中で考慮する空気力を準定常特性に基づき与えた場合の結果との比較では，車両横変位やヨーレート，ハンドル舵角などの予測評価に差異がみられており，非定常空気力を考慮することの重要性も示唆されている．

以上のように，本項では，便宜上車両運動の自由度や空気力成分を限定，分類して非定常空気力と車両運動が関連する事柄について述べてきた．しかし，実際の走行車両では非定常性を含む空気力学的現象と多自由度の車両運動，そして大気変動風やドライバ操舵などの要因が関連する非常に複雑な現象が生じている．近年では，そのような複雑現象に含まれる各要素をすべて考慮した連成シミュレーション[23][24]も試みられており，複雑現象の解明を可能にする技術が確立されつつある．今後，車両運動性能への影響を考慮した，より高度な空力設計を実現するためには，そのようなツールを有効に活用しながら，本項で紹介したような新たな知見をもとに注目すべき空力特性と車両運動特性を適切に抽出し，それらの原因となる現象を的確に把握することが求められるであろう．

4.3 エンジンルームおよび床下の熱設計

4.3.1 冷却系の熱平衡とエンジンルーム内の流動特性の基礎

エンジンルームの通風性能は，エンジン冷却性能を決める上で重要な要素である．エンジン冷却特性は，4.1節でも述べたように，車体周りの流れ，エンジンルーム内の流れ，ファン周りの流れ，熱交換器を通過する流れが連成しており，伝熱的にはエンジンの冷却水系とこの冷却風系の連成問題でもある．

エンジン冷却特性を代表する冷却水温は，一定速度の平地走行の条件下では，図4-23に示すように，基本的に四つの要素の平衡で決まる．この図は，各象限で各々別の二つの量の平衡を表しており，第2象限が入力となり，最終的に第4象限の熱交換器の熱平衡に

より冷却水温度が出力として決まることを表している．すなわち，まず，要求される走行条件に対して，走行動力とエンジン出力が釣り合うエンジン回転数の動作点が決まる．次に，このとき同時に動作点におけるエンジン出力が決まるので，これよりエンジン冷却損失熱量が決まる．一方，エンジンルームの通風系における，走行風圧，冷却ファン利得，熱交換器および通風系の通風抵抗，冷却風排出部の静圧により通風特性が決まり，その平衡により熱交換器の通風量が決まる．流れ場が決まると同時に熱交換器に流入する冷却風温度も決まる．熱交換器の交換熱換量は，熱交換器へ流入する冷却風の風量と気流温度，流入する冷却水の流量と流入温度で決まる．したがって，ここで上述のように，交換熱換量である冷却損失熱量，冷却風の風量と気流温度，冷却水の流量が決まっているので，これと平衡する冷却水温が決まることになる．

ここで，冷却損失特性については，本来，このエンジン冷却系とエンジン燃焼やエンジン本体からの放熱・オイルクーラからの放熱が連成した系の平衡で決まる特性である．しかし，これらすべてを連成させて計算するには膨大な計算量が必要となり，実用的な検討は望めない場合が多い．このため，検討の負荷条件に近い条件下の特性を実験的に求め，それを冷却損失特性として近似的に与えて計算する手法がとられる．

エンジン冷却系の熱平衡に関わる具体的な物理量の相互関係を図 4-24 に示す．図 4-23 に示した各象限の平衡によって決まる物理量が，隣り合う平衡現象の入力になる．動力性能の部分では，走行条件として路面傾斜角度や車両の加減速度，また車両条件として車両の質量，回転系の回転慣性質量，走行時に使用するギヤ比やデフ比，動力伝達効率，タイヤの有効半径，転がり抵抗係数，車両の前面投影面積，空気抵抗係数，空調系や補器類の損失動力などが含まれている．動力の平衡点は，これらの影響と釣り合うエンジン出力と回転数の関係で決まる．

動作点におけるエンジン出力が決まると，冷却損失特性から，このときの冷却損失熱量が決まる．この熱量がラジエタで交換される熱量である．冷却損失熱量も，厳密に考えると，さまざまな連成する系の平衡で決まる特性である．その平衡状態は，本来，単純にエンジン出力だけで決まるのではなく，同一の出力でも，動作回転数と燃料の燃焼量により燃焼温度にも依存する．したがって，この特性を正確に求めるためには，エンジンブロックの伝熱系，エンジンの燃焼系，吸排気系，動力伝達系を連成させて検討する必要がある．しかし，そうしたアプローチは実用的ではなく，手法としても確立されていない．

そこで，実用的には，熱的に最も厳しい全負荷条件のみで考えることとし，エンジン回転数とエンジン出

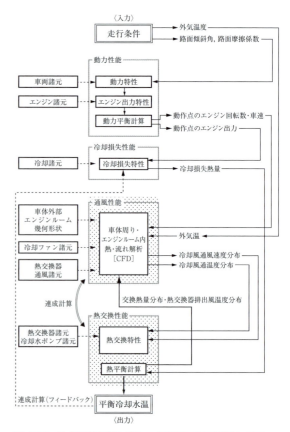

図 4-24 冷却系熱平衡に関わる物理量の相互関係とCFDの連成計算

力の関係は，全負荷時のトルク特性に従って一意的に決まる特性で近似する．同時に，1サイクル間の筒内ガスの平均温度や平均伝熱特性も一意的に決まると近似する．つまりこれは，エンジン本体部分を高温の恒温熱源と近似することになる．これより，冷却水温度をパラメータにして，エンジン出力で与えられる関数群で冷却損失特性を近似することができる．この特性は，水温をパラメータとしたエンジンの単体性能実験で求められる．より簡易的な近似方法として，運転限界水温に近い条件で計測した冷却損失特性だけで検討する場合もある．これは最後に求める熱交換器の特性から求める冷却水温度と整合する必要があるので，繰り返し計算の形で連成計算を行い，両特性を同時に満たす水温を求める．

エンジンルーム内の熱流れは，車両外部流れと併せて一つの系として扱う．これは，エンジンルームへの気流の流入出は，車体周りの流れ場で決まる圧力分布に支配されるからである．エンジンルーム内熱流れの主要な物理的要素は，ラジエタ，インタクーラ，コンデンサなどの熱交換器の通風および熱交換と冷却ファンの通風である．ラジエタは上述のエンジン冷却系と連成し，インタクーラはエンジン燃焼系と連成

し，冷却系とも弱連成関係にある．コンデンサは空調冷凍系，空調系と連成している．これらの系を橋渡しするのが冷却風の温度であり，冷却風が輸送する熱量である．そもそも流入風量は車体周りの流れ場によって決まり，それは走行条件で決まる．一方，上述のようにエンジン燃焼系も走行条件で決まるのであるから，ここでも両者は弱連成関係にあるとみることができる．

熱交換器に流入する気流の温度は，エンジンルーム内全体の流れ場と温度場で決まる．この温度場は，熱交換器後方の気流の一部が熱交換器の前面に逆流する場合もある．冷却系の中でも，冷却ファンの送風特性は熱交換特性を決める重要な役割を担っており，特に登坂時のように走行負荷が大きく車速が低い場合，冷却風の送風特性は冷却ファンの特性に支配される．ファンの通風特性をCFDで計算する場合は，ファンの回転効果を考慮する必要がある．

熱交換特性は水温を決める鍵を握っている要素である．熱交換器は，エンジン冷却水系とエンジンルーム内の通風系の接点である．この特性は，熱交換器の水管壁の熱伝達特性，水管およびフィン内の熱伝導特性，フィン表面の熱伝達特性に支配されている．これらの構造を詳細に模擬すれば，特性をCFDで計算することができる．しかし，これをエンジンルーム内流れと同時に計算すると，膨大な計算格子が必要になり実用的ではない．実用的な予測を行うためには，ラジエータの局所的な熱交換特性が均一と近似し，単位体積当たりの熱通過率で代表する．そして，この熱通過率を冷却風の通過風速と冷却水の通過流速の関数で近似する．これらの関数は，台上の単体実験によりあらかじめ求めておく．したがって，もしラジエータに流入する気流および冷却水の流速および温度が与えられれば，ラジエータの局所的な気流および冷却水の温度分布および交換熱量分布を求めることができる．実際には，流入する冷却水温度が未知なので，上述の冷却損失特性と連成させ，損失熱量と熱交換器の放熱量が等しくなる水温を求める手法がとられる．

これらの関係は，定常状態の平衡時を前提としたものであるため，非定常時にはエンジン本体，冷却水系，熱交換器などの熱容量により伝熱量の受け渡しに発生する時間遅れを考慮する必要がある．特に冷却損失特性は複雑な伝熱系の熱平衡で決まるため，その予測には慎重な扱いが必要である．また，冷房装置の動作の影響も無視できない．問題によってはコンデンサの吹き出し風によるラジエータ交換熱量の変化の影響，空調用冷凍サイクルの動作条件変化によるコンデンサ吹き出し温度変化の影響，コンプレッサの動力負荷変動の影響などを考慮することが必要な場合もある．より厳密な議論のために，冷却風の温度変化に伴う密度変化の影響も考慮することが必要な場合もある．ただし，こうした厳密な検討は，検討目的によって選択されるべきであり，無用に系を複雑化させ連成して考える必要はない．

以下の項で，各要素の具体的な検討例を紹介する．

4.3.2 対流，輻射，熱伝導と連成する問題
(1) エンジンルーム内の熱害と部品冷却の基礎

エンジンルーム内の熱害と部品冷却の問題は，対流，輻射，熱伝現象が連成する典型的な問題である．熱害は，排気系から出た熱により周囲の部品が熱せられ問題を起こすことであり，その対策としてそれらの部品の冷却が必要となる．こうした問題の熱管理設計に対してはCFDと熱輸送，熱伝導とを連成した計算設計が不可欠である．しかし，エンジンルーム内の幾何形状から解析モデルを作成して安易に計算をしても，必ずしも現実的な解が得られるとは限らない．それは，以下のような点について，計算前に注意深く考慮しておく必要があるからである．

排気系で発生する熱は，そもそもエンジンの排気に起因しているので，排気ガスが輸送するエンタルピーはエンジンの負荷や回転数に応じて過渡的に変動している．排気系を通過する排気ガス温度は，基本的には排気マニホールド下流で，排気系の外表面から熱が逃げるに従って降下する．その結果，排気管の表面温度が決まる．しかし，ターボチャージャのタービン側を通過する際には，エンタルピーの一部が機械エネルギーに変換されるため，温度が大きく低下する．一方，コンプレッサ側を通過する吸入空気は圧縮のため温度が上昇する．その結果，ケーシング内部の熱伝導により複雑な温度場が形成され，ターボチャージャの表面温度分布が決まる．また，触媒を通過する際には触媒内の化学反応に伴って温度が上昇する．さらに，マフラなどを通過する際，流路断面積変化により温度が変化する．その結果，マフラの表面温度が決まる．

図4-25は環境試験室のシャシダイナモ上にて乗用車の排気系の排気ガス温度および排気系部品の表面温度を計測した例を示したものである[25]．8%勾配相当の負荷を与え，遮熱板の有無について比較している．排気系部品表面温度は，部品表面上で数点を計測した平均値である．排気ガス温度は触媒部分で上昇し，その下流から低下していることがわかる．また，排気ガス温度と表面温度の変化傾向は必ずしも一致しておらず，各部品の表面の放熱特性や部品内部の伝熱特性の影響を考慮する必要のあることを示唆している．

排気ガス温度は，排気管やターボチャージャのケーシング，触媒，マフラの内外壁など排気系部品の内部表面と排気ガス間の熱伝達，それら部品内の熱伝導，そして，それらの外部表面と外部流間の熱伝達や輻射伝熱が連成した伝熱系の平衡によって決まる現象であ

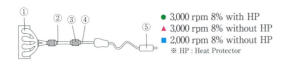

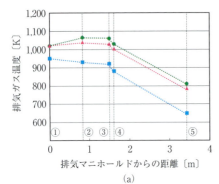

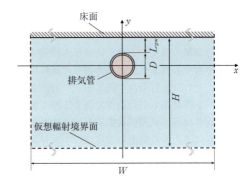

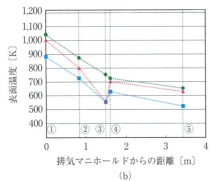

図 4-25　排気ガス温度と排気系部表面温度

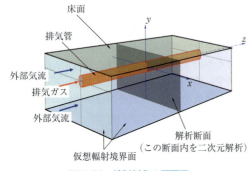

図 4-26　検討対象の概要図

項　目	変　数		検討条件
床面幅	W	mm	600
床面-地面距離	H	mm	240
床面-排気管表面距離	L_{pw}	mm	30
排気管直径	D	mm	50
排気管肉厚	t	mm	0.3

項　目	変　数		検討条件
外部気流流速	u_a	m/s	10
排気ガス流速	u_g	m/s	30
外部気流温度	T_a	℃	80
排気ガス温度	T_g	℃	750
仮想輻射境界面温度	T_{atm}	℃	35

項　目	変　数		検討条件
排気管輻射率	ε_p	ND.	0.600
床面輻射率	ε_w	ND.	0.950
仮想輻射境界面輻射率	ε_o	ND.	1.000

図 4-27　床面-排気管系簡易二次元モデル

図 4-26 に示すような，断熱壁の床面の下方に排気管が配置されている簡易的な二次元モデルを用いて基礎的な検討を実施した[26][27][28]．具体的には，長手方向（z 方向）には境界層が十分発達しているため，流速や温度分布がないと仮定して排気管の放熱により外部気流の温度変化は無視し，x-y の二次元断面を解析断面とした．また，輻射による地面温度の上昇も無視し，大気環境温度の壁面からの輻射だけが生ずる仮想輻射壁として考慮し，側面部も同じ扱いとした．図 4-27 に示すような条件を基準条件とし，排気ガス温度，外部気流温度，外部気流流速，排気管表面の輻射率，排気管直径，排気管と床面との距離などを検討パラメータとして取り上げ，床面の温度に与える影響を調査した．

この計算は図 4-28 に示すように，排気管系の熱平衡と床面の熱平衡の連成計算を行っている．ここでは両熱平衡を強連成としてシーケンシャルに解いている．

る．したがって，排気系部品の表面温度もこうした熱平衡の結果により決まることになる．エンジン作動時における多くのエンジンルーム内の部品表面の温度は，それら部品を過ぎる冷却風の対流熱伝達特性に支配されるが，排気系の高温部位に近いところに設置されている部品は，輻射伝熱の影響を無視することができない．そこで，これらの連成システムの特徴的な特性を調査するため，床面-排気管系簡易二次元モデルによって，基準とする代表的な排気系の条件に対して，熱管理設計の際に着目する主要パラメータ変更に対する影響の基礎検討を行う．

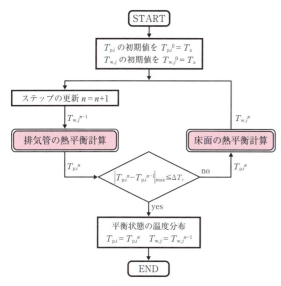

図 4-28　系全体の熱平衡計算概要

排気管系の熱平衡については以下の方法で解いている．排気管内の平均対流熱伝達率 h_d を Colburn の式を用いて与えると，排気ガスから排気管への伝熱量 $\dot{Q}_{d,i}$ は次式で与えられる．

$$\dot{Q}_{d,i} = h_d \cdot (T_g - T_{d,i}) \cdot \Delta A_{p,i} \quad (4\text{-}28)$$

ここで，i：排気管表面の要素番号，T_g：排気ガス温度，$T_{d,i}$：排気管内壁温度，$\Delta A_{p,i}$：排気管表面の要素 i の表面積．なお，二次元で扱っているので，要素の面積は流れ方向に単位幅をもっているとして計算する．排気管の管壁内の伝熱量は $\dot{Q}_{d,i}$ なので，薄肉を仮定すると，次式のようにも書くことができる．

$$\dot{Q}_{d,i} = k_d \cdot (T_{d,i} - T_{p,i}) \cdot \Delta A_{p,i} \quad (4\text{-}29)$$

ここで，k_d：排気管壁の熱伝導率，$T_{p,i}$：排気管表面温度．排気管表面では，対流伝熱と輻射伝熱により放熱している．対流による放熱量 $\dot{Q}_{pc,i}$ については，管の長手方向に沿って気流が流れるので平板の乱流境界層で近似し，Johnson-Rubesin の式により乱流局所ヌッセルト数を求め，これを想定した排気管長で平均して求めた平均熱伝達率 h_m を用いて，次式で与えている．

$$\dot{Q}_{pc,i} = h_m \cdot (T_{p,i} - T_a) \cdot \Delta A_{p,i} \quad (4\text{-}30)$$

ここで，T_a：外気流の温度．また輻射による放熱は，排気管と床面や仮想境界間で生ずるので，反射の影響が無視できるとすると，全輻射エネルギー $\dot{Q}_{pr,i}$ はそれら両者の和として次式のように与えられる．

$$\dot{Q}_{pr,i} = \sigma \cdot \varepsilon_p \cdot \left\{ \sum_j \varepsilon_w \cdot F_{ij} \cdot (T_{p,i}^4 - T_{w,j}^4) \right.$$
$$\left. + \sum_k \varepsilon_o \cdot F_{ik} \cdot (T_{p,i}^4 - T_{o,k}^4) \right\} \cdot \Delta A_{p,i} \quad (4\text{-}31)$$

ここで，j：床面の要素番号，k：仮想輻射境界面の要素番号，σ：床面ステファン・ボルツマン定数，ε_p：排気管表面の輻射率，ε_w：床面の輻射率，ε_o：仮想輻射境界面の輻射率，F_{ij}：排気管表面の要素 i からみた床面要素 j の形態係数，F_{ik}：排気管表面の要素 i からみた仮想輻射境界面要素 k の形態係数，$T_{w,j}$：床面要素 j の温度，$T_{o,k}$：仮想輻射境界面要素 k の温度．なお，形態係数に関しては，ここでは二次元で検討しているので，一般的に三次元で用いられる次式，

$$F_{ij} = \frac{1}{\Delta A_{p,i}} \cdot \int_{\Delta A_{p,i}} \int_{\Delta A_{w,j}} \frac{\cos\phi_i \cdot \cos\phi_j}{\pi \cdot s^2} dA_{w,j} \cdot dA_{p,i}$$
$$(4\text{-}32)$$

ではなく，次式で計算される．ここで j が仮想輻射境界の要素番号 k の場合も同様である．この時は添え字 w を o とする．

$$F_{ij} = \frac{1}{\Delta A_{p,i}} \cdot \int_{\Delta A_{p,i}} \int_{\Delta A_{w,j}} \frac{\cos\phi_i \cdot \cos\phi_j}{2 \cdot s} dA_{w,j} \cdot dA_{p,i}$$
$$(4\text{-}33)$$

なお，ϕ_i は $\Delta A_{p,i}$ の法線と $\Delta A_{p,i}$ と $\Delta A_{w,j}$ とを結ぶベクトルとがなす角，ϕ_j は $\Delta A_{w,j}$ の法線と $\Delta A_{p,i}$ と $\Delta A_{w,j}$ とを結ぶベクトルとがなす角，s は $\Delta A_{p,i}$ と $\Delta A_{w,j}$ との距離を表している．そして，式(4-28)と式(4-29)から $T_{d,i}$ を消去して $\dot{Q}_{d,i}$ を T_g と T_a で表す．排気管の熱平衡を求める際には，$T_{w,j}$ は前ステップの値などの暫定値を用いて既知とし，次式の条件を満たすように $T_{p,i}$ を決定する．

$$\dot{Q}_{d,i} = \dot{Q}_{pc,i} + \dot{Q}_{pr,i} \quad (4\text{-}34)$$

一方，床面の熱平衡は次のように解いている．ここで床面の熱伝導は無視して考えるので，対流伝熱による放熱と輻射伝熱による受熱が平衡していると仮定する．床面の対流による伝熱量 $\dot{Q}_{wc,j}$ は，配管表面の式(4-30)と同様にして，次式で与えられる．

$$\dot{Q}_{wc,j} = h_m \cdot (T_{w,j} - T_a) \cdot \Delta A_{w,j} \quad (4\text{-}35)$$

また，輻射による伝熱量 $\dot{Q}_{wr,j}$ は式(4-31)と同様にして，次式で与えられる．

$$\dot{Q}_{wr,j} = \sigma \cdot \varepsilon_w \cdot \left\{ \sum_i \varepsilon_p \cdot F_{ji} \cdot (T_{w,j}^4 - T_{p,i}^4) \right.$$
$$\left. + \sum_k \varepsilon_o \cdot F_{jk} \cdot (T_{w,j}^4 - T_{o,k}^4) \right\} \cdot \Delta A_{w,j} \quad (4\text{-}36)$$

ここで，$T_{w,j}$ は $T_{p,i}$ より温度が低いので $\dot{Q}_{wr,j}$ は負の値となる．これらを用いて床面の熱平衡を求める際には，$T_{p,i}$ は前ステップの値などの暫定値を用いて既知とし，次式の条件を満たすように $T_{w,j}$ を決定する．

$$\dot{Q}_{wc,j} = -\dot{Q}_{wr,j} \quad (4\text{-}37)$$

こうした扱いは，熱と流れの連成問題では共通しており，本質的には，対流伝熱現象をこのような単純モデルで解くか，CFD で境界層や周辺の流れ場を厳密に解いて計算するかの違いだけである．

図 4-29，図 4-30 に，基準条件下の排気管表面温度分布および床面の温度分布の計算結果を示す．この条件では，排気管の平均的な温度は 395℃ 程度で，排気ガス温度より 350℃ 程度降下している．排気管上面は

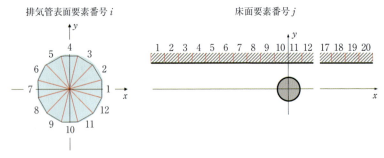

図 4-29　基準条件の排気管表面・床面の温度分布

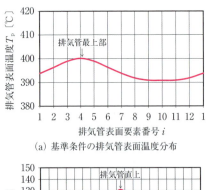

(a) 基準条件の排気管表面温度分布

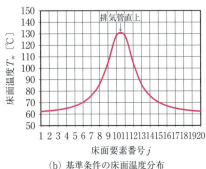

(b) 基準条件の床面温度分布

図 4-30　基準条件の排気管表面および床面温度分布

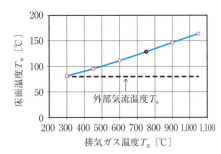

図 4-31　排気ガス温度の影響

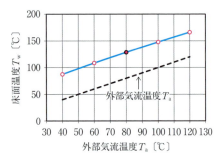

図 4-32　外部気流温度の影響

400℃で下面は 390℃と，上下面で 10℃程度の差しかない．これは，排気管上面側も下面側も流速が同じと仮定しているためで，この差は床面からの輻射の影響のみを反映した結果である．床面は，排気管の輻射の影響を顕著に受けることがわかる．排気管の表面温度が 350℃程度のとき，排気管直上の位置の温度は130℃程度なので，外部気流温度より 50℃程度上昇していることになる．仮想輻射境界面に近い両端の部分は，仮想輻射境界面の温度を大気環境温度である 35℃としているため，輻射の影響により外部気流温度より20℃程度低下している．

排気ガス温度 T_g は配管表面温度に直結する．そこで，基準条件に対して排気ガス温度が変化した場合の床面温度への影響を吟味する．図 4-31 は，さまざまな運転条件を想定し T_g を 300℃から 1,050℃までの範囲で変化させたときの床面の最も温度が高い位置の温度の影響を示している．排気ガス温度が 300℃では，床面の温度はほとんど外部気流温度に等しくなるが，

基準条件としている 750℃では，床面温度が 130℃にまで上昇する．この結果より，床面温度への寄与率は，おおよそ，排気ガスの上昇温度が 100℃に対して床面の上層温度は 10℃程度であることがわかる．

もう一つの温度条件が，外部気流の温度 T_a である．そこで，基準条件に対して外部気流温度が変化した場合の床面温度への影響を吟味する．図 4-32 は，異なる位置を想定し T_a を環境温度に近い 40℃から，高温の発熱体に近い下流を想定し 120℃までの範囲で変化させたときの床面の最も温度が高い位置の温度の影響を示している．これより，床面の温度は，外部気流温度の上昇とほぼ平行して上昇することがわかる．

外部気流の流速 u_a も影響の大きい条件である．現実のレイアウトでは，床面や排気管が高速の気流に曝されるとは限らず，他の部品の後流に位置するため，流速が遅くなることも考えられる．また，車速と負荷は必ずしも相関があるわけではなく，高負荷も低速から高速までさまざまな走行条件が想定できる．図

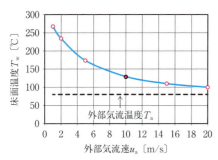

図 4-33　外部気流速度の影響

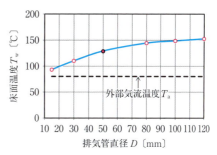

図 4-35　排気管直径の影響

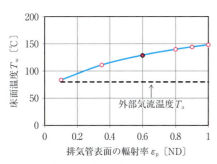

図 4-34　排気管表面の輻射率の影響

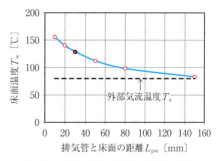

図 4-36　排気管と床面との距離の影響

4-33 は，基準条件に対して，u_a を低流速の 1 m/s から，高流速の 20 m/s までの範囲で変化させたときの床面の最も温度が高い位置の温度の影響を示している．

　排気管表面の輻射率は，排気管からの放熱量を支配する重要な要素の一つである．しかし，現実のコンポーネントの輻射率を計測するのには手間がかかるため，設計検討では適当な値を仮定して用いられる場合が多い．実際には，排気管の場合，排気管表面は製造時の特性を保つことは難しく，腐食，泥などによる汚れ，石はねなどによる表面の傷など輻射率に関わる条件が大きく変化することが予想される．図 4-34 は，排気管表面の輻射率 ε_p を，0.1 から 1.0 まで変化させたときの床面温度の変化を調べた結果である．これより，ε_p が 0.1 の場合は，輻射伝熱量が極端に小さいため，床面温度は外部気流温度とほぼ等しい．一方，表面の汚染が進んで黒体に近い条件を想定した場合，床面温度は 150℃ 程度まで上昇し，外部気流温度に対して 70℃ 程度高い値を示す．多少汚れがある研磨されていない金属表面の輻射率として 0.6 を仮定した場合，床面温度は黒体に対して 20℃ 程度低くなることがわかる．

　排気管の幾何的な条件の一つに，排気管直径 D がある．ここでは，D を 15 mm から 120 mm まで変化させ，床下温度影響を調査した．幾何的には，排気管上端と床面の距離は固定して直径を変化させる．その結果，直径が増すに従って排気管は下方に突出することになる．図 4-35 に計算結果を示す．これより，排気管直径が 15 mm 程度では，直径に対して床面との隙間が直径の 2 倍離れていることになるため，床下はほとんど温度上昇しない．D が増すに従って，床下の要素は排気管からの輻射伝熱量が増すために温度が上昇する．しかし，ここで評価しているように，排気管直上の位置では，排気管がある程度以上のサイズになると輻射伝熱量の変化が小さくなる．これは，今回の検討では床面の幅を固定しているので，直径を増すと排気管表面と床面との輻射伝熱の寄与度が下がるため，排気管から仮想輻射境界面に放熱する割合が増し，その結果，排気管表面温度が低下することに起因している．

　もう一つの排気管の幾何的な条件の一つに，排気管と床面との距離 L_{pw} がある．排気管の位置を下げても，前項と同様に，排気管表面に対する床面の形態係数の総和が小さくなり，床面温度が低下することが予想される．そこで，同一直径の排気管位置を，L_{pw} が 10 mm から 150 mm まで変化させたときの影響を計算した．図 4-36 にその計算結果を示す．これより，予想通り，排気管と床面との距離を離すと表面温度は低下する．この条件では，L_{pw} が 10 mm のとき床下温度が 150℃ 程度であったものが，150 mm にするとほとんど外部気流と等しくなる．

　現実的には三次元空間の問題を二次元空間で近似的に検討しているため，理論的に考えると，輻射伝熱量は現実的な量より過大に見積もっていることになる．その差は，現実的には z 方向の長さも無限大ではなく有限であるため，その境界は仮想輻射境界で扱う必要があり，その分床面の形態係数は小さくなる．した

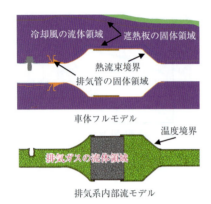

図 4-37 弱連成解析のモデル分割のイメージ(触媒中央部分断面)

がって,特に仮想輻射境界との干渉が特性を左右する排気管直径や排気管位置の効果は,z 方向の寸法によって,定量的な効果が本結果より小さくなることが予想される.もちろん,z 方向の寸法を,無限大に近いとみなせるだけ十分に長くとれば,今回の結果に収束する.熱管理の問題は,このように対流伝熱と輻射伝熱の連成問題である.特に輻射伝熱は,温度差の 4 乗に伝熱量が比例する上,レイアウトなどの幾何的な条件にも関係するなど,対流伝熱と異なった機構によりその特性が決まるため,連成を考慮した詳細な検討が必要となる.

(2) 排気系との連成問題

エンジンルームや床下の部品温度を予測するには,熱源である排気系の温度設定が必須である.実測値を利用し排気系温度を設定する手法が以前提案[29]されたが,この手法では試験が必要で,実物がない先行開発段階に適用するには,類似車のデータを流用するなどの方法しかない.また,排気系各部温度を満遍なく測定するのは困難で,各領域の代表温度だけ与えると計算精度が低下してしまう.一方,解析にて排気系表面温度を算出する手法にも問題がある.排気系表面温度は排気管内排気ガスの熱流場と排気系周囲の外部熱流場より決められるので,表面温度を計算するには,排気ガスの内部流解析も必要である.いくつかの研究[30][31]で,排気系の温度分布を精度良く計算するには排気ガスの脈動性を考慮しなければならないことがわかっている.しかし,排気ガスと車体を同時に計算すると,解析には長時間で大規模な非定常計算が必要となり,限られた計算リソースにおいては時間的に非実用的となりがちである.短時間で定常走行時の安定温度を算出するために,排気系を車体から分離し,独立の排気管内部流モデルを作成し,車体フルモデルとの弱連成(連携)解析にて排気系温度を算出する手法が提案[32][33]されている.

図 4-37 に車体フルモデルと排気管内部流モデルの触媒中央断面の一部を示す.ここでは,下記の理由で,排気管内部流モデルの解析範囲を排気管内壁面までとしている.

・排気管内部流モデルには排気ガスの流体領域しかなく,熱伝導による伝熱量の連成はいらない.
・排気ガスの熱拡散率が大きいため,エンジンサイクル平均の熱流場の安定が早く,解析時間が短縮できる.
・車体フルモデルに排気管の固体領域まで加えることで,排気管から部品への熱放射,対流と熱伝導の影響が全部計算できる.

フルモデルと内部流モデルの共通境界は排気管の内壁面であり,弱連成計算のためのデータ引き渡しもこの境界面で行われているので,内壁面の境界条件の設定は良い計算精度を得るために重要な要素である.排気管内部流モデル内の排気管内壁面は流体領域に接しているため,図 4-37 のように,温度境界を与えると各境界セルの対流と放射伝熱量が算出できる.一方,車体フルモデル内の排気管内壁面に熱流束の境界を与えると各境界セルの温度が算出できる.したがって,両モデルを連成し,各々のモデルの結果を互いに利用し,繰り返し計算すると,安定した温度の計算結果を得ることができる.

繰り返し計算の安定性と収束性の向上のため,排気管内部流で算出した結果をフルモデルに渡す(データマッピング)ときに,一つの熱流束条件より,対流と放射の熱流束を分解し,各境界セルの熱伝達率 h,境界セル近傍のガス温度 T_f と境界セルの放射入熱量 $\dot{q}_{r\_in}$ をマッピングする方法を推奨する.このとき,ガス温度 T_f は境界セルに接する流体セルの温度であり,熱伝達率 h と一つのセットになっている.h と T_f は連成解析のマッピング用のデータで,境界セルに接する流体セルの厚みに依存し,物理的な意味はない.また,内部流解析は非定常解析なので,定常解析のフルモデルにデータマッピングする際に,データのエンジンサイクル間における平均化も必要である.

車体フルモデルの排気管内壁面境界においては,マッピングされた h と T_f とフルモデル内で算出した排気管内壁面境界セルの温度を利用すれば,この境界セルの対流熱流束が式(4-38)にて設定することができる.

$$\dot{q}_c = h_c \cdot (T_w - T_f) \tag{4-38}$$

ここで,$\dot{q}_c$:対流熱流束,T_w:内壁面温度,h_c:熱伝達率,T_f:ガス温度.放射の熱流束は,この境界セルから周辺への放射量と周辺からこの境界セルへの入射量との差にて算出できる.入射量はマッピングデータなので,放射の熱流束は式(4-39)で表示できる.

$$\dot{q}_r = \varepsilon \cdot \sigma \cdot T_w^4 - \varepsilon \cdot \dot{q}_{r\_in} \tag{4-39}$$

ここで,$\dot{q}_r$:放射熱流束,ε:表面放射率,σ:ステファ

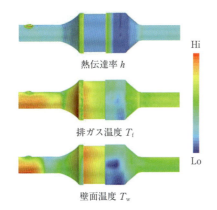

図 4-38 弱連成解析におけるマッピングデータの例

図 4-40 解析モデル（エンジンルーム）

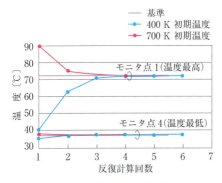

図 4-39 繰り返し計算部品温度変化のイメージ

ン・ボルツマン定数，T_w：内壁面温度．計算結果を得るためには，これらを実行するためのユーザ関数等のプログラム作成作業も併せて必要である．

図 4-38 に触媒周辺のマッピングデータの例を示す．図 4-39 にフルモデル内の二つのモニタ点温度の変化曲線を示す．異なる初期温度を与えても，3～4 回計算すると，温度が収束することがわかる．

(3) キーオフ時の対流-放射連成問題[35][36]

部品の温度は，熱伝導，対流，放射の三つの熱収支の釣り合いで決定される．走行状態において一般的な部品は，熱伝導の影響は比較的少なく，エンジン本体および触媒を含む排気系からの放射による受熱と冷却ファンあるいは走行風の（強制）対流による放熱が釣り合った状態である．エンジン停止後，いわゆるキーオフ時には，冷却ファンや走行風は停止し，自然対流状態になる．一方でエンジンや排気系の温度は急には下がらないため，放射と対流との釣り合いのバランスが変わり，部品温度が上昇する部品は少なくない．また，熱源の一部でもある触媒は，エンジン停止とともに化学反応による発熱は止まるが，放熱側であったエンジンルーム内の空気流速も急に遅くなるため，温度上昇となることが多く，キーオフ後の部品温度上昇の原因となることがある．

エンジンルーム内や床下の重要保安部品の耐熱性能を満足させるために，数値流体力学（CFD）が活用される[37]-[42]．丹野ら[43]は，CFD を用いて登坂走行時のエンジンルームと床下の部品温度予測技術を開発し，温度を評価する部品の熱収支を熱伝導，対流，放射の三つの伝熱形態に分離して解析した．この事例では，実測の熱源温度を入力とし，試験結果の存在を前提としていた．しかし，エンジンルーム内の部品配置を車両開発の初期段階に決定するには，試験車がない図面段階でも部品温度を予測する技術が必要である．また，走行後に冷却ファンとエンジンを停止したキーオフ時の部品温度を予測する技術も必要である．

キーオフ時の部品温度予測に際しては，初期温度条件となる走行時の熱源および部品温度を精度良く予測する必要がある．車両解析モデルは，エンジンルーム内の流れを精度良く再現するために，主要なすべての部品が配置される（図 4-40）．部品の内部構造は熱伝導による熱移動を計算するため，ソリッド要素でモデル化される．車両周りの流体解析に加え，エンジン冷却回路やエアコンの冷媒回路の熱収支を汎用一次元解析ソフトにより算出し，冷却機器後方の雰囲気温度分布を与える．また熱源となる排気系は，エキゾーストマニホールド内部の脈動を考慮した排気ガス流れ解析と車両モデルの熱流体解析を連携（弱連成）させ，エキゾーストマニホールドの表面温度を算出する．以上により，走行時の熱源および部品温度が予測可能となる．

キーオフ時は熱源からの熱気上昇（浮力）を模擬するため，空気を圧縮性流体として解析を行い，放射・対流・熱伝導を一つの系として同時計算する強連成手法により各部品温度を予測する．車両解析モデルは，走行時のモデルと同様，外形形状および内部構造を再現したものが用いられる．各部品温度とともに時々刻々と変化するため，安定化するまで十分に長い時間（15 分程度）の解析が必要である．

図 4-41 に走行時およびキーオフ時におけるエンジンルーム内の温度分布を示す．走行時には，グリルやバンパ開口から流入した空気がラジエータ通過時に加熱され，エンジンルーム内を通り，床下へ流出する流れが確認される（図(a)）．キーオフ時は，排気系によ

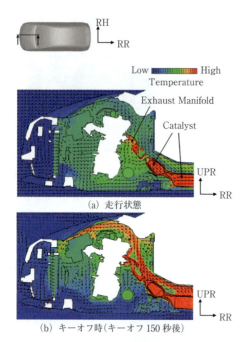

(a) 走行状態

(b) キーオフ時（キーオフ150秒後）

図 4-41　温度分布（車両中心断面）

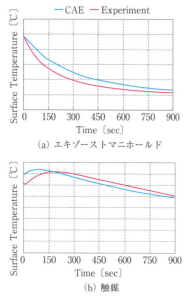

(a) エキゾーストマニホールド

(b) 触媒

図 4-42　熱源部の温度履歴

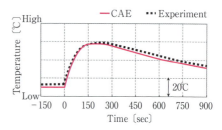

図 4-43　ブレーキチューブクランプの温度履歴

図 4-44　ブレーキチューブクランプ

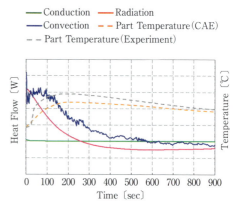

図 4-45　ブレーキチューブクランプの熱収支

り加熱された空気が自然対流により上昇し，エンジンルーム上部に滞留することが確認できる（図(b)）．

図 4-42 に熱源温度の計算結果と試験結果の比較を示す．0秒がキーオフした時刻である．温度上昇，降下の傾向が再現されており，触媒部分特有のキーオフ直後に温度が上昇する現象も捉えられているのがわかる（図(b)）．

図 4-43 にキーオフ時に温度上昇する部品であるブレーキチューブクランプ（図 4-44）の温度履歴の比較を示す．ブレーキチューブクランプの熱収支の時間履歴を図 4-45 に示す．登坂走行時は放射により受熱し，対流により放熱するが，キーオフし，ソーク状態のときは，放射だけでなく対流によっても受熱する．走行時に比べ部品温度が上昇することから，キーオフ時の部品温度は対流による受熱の影響を受けていることがわかる．キーオフ時の自然対流熱伝達は，熱源からの熱風の流速と雰囲気温度の影響を受けている．

キーオフ時の自然対流による流れ場と部品の温度変化について述べる．図 4-46 にブレーキチューブクランプ近傍における流速の時間履歴を，図 4-47 に車両中央断面における5秒と250秒（部品が最高温度とな

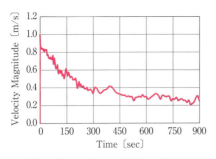

図 4-46　ブレーキチューブクランプ近傍の流速

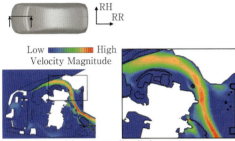

(a) キーオフ後 5 秒時

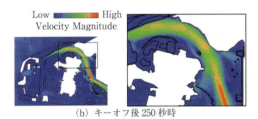

(b) キーオフ後 250 秒時

図 4-47　流速分布(車両中心断面)

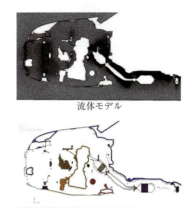

図 4-48　モデル断面流体モデルと固体モデル

る時刻)での速度分布を示す．図 4-46 より，部品近傍の流速はキーオフ直後に流速が 0 m/s から上昇し，その後次第に減少する．時間の経過に伴い流速が低下する傾向は，図 4-47 より熱風の経路全体にみられることがわかる．以上より，キーオフ直後の自然対流により流速が上昇し，その後減少する流れを再現することが部品温度予測に与える影響が大きいことがわかる．

このように十分な精度を得るためには，高精度の放射と熱伝導解析に必要な部品の高解像度および対流を精度良く再現するためクーラン数条件を満足する小さい時間刻みを設定する必要があり，大きな計算リソースを必要とする．

(4) キーオフ時の連成計算の高速化

放射と対流と熱伝導を一つの系として厳密に同時計算する強連成手法(Strong Coupling Method：SCM)は解析設定が簡単で，計算精度も高い．しかし，高精度の放射と熱伝導解析に必要な部品の高解像度，および流体クーラン数条件を満足する小さい時間刻みを設定しなければならないため，膨大な計算リソースと計算時間が必要となる．さらに，並列計算効率の制約と時間ステップごとに計算する必要性から，計算リソースの増強による計算時間の短縮には限界がある．このため，計算精度を確保しながら計算時間を短縮できる，モデルの分割と弱連成計算に基づく計算手法が提案された[36]．

この手法は，車両フルモデルを流体部分と固体部分に分離し，図 4-48 に示すように，モデル断面流体モデルと固体モデルで構成して計算するものである．流体モデルの定常計算部分では，異なる壁面温度に対応する熱伝達係数と境界に隣接する空気温度を算出し，固体モデルの非定常計算で固体の温度変化を計算する．固体非定常計算部分においては，放射と熱伝導の伝熱量を直接的に計算する．このとき，対流伝熱量は，流体解析にて算出された隣接空気温度，熱伝達率と壁面温度の関係を利用し，伝熱方向や時間の要因も考慮して内挿補間または外挿により算出される．

キーオフ解析の目的は部品の温度変化を算出することであるが，強連成計算の場合の計算負荷は，ほぼ流れ場の計算が占めることになる．この連成計算手法においては，流体モデルを定常計算にて解析し，流体の時々刻々の状態変化を計算しないので，計算時間を大幅に短縮することができる．また，非定常過程は多くの微小時間内の定常過程で構成され，実際の非定常解析でも 1 時間ステップ内の解析は一つの定常解析とみなしてもよい．この手法はいくつか時点の固体表面温度を利用し流体の定常解析を実施するもので，これらの流体定常解析は一つの時間刻みが大きな非定常解析とみなされてもよい．流体解析における各時点の境界温度は固体の非定常解析にて算出されるので，流体解析の精度は固体非定常解析の精度に支配されているといえる．一方，固体からの対流放熱量も，流体の解析結果を利用し算出されているので，固体非定常解析の精度は流体定常解析の精度に支配されているといえる．

この連成解析のプロセスは，図 4-49 に示すように，四つのモデルを用いて主に下記の五つのステップから

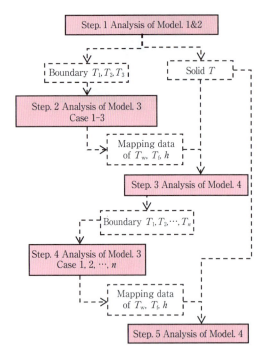

Model. 1 車両固体流体フルモデル（定常解析）
Model. 2 排気系モデル（非定常解析）
Model. 3 車両流体モデル（定常解析）
Model. 4 車両固体モデル（非定常解析）

図 4-49　連成解析計算のフローチャート

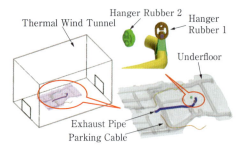

図 4-50　床下部分モデル

表 4-3　非定常解析の時間刻み

SCM		This Method	
Time Range	Time Step	Time Range	Time Step
0～120 s	0.02 s	0～5 s	0.1 s
120～600 s	0.05 s	5～600 s	1.0 s

構成されている．具体的には，Model. 1 として車両固体流体フルモデル（定常解析），Model. 2 として排気系モデル（非定常解析），Model. 3 として車両流体モデル（定常解析），Model. 4 として車両固体モデル（非定常解析）で個別に構築されている．計算の実行時，まず Step. 1 では，定常走行時の安定温度を算出し，すべての固体内部温度を外部ファイル Solid T に出力して，固体表面温度を別の外部ファイル Boundary T_1 に出力しておく．補間計算のために，熱源と受熱部品を分け，Boundary T_1 内のデータを一定の温度で上昇または降下させて，Boundary T_2 と Boundary T_3 の二つのファイルにデータを格納しておく．安定温度の算出方法については，本項(2)を参照されたい．

次に，Step. 2 では，Boundary T_1～T_3 の三つのファイルをそれぞれ利用して流体モデルの温度境界条件を設定し，三つの定常自然対流解析を実施する．この際は，すべての境界セルの壁面温度，隣接空気温度と熱伝達係数をマッピングデータとして外部ファイルに出力する．

さらに Step. 3 では，固体の非定常計算を実施し，各部品の温度変化を算出する．初期条件はステップ 1 にて算出した固体温度 Solid T を利用する．対流伝熱量は Step. 2 にて算出したマッピングファイルを利用し，補間にて算出する．計算実行中において，いくつか中間時点（$T_1, T_2, \cdots, T_n$）でのすべての境界温度をマッピング用のデータとして外部ファイルに出力しておく．本ステップの計算では仮温度の Boundary T_2 と Boundary T_3 を利用するので，温度変化の計算精度が低く，固体モデルから流体モデルへの結果マッピングが必要となる．

続く Step. 4 では，Step. 3 で出力した各マッピングファイルに対し，Step. 2 と同じく，いくつかの流体モデルの定常自然対流の計算を実施し，固体モデル計算用のマッピングファイルを出力する．

最後に Step. 5 で，Step. 4 のマッピングファイルを利用し，固体モデルの非定常解析を再度実施する．この手法の問題点は反復計算の煩雑さであるが，マクロなどの自動処理システムを作成すれば解決できると考えられる．

図 4-50 に手法の計算精度を調査するための部分モデルを示す．この部分モデルは，ハンガーゴムが二つ，パーキングケーブルが一つと排気管のセンタパイプ部分が入っている．メッシュタイプはポリヘドラル＋レイヤセルを利用し，メッシュ数は流体 620 万，固体 110 万である．時間刻みを表 4-3 に示す．強連成手法と本手法を用い，この部分モデルの排気系と周辺部品温度の変化を算出し，比較を実施した．

図 4-51 に熱源である排気管の温度変化の比較結果を示す．ポイント①～④は排気管表面から任意的に選択した四つのモニタ点である．図中の細実線はこの手法の計算結果であり，強連成の結果である破線にほぼ一致しており，熱源の温度変化と温度分布の予測は，高い計算精度が得られている．

図 4-52 にハンガーゴムとケーブルの温度変化の比較結果，図 4-53 にハンガーゴム 1 と 2 の伝熱量変化の比較を示す．ハンガーゴム 1 以外のモニタ点（ハン

ガーゴム2)の温度変化は強連成と一致している．ハンガーゴム1の温度変化は強連成と比べて多少差があるが，その差は最大1K で，温度変化の傾向もおおむね合致している．差の原因はハンガーゴム1が排気管の真上に位置しているため，自然対流，ハンガーブラケットからの熱伝導と熱放射の影響を強く受けており，解析の時間進行に従い対流伝熱の方向も変わるために，伝熱形態がかなり複雑で，補間精度不足によるものと考えられる．対応策としては，Step.3のアウトプット時間間隔を小さく設定することで誤差が縮まると推定している．当然ながら，アウトプットの時間間隔を小さくすると，次の流体定常計算の解析ケース数も増えるが，各流体解析ケースは独立して計算できるので，十分な計算リソースがあれば並列処理が可能で，計算処理にかかる時間はそれほど変わらないと考えられる．

表4-3に非定常解析の際の時間刻みを，また表4-4に16並列を利用したときの計算時間を示す．これより，この方法は強連成(SCM)と比較して，CPU時間で20倍，計算にかかった時間で60倍の速さで，ほぼ同じ結果を得ることが確かめられる．

4.3.3 冷却性能向上のための冷却ファン設計

(1) 冷却ファンの基本特性

(a) ファン単体の性能設計

冷却ファン(図4-54)は，ファン(ボス，翼，リング)，シュラウド(ケーシング，ステー，モータホルダ)およびモータから構成されている．なお，ファン翼先端の保護のため，リングが付けられているものが多い．

図はファンが中央に設置された標準型であるが，大風量が必要な場合には左右に2連のファン，あるいはラジエータをはさんで前後に2枚のファンで構成されるものもある．冷却ファンの機能は，主要機能である熱交換器(コンデンサ，ラジエータ，オイルクーラなど)の冷却と，ファン後方の旋回流によるエンジンルーム内冷却(図4-55)という二つの機能がある．主

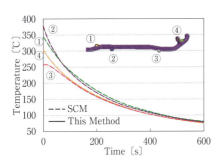

図4-51 排気管温度変化の比較

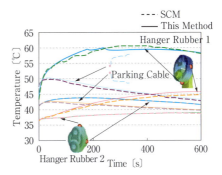

図4-52 ハンガーゴムとケーブルの温度変化比較

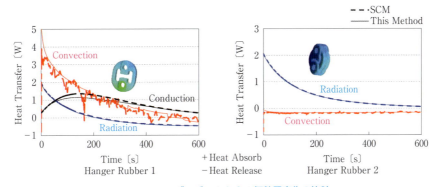

図4-53 ハンガーゴム1と2の伝熱量変化の比較

表4-4 解析時間の比較(単位：時間)

| | SCM | This Method |||| |
| | | Fluid || Solid || Total |
		1st Time	2nd Time	1st Time	2nd Time	
CPU time@16Cores	583.6	1.8×3	1.8×8	3	3	25.8
Elapsed time	583.6	1.8	1.8	3	3	9.6

要機能については，熱交換器の冷却に必要な風量が出せるようにファン仕様が決定される．2番目の機能については，ファンの回転方向やファン設置位置の最適化，ステーの追加などを検討することで，再熱，熱害の低減を図る．

冷却ファンは軸流ファンであるが，図 4-56 のようにファンの種類は各種あり，遠心ファンや貫流ファンと比較して，奥行方向が狭い空間に配置して大風量を発生できる特長をもつ．なお，図中の基本性能曲線はJIS B 8330 を基準とした送風機試験装置で測定して得たものであり，同一体格（ファン回転領域の容積をほぼ同一）にした場合のファンの種類によるファン特性の違いを概略示す．

冷却ファンの送風特性曲線は，図 4-57 下段の太線のような右肩下がりの特性である．エンジンルームの通風抵抗曲線は右肩上がりの二次曲線状の特性（図中一点鎖線）であり，ファン特性と通風抵抗曲線の交点がファンの作動点になる．図中の破線で囲んだ変曲点をもつ領域はファン自体の失速域であり，作動点は失速域を避ける必要がある．自動車走行時は風圧が通風抵抗に対してマイナスに作用するため，それを反映した抵抗曲線とファン特性との交点に作動点が移動する．なお，中段はファン効率，上段はファン騒音の特性を示す．ファン効率の高い領域が作動範囲になるように，通風系との設定を調整する[50]．

冷却ファンの風発生の原理は，図 4-58 に示すような運動量理論で説明される．翼列の回転により，翼の

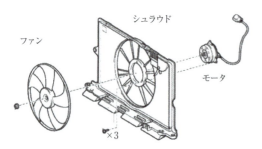

図 4-54 冷却ファンの構成

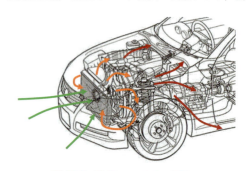

図 4-55 冷却ファンからの風流れ

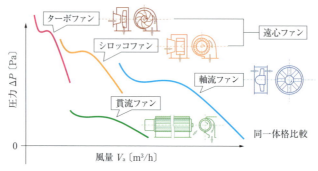

図 4-56 ファンの種類別送風性能

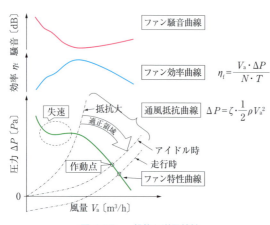

図 4-57 一般的な送風特性

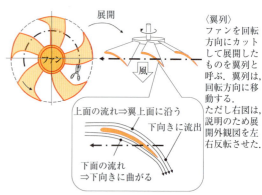

図 4-58 軸流ファンにおける風発生の原理

上面と下面に気流が当たる．下面の気流は翼の形状に沿って下向きに曲げられて流出する．一方，上面の気流は，緩やかに湾曲した翼の表面をコアンダ効果により沿って流れ，翼後端で下向きに流出する．したがって，翼は上下面ともに気流を下向きに曲げ，これが後方への風となる[51]．なお，その反力として翼に揚力が作用するが，冷却ファンの場合はモータシャフトで軸方向に固定されているため，相対的に風の発生のみとなる．なお，翼列，リング，シュラウドの相互作用で，翼から発生した風流れは全体として複雑な流れ場を形成する．詳細については後述の「(2)冷却ファンの計算設計」を参照されたい．

軸流ファンの特性は，翼形状が決定している場合は，図4-59のように回転数，ファン径，翼巾により変化するため，エンジンおよびエンジンルーム仕様に合わせた改良を行うことができる．さらなる改良が必要である場合は，翼形状やリング，シュラウド形状の変更を考えるが，特に翼厚さも含めた三次元翼形状は送風性能と騒音に大きく影響するため，断面形状の半径方向変化，翼半径方向プロファイル，翼枚数などのパラメータをオイラーの翼列理論などを使用して検討するのがよい．

ここでは，オイラーの翼列理論を式のみ紹介する．図4-60のような翼列において，流入空気が翼に作用する力を分解して速度三角形を求めると，①翼列前後の圧力差，②理論揚程，③揚力係数，④翼素効率は，式(4-40)〜(4-43)となる．

① 翼列前後の圧力差

$$p_2 - p_1 = \frac{\rho}{2}(w_{1u}^2 - w_{2u}^2) \tag{4-40}$$

ここで，w_{1u}, w_{2u}：w_1, w_2の周方向成分，ρ：空気密度．

② 理論揚程

$$H_{th} = \frac{u}{g}(w_{1u} - w_{2u}) \tag{4-41}$$

③ 揚力係数

$$C_L = \frac{2L}{\rho \cdot l \cdot w_\infty^2} = \frac{2(w_{1u} - w_{2u})}{\rho \cdot w_\infty} \tag{4-42}$$

ここで，w_∞：w_1とw_2のベクトル平均速度．

④ 翼素効率[52]

$$\eta_e = 1 - \frac{\varepsilon \cdot w_\infty}{U \cdot \sin\beta_\infty(1 + \varepsilon \cdot \cot\beta_\infty)} \tag{4-43}$$

ここで，$\tan\beta_\infty = 1/2 \cdot (\tan\beta_1 + \tan\beta_2)$であり，$\varepsilon$は抗揚比$= D/L$を表している．

以上の運動量理論をベースにして算定する翼の揚力の反力として，複数の回転翼で構成される冷却ファンの概略の風量推定は可能であるが，翼間の複雑な流れに対しては，後述する遠心力，コリオリ力を考慮した回転流体系を含めた流体の運動方程式による詳細な数値流体解析が必要である．

ファン特性指標の無次元式(流量係数ϕ，圧力係数φ)は式(4-44)，(4-45)で定義される．ここで，D_2：外径，u_2：周速度とする．比騒音K_S〔dB〕は式(4-46)で定義される．

$$\phi = V_a \Big/ \left(\frac{\pi}{4}D_2^2 u_2\right) \tag{4-44}$$

$$\varphi = \Delta P_t \Big/ \left(\frac{\rho}{2}u_2^2\right) \tag{4-45}$$

$$K_S = SPL - 10 \cdot \log(V_a \cdot \Delta P_t^2) \tag{4-46}$$

(b) ファンおよびラジエータの適合設計

ラジエータのごく近傍に設置された冷却ファンと，ラジエータを囲い円形の開口部をもつシュラウドの組合せから，図4-61に示す(i)〜(v)の個所において，以下に示す五つの課題が存在する．

(i) シュラウド形状変化に伴う翼周りの流れ変動
(ii) 翼端渦とシュラウド間隙間の相互干渉

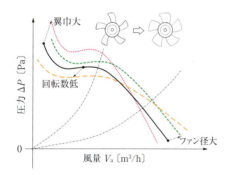

図4-59　送風特性の要因変化

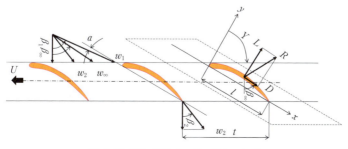

図4-60　翼に作用する力と速度三角形

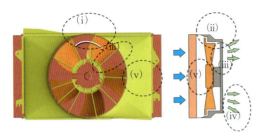

図 4-61 ファン周辺流れの課題

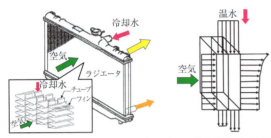

（ベクトルの長さは温度に相当）

図 4-62 ラジエータの構造と温度分布イメージ

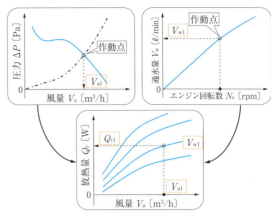

図 4-63 放熱量設計チャート[54]

(iii) シュラウドステーによる翼周りの流れの乱れ
(iv) 後方障害物による速度旋回成分の増加
(v) ラジエータ通過風の流路急減による抵抗増加

それぞれ，流れに発生する乱れを抑制することで，騒音の発生を低減することができる．

ラジエータは図4-62のような構造をしており，放熱量 $\dot{Q}_r$ は式(4-47)で表現される[53]．

$$\dot{Q}_r = \frac{C_a \cdot V_a \cdot \left(1 - e^{-\frac{KF_a}{C_a \cdot V_a}}\right)}{1 + \frac{C_a \cdot V_a}{2C_w \cdot V_w}\left(1 - e^{-\frac{KF_a}{C_a \cdot V_a}}\right)} \cdot (T_{w1} - T_{a1})$$

(4-47)

ここで，KF_a はラジエータの熱交換性能に関するパラメータであり，V_w，T_{w1} などはエンジン側のパラメータを表している．また，V_a，T_{a1} は冷却ファン側のパラメータを示している．その他，C_a，C_w は空気および冷却水の比熱である．性能検討においては，前述のファン特性の実験式から作動点の V_a が得られ，ラジエータの通水特性から V_w が得られる．この V_a，V_w により，ラジエータの放熱理論の式(4-47)から放熱量 $\dot{Q}_r$ が決定される．すなわち，図4-63 に示す手順で，自動車固有の関係諸元を決定できる．

以上は，空気側，水側の流入条件均一仮定の理論式により収支計算からバランスする点を求める設計手法である．ラジエータと冷却ファンの間には流れと熱の密接な関係があり，実車の場合，流れの不均一さ，ファンの配置，ラジエータグリル周辺の形状がラジエータ通過空気の風速，温度分布に偏りを発生させる．設計チャートの各特性にそれらの影響を考慮すること

で，ラジエータ冷却性能を確保する．なお，前項のエンジンルーム冷却のファン計算モデルでは，本項の冷却ファンの実測基本特性が数値または数式モデル化して適用される．基本特性を計算予測する手法，すなわちファン形状のCADデータからCFD計算により基本特性および騒音特性を予測する技術については，次項で詳しく説明する．

(2) 冷却ファンの計算設計

(a) 開発設計における CFD の役割

冷却ファンに関して，CFDを活用する目的は，①ファン単体性能確保のため，ファンブレードおよびファンシュラウドの設計諸元をパラメータとして形状最適化をすること，②エンジン冷却性能確保のためラジエータ通過風量を高精度に予測すること，の二つである．これらには CFD が非常に有効な手段である．ここで，①と②は内容が大きく異なるため，各々に用いる CFD 手法は使い分けが進められている．

まず，①に関してファンメーカでは，完成車メーカが要求するP-Q特性，T-Q特性(効率特性)，騒音特性を満たす設計が必要となる．なお，騒音特性については「第5章 空力・音響特性の連成技術」を参照されたい．前項で述べたように，完成車メーカが要求する性能は搭載時の性能であり，ラジエータの通過風量である．しかし，エンジンルームの形状は車種によってさまざまであるため，ファンメーカは，JIS B 8330 に基づく送風機試験装置を用いて計測されるファンの単体性能を検討する．ファンの単体性能を向上するためには，翼枚数，翼面積，翼弦長，反り，入口角，出口角，迎角，食い違い角等のブレードの設計諸元およびシュラウド形状を最適化する必要がある．性能幾何形状を最適化するためには，ブレード周りの詳細な流れ構造を把握する必要があり，冷却ファンの計算設計手法には，LES，DESやURANSにスライディングメッシュ法を組み合わせた方法やSRANSにMRFを組み合わせた手法があり，要求される性能と時間に応じた使い

分けがされている．

次に，②に関して完成車メーカでは，重要な性能要件であるラジエータ通過風量の予測に，車体形状，エンジンルーム内形状のCADデータを用いて，計算設計手法には，SRANSにファン計算方法として運動量モデルやMRF法を組み合わせた手法が目的に応じて使い分けされている．運動量モデルは，ファンのCADデータを用いずに，ファンが存在する任意の空間にP-Q特性を入力として与えることで，ファン通過前後の運動量増加を簡易的に再現する手法であるため，おおよそのラジエータ通過風量を把握する際に使用される[55]．一方，MRF法はファンのCADデータを用いてファンを囲う任意の空間にコリオリ力と遠心力を付与することでファンの回転効果を再現する方法であり，周辺機器との流れの干渉による変化を計算することができる．高圧損失領域に動作点をもつ場合や周辺機器との干渉が強い場合には，運動量モデルは実現象から大きく乖離した計算結果しか得られないため[55]，MRF法が推奨されている．以上のプロセス概略図を図4-64に示す．

(b) 冷却ファンのCFD計算事例

本項では，冷却ファン単体のCFD計算事例を紹介する．ラジエータやコンデンサの広い表面積に効率良く大風量を送ることができる送風機として軸流ファンが選定されているが，軸流ファンの特徴として，従来の一次元理論である翼素法によるファン特性予測は，現在一般的となった前進翼などの三次元性の強い流れでは精度が大幅に低下するため，CFD解析が用いられている．

ファンブレードが2,000〜3,000 rpmで回転することにより発生する風流れを計算するために，これまで，図4-65に示すように，各種のファンブレード回転モデルが研究されている．このモデルと乱流モデルSRANS，URANS，LES，DESが組み合わされ，ファンの回転領域および周辺領域が計算される．

例として，図4-66および図4-67はNACA1500系の翼型を対象に，ファンの翼枚数がP-Q特性に与える

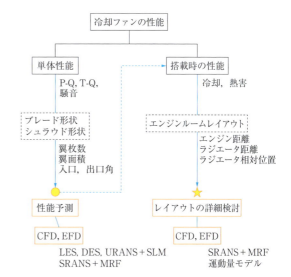

図4-64　冷却ファン性能計算のプロセス図

計算手法	格子構成および回転イメージ	モデル格子例	計算結果例
ALE（任意ラグランジュアン・オイラリアン法） ①質量保存式のu_iをu_i-v_iに，運動量保存式のu_jをu_j-v_jに置き換える（v_jはメッシュ移動速度） ②回転領域内のメッシュはv_jで移動変形 ③回転の外側領域は固定メッシュ	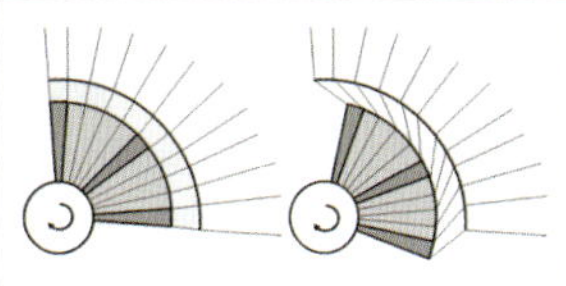	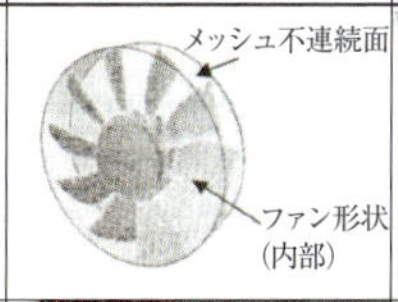	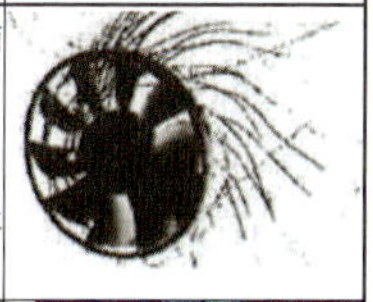
MRF（マルチ・リファレンス・フレーム法） ①回転領域に別の座標系を与え，ブレード固定で空間を回転流体に定義 ②作用力F：遠心力$mr\omega^2$，コリオリ力$-2m\omega\times V$ ③NS方程式の外力項にFを加算する ④条件設定域のみ上記式を適用	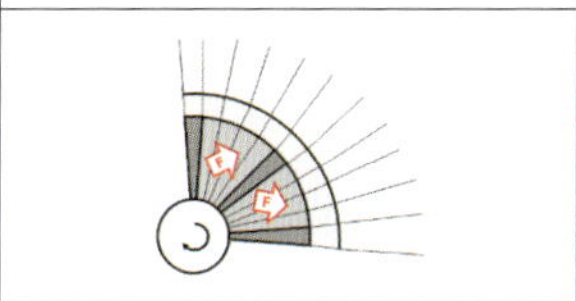	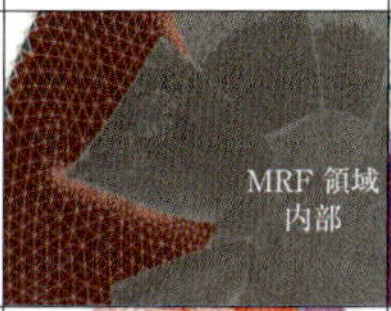	
SLM（スライディングメッシュ法） ①ファン回転領域と外側の静止空間の境界格子面と点をすべて一致させる ②ファン回転領域の回転軸を指定 ③時間刻み$\Delta\tau$ごとの回転角θを回転数Nに合わせて，非定常計算を実施する	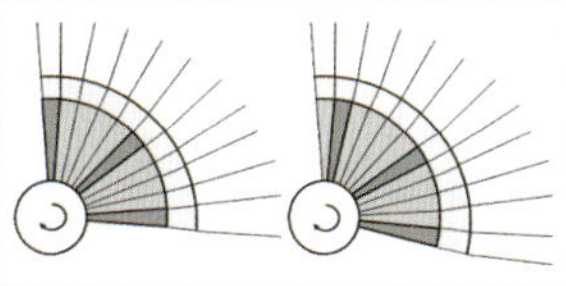	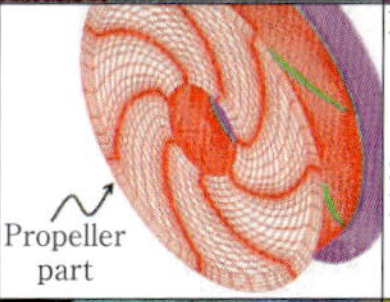	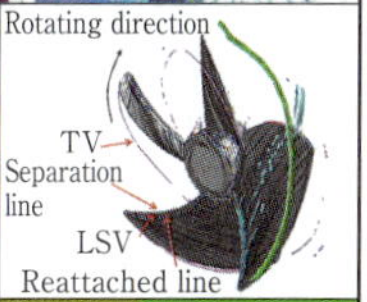
OSM（オーバーセットメッシュ法） ①ファン回転領域と外側の静止空間の両格子は重ね合わせて生成する ②ファン回転領域の回転軸を指定 ③時間刻み$\Delta\tau$ごとの回転角θを回転数Nに合わせて，非定常計算を実施する ④重合部分で数値補間し逐次計算	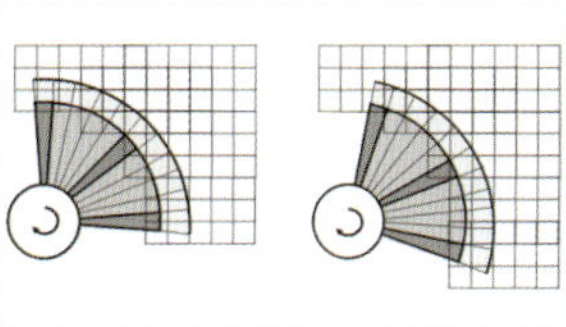	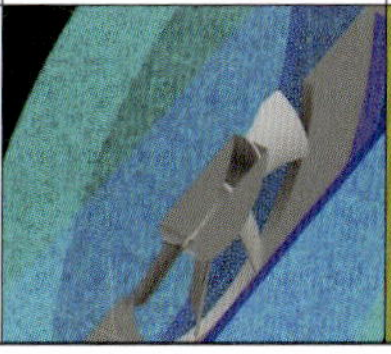	

※ファンは濃い網かけ部分，周方向格子線は明記せず，回転をわかりやすくするため，1/4のみ表示した．

図4-65　各種ファンブレード回転モデルの比較

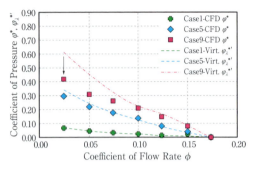

図 4-66 翼枚数がファンの P-Q 性能に及ぼす影響

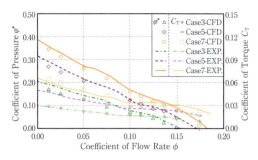

図 4-68 P-Q 特性と T-Q 特性に関する CFD の結果と実測の比較

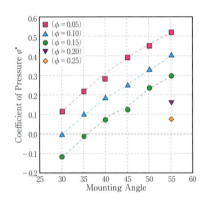

図 4-67 翼の取付角度がファンの P-Q 性能に及ぼす影響

影響および翼の取付角度がファンの P-Q 特性に与える影響について CFD を活用して調査した結果である[56]．なお，本検討の計算方法および条件は以下の通りである．流れの支配方程式は非圧縮性 RANS 方程式と連続の式，乱流モデルは RNG k-ε モデル，速度場と圧力場の解法には SIMPLEC 法を用いた．また，ファンの回転を模擬するために MRF 法を用いて定常計算を行い，境界層の計算には標準壁関数を用いた．計算格子は非構造格子の四面体を全解析空間に使用し，最小格子サイズはファンの前縁・後縁で 0.2 mm とし，総空間セル数は周期境界条件を用いておよそ 700 万である．また，ファン周りの幾何形状は厚さ 4 mm の隔壁のみとし，翼端と隔壁内壁との隙間を 3 mm，ファンの被り率を 70%，回転数を 2,000 rpm とした．

図 4-66 中の各破線は翼 1 枚の P-Q 性能を基準として，羽根の枚数 (1, 5, 9) に応じた倍率を掛けることで算出された，オイラーの翼理論に近い理想的な性能曲線であり，プロットが CFD の計算結果である．また，横軸と縦軸は流量と圧力をファン直径と回転数により無次元化した流量係数と圧力係数である．図より，高流流量域では理想に近い性能が得られるが，流量が低下するに従って理想的な性能から乖離することがわかる．一方，図 4-67 より，検討を実施したブレード諸元においては，翼の取付角度が大きいほど P-Q 特性が向上していることがわかる．

以上のように，CFD を活用することで，翼の設計諸元と性能の関係を把握し，各諸元の流れ構造を分析することでメカニズムを解明することが可能である．ここで注意されたいのは，CFD の予測精度である．冷却ファンの CFD 解析の妥当性を確認するためには実測結果と比較する必要があり，予測精度が良い場合は現象分析を実施し，悪い場合は表面タフト法・翼表面圧力測定・PIV 試験などの実験解析を実施し，ファンの予測精度を改善した上で検討を進めなければならない[57]．例として，図 4-68 は CFD 解析の妥当性を確認するために，CFD で計算された P-Q 特性と T-Q 特性を実測結果と比較したグラフである．図より，乱流モデルや計算格子を適切に選択することで実機の結果に非常に近い解を得ることがわかる．

4.3.4 冷却性能と空力性能
(1) 冷却風と周囲気流の干渉

自動車の空気抵抗は大部分が形状抵抗であるが，そのうち冷却風が及ぼす影響は少なくない．

一般にフロントにエンジンを搭載した乗用車の場合，機関冷却風はエンジンルーム下方に排出しているが，図 4-69 は最近の量産車 400 台について，エンジン冷却風による C_D と C_L の増加量を整理したものである．平均的な C_D の増加量は 0.025 であり，C_D が 0.3～0.4 程度であることを勘案すると，全空気抵抗の 6.3～8.3% にも相当する．また C_L の増加量の平均値は 0.045 であり，冷却風の取入れは空力性能を悪化させ，燃費，最高速や操縦安定性に悪影響を及ぼすことになる．

エンジンルーム通風による C_D 増加のメカニズムについてはいまだ不明な点もあるが，図 4-70 に示した CFD による検討結果によれば，エンジンルーム通風によって空気抵抗が増加する部位は，フロントノーズやエンジンルームばかりでなく，床下からの冷却風排出の影響を受ける車体後面などの広い範囲に及んでいる[58]．図 4-71 は冷却風取入れ口面積の変化に伴うラジエータ通過風速と空気抵抗係数 C_D の変化を示したものである[59]．冷却風速は開口面積を広げるととも

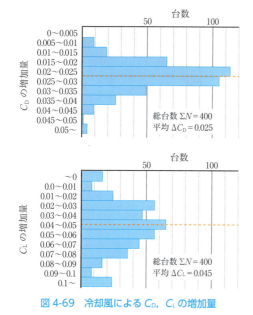

図 4-69 冷却風による C_D, C_L の増加量

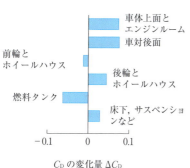

図 4-70 エンジンルーム通風による C_D の部位別変化[58]

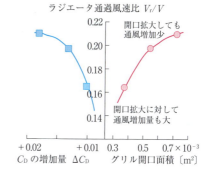

図 4-71 エンジンルーム通風と C_D の増加[59]

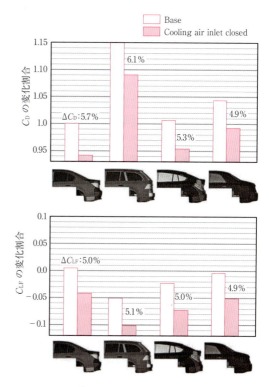

図 4-72 グリル閉塞による C_D, C_{LF} 低減効果[62]

に増加しているが，次第に開口部以降の通風系の抵抗で決まる風速に漸近していく．一方，C_D 値も開口面積の拡大とともに急激に増加している．この結果は冷却風速増加と C_D の悪化のバランスからみて，むやみに開口面積を広げることは得策でなく，適正な開口面積の設定による両性能のバランスが必要であることを示していると考えられる．

また，冷却性能に寄与しない不要な気流による通風圧損を増加させない意味から，開口部から熱交換器までのダクト化や，フード・ヘッドランプ周りなどのフロントエンド部のシールなどの処置も多くの量産車で実施されている[60][61]．さらに，冷却要求に応じて機関冷却風の取込みを制御するグリルシャッターを設ける車両も増えている．図 4-72 はフロントグリル閉塞による効果について，同一のフロントエンド形状のもと異なるリアエンド形状を組み合わせて調査したものである[62]．グリル閉塞による効果は多少リアエンド形状に依存し，4.9〜6.1% の C_D 低減効果が認められる．

グリル閉塞により，エンジンルーム床下圧力が低下し，リアバンパから後流の流速上昇が認められることから，床下流れの変化により C_D 低減効果が変化したと考えられる（図 4-73）．

図 4-74 は平均ラジエタ通過風速を一定にして，冷却風の排出口位置を変えたときの C_D 増加量の違いについて示したものである．冷却風と周囲流れの干渉により，多少影響度が異なることがわかる．

(2) アンダーカバー，床下吹き出し

従来，エンジンルームの下部に装着するアンダーカバーは床下部の形状抵抗低減手段として考えられていたが，最近は車外音規制への対応手段として広く用いられている．このようなアンダーカバーの装着は，空力面では有利となるが，冷却風排出部を閉塞するため

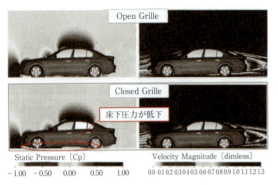

図 4-73　グリル閉塞による流れ場の変化[62]

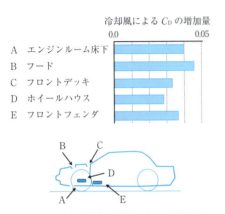

図 4-74　冷却風排出口位置による C_D 影響[58]

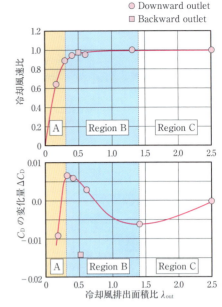

図 4-75　冷却風速比と空気抵抗に及ぼす冷却風排出面積，排出方向の影響[63]

冷却性能への影響が懸念される．

図 4-75 はアンダーカバーを装着し，床下の冷却風排出面積変化に対する，冷却風速と C_D への影響を示している[63]．図中○印は下方排出の場合を，□印は後方排出の場合を示している．また，冷却風排出面積比 λ_{out} は冷却風排出面積とラジエータコア面積の比を表している．下方排出の場合，λ_{out} が 0.3 以下の領域では排出面積増加に伴い通過風速は直線的に増加するが，0.5 以上になると通過風速はほとんど変化しなくなり，アンダーカバーのない状態に漸近している．C_D に対しても λ_{out} が 0.3 以下の領域では排出面積増加に伴い C_D は直線的に増加するが，その後極大値をもち，λ_{out} が 1.4 付近で極小値をもった後，再び増加している．

領域 A $(\lambda_{out} < 0.3)$ では冷却風排出面積の増大に伴う冷却風速の増加が著しく，エンジンルーム内での圧力損失が増加し，冷却風の運動量変化も大きくなるため，エンジンルーム内での空気抵抗は急増する．さらに床下に排出される風量も増加するため，床下流に及ぼす排出風の影響も大きくなる．そのためこの領域では排出面積の増加に伴って空気抵抗が急激に増大する．領域 B $(\lambda_{out} > 0.3)$ になると排出面積によって冷却風速はほとんど変化しなくなるため，エンジンルーム内での圧力損失および冷却風による運動量変化は λ_{out} によらずほぼ一定となる．一方，排出部では λ_{out} の増加に伴い排出風速が低下するため，排出風の運動エネルギーが小さくなり，床下部での干渉抵抗減少により，全体の空気抵抗は小さくなる．さらに λ_{out} が大きな領域 C では，排出面積増加に伴う風速低下による干渉抵抗の低下はあるものの，アンダーカバー面積が小さくなることによって，床下流の整流効果が減少するため，再び空気抵抗は悪化する．

一方，後方排出の場合は，冷却風がエンジンルーム流入時とほぼ同方向に排出されるため，エンジンルーム内での冷却風の運動量変化が下方排出の場合よりも小さく，さらに冷却風は床下流とほぼ平行に排出されることから，床下流への影響も小さい．その結果，下方排出と比較すると後方排出の C_D は大幅に低減する．図 4-76 に車体後流の総圧分布を示す．後方排出の場合は下方排出の場合と比較して全体的に総圧欠損が少なくなっており，特に床下部で顕著である．したがって，後方排出は下方排出に比べ冷却風排出による床下流への影響が小さく，その結果として空気抵抗が低減されていると考えることができる．

(3) 冷却風の後面排出

一般にフロントにエンジンを搭載した乗用車の場合，機関冷却風はエンジンルーム下方に排出される場合が多い．図 4-77 は，図 4-74 にも示した異なる排出口による冷却風排出時の C_D 値の増大量を比較した結果である[66]．ここでⒶからⒺは，同一の車両で，ラジエータの冷却風量を同一として比較している．Ⓕは，低抵抗空力実験車にて，ⒶからⒺの風量と同量の冷却風を排出した際の C_D 値の増大量を示している．これから明らかなように，冷却風の後面排出は，通常の床

下排出に比べて，排出による C_D 値の増大量を 1/4 程度に抑えることができる．

このような後面排出効果は，Bearman[34]が 1967 年に発表した論文で，切り立った後面をもつ二次元のブラッフボデーの後面から気流を排出することにより，後面抵抗を減少させることができることを示している．

Downward outlet with under cover

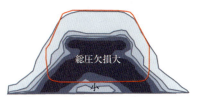

Backward outlet with under cover

図 4-76　車体後部での総圧分布
（車体後方 300 mm 断面）[64]

図 4-78 に示すように，開口率を適切に選び，後面排出率（Bleed Coefficient：C_B）を増すと，後面圧力 C_{pb} が上昇し，圧力抵抗が減少する．このとき，後流に運動量を与えるので後面圧力が上昇するのは当然であるが，開口率が 0.59 で後面排出率が 0.025 から 0.10 のような特定の領域では，小さな吹き出し流量で大きな後面圧力上昇が得られることが特徴である．これは，吹き出し後方に生ずるウエイクの構造が変化するためで，双子渦のような静止渦の中心位置や形状が変化した結果，後面圧力も変化することが確かめられている．

この結果を踏まえ，郡ら[58]は先端に丸みをもつ直方体ブラッフボデーの中央に，前方から後方にかけてトンネルを設け，途中に通気抵抗を模擬するために圧力損失を調整する金網を設け，金網の通気抵抗を変化させて実験を行った．図 4-79 は，後面傾斜角が 0° の場合の結果で，排出口の開口比 S_b/S_0 が 25% の場合，特定の吹き出し風速の領域で顕著な後面圧力上昇を得ることができることが確認された[65]．しかし，S_b/S_0 が 5.5% の場合は，わずかな圧力上昇しか得られなかった．そこで，S_b/S_0 が 5.5% で，後面の傾斜角度が 15° のモデルを用いて検討を行った．この場合，排出部は中央

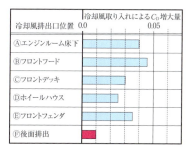

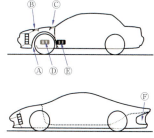

図 4-77　後面排出部をもつ低抵抗空力実験車の冷却風排出による C_D 値の変化[58][65]

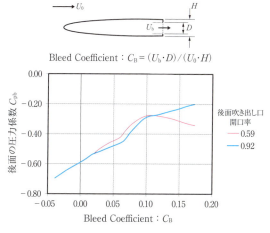

図 4-78　Bearman による後面吹き出し実験[46]

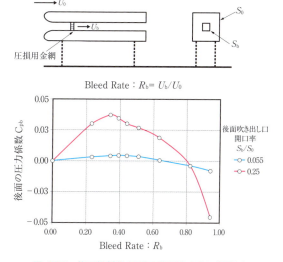

図 4-79　後面傾斜角 0° 時の後面吹き出し効果[58]

第 4 章　空力・車両運動・熱技術連成　103

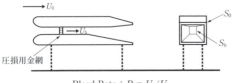

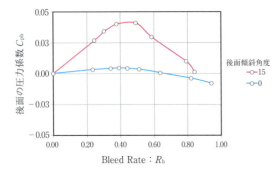

図 4-80　後面傾斜角 15°時の後面吹き出し効果[58]

(HSR：第 27 回東京モーターショーに出展)

図 4-81　後面吹き出し低抵抗空力実験車(三菱 HSR)[49]

のトンネルより断面積を拡大しているが，開口比は金網の部分の流路断面積で評価した．この結果，図 4-80 に示すように，傾斜角度が 0°に比べ，大きな圧力上昇が得られることが明らかになった．

　冒頭で述べた低抵抗空力実験車は，図 4-81 のように，キャビン床面とボデー下面間でフルダクト化して機関冷却風を車体後方に導く後面排出機構を採用しており，上述の基礎検討結果に基づいて適切な後面排出部と排出速度が設定されている．その結果，機関冷却風排出による S_b/S_0 値の増大を抑えることができている．直方体と比べると複雑な形状をした低抵抗空力実験車のような車体でも，基礎検討と同程度の効果を得ることができた．

参 考 文 献

(1) J. Fuller, et al.：The importance of unsteady aerodynamics to road vehicle dynamics, Journal of Wind Engineering and Industrial Aerodynamics, Vol. 117, p. 1-10 (2013)
(2) 竹内栄司ほか：動的空気力が運動性能へ与える影響の解析，自動車技術会学術講演会前刷集，Vol. 40-09, p. 1-4 (2009)
(3) A. Ogawa, et al.：Quantitative Representations of Aerodynamic Effects on Handling Response and Flat Ride of Vehicles, SAE Int. J. Passeng. Cars - Mesh. Syst., Vol. 5, No. 1, p. 304-323 (2012)
(4) T. Favre：Aerodynamics simulation of ground vehicle in unsteady crosswind, PhD thesis, KTH Royal Institute of Technology, Stockholm (2011)
(5) P. Aschwanden, et al.：The Influence of Motion Aerodynamics on the Simulation of Vehicle Dynamics, SAE Paper, No. 2008-01-0657
(6) Y. Okada, et al.：Flow structures above the trunk deck of sedan-type vehicles and their influence on high-speed vehicle stability 1st report：On-road and wind-tunnel studies on unsteady flow characteristics that stabilize vehicle behavior, SAE Int. J. Passeng. Cars - Mech. Syst., Vol. 2, No. 1, p. 138-156 (2009)
(7) S. Y. Cheng, et al.：Aerodynamic stability of road vehicles in dynamic pitching motion, Journal of Wind Engineering and Industrial Aerodynamics, Vol. 122, p. 146-156 (2013)
(8) 河上充佳ほか：動的空力解析に基づく簡易車両モデルの非定常空気力モデル，日本機械学会論文集 C 編，Vol. 76, No. 768, p. 2006-2015 (2010)
(9) J. Wojciak, et al.：Experimental Investigation of Unsteady Vehicle Aerodynamics under Time-Dependent Flow Conditions - Part2, SAE Technical Paper 2011-01-0164
(10) E. Guilmineau, et al.：Numerical and Experimental Analysis of Unsteady Separated Flow behind an Oscillating Car Model., SAE Paper No. 2008-01-0738
(11) M. Tsubokura, et al.：Computational visualization of unsteady flow around vehicles using high performance computing, Computers and Fluids, Vol. 38, Issue 5, p. 981-990 (2009)
(12) D. Schrock, et al.：Aerodynamic Response of a Vehicle Model to Turbulent Wind, Proceedings of the 7th FKFS-Conference, p. 143-154 (2009)
(13) M. Tsubokura, et al.：Large eddy simulation on the unsteady aerodynamic response of a road vehicle in transient crosswinds, International Journal of Heat and Fluid Flow, Vol. 31, p. 1075-1086 (2010)
(14) 池田隼ほか：自動車横風突遇遭遇時の非定常空力応答と車体形状の影響について，日本機械学会論文集 B 編，Vol. 79, No. 806, p. 2077-2092 (2013)
(15) T. Ikenaga, et al.：Large-Eddy Simulation of a Vehicle Driving into Crosswind, Review of Automotive Engineering, Vol. 31, No. 1, p. 71-76 (2010)
(16) 黒田智ほか：横風進入時の空力過渡特性計測手法開発，自動車技術会学術講演会前刷集，No. 21-13, p. 1-4 (2013)
(17) T. Fukagawa, et al.：Modeling of Transient Aerodynamic Forces based on Crosswind Test, SAE Int. J. Passeng. Cars - Mech. Syst., Vol. 9, No. 2, p. 572-582 (2016)
(18) H. Shibue, et al.：Method of Vehicle Dynamics Analysis by means of Equivalent Cornering Stiffness for Aerodynamic Forces and Moments, SAE Int. J. Passeng. Cars - Mech. Syst., Vol. 5, No. 2, p. 737-744 (2012)
(19) 岡田義浩ほか：自動車の高速操舵走行時の安定性に寄与す

る車体周りの非定常流れ特性，日本機械学会論文集，Vol. 80, No. 809, p. FE0009 (2014)

(20) 中江雄亮ほか：車両運動時に発生する非定常空気力と流れ場に関する研究，自動車技術会論文集，Vol. 44, No. 6, p. 1471-1476 (2013)

(21) T. Nakashima, et al.：Coupled analysis of unsteady aerodynamics and vehicle motion of a road vehicle in windy conditions, Computers and Fluids, Vol. 80, p. 1-9 (2013)

(22) 吉本堅一：予測を含む操だモデルによる人間自動車系のシミュレーション，日本機械学会誌，Vol. 71, No. 596, p. 13-18 (1968)

(23) H. Ishioka, et al.：Coupled 6DoF motion and Aerodynamics Simulation of Road Vehicles in Crosswind Gusts, Proceedings of 33rd AIAA Applied Aerodynamics Conference, AIAA 2015-3308 (2015)

(24) L. Carbonne, et al.：Use of Full Coupling of Aerodynamics and Vehicle Dynamics for Numerical Simulation of the Crosswind Stability of Ground Vehicles, Proceedings of SAE congress 2016, No. 2016-01-8148 (2016)

(25) I. Kohri, E. Hara, S. Miyamoto, T. Komoriya：Prediction of the thermal injury around exhaust system of passenger car by practical procedure, ASME-JSME-KSME, Joint Fluids Engineering Conference 2011, AJK2011-23005, p. 1-12 (2011)

(26) 甲藤好郎：伝熱概論，養賢堂出版

(27) 一式尚次：伝熱工学，森北出版

(28) 日本機械学会編：伝熱工学資料

(29) 丹野正洋ほか：CFDによるエンジンルーム・床下部品温度予測技術の開発，自動車技術会学術講演会前刷集，No. 40-09, p. 13-18 (2009)

(30) 斉藤良晴ほか：排気マニホールドの壁温予測手法の研究（第2報），自動車技術会学術講演会前刷集，No. 95-03, p. 1-4 (2003)

(31) 石川皓一ほか：排気マニホールドの伝熱特性予測，自動車技術会学術講演会前刷集，No. 19-13 (2013)

(32) 田中義輝ほか：キーオフ時のエンジンルーム内部品温度予測技術の開発，自動車技術会学術講演会前刷集，No. 135-12, p. 19-24 (2012)

(33) 王宗光ほか：車両排気系近傍の部品温度予測手法，自動車技術会論文集，Vol. 42, No. 3, p. 741-7462 (2011)

(34) I. Kohri, et al.：Aerodynamic development of an experimental car, SAE Paper 890373

(35) 田中義輝ほか：キーオフ時のエンジンルーム内部品温度予測技術の開発，自動車技術会論文集，Vol. 44, No. 2, p. 703-708 (2013)

(36) 王宗光ほか：車両キーオフ後部品温度変化予測手法，自動車技術会学術講演会前刷集，No. 79-14 (2014)

(37) 長谷川，小森谷：FLUENTによるエンジンルーム内の熱環境予測，2006 Fluent CFD Conference 予稿

(38) 小野，村上，池田：CFDを用いたエンジンルーム内温度解析手法の開発，自動車技術会学術講演会前刷集，No. 119-02 (2002)

(39) 林，浮田，瀬戸，柳瀬：ふく射解析による部品温度予測手法の開発，三菱自動車テクニカルレビュー，No. 18 (2006)

(40) Luis Herrera, Christoph Lund：Underbody temperature simulation - are there pitfalls?, RadTherm UGM (2007)

(41) 郡，竹内，松島：CFDを用いたトラック・バスの新開発技術，自動車技術，Vol. 55, No. 6 (2001)

(42) 赤坂，塩澤，中里，松本，青木：CFDを活用した空力性能と熱性能の同時検討の取り組み自動車技術会学術講演会前刷集，No. 96-05 (2005)

(43) 丹野正洋ほか：CFDによるエンジンルーム・床下の部品温度予測技術の開発，自動車技術会論文集，Vol. 40, No. 6, p. 1429-1434 (2009)

(44) 丹野正洋ほか：CFDによるエンジンルーム・床下部品温度予測技術の開発，自動車技術会学術講演会前刷集，No. 40-09, p. 13-18 (2009)

(45) 斉藤良晴ほか：排気マニホールドの壁温予測手法の研究（第2報），自動車技術会学術講演会前刷集，No. 95-03, p. 1-4 (2003)

(46) P. W. Bearman：The effect of base bleed on the on the flow behind a two-dimensional model with a blunt trailing edge, The aeronautical Quarterly, Vol. XVIII, p. 207-224 (1967)

(47) 田中義輝ほか：キーオフ時のエンジンルーム内部品温度予測技術の開発，自動車技術会学術講演会前刷集，No. 135-12, p. 19-24 (2012)

(48) 王宗光ほか：車両排気系近傍の部品温度予測手法，自動車技術会論文集，Vol. 42, No. 3, p. 741-7462 (2011)

(49) 三菱自動車編：The 27th International Tokyo Motor Show パンフレット (1987)

(50) 橋本武夫：自動車用エンジンの冷却工学，p. 71-107, 山海堂 (2007)

(51) 金原粲監修：流体力学，p. 201-205, 実教出版 (2009)

(52) 妹尾泰利：内部流れ学と流体機械，養賢堂 (1988)

(53) 瀬下裕，藤井雅雄：コンパクト熱交換器，p. 46, 日刊工業新聞社 (1992)

(54) 自動車技術会編：自動車工学-基礎-（追補版），p. 31-33, 自動車技術会 (2004)

(55) 大島竜也，浮田哲嗣，山本稔：CFDによる冷却性能予測手法の開発（第1報），ラジエータ冷却風速の予測，自動車技術会論文集，Vol. 33, No. 2, p. 37-42 (2002)

(56) 小林裕児，坂口貴昭，郡逸平：ブレード形状の基本諸元がファン性能に及ぼす影響，自動車技術会論文集，Vol. 44, No. 6, p. 1477-1482 (2013)

(57) Itsuhei Kohri, Yuji Kobayashi, Yukio Matsushima：Prediction of the performance of the engine cooling fan with CFD simulation, SAE Int. J. Passenger Cars - Mech. Syst., Volume 7, Issue 2, p. 728-738 (2010)

(58) 郡逸平ほか：後面排出による空気抵抗の低減，自動車技術，Vol. 45, No. 4, p. 78-83 (1991)

(59) 片岡拓也ほか：床下，エンジンルームを含む車体空力特性の数値解析，自動車技術会論文集，Vol. 25, No. 2, p. 124-129 (1994)

(60) K. Yanagimoto, et al.：The Aerodynamic Development of a Small Specialty Car, SAE Paper 940325

(61) H. J. Emmelmann, et al.：The Aerodynamic Development of the Opel Calibra, SAE Paper 900317

(62) S. Kandasamy, et al.：Aerodynamic Performance Assessment of BMW Validation Models using Computational Fluid Dynamics, SAE Paper 2012-01-0297

(63) 大島達也ほか：冷却風排出による空力特性への影響，自動車技術会学術講演会前刷集，9636835 (1996)

(64) T. Ohshima, et al.：Influence of the cooling air flow outlet on the aerodynamic characteristics, JSAE Review, No. 19, p. 137-142 (1998)

第5章　空力・音響特性の連成技術

5.1　概　説

5.1.1　自動車における空力騒音低減の必要性

　自動車にはエンジンの回転音，タイヤのロードノイズ，マフラからの排気音，こもり音，車両内外での風流れによる空力騒音などさまざまな騒音が存在する．代表的な騒音の特徴や評価法については星野ら[1]が詳細に述べているが，主な周波数帯域は，
- エンジン回転音：～5,000 Hz
- こもり音：20～250 Hz
- ロードノイズ：～1,000 Hz
- 空力騒音：500～5,000 Hz

と異なっている．
　近年は振動低減や遮音性能の向上，さらにはハイブリッド車や電気自動車の普及によってエンジン音や排気音が低減されている．このため，自動車の静粛性が大幅に向上し，ロードノイズや空力騒音が顕著になってきている．なかでも空力騒音は，
① 道路環境の整備に伴う高速クルージング機会の増加
　他の騒音に比べて，走行速度の増加に伴って著しく増大する．
② スタイリングや商品性向上に伴う空力騒音増大
　凹凸のあるスタイリングやルーフラックなどのアフターパーツ装着によって増大する．
③ 車両軽量化による遮音性能の低下
　ガラス板厚低減などによる遮音性能の低下によって車室内への透過が増大する．

という要因に加え，上記①，③の結果として低周波数で変動する音を感じやすいという人間の聴感特性がより顕著になり，変動する空力騒音（バサバサ音）がこれまで以上に耳障りになるという要因も付加されるために，車両開発を行う上で大きな課題の一つとなっている．
　この課題を克服するためには，車両の遮音性能を理解して，発生源から空力騒音を抑制する必要がある．これに向けて本章では，空力騒音の発生原理から低減手法・遮音特性・計測技術などを詳細に解説する．

5.1.2　自動車における空力騒音を表す用語

　自動車における空力騒音の解説に入る前に，理解の妨げにならないように用語について解説する．自動車メーカでは，観測されるさまざまな空力騒音に対して「～音」と呼んで現象を特定している．呼び方は慣用的であるものの，他社での呼び方を聞いてもその現象を誤解することはあまりない．専門分野や業種によりその意味に差異がある場合や，学術的に適切とは限らない場合があるため注意を要するが，この分野での用語はおおよそ共通している．以下に，自動車周りの空力騒音開発でよく用いられる呼び方とその現象を示す．

（1）発生や伝達原理による使い分け

　「空力騒音」は，空気の流れが原因となって発生する騒音を指す言葉である．構造物の振動を伴う騒音も含まれるが，流体自体から発生する音（流体騒音）を指す場合が多い．空気力によってボデーパネルが振動して発生する騒音は，空力騒音と区別して「空力振動音」と呼ばれることが多い．ゴムリップが空気力で振動する場合には特徴的な空力振動音が発生し，「草笛音」「ブー音」と呼ばれる．ただし，「草笛音」「ブー音」の場合，空力振動音であるが，音として流体騒音と区別しにくいこともあり，空力騒音と呼ばれることが多い．
　また，車外と車内の間の遮音が悪く，外部の音が車内に漏れて伝わる場合には「風漏れ音」「エアリーク」という用語が用いられる．また，車内の空気が車外に吸い出されて発生する音についてもエアリークと呼ばれることもある．

（2）空力騒音の呼び方

　自動車外部流れによる空力騒音は，「風騒音」「風音」とも呼ばれ，音の特性により「狭帯域音」「広帯域音」に区別される．周波数の高い狭帯域音は「笛吹音」と呼ばれることが多い．周波数の低い狭帯域音の代表は，サンルーフを開放したときの「ウインドスロップ」である．海外では，「バフェッティング」と呼ばれることが多い．ウインドスロップは，20 Hz 程度の非常に低い周波数で発生し，物理的には音波というよりは圧力場の変動であるが，一般的に空力騒音として扱われる．
　音が流れに影響を及ぼして自励的に増大する音を，一般的に「フィードバック音」と呼ぶ．ウインドスロップは，ルーフの開口部での流れの変動による「ヘルムホルツ共鳴音」であり，フィードバック音の一種である．笛吹音は，フィードバックの有無にかかわらず高い狭帯域音を指し，発生原理に関係なく用いられる．微小段差やドアの隙間，フロントグリル等で発生する．
　「風切音」は，比較的高い周波数での空力騒音を指す．通常，広帯域音を指すが，狭帯域音も風切音という場合もあり，幅広い意味で用いられる．「風切音」「笛吹音」は「風切り音」「笛吹き音」と送り仮名を付ける場合もあるが，自動車メーカでは，通常，前者が用いられている．また，自然風などによって風切音が変動し，

図 5-1　自動車周りの空力騒音発生部位
(流速変動エネルギーの等値面：
赤＝変動エネルギー大，青＝変動エネルギー小)

乗員が不快に感じることがある．このような変動音は「バサバサ音」や「ザワザワ音」と呼ばれる．

5.1.3　自動車における空力騒音の特徴

自動車ではさまざまな部位から空力騒音が発生するが，それらは狭帯域音と広帯域音に大別される．前者は円柱周りのカルマン渦によるエオルス音やキャビティトーンに代表される特定の周波数帯域の騒音レベルが卓越する空力騒音である．一方，後者は一般的に風切音と呼ばれる騒音レベルが幅広い周波数帯域に分布する騒音である．車両における狭帯域音は異音として扱われるため，車両開発中に抑制が図られる．しかし，発生要因・部位が多岐にわたるため，その抑制には時間がかかる場合が多い．反対に，広帯域音は抑制が困難なため，他の騒音とのバランスを考慮した開発が必要になる．以下では本章の導入として，自動車における空力騒音の主な発生部位と発生音の特徴を述べる．

(1) 狭帯域音と広帯域音の発生部位

自動車周りで発生する主な空力騒音を図 5-1 に示す[2]．この図の等値面は流速変動エネルギーを示しており，色が赤いほど値が大きく，青いほど小さい．これらを狭帯域音と広帯域音に層別すると以下のようになる．

　(a) 狭帯域音

ランプ見切りの笛吹音，フード先端の笛吹音，フロントグリルでの笛吹音，サンルーフ開時のウインドスロップ，アンテナでのエオルス音，バックウインドウ上部での笛吹音，ウェザストリップのシールリップによる草笛音．

　(b) 広帯域音

ドアミラー周りの風切音，ピラー(フロント，センター，クオータ)周りの風切音，床下の風切音．

(2) 各音の特徴

　(a) 狭帯域音の特徴

狭帯域音とは，特定の周波数帯域の騒音レベルが卓越する音であり，高周波数帯で卓越する場合には笛を吹いたような音になることから笛吹音と呼ばれる．その発生メカニズムは，エッジトーンやキャビティトーン，ヘルムホルツ共鳴，エオルス音，またはこれらの組合せなど多岐にわたる．狭帯域音は二次元的な流れ現象であることから，その発生メカニズムが明確になっていることが多く，低減方法もほぼ確立されている．

　(b) 広帯域音

広帯域音とは，狭帯域音のように特定の周波数帯の騒音レベルが卓越するのではなく，広範囲に分布する音であり，風切音とも呼ばれる．広帯域音は三次元的な流れ現象であることから，その発生メカニズムは狭帯域音に比べると明確になっていない．さらには自然風の変動によって変動する広帯域音(バサバサ音)も課題となってきている．しかし，近年では，流れの状態によって発生する広帯域音の特徴的な周波数帯域や騒音レベルが異なることがわかってきており，その低減のために流れの剥離や流速の増加を抑制する外形形状の開発などが行われている．また，空力騒音以外の音とのバランスによっても，車内での聞こえ方が変わることがわかってきており，車両で発生する騒音のバランスも重要な開発要素となっている．

5.1.4　本章の構成

これまでに述べてきたように，今後の車両開発において空力騒音の低減は解決すべき課題となっている．しかし，発生部位・現象は多岐にわたっており，発生メカニズムや理論的背景を理解して，それぞれの特徴に応じた対策を施す必要がある．そのため，次節以降では，最初に空力騒音の原理，車両開発での具体例とその対策について解説する．この中では，近年特に課題となりつつある変動する空力騒音についても解説する．次に，車内の乗員の快適性を損なわないようにするために重要となる遮音性能について解説する．また，対策を施すには，そもそも発生源を抽出する必要がある．そこで最後に，近年の計算機能力の向上に伴って，空力騒音の現象解析に不可欠となりつつある CFD による解析技術と騒音の可視化技術の向上によって大きく変わってきた実験・評価手法など，空力騒音に関する最新の情報を解説する．

5.2　空力騒音の発生原理

5.2.1　空力音(流れと音の連成)とは何か

読者の多くは，自動車メーカ等で風洞実験や CFD を行いながら，車両の空力性能の評価，改善を行っているエンジニアだと思われる．空力的な課題は年々複雑となり，単に車両の周りの流れだけでなく，運動との連成，空力音や振動，熱害，車体を汚す泥や水の流れなどさまざまな現象も考慮する必要が出てきた．このため，本書の編集方針として，従来の空力問題を中心とした説明だけでなく，流れとその他の物理現象の

連成を切り口としてまとめることとなった．本章では"流れ"と"音"がどのように連成し，どのようなメカニズムで音が発生するかについて説明する．

空力音を考える場合，一般に流れの変動（渦）によって音が発生するという説明がなされるが，この説明の根底には，流れと音を別々の物理量として分けて考えることができることを前提としている．しかし，流れ場の圧力変動も空力音と呼ばれる音波も圧力変動であることに変わりはなく，両者の違いは，渦の周囲の局所的な現象か，微小擾乱として音速で遠方まで伝わるかという点だけである．流れの基礎方程式であるナビエ・ストークス方程式と連続の式は，連続体としての速度場，圧力場，密度の運動を記述したものであり，空力音が流れの現象によるものであれば，これらの式から導出することが可能である．ナビエ・ストークス方程式は流体の移流速度を基準として記述されており，音速や波の性質は式の中に陽には表れていないが，ナビエ・ストークスの式は，流れから発生する音の性質を含むものであることを次に示す．

まず，最初に空気（媒質）の疎密波である音波がナビエ・ストークス方程式とどのような関係をもっているのか，音速がどのように定義されるのかについて検討する．先に述べたように流体の運動は基本的に流れ場の移流速度によって運動量が情報として伝えられるが，気体の温度がほとんど変化しないような条件下において，圧縮性流れの運動量（密度と速度）の変化と力積（圧力に起因）の釣り合いを求めると，流れ場の圧力の変化は，密度の変化に比例すると考えられる．この関係は音速 c の定義式

$$c^2 = \left(\frac{\partial p}{\partial \rho}\right)_s \tag{5-1}$$

ここで，
p：圧力，ρ：空気密度
に起因し，

$$\delta p = \left(\frac{\partial p}{\partial \rho}\right)\delta\rho \approx c^2\delta\rho \tag{5-2}$$

ただし，音速の定義式は等エントロピー変化を条件としているのに対して，圧縮性流れの運動量と力積の関係においては等エントロピー変化は必須条件ではなく，密度の変化が等エントロピー変化を仮定できるほど小さい場合は，圧力の変化が密度の変化と音速の2乗に比例することを示している．われわれが一般的に空力音と呼んでいるのは，このような微小擾乱として，流れから十分離れた遠方に音として伝わってきたものをいう．このような音源から十分離れた領域の現象を遠距離場，流れ場の影響を直接受けているような領域を近距離場として分けて考える必要がある．ただし，遠距離場も近距離場もどちらもナビエ・ストークス方程式と連続の式によって求めることができ，流体力学的な要因によって生じた圧力変動である．

音と流れに起因する圧力という分類はあくまでも便宜的なものであり，流体力学的には，この二つを分離して考える必要はない．そのような視点に立つと，自動車の見切り部品やサンルーフなどで発生する流れ場と音が連成して発生する離散周波数音（ピー音などといわれる異音）であっても，流れと音が連成したと考える必要はなく，ナビエ・ストークス方程式の解の一つとして考えることができる．したがって，流れと音の連成という考え方はもともと必要がない．

一方，人が物事を考える場合，方程式や物理量のすべてをありのままに理解できるわけではなく，なんらかの縮約が必要となる．たとえば，フーリエ変換は，複雑な波形を正弦波というわれわれが理解しやすい関数に縮約することにより，もとの波形からでは理解しにくい情報を人の頭で理解しやすい形に変え，人の理解を高めることに役立っている．このようにわれわれがものを理解する際には，情報を縮約したり，ものごとを既知の現象と結びつけたりすることが重要となることもある．

空力音を流れ場と音場に分けて考えることは，われわれが現象を"理解する"という点において非常に重要である．先に述べたように，本書は流体力学を基礎とするエンジニアが，自動車に影響を及ぼすさまざまな物理現象を理解することを手助けすることを目標としている．流れ場と音場をあえて分けて考えることで，空力音がなぜ発生するのか，その対策はどのようにするべきかを理解しやすくなると考えられる．

後述するように空力音を考える場合，分離解法，流れと音の連成，音場の影響，音波と圧力場の分離という概念が重要なキーワードとなる．日本語で書かれたテキストでは，これらをしっかりと分類し，わかりやすく記述したものは少ない．自動車の空力音は，流れ場，音場，振動が複雑に絡み合っているため，あえてそれらを分離して考えるほうがエンジニアリング的には理解しやすいことが多い．

その一方で，分離や縮約はあくまでわれわれの理解を助けるための手段であることも認識する必要がある．情報が縮約される際には，失われてしまう情報もある．空力音を理解する際には，流れ場と音場を分離していることによる問題点を常に認識する必要があり，一定の制約があることを理解した上で，現象の本質を見極めることが必要となる．

(1) 流れと音の連成を考慮する場合

連成解析（Coupling Analysis）とは，複数の異なる現象を解析する際に，互いの影響を考慮しながら解析する方法である．先に示したように，空力音を圧縮性ナビエ・ストークス方程式の解として求める場合は，空力音としては連成問題として考える必要はない．空力

音は流れ場の一形態であり，複数の異なる物理量が相互作用した結果ではないためである．

しかし，われわれが現象を理解しようとする場合，流れ場と音場を分けたほうが理解しやすくなる．たとえば，ドアミラーの段差から渦が発生し，その渦がドアミラー端部で空力音を発生させると，発生した音波が上流に伝播し，段差部での渦の生成に影響を及ぼし，非常に強い空力音が発生する．このような場合，流れによって発生した音が，音の原因である渦の生成を強め，それによってさらに強い音場がドアミラーの端部で形成されたと考えると理解しやすい．本章では，このような現象を流れと音の連成問題として扱うことにする（このような現象を数値解析を用いて予測する場合は，圧縮性ナビエ・ストークスの直接解法が必要となる）．

また，サンルーフなどで発生するウインドスロップは，車体周りの流れによって発生した空力音の周波数が，車室内の共鳴周波数（車室内の形状で決まる音場）に近くなり，空力音が共鳴器との共鳴で強められることによって発生する．この場合，車室内の共鳴器の共鳴周波数は流れ場によってあまり大きく変化しないことが多く（開口端補正量などは変化する），音場は流れ場からそれほど影響を受けていないため，流れと音が完全に連成した問題というよりも，共鳴器が作る音響場が流れ場の境界条件を規定し，その結果として流れ場の渦構造が影響を受け，流れ場の渦構造と音場の強さが（共鳴のない場合と比較して）変化すると考えることもできる．

このような，共鳴音場が支配的であり，音場の特性自体がほとんど変化しないような問題は，非圧縮性流れ方程式の解析条件（クーラン数）で解析しても，発生する空力音のレベルが実験結果と比較的よく一致する場合がある．しかし，厳密には流れと音が連成している現象を解析する場合，解析のためのクーラン数条件を規定するのは音速であり，このような解析では正しい解は得られない．

ただし，サンルーフなどでは経験的にこのような方法でも比較的実験と一致する結果が得られることがある．ドアミラーとサンルーフの空力音はどちらも流れと音が連成した問題と考えられるが，発生機構が異なるために，解析方法がやや異なる．このように現象の本質を考える場合に，流れ場と音場を分けることにより両者の違いや，解析を行う際の仮定や限界を理解することができる．

(2) 非連成系における空力音

発生した空力音によって流れ場が影響を受けない場合や，共鳴音場による影響を受けない場合，流れ場のマッハ数（$M=u/c$，u は流れ場の代表速度，c は音速）が十分小さければ，基本的に流れ場と音場は，二つの異なる物理現象として考えてよい．一般的な自動車の速度では，この仮定はほとんどの場合に成立するため，空力音を考える場合，空力音は流れ場に付随して発生し，流れ場によって決まると考えられる．

ただし，直接的な連成がない場合であっても，物体から放射される空力音は，渦度変動が作る音響場が物体表面でスキャッタリングされることによって生じるため，物体表面の形状が作るスキャッタリング場に依存している．このため，音場の影響をまったく考えなくともよいわけではない．この条件の場合は，流れ場と音場の相互干渉を無視できるだけであり，空力音を考える際は，流体力学的な特性だけでなく，対象とする場の音響的な性質（反射や回折，吸音条件など）を常に考える必要がある．

(3) 振動との連成，車内騒音の解析

自動車の騒音問題は，車外音だけでなく，車内音を考慮する必要がある点に特色がある．車体周りの流れに起因する空力音の伝達メカニズムはおおよそ次のようになる．

まず車体周りの流れによって車両の周りに複雑な渦構造が生成される．この渦によって生成される圧力変動（便宜的に流れによる圧力変動と発生する空力音を分けて考えることができるとし，ここではそれらすべてを含んでいるとする）が車体表面に加振力として作用し，その振動によって車体各部が振動し，その振動によって室内の空気が加振されて室内に音場が形成される．車体表面の振動が車両周りの流れ場には直接影響を与えないような場合，流れ場と振動，音場は別々に解析してもよいと考えられる．このことから，車体周りの流れに起因する車内騒音を考える場合，流れ場，振動場，音場は別々に解析することが一般的である．

また，経験的に車体周りの流れ場の圧力変動は，車体周りの空力音に比べて十分大きいにもかかわらず，車内騒音に及ぼす影響は小さく，特に高い周波数（500 Hz以上）では，車体周りの音場の影響が非常に大きくなると考えられる．流体の圧力変動は変動強度が大きいが，渦に起因するため一般にその長さスケールは小さく，位相もランダムであるため，壁面に多数の無相関な加振源として作用するのに対して，音波は圧力振幅が小さくとも，位相の揃った波として作用するため，壁面の振動に強い作用を及ぼすと考えられる．

設計的な視点からすると，車両外部の音場が支配的であるのであれば，流れによって発生する外部音場を計測し，それを加振力として，振動 SEA（Statistic Energy Analysis，統計的エネルギー法）や音響 SEA 的な解析によって車内音を予測できることになる．車内音の予測では，空力・振動・音響の連成解析が必要ないとはいえ，車両全体に対して，振動解析，音響解析を高い周波数領域で行うのは，解析負荷の問題から

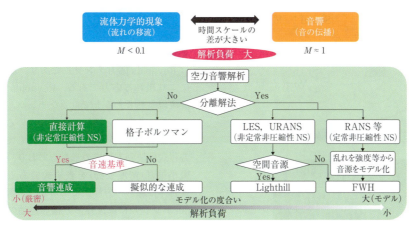

図 5-2 流れ場の解析手法（連成とモデル化の関係）と解析負荷の相関図

難しいため，SEA 的な解析によって車内騒音が解析できるというメリットは大きく，今後，自動車の車内音予測に広く利用されると考えられる．

しかし，空力音と流れ場の圧力変動を分けて考えるのは，われわれが現象を理解するための便宜的な手法であり，ナビエ・ストークス方程式自体からは，空力音の圧力変動，流れ場の圧力変動というように圧力を分けて考えることはできない．ナビエ・ストークス方程式と連続の式を連立させ，運動量と力積の変化を考えた場合に，密度と圧力が音速に依存するというモデルは，密度変化が小さく，等エントロピー条件下では，音速が圧力と音速の偏微分で記述できるという仮定に基づいている．ドアミラーやAピラーで剥離した流れ場が，ドアミラー下流のガラスや車体表面に作る圧力場は近距離場であり，ここでは，微小圧力変動が音速で伝播するという遠距離場の仮定を適用することは難しい．このように自動車の車体表面では，十分離れた外部から伝わってきた音を除いて，厳密には遠距離場のモデルを適用できない可能性がある．

前述のように，"流れ"と"音"を分離するのは，あくまでわれわれが現象を理解するためであり，そのような分離が可能であることを意味するわけではない．ただし，サイエンスとエンジニアリングの大きな違いとして，ものを設計する上での問題点，限界を見極めた上で，解析技術を活用することが大切である．また，車内音の予測にはさまざまな仮定があることを理解した上で，より現実的な解析手法・分析手法を開発することも重要である．

ここで連成問題について長々と述べたのは，空力音という現象やその解析方法にはさまざまな誤解があり，その原因の一つが流れ場と音場を別々に考えているためであることを読者に理解していただきたかったためである．その一方で"流れ"と"音"を分離して考えることにより，われわれの空力音に対する理解は少しずつ深まってきている．つまり，分離解法の限界を認識し，常にもとの方程式の意味すること（すなわち分離して考えるべきものではない）と分離によって得られるメリット，デメリットを考えることから，新しい知見が得られている．このことが空力音のようなマルチフィジックスを考える上で非常に重要であると考えられる．

図 5-2 に空力音を解析する場合のフローチャートを示す．この図は解析の手順だけでなく，読者が対象とする現象を理解するときにも役立つものと考えられる．この図は左側に行くほど，解析手法としてのモデル化が少なく，現象を正しく解く手法となるため，十分な解析精度が得られれば正しい解が得られる．その一方，解析負荷や精度を維持するための解析アルゴリズムにより高度な技術が要求される．右に行くほど，モデルや経験則を利用しているため，解ける問題は限定されるが，より簡便に少ないリソースで解が得られる．まず，解析すべき対象を選択し，その現象が，この節で説明した連成解析に相当するかを検討する．もし，連成解析として扱うべき課題であるならば，圧縮性非定常流れ解析が必要となる．

次に，音場が支配的か，流れと音場が完全に相互連成しているかを検討する．理想的には完全な連成問題として考えるほうがよいが，解析リソースなどを考慮して，少し簡略化して（音場は完全に解かないで），音場を境界条件的に扱うことも開発としては許される場合もある．連成問題として扱わない場合のほとんどは，非圧縮性の分離解法を使うことになる．分離解法を選択した場合，Lighthill 方程式の音源項に相当する空間音源（後述）を選ぶか，物体表面の圧力変動を選択する．解析が簡単で少ないリソースで良い結果が得られるのは，物体表面の圧力変動を音源とする場合である．

解析方法として図 5-2 の一番右側の統計法則を用いた場合は，ほとんどが物体表面の圧力変動を選ぶことになる．この方法ではたとえば速度変動強度と渦スケールから乱流の速度変動スペクトルをカルマンスペ

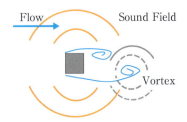

図 5-3 空力音の発生機構の模式図

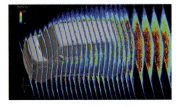

図 5-4 車両周りの流れ場

クトルなどで推定し，その条件をもとに物体表面圧力変動スペクトルを推定する方法である．大型の風車や流体機械のように実験が難しい製品などで使われることが多い．右側の解析手法は，流れ場や音場をモデル化するため，流れ場の現象を理解するのには適している．左側の厳密な解析手法によって得られた結果を，右側の統計モデルに当てはめ，解析対象に影響を及ぼす主因子を抽出し，現象を理解することが大切である．

(4) 空力音の発生原理

流れの中に物体が置かれた場合や，高速で噴出するジェットから大きな騒音が発生する．流れから発生する音は空力騒音，風切音と呼ばれ，自動車においてもさまざまな部位から発生することが知られており，空力音の低減が自動車開発における主要課題の一つとなっている．空力音が弦や板などの固体が振動して発生する音と大きく異なる点は，空力音が，音を伝える媒質である空気自身の変動によって生じることである（図 5-3）．流れの中に強い乱れや渦が存在すると，固体壁がない場合でも流れ自身から音が発生する．図 5-4 に示すように，自動車の周りにはさまざまな渦があるため，空力音の発生部位を特定することが難しい．また，車体の周りの流れ場は複雑に干渉することもあり，たとえば，ドアミラーからの流れが空力音を発生させている場合でも，ドアミラーだけでなく，Aピラー周りの流れを変える必要があるなど，音源である流れ場（渦）の空間的な分布が問題となることもある．

このような空力音の基本的な性質を明らかにするため，Lighthill[3][4] は，流体の運動方程式，連続の式，音速の定義式から空力音の基礎方程式である Lighthill 方程式(5-3) を導いた．

$$\left(\frac{1}{c^2}\frac{\partial^2}{\partial t^2}-\nabla^2\right)[c^2(\rho-\rho_0)]=\frac{\partial^2 T_{ij}}{\partial x_i x_j} \quad (5\text{-}3)$$

ここで T_{ij} は Lighthill テンソルであり，

$$T_{ij}=\rho v_i v_j+((p-p_0)-c^2(\rho-\rho_0))\delta_{ij}-\sigma_{ij} \quad (5\text{-}4)$$

と表すことができる．Lighthill テンソル T_{ij} の第1項は Reynolds 応力テンソルであり，流れ場の非線形性により現れる応力である．Reynolds 応力テンソルは乱流現象を考える上で重要なテンソルであり，また，流れ場の渦運動と密接に関係していることから，空力音が渦運動に起因することを表している．Lighthill 方程式は波動方程式の形をしており，音速で伝播する微小擾乱（密度変動）を表す式である．Lighthill 方程式自体は線形の方程式であるが，音源項である Lighthill テンソルには流体の非線形運動の影響が強く残されている．

第2項は圧力による運動量輸送項であり，この項は圧力振幅の非線形性によって生成される．この項はエントロピーの不均一性に起因する項として考えることもできることから，エントロピー項と呼ばれる場合もある．マッハ数 $M(=u/c)$ の小さな流れ場では，第2項の影響は小さい．

第3項は粘性による音波の減衰効果を表す線形項であり，自動車周りの流れのようなレイノルズ数の大きな流れ場では第3項は省略することができる．

Lighthill 方程式は，流体の運動方程式を波動方程式の形式に書き直し，右辺に流体運動に起因する音源項をまとめたものと考えることもできる．Lighthill 方程式は流れ場の運動方程式であるナビエ・ストークス方程式から直接導かれるため，ナビエ・ストークス方程式と同程度の確からしさをもつが，音源項には流れ場の運動に伴う非線形項が含まれており，ナビエ・ストークス方程式を解析する場合と同等の難しさをもっている．一般に自動車の速度範囲では，マッハ数 M は 0.1 程度であり，流れ場は非圧縮性（$M<0.3$）とみなせるので，音源の主要項は第1項となる．

式(5-3) は波動方程式の形式をしているため，そのままでは音の発生量と物理量を直接結びつけることが難しい．Lighthill は式(5-3) を次のように変形し，その物理的な意味をさらに明確にした．

$$\begin{aligned}
\Delta\rho &= -\frac{1}{4\pi c^2}\frac{\partial}{\partial x_i}\int \frac{1}{r}F_i(\boldsymbol{y},\tau)d^3\boldsymbol{y}\\
&\quad +\frac{1}{4\pi c^2}\frac{\partial}{\partial x_i \partial x_j}\int \frac{1}{r}T_{ij}(\boldsymbol{y},\tau)d^3\boldsymbol{y}\\
&= -\frac{1}{4\pi c^2}\frac{\partial}{\partial x_i}\int \frac{F_i(\boldsymbol{y},\tau)d^3\boldsymbol{y}}{|\boldsymbol{x}-\boldsymbol{y}|}\\
&\quad +\frac{1}{4\pi c^2}\frac{\partial}{\partial x_i \partial x_j}\int \frac{T_{ij}(\boldsymbol{y},\tau)d^3\boldsymbol{y}}{|\boldsymbol{x}-\boldsymbol{y}|}\\
&= -\frac{1}{4\pi c^3}\frac{x_i}{r}\frac{\partial}{\partial t}\int F_i(\boldsymbol{y},\tau)d^3\boldsymbol{y}\\
&\quad +\frac{1}{4\pi c^4}\frac{x_i x_j}{r^2}\frac{\partial}{\partial t^2}\int T_{ij}(\boldsymbol{y},\tau)d^3\boldsymbol{y}
\end{aligned}$$

$$r = |\boldsymbol{x}-\boldsymbol{y}|, \quad \tau = t - \frac{|\boldsymbol{x}-\boldsymbol{y}|}{c} \quad (5\text{-}5)$$

ここで，r：音源と観測点までの距離，τ：遅延時間．式(5-5)の右辺第1項は外力による音の発生，第2項は乱れによる音の生成を表す．ここで，外力による影響は，流体の湧き出しによるものと運動量の変化による二つの成分に分けることができる．今，流体の時間スケールを渦スケールlと速度uの比で表すことができるとすると，単位面積当たりの湧き出し流量はul^2，単位体積当たりの運動量の変化は$u/(l/u)l^3$と表せるから，単位時間当たりの変化は，それぞれu^2l，u^3lと表せる．一方，単位体積当たりの Lighthill テンソル T_{ij} は u^2l^3 のオーダをもつから，音圧 $p=c^2\rho$ とすると，遠方における放射音のパワーは

$$p^2 = 4\pi r^2 c^2 \frac{\rho^2}{\rho_o^2} \approx \frac{\rho_o^2}{c} u^4 l^2 + \frac{\rho_o^2}{c^3} u^6 l^2 + \frac{\rho_o^2}{c^5} u^8 l^2 \quad (5\text{-}6)$$

と表すことができる．この式から空力音が三つの項に分類できることがわかる．第1項は流れ場からの湧き出しによる音（単極子：Monopole）を示し，速度の4乗に比例することがわかる．第2項は流れ場の運動量変化に起因する音（双極子：Dipole）であり，速度の6乗に比例する．最後の項は，渦の非定常運動による音（四重極子：Quadrupole）であり，速度の8乗に比例することがわかる(図 5-5)．

流体運動による単位時間当たりの運動エネルギーの流入量は，$1/2\rho u^3 l^2$ であるから，式(5-6)を流入運動エネルギーで割って，流体運動が音になる際の放射効率を求めると，単極子，双極子，四重極子はそれぞれマッハ数($M=u/c$)の1乗，3乗，5乗に比例することがわかる．第1項の湧き出しによる音は自動車で問題となることが少ないので，第2項と第3項に注目すると，四重極音のレベルは双極子音レベルに対してマッハ数の2乗のオーダとなる．

したがって，渦から直接放射される空力音のレベルは，自動車のマッハ数の範囲では数十分の1から100分の1以下であり，通常は問題とならない．このため，渦から直接放射される音の寄与は小さく，双極子音源の寄与が大きくなる．双極子音源は物体に作用する力に起因し，一般に Lighthill-Curle の式[5]と呼ばれる次の式で表すことができる．

$$p_a = \frac{1}{4\pi c} \frac{x_i}{x^2} \int_s n_i \frac{\partial p}{\partial t} dS \quad (5\text{-}7)$$

このように双極子音は，物体表面の圧力変動を音源とするモデルとなる．双極子音は，渦の非定常運動により，流れ場の運動量が変化し，流れ場に置かれた物体に非定常な流体力が作用することに起因する．したがって，双極子音を生み出す原因は，渦の非定常運動そのものであり，空力音を発生させる原因は，基本的

(a) 第1項：単極子音源(対応する流れ場：噴出し・吸込み)

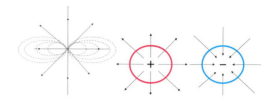

(b) 第2項：双極子音源(対応する流れ場：物体に作用する運動量変化に伴う流体力)

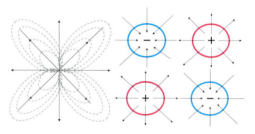

(c) 第3項：四重極子音源(対応する流れ場：渦の非定常運動)

図 5-5 流れ場と発生する空力音の関係

には渦運動もしくはレイノルズ応力と考えられる．

低マッハ数流れ場に物体が置かれた場合，渦の非定常運動によって作られた音場内に，音響放射効率が(気体に比べて)大きな固体壁が置かれたことにより，物体表面で音場がスキャッタリングされ，物体から強い音が放射されていると考えることができる．このため，空力音を発生させている原因は渦の非定常運動そのものと考えてよい．

また，低マッハ数流れにおいては，物体の音響放射効率が空力音の発生に強く寄与することを示しており，空力音を低減するには，渦運動そのものを抑制することに加え，物体の音響放射効率を小さくすることが有効である．

5.2.2 流れ場と音の干渉

空気の流れによって速度が変化すると，ベルヌーイの定理からもわかるように圧力も変化する．音は空気の疎密波であるから，やはり圧力の変動である．流体の運動も音の伝播も互いに圧力変動であることから，両者が干渉することも考えられる．一般に音による圧力変動は流体の圧力変動に比べて小さい．

たとえば，音の基準である 94 dB (94 dB = 10*

$\log(P^2/P_0^2)$ 基準圧力 $P_0=20\,\mu\text{Pa}$)は圧力に換算すると 1 Pa である．自動車の開発において相当に大きな音と感じる 100 dB ですら 2 Pa 程度である．1 Pa はほぼ 1.3 m/s の流れ場の動圧に相当することから，94 dB という大きな騒音であっても流れ場の圧力変動に比べると非常に小さい圧力であることがわかる．秒速 30 m/s で走行する車に作用する動圧は 540 Pa である．したがって，音圧レベル 94 dB に相当する圧力は非常に小さいことがわかる．このことは流れのわずかな変化によって音が発生しうることを示している．このため，音から流れへの影響を無視しても問題ない場合が多い．

もちろん，流れ場と音が相互干渉する場合もある．自動車ではドアミラーの段差やさまざまな隙間などから狭帯域の強い空力音が発生する場合があるが，このような場合，発生した音が流れ場の渦構造を強めるなどの干渉がみられる．また，音響的な共鳴現象によって流れ場の渦構造が強められる場合もある．

5.2.3 近距離場と遠距離場

空力音は音を伝える媒質である空気自体の変動によって発生することを述べたが，このため，音源と伝播経路を分離することが非常に難しい．音は音速で伝播する微小圧力波であるが，流体の圧力変動自体は音速で伝播するわけではない．このため，渦が生成・発達・干渉・移流している領域では，音速で伝播する微小圧力変動成分以外の圧力変動が存在する．このような圧力場を擬似音波と呼ぶ．擬似音波は，流れ場の近傍にできる圧力変動であり，自由音場では，音の強さが距離の 2 乗に反比例するのに対して，距離の 4 乗に反比例する．自動車の場合，自動車から十分離れた位置まで伝わる空力音以外にも擬似音波が車体周囲に存在する場合がある．たとえば，車体側面ガラスの圧力変動を測定する場合，ドアミラーなどから放射された空力音以外に，擬似音波が含まれる場合がある．

遠距離場(音波)と近距離場(擬似音波)の音圧の比 ξ は

$$\xi = \frac{2\pi f r}{c} \quad (5\text{-}8)$$

と表せる．ここで，r：測定位置，f：音の周波数，c：音速．仮に遠距離場と近距離場の比が 10 dB 以上あれば，近距離場の影響を無視できるとすれば，測定位置 r における測定可能な周波数を推定することができる．たとえば，音源からの位置が 1 m 以下の場合，周波数 170 Hz 以下の圧力変動には擬似音波が含まれている可能性がある．空力音の場合，音源となる渦の位置を特定することが難しいため，計測した位置の圧力変動が音波なのか，擬似音波なのかを分離するには，圧力の伝播速度を求めるなどの工夫が必要となる．

5.2.4 渦音の理論

Lighthill 方程式より，流れ場のレイノルズ応力の空間的な不均一によって音波が発生することが導かれるが，音源の性質がやや不明確である．Powell[6] は Lighthill 方程式(5-3)の音源項を，より物理的な意味が明確な以下の式に書き換えた．

$$\left(\frac{1}{c^2}\frac{\partial^2}{\partial t^2} - \nabla^2\right)c^2\rho = -\rho_0\,\text{div}(\boldsymbol{\omega}\times\boldsymbol{u}) \quad (5\text{-}9)$$

ここで，$\boldsymbol{\omega}$：渦度ベクトル．この式から空力音の音源が渦度 $\boldsymbol{\omega}$ と速度ベクトル $\boldsymbol{u}$ の外積を空間微分したものであることがわかる．この式から

$$p = \frac{-\rho_0 x_j}{4\pi c|\boldsymbol{x}|^2}\frac{\partial}{\partial t}\int_V (\boldsymbol{\omega}\times\boldsymbol{u})\nabla Y_j(y)\,dy^3 \quad (5\text{-}10)$$

が導かれる[7]．ここで，関数 $Y_j(y)$ は音場を表す Kirchhoff Vector と呼ばれる関数で，物体表面において $\nabla^2 Y_j(y)=0$ を満たす．この条件により流れ場に物体が置かれた場合に，スキャッタリング効果により，物体が強い音源になることがわかる．この式は低マッハ数流れ場において，物体周りの渦度の変化が音になることを直接的に表している(図 5-6)．一方，渦度の変化を運動量の変化と考えれば，運動量の変化により物体に力が作用し，その力の変化によって音が発生すると考えることもできる．このことから，この理論は Curle の理論(物体表面の圧力変動が空力音の発生原因となる理論)と数学的に一致する．また，Curle の理論が物体表面の圧力変動を音源とするのに対して，これらは流れ場の空間変動を音源とするので，空間音源と呼ばれる．

これらをまとめると，マッハ数が小さい場合，流れから発生する音の原因は，流れ場の渦の非定常運動に起因し，渦によって作られた音場の中に物体があると物体表面で音場がスキャッタリングし，強い音場を形成する．したがって，空力音を小さくするには，流れ場の渦の非定常運動を抑制すること，スキャッタリングの効果を小さくすることが有効である．

また，空力音を予測する場合，物体に作用する流体力変動(もしくは表面圧力変動)を求めるか，渦の非定常運動の時間・空間微分を求め空間積分する必要がある．前者は物体表面の面積分に対しての積分，後者は空間積分となるため，実験・解析共に精度を確保することが難しい．しかし，流れ場の非定常運動と音を結びつけるという点では優れている．

5.2.5 狭帯域音の発生原理

冒頭で述べたように，発生した空力音が，流れ場そのものを変えてしまう場合がある．たとえば図 5-7 に示すような長さ L のキャビティ周りの流れと空力音について考える．キャビティ部分のせん断層内の渦はキャビティ後縁にぶつかって音を発生させる．発生

図 5-6 角柱周りの渦音源($\text{div}(\omega \times u)$)と渦音の理論により求められた音場

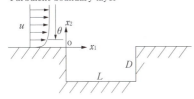

図 5-7 キャビティ周りの流れの模式図

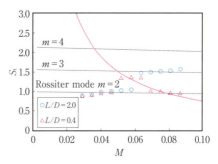

図 5-8 深いキャビティの実騒音発生条件
破線(流体音響モード m)と実線(流体力学的振動)が一致するマッハ数で空力音が増大する

した音波は上流に音速 c で伝播する．後縁から前縁に音波が到達するのに要する時間は $T_1=L/c$ である．また，前縁から放出された渦が下流まで移流速度 u_c で移流するのに要する時間は $T_2=L/u_c$ である．

したがって，$T_1+T_2=L/c+L/u_c=L(1/c+1/u_c)$ が渦の生成から音が発生し，流れ場に影響を及ぼす1サイクル(フィードバックサイクル)に要する時間となる．渦の放出周期 T とフィードバックサイクルに要する時間が一致した場合，渦の生成と音の発生が非常に強い連成が生じる．すなわち，$1/T=1/((1/c+1/u_c)L)$ の条件のときに強い空力音が発生する．Rossiter[8] は渦の放出周波数を $f=1/T$ とし，その整数倍のときに空力音が強められると考え，さらに実際には渦の生成位置や音源の位置がことなること，渦が作られるまでの時間などを考慮し，その影響を変数 γ で補正し，

$$fL/u = \frac{(m-\gamma)}{(M+u/u_c)} = \frac{(m-\gamma)}{(M+1/\kappa)} \quad (5\text{-}11)$$

の周波数のときに強い空力音が発生することを示した．ここで，m はモード数と呼ばれ，1サイクルに含まれる渦の個数．この式は Rossiter の式と呼ばれる．この現象はせん断層の不安定性によって生じることから Fluid-dynamic Oscillations(流体力学的振動)と呼ばれる[9]．

キャビティの深さ D がキャビティ長さ L に対して十分に深くなると深さ方向の音響モードとせん断層の不安定性が連成して音が発生する．East[10] は深いキャビティの場合，共鳴周波数 f は経験的に

$$\frac{fL}{c} = 0.25\left(1+\alpha\left(\frac{L}{D}\right)^{\beta}\right)^{-1} \quad (5\text{-}12)$$

と表すことができることを示した．α と β は実験定数である．式(5-12)からわかるように，一般に音響的な共鳴モード周波数は主流速度に無関係であるため，音響モード周波数 f を主流速度と代表寸法で無次元化した場合，主流速度の増加とともに無次元音響共鳴モード周波数は小さくなる．一方，剝離せん断層の不安定性に伴う流体力学的振動の無次元周波数は主流速度の変化に対してほぼ一定であり，レイノルズ数の影響は支配的な渦の個数 m に影響を及ぼす．このことは，主流速度が変化すると，特定の流速で次数 m の流体力学的振動周波数と音響モード周波数が一致し，特定の流速で非常に強い共鳴音が発生することを示唆している．

キャビティ音の測定例を図 5-8 に示す．縦軸は主流速度とキャビティ長さで無次元化した周波数すなわちストローハル数($S_t = \frac{f \cdot L}{u}$)，横軸はマッハ数である．図に示すように，特定の速度(マッハ数)で空力音が急激に大きくなることがわかる．このように，せん断層の不安定性と音響共鳴モードが一致することによる自励振動を Fluid-resonant Oscillations(流体共鳴振動)という[9]．マッハ数の低い流れ場では，流体力学的振動は主流流れが層流のときのみに生じ，主流が乱流になると発生しなくなる．一方，流体共鳴振動は主流が層流でも乱流でも発生する．マッハ数が 0.2 以上になると主流が乱流であっても流体力学的振動が発生する．このことから，流体力学的振動による強いフィードバックを抑制する場合，流れを乱流化することが効果的である．

また，流体力学的振動が問題となるのは自動車の前半分，フロントマスク付近に多いのは，流れが層流であること，車体に沿った加速流れであるため，主流の乱れが非常に小さいことなどが要因として挙げられる[11]．フロントグリルのような狭い隙間間でも音響共鳴[12]が生じるため，強い共鳴音が形成されることがある．また，サンルーフによるウインドスロップでは，車室内の容積に依存するヘルムホルツ共鳴による共鳴音場の影響を受けるため，屋根上の流れが乱流であっても強い共鳴音が発生すると考えられる．

図 5-9 空力騒音発生部位

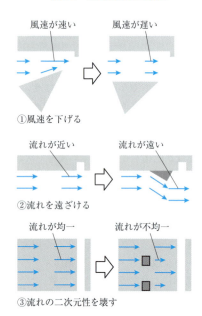

図 5-10 発生部位に至る風流れの工夫

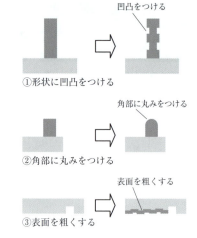

図 5-11 発生部位で音が出にくい形状工夫

図 5-12 流体的なフィードバックが起こらない形状工夫

笛吹音を改善するには，(a)発生部位に至る風流れの工夫(図 5-10)，(b)発生部位で音が出にくい形状の工夫(図 5-11)，および(c)流体的なフィードバックが起こらない形状の工夫(図 5-12)が有効である．

発生部位に至る風流れの工夫には，主に以下の方法がある．
① 風速を下げる
② 流れを遠ざける
③ 流れの二次元性を壊す

発生部位で音が出にくい形状工夫には，主に以下の方法がある．
① 形状に凹凸をつける
② 角部に丸みをつける
③ 表面を粗くする

流体的なフィードバックが起こらない形状の工夫には，主に段差後縁からバックステップ後縁までの距離を短くする，もしくは無くすという方法が挙げられる[19][20][28]．

以下に，自動車における笛吹音改善の具体的事例を示す．

(1) ドアミラーの微小段差での笛吹音

ドアミラーがハウジングとカバーの2部品で構成される場合，合わせ部に微小段差が生じ，笛吹音が発生することがある．

笛吹音は境界層厚さ δ と微小段差 h に関係があり，一般的に h/δ が 0.2〜0.6 の範囲で笛吹音が大きく，0.4 程度で最大となることが知られている(図 5-13，図 5-14)．

5.3 空力騒音低減手法と自動車での具体的事例

5.3.1 狭帯域音

自動車で"ピー"と聞こえる笛吹音と呼ばれる現象は，エッジトーンやキャビティトーン，または，微小段差を有するバックステップでの狭帯域音である．それが直接聞こえる場合と流体的なフィードバックとの連成により増幅される場合がある．主な発生部位は，ドアミラーの微小段差や車両前面のフロントグリル，フード先端およびアンテナや車両床下のホールなど多岐にわたる(図 5-9)[13][17][21]．

エッジトーンおよびキャビティトーンの周波数 f は，式(5-13)および式(5-14)にて示される．

〈エッジトーン〉
$$f = \frac{1}{4}\frac{U}{L_1}\left(i+\frac{1}{4}\right) \quad (5\text{-}13)$$

〈キャビティトーン〉
$$f = 0.6\frac{U}{L_2}\left(i-\frac{1}{4}\right) \quad (5\text{-}14)$$

ここで，U：流速，L_1：ノズル〜エッジ間距離，L_2：キャビティ長さ，$i=1, 2, 3, \cdots, n$．

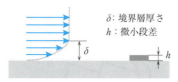

図 5-13　ドアミラーの微小段差

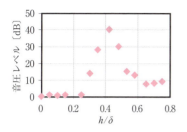

図 5-14　ドアミラーの微小段差と笛吹音の関係

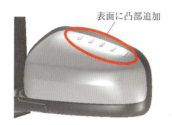

図 5-15　ドアミラーの形状工夫例

図 5-16　ドアミラー表面の流れの可視化

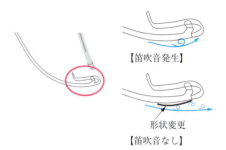

図 5-17　ドアミラーの改善例

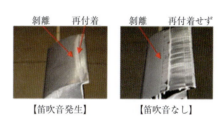

図 5-18　ドアミラーのモデル実験(油膜法)

　笛吹音を低減するには，微小段差を工夫し h/δ を 0.2〜0.6 の範囲から外す，または微小段差が二次元的にならない形状の工夫(図 5-15)をすることが必要である．また，流体的なフィードバックが起こらないように，段差後縁からバックステップ後縁までの距離をゼロに近づける形状工夫により笛吹音の低減が可能である．

　図 5-16 に，ドアミラーから笛吹音が発生しているときの風速 30 m/s におけるドアミラー表面の流れを，油膜法により可視化した事例を示す．笛吹音の原因であるドアミラー側方における流れの剥離と再付着を観察することができる．

　笛吹音は，図 5-17 の改善例のようにドアミラー側方の形状を変え，剥離した流れがドアミラーに再度付着しないようにすることで改善させた事例もある．

　上記現象を簡易的な二次元モデルで油膜法により可視化したのが図 5-18 の実験事例である．ドアミラーの製品実験同様に笛吹音発生時は剥離と再付着が，また笛吹音がない場合は剥離後再付着していないことが確認でき，油膜法による可視化実験の有効性が示された．

(2) フロントグリル笛吹音

　フロントグリル後端部の 1 mm 程度の微小な段差で笛吹音が発生する場合がある．本現象もドアミラーの微小段差と同様にバックステップでの狭帯域音によるものである．形状が複雑であるため，上下左右の段差により笛吹音が発生し，また互いに連成やフロントグリル後方の空間での共鳴もあるが，各々の段差部で発生する笛吹音の複合と考えると，以下に示す対策が有効である．

　笛吹音低減には，風速 $U = 30$ m/s 程度で考えた場合，ドアミラーの事例同様，① h/δ を 0.2〜0.6 の範囲から外す，② 微小段差 h を 0.2 mm 以下もしくは 1.1 mm 以上にする，③ バックステップの長さ l を短くすることが有効である(図 5-19，図 5-20)．

(3) アンテナ笛吹音

　ルーフの前方や後方に取り付けられるポールアンテナでは，カルマン渦によるエオルス音が発生する．

　カルマン渦の周波数 f は式(5-15)で与えられる．

$$f = S_t \frac{U}{D} \tag{5-15}$$

ここで，S_t：ストローハル数，U：流速，D：代表寸法．

　低減方策として，以下に示すように，① アンテナ傾斜角を流れの向きに対して傾ける，② アンテナの直径を長手方向に変化させる，③ アンテナ表面をらせん形状にする等により，流れの二次元的な周期性を壊すことが有効である(図 5-21)．

(a)　　　　　　(b) グリル断面イメージ図　(c) グリル後端部拡大イメージ図

図 5-19　フロントグリル笛吹音に影響する微小段差

① h/δ を 0.2〜0.6 の範囲から外す　　② h：0.2 mm 以下または 1.1 mm 以上

③ バックステップ寸法を短くする

図 5-20　フロントグリル笛吹音改善

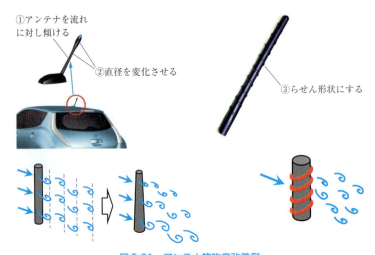

図 5-21　アンテナ笛吹音改善例

（4）各部ホール音

車両床面のパネルや各種カバーに，水抜きや作業穴として設けられたホール（図 5-22）によっても狭帯域音が発生する場合がある．エッジトーンによる音の場合は，低減方策として，(a)発生部位に至る風流れの工夫（図 5-23），(b)発生部位で音が出にくい形状の工夫（図 5-24）が有効である．

風流れの工夫には，主に以下の方法がある．
① 風速を下げる
② 流れを遠ざける
③ 流れの二次元性を壊す

形状の工夫には，主に以下の方法がある
① 穴の後端角部に丸みをつける
② 穴の前の表面を粗くする
③ 穴の前に凹凸をつける

（5）ウインドスロップ

ウインドスロップ現象は，キャビティトーンとヘルムホルツ共鳴との連成現象である[18][23][24]．サイドウインドウやサンルーフ開口部近傍における渦流れ現象に起因する周波数 f と，車室内空間の共鳴周波数 f_0 とが一致したときに最大のウインドスロップが発生する．ウインドスロップは，一般的には車速

図 5-22　車両床面の穴

平面に穴があいており，音が出やすい

改善例①　穴の風速を下げる

改善例②　流れを遠ざける

改善例③　穴の前に凸部を設け，流れの二次元性を壊す

図 5-23　車両床面の穴の改善事例(1)

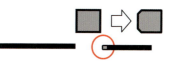

改善例①　穴の後端角部に丸みをつける

改善例②　穴の前の表面を粗くする

改善例③　穴の前に凹凸をつける

図 5-24　車両床面の穴の改善事例(2)

40〜80 km/h で発生することが多い．

以下にサンルーフ開時に発生するウインドスロップ低減方策について説明する．

低減方策には，(a)風流れの工夫，および(b)音響的な共鳴が起こらない工夫がある．

風流れの工夫には，主に以下の方策がある．

① 流れを遠ざける
② 流れの二次元性を壊す

サンルーフ開口の前端には，多くの車でデフレクタが設定され，開口後端に気流が当たりにくいようにしてウインドスロップを低減している(図 5-25)．

また，デフレクタ上部に凹凸を設け，開口部前端から放出される渦の二次元性を弱めることによりウインドスロップを低減している(図 5-26)．

音響的な共鳴が起こらない工夫としては，開口部の渦放出周波数と車室内空間の共振周波数を離すことが有効であるが，自動車の構造を考慮した場合，現実的な解は難しく，(a)の風流れによる工夫で対策を行う必要がある．

また，ヘルムホルツ共鳴とは別に，サンルーフユニット，サンルーフデフレクタ，ルーフ，ルーフトリムやバックドアの音響的な共振による音の増加もあるため，各部品の共振周波数を離すことにより対策を行う必要がある．

さらに，車体の気密性によって性能差が発生することも考慮する必要がある．気密性が高いほどウインドスロップが大きくなる傾向にあるが，これは隙間からの空気漏れがダンピングとして作用することと，入ってきた空気がサンルーフ開口部から抜ける際にルーフ上面を流れてきた気流を押し上げることにより，サンルーフ後端部に気流が当たりにくくなることが考えられる．

また，近年は大開口のサンルーフ増加に合わせ，ネット製のデフレクタが登場し，ルーフからの突出量を大きくし，従来では難しかった流れを大きく後方に飛ばすことが可能となり，またネットの構造や織り方の工夫により，通風に変化を与え，凹凸デフレクタのように渦の二次元性を弱めることも可能となってきた．

ウインドスロップの発生を抑えるためにはデフレクタを高くすることが有効であるが，デフレクタから発生する風切音は増加する(図 5-27)．そのため実際の車両開発においては，相反する両者の最もバランスが良い方策を採用する必要があり，サンルーフ構造，デフレクタ形状のみならず，その材質に至るまで細部にわたって検討を重ね，より静粛性が高く魅力のあるサンルーフの実現に取り組んでいる．

5.3.2　広帯域音

広帯域音とは狭帯域音のような，ある特定の周波数帯域でのレベルの卓越をもたない音をいい，一般的に風切音と呼ばれる．自動車の広帯域音を考えた場合，遠距離場の双極子音源の影響が大きく，車体表面の圧力変動が関係する[14)(16)]．また，それによる発生音の

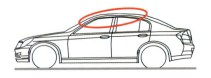
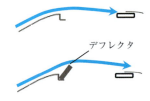

図 5-25 サンルーフのウインドスロップ

凹凸形状のデフレクタ

図 5-26 サンルーフのデフレクタ形状

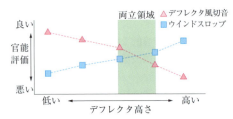

図 5-27 サンルーフデフレクタ風切音とウインドスロップの関係

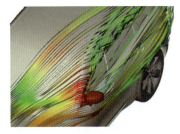

図 5-28 フロントピラー周りの流れ

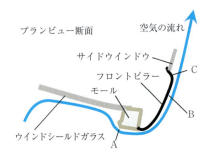

図 5-29 フロントピラー周りの流れの模式図

①モールの幅を広くする工夫　②ウインドシールドガラスとモールの段差を小さくする

図 5-30 フロントピラー形状工夫例

大きさは流速の 6 乗に比例する．以下に，自動車における風切音改善の具体的事例を示す．

(1) フロントピラー周り

フロントピラー周りは，気流が増速する領域である．空気力は流速の 2 乗に比例して大きくなるが，音響パワーは流速の 6 乗に比例して大きくなるため，フロントピラー周りの改善は重要である．図 5-28 に CFD によるフロントピラー周りの流れを示す．

ウインドシールドガラスからの流れがサイドウインドウに回り込む際に，フロントピラー後方に三角渦が発生していることがわかる．また，流線の色は流速を表しており，赤い色ほど流速が速い．

図 5-29 は，フロントピラー周りの流れの模式図である．前方からの気流はウインドシールドガラス横のモール部で剥離し，その後フロントピラーを通過しサイドウインドウへ到達する．その間に A 部，B 部，C 部で発生する渦をどれだけ抑えられるか，また A 部で発生した渦をフロントピラー部でどれだけ低減できるかが重要である．

以下に，フロントピラー部における形状工夫の代表例を示す．図 5-30 に示すようにモール幅を広くする，ウインドシールドガラスとモールの段差を小さくする等の工夫がみられる[15][22]．

(2) ドアミラー周りの改善

ドアミラー周りも気流が増速する部位であり，空力騒音への影響が大きい．フロントピラーからの気流がドアミラーに当たり，空力騒音を発生させるため，ドアミラーはできるだけ流速が低い部位に取り付けることが望ましい．具体的には設定位置をより下方，後方，外側に設定することで改善が図れることが多いが，視認性や最外側要件等法規を考慮し，実現可能か確認の上，採用する必要がある．

以下に，ドアミラー周りの具体的な改善例を紹介する．近年，ドアミラー周りの騒音を評価するためにビームフォーミングによる空力騒音計測や CFD を用いた解析が実施されるようになってきた．図 5-31 はビームフォーミング装置である．風洞の気流が当たら

図 5-31 ビームフォーミング装置

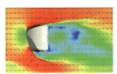

(a) 渦度分布

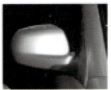

(b) 流速分布

図 5-33 CFD 結果

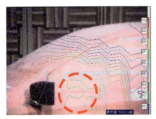

仕様 A

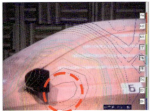

仕様 B

図 5-32 ビームフォーミング計測結果（2 kHz）

(a) コーナピース取付　　(b) ドアパネル取付

図 5-34 ドアミラーの設定位置

図 5-35 ネットタイプデフレクタ

ない側方に設置し，中心のカメラによる画像撮影と 60 個のマイクにより空力騒音レベルを計測する[25]．

図 5-32 は風洞で風速 120 km/h において測定した 2 kHz の音圧レベル分布を等圧線で表したものである．開発初期のクレイモデル段階でビームフォーミング装置を用いて計測した，形状と設置位置が異なる仕様 A と仕様 B のドアミラーを含めた車両フロントドア周りの計測結果である．結果，赤い色ほど音圧レベルが高く，仕様 A に対し，仕様 B のドアミラー後部の音圧レベルが高いことがわかる．開発が進み，試作車ができた後は車室内から音の評価が可能となるが，試作車ができた後からドアミラー形状を変更することは困難であるため，開発初期のクレイモデル段階で空力騒音上の形状良し悪しを判断することが重要である．

図 5-33 に，上記と同じ仕様 A，B に対して実施した CFD の結果を示す．図は渦度分布と流速分布を表すが，気流騒音が大きい仕様 B のドアミラーから発生する渦度が強いことがわかる．また，流速分布からもその違いが確認できる[26]．

ドアミラー周りの改善として，ドアミラーの形状および取付位置を最適化し車両に採用してきている．近年，前型のコーナピース取付のドアミラーから，新型では図 5-34 に示すようにドアパネル取付に変更し，また形状も流線形を採用する傾向にある．一般的に，ドアパネル取付のほうが空力騒音に有利な形状にできる可能性が高い[27]．

(3) サンルーフ周りの改善

サンルーフは，前述のウインドスロップとともにサンルーフ開口部に取り付けるデフレクタでの広帯域の空力騒音が問題となる．デフレクタの形状を大別すると，ウインドスロップの項で説明したソリッドタイプと，図 5-35 に示すネットタイプの 2 種類がある．

図 5-36 に風洞での風速 120 km/h 時における車室内音の音圧レベルを示す．基準仕様に対し対策を実施することで 100～2,500 Hz の広範囲の周波数帯で音圧レベルが改善し，特に聴感上気になる周波数である 1,000～2,500 Hz の高周波の音が改善していることがわかる．

次に図 5-37 に，球面状のマイクロフォンアレイとカメ

第 5 章　空力・音響特性の連成技術

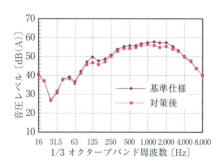

図 5-36　サンルーフ風音

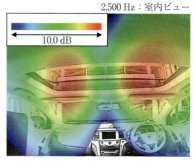

図 5-38　音源探査結果

図 5-37　全方位音源探査システム

ラを使用した球面ビームフォーミングを利用した全方位音源探査システムを示す．自動車の室内などの閉空間で使用でき，今回は車室内後席中央部にセットし車室内からサンルーフ開口部周りの音圧レベルを測定した．

図 5-38 がその結果であり，図 5-36 の基準状態の 2,500 Hz の音圧レベル分布を示している．赤い色ほど音圧レベルが高く，サンルーフデフレクタの両端で空力騒音を発生しており，この部分で改善が必要であることがわかる．

広帯域音の改善には，これまで述べてきた発生源としての流れ現象改善のほか，以下に示すような遮音性能の改善も重要である．

① ウインドシールドガラスやドアガラスの板厚アップ，中間膜の遮音性向上
② 吸音材追加
③ ドアウェザストリップ，グラスラン等ゴム部品の遮音性向上(材質，構造)
④ 各部合わせの穴塞止，縮小
⑤ 車体振動感度の改善

遮音性能の改善にはコスト，質量の増加が伴うため，車の車格，目標性能に応じた対策が重要である．

本節では，実際の自動車での開発事例を示した．本節で示した通り，目で見ることができない現象を捉え，細部にわたって検討を行い，さまざまな工夫をして相反性能との両立，コストや設計上の制約を乗り越え，より静粛性の高い魅力ある車づくりに取り組んでいる．

5.4 変動する空力騒音

5.4.1　無風時と強風時の空力騒音の違い(自然風変動の影響)

車両走行時には，自然風の変動や周囲の地形・構造物・他の走行車両の影響によって，走行風は乱れのない風ではなく，変動する風であることが多い．この変動によって，広い周波数帯域で騒音レベルが変動する空力騒音(バサバサ音)が発生する．人間の聴感特性は，高周波数帯域の騒音を聞き取りやすいだけでなく，騒音が低周波数で変動する場合も変動を感じやすい．このため，自動車では，これまでに述べてきたような狭帯域音や定常な広帯域音を低減するだけでなく，変動する空力騒音を低減して，乗員の快適性を向上させることが望まれる．

5.4.2　変動する空力騒音に関する従来の研究

自動車における変動する空力騒音の研究は比較的新しい研究分野であり，1990 年代までは研究例も少ない．しかし，この分野は世界に先駆けて日本で研究が行われており，そのいくつかの研究例を紹介する．

まず，変動する空力騒音の発生メカニズムに関して，春名ら[29]は車両のフロントピラー周りに発生する渦構造と空力騒音の関係を調べている．その中で，フロントピラー周りで発生する変動する空力騒音が，偏揺角によって異なる渦構造が時間的に入れ替わって発生することを推察している．これ以後，変動する空力騒音に関しては，偏揺角ごとに流れの構造を調べる準定常的な検討が多くなされている．

次に，Sumitani ら[30][31]は実車のフード上に熱線流速計を設置して，風速変動 5～10 m/s，風向変動 ±20° の強風下での風速・風向と車内音の同期計測を行っている．その結果，それまで「横風」を受けると発生すると思われていた変動する空力騒音に対して，自然風の風速変動の寄与が大きく，風向の影響は比較的小さいことを，相関関数とタフトによる車両表面流れの可視化結果から示している．また，車内音の時系列データにおいて，変動する空力騒音が発生していると認め

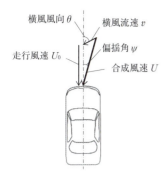

図5-39　実風速（合成風）Uと偏揺角ψの定義

図5-40　風速・車内音計測位置

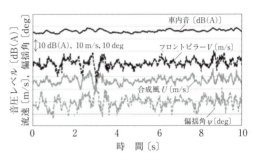

図5-41　風速・風向・車内音計測結果

られる騒音レベルの変化が大きい領域の短時間フーリエ解析も行っている．そこで得られたスペクトルを，簡易車両模型で調べた流れの状態ごとの音圧スペクトルと関連づけることで，変動する空力騒音の低減方法として流れの流速低減や剝離再付着流れの抑制を示唆している．

片桐ら[32]は車両前方での風速・風向計測と車内フロントピラー下端での音圧レベルの同期計測を行っている．この結果，音圧レベルの変動には風速と風向の両者が関連しており，その相関は車両によって異なることを示している．また，変動風下における各瞬間の音圧レベルは，その瞬間の風速・風向によって決まり，自然風の時間変化率や乱れがほとんど影響しないと結論づけている．特に，変動する空力騒音に対して，風速感度は車両によって変化せず，風向感度が変化するため，フロントピラー段差の低減など風向感度が低減するように車体形状を変更することが騒音低減につながることを述べている．

織田ら[33]は，車両開発において変動する空力騒音の低減方策を得る手法を検討している．そこでは人間の脳神経細胞を模擬するニューラルネットワークを用い，車両形状の中で，特にフロントピラー形状と変動する空力騒音の官能評点との関連付けを図っている．具体的には，流れ現象の剝離・再付着を考慮した2ユニットとする中間層を含む，入力層→中間層→出力層の3層でニューラルネットワークを構築することにより，制約内でフロントピラー形状の最適化を図れることを流れの可視化で検証している．

5.4.3　変動する空力騒音の現象解析と改善手法

前項もしくは次項で述べるように，自動車における変動する空力騒音の研究がなされているものの，その発生メカニズムの詳細は明らかになっていない．そこで本項では，発生メカニズム解明に向けた一つの研究例[34][35]を解説する．この研究では，自然風の風速変動から予測される変動する車内音が，計測結果と強い相関があり，従来「横風」を受けると発生するといわれていた変動する空力騒音に対して，自然風の風向変動ではなく風速変動の寄与が大きいことが示される．

(1) 自然風と車内音の相関

変動する空力騒音のメカニズムを探るために，最大で10 m/sの風速変動と±20°の偏揺角変動があり，乗員が変動感のある空力騒音を確認できる強風下で，フロントピラーとウインドシールドとの段差が10 mm程度の一般的なセダン車両を用いて，車両周りの流れと車内音を同期計測した．図5-39に示す車両に対する実風速（合成風）Uと偏揺角ψは，あらかじめ風洞で基準風速・基準風向と同じ値を示すことを確認したフード中央で上方100 mmに設置した二次元熱線流速計で測定した．乗員感覚で空力騒音の発生源として考えられるフロントピラー上部とルーフヘッダ部では，車体表面から10 mm離れた位置で，一次元熱線風速計を用いて風速Vを測定した．車内音は左席外側耳位置に設置したマイクロフォンにより測定した（図5-40）．

車速100 km/hでの計測結果を図5-41に示す．一般的に変動する空力騒音は，横風を受けたときに感じられることが多いと考えられているが，車内音と合成風の風速Uおよび偏揺角ψとの相互相関係数はそれぞれ0.68，0.08である．この結果，変動感のある空力騒音は，偏揺角よりも流速変動との相関が強いことがわかる（図5-42(a)）．また，車内音とフロントピラー上部およびルーフヘッダでの流速との相互相関係数はそれぞれ0.40と0.56である．この結果，両位置ともに車内音との相関が強いことがわかる（図5-42(b)）．さらに，車内音と合成風速Uおよび偏揺角ψとのコ

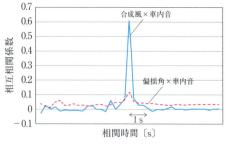

(a) 車内音と合成風の風速 U・偏揺角 ψ

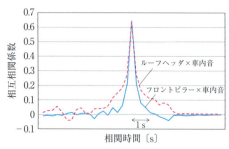

(b) 車内音とフロントピラー上部およびルーフヘッダ流速

図 5-42 車内音と風速・風向の相互相関

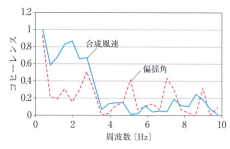

(a) 車内音と合成風の風速 U・偏揺角 ψ

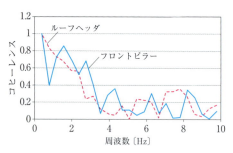

(b) 車内音とフロントピラー上部およびルーフヘッダ流速

図 5-43 車内音と風速・風向のコヒーレンス

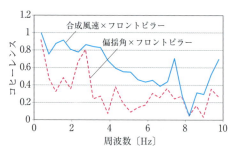

図 5-44 合成風の風速 U・偏揺角 ψ とフロントピラー上部流速のコヒーレンス

ヒーレンス解析結果は，前者は 3 Hz 以下で相関が強いものの，後者はこのような傾向がみられない（図 5-43(a)）．同様に，車内音とフロントピラー上部およびルーフヘッダでの流速とのコヒーレンスは，やはり 3 Hz 以下で相関が強い（図 5-43(b)）．合成風の風速 U および偏揺角 ψ とフロントピラー上部流速とのコヒーレンスは，前者が 3 Hz 以下で相関が強く，後者は 2.5 Hz 付近で相関が強いものの，全体的には合成風の風速 U に比べて相関が低い（図 5-44）．

以上の結果から，今回確認された変動する空力騒音の発生要因は，自然風の変動によってフロントピラー上端およびルーフヘッダで生じる速度変動と考えられる．

(2) 変動する空力騒音の予測方法

前節の結果を踏まえて，変動する空力騒音の予測方法を解説する．本節で用いる各記号は以下のように定義される．

$SPL_{(A+O)}(t)$：変動する自然風下の実走行車内音〔dB(A)〕

$SPL_{(A)}(t)$：実走行空力騒音〔dB(A)〕

$SPL_{(A;U_0)}$：低騒音風洞での車内音＝空力騒音〔dB(A)〕

$SPL_{(O)}$：空力騒音以外の実走行車内音〔dB(A)〕

変動する自然風の中を一定速度で走行する車両の車内音 $SPL_{(A+O)}$ が，式(5-16)のように $SPL_{(A)}$ と $SPL_{(O)}$ によって構成されると仮定する．

$$SPL_{(A+O)} = 10\log(10^{(SPL_{(O)}/10)} + 10^{(SPL_{(A)}(t)/10)})$$
(5-16)

ただし，ここでは走行時の負圧などによりドアパネル等が微小変位し，シール面が離れてしまうことでシール性能が著しく低下するシールアウトによって発生する異常音などは扱わない．風速変化の寄与 $(U_{(t)}/U_0)^n$ と偏揺角の寄与 $\Delta SPL(\psi_{(t)})$ を考慮した変動する空力騒音の予測式は，次式のように記述できると仮定する．

$$SPL_{(A)} = SPL_{(A;U_0)} + 10\log(U_{(t)}/U_0)^n + \Delta SPL(\psi_{(t)})$$
(5-17)

車内音に対する風速変化の寄与を示す式(5-17)の右辺第 2 項は，一般に車両周りの空力騒音は双極子音源が支配的であり，パワーが風速の 6 乗に比例するという理論的な結果に基づいて仮定している[36)(37)]．実車において乗数 n は $5.5 \leq n \leq 6$ となることが観察されている．車内音の予測は，まず式(5-17)を用いて，図 5-41 に示した合成風の風速変動と偏揺角から実走行空力騒音を計算する．その後，式(5-16)より，事前に求めた空力騒音以外の車内音 $SPL_{(O)}$ を用いて予測される（図

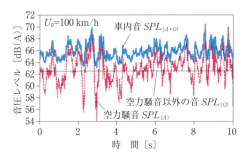

図 5-45　式(5-17)による実走行空力騒音予測

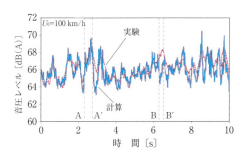

図 5-46　実走行車内音と式(5-16)(5-17)による予測車内音の比較

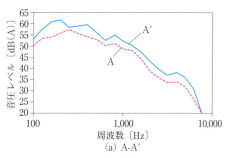

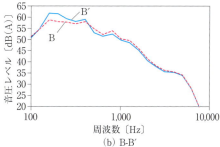

図 5-47　実走行車内音と予測車内音の騒音スペクトル比較

5-45）．実走行車内音の計測結果と式(5-16)(5-17)による予測の比較を図 5-46 に示す．これらの相互相関係数は 0.7，コヒーレンスは 2 Hz 付近で 0.8 と強い相関がみられる．この結果，式(5-17)によって変動する空力騒音のほとんどを予測できるといえる．ただし，予測と実測が一致していないところがあるため，予測と実測が一致している図中 A-A′ と，一致していない B-B′ の車内音スペクトルからその違いを検討する（図 5-47）．A-A′ では騒音スペクトルが全周波数帯でシフトしているものの，B-B′ では特定の周波数帯のみ変化している．これらの流れ場は，前者は流れの状態が変化せず流速変化のみ変化し，後者は流れの状態が変化することがわかっている[31]．B-B′ のように高周波数帯域で変化せず，低周波数帯域のみレベルが大きくなるのは，剥離・再付着流れが発生した場合である．これは風向変化の影響と推測され，式(5-17)では風向変化の寄与を十分に取り込めていないと考えられ，今後さらなるメカニズム解明が必要である．

(3) 車内音のエネルギーバランスが車内音変動に与える影響

変動する空力騒音の発生要因が自然風の風速変動であるとすると，空力騒音のパワーが風速の約 6 乗に比例する．このとき車内音変動は車両によらないことになるが，実際には車内音の変動の大きさは車両によって異なる．この要因を明らかにするために，空力騒音とそれ以外の騒音のエネルギーバランスの影響を検討する．ここでは，各車両の遮音度は一定で変化しないと仮定し，外部流れの変動による車内音の変動を議論

する．

一定速度 U_0 での空力騒音以外の車内音 $SPL_{(O)}$ は，式(5-16)を変形して求められる．

$$SPL_{(O)} = 10\log(10^{SPL_{(A+O)}(t)/10} - 10^{SPL_{(A;U_0)}/10})$$
(5-18)

ここで，$SPL_{(O)}$ は一定と仮定する．式(5-18)をパワー表記すると

$$10^{SPL_{(A+O)}(t)/10} = 10^{SPL_{(O)}/10} + 10^{SPL_{(A)}(t)/10} \quad (5\text{-}19)$$

と変形される．このとき車内音に占める空力騒音とそれ以外の騒音のパワー比率は，それぞれ次のように求められる．

〈空力騒音〉
$$10^{SPL_{(A)}(t)/10}/10^{SPL_{(A+O)}(t)/10}$$
$$= [10^{\{SPL_{(A;U_0)} + 10\log(U_{(t)}/U_0)^n + \Delta SPL_{(\psi_{(t)})}\}/10}]$$
$$\div [10^{SPL_{(O)}/10} + 10^{\{SPL_{(A;U_0)} + 10\log(U_{(t)}/U_0)^n + \Delta SPL_{(\psi_{(t)})}\}/10}]$$
(5-20)

〈空力騒音以外の騒音〉
$$10^{SPL_{(O)}/10}/10^{SPL_{(A+O)}(t)/10} = 10^{SPL_{(O)}/10}$$
$$\div [10^{SPL_{(O)}/10} + 10^{\{SPL_{(A;U_0)} + 10\log(U_{(t)}/U_0)^n + \Delta SPL_{(\psi_{(t)})}\}/10}]$$
(5-21)

ここで，一定速度 U_0 時の空力騒音のパワーに対する空力騒音以外の騒音のパワーの比率を k とおくと

$$k = 10^{(SPL_{(O)}/10 - SPL_{(A;U_0)}(t)/10)} \quad (5\text{-}22)$$

となる．式(5-17)と式(5-22)を用いると，式(5-19)は次式のように変形される．

$$10^{SPL_{(A+O)}(t)/10} = 10^{SPL_{(A;U_0)}(t)/10}$$
$$\times \{k + 10^{\log(U_{(t)}/U_0)^n} \times 10^{\Delta SPL_{(\psi_{(t)})}/10}\}$$
(5-23)

さらに，両辺の対数をとってまとめると，実走行車内

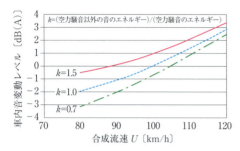

図 5-48 車内音の変動に対する音響エネルギーバランスの影響

音はパワー比 k を用いて，次式のように表される．

$$SPL_{(A+O)}(t) = SPL_{(A;U_0)}(t) + 10\log\{k+10^{\log(U(t)/U_0)^n}\times 10^{\Delta SPL(\psi(t))/10}\}$$

(5-24)

上式から，時刻 t_1 から t_2 における車内音の変化は式 (5-25) のように表される．

$$\Delta SPL_{(A+O)}(t_{1-2}) = SPL_{(A+O)}(t_2) - SPL_{(A+O)}(t_1)$$
$$= 10\log\{(k+10^{\log(U(t_2)/U_0)^n}\times 10^{\Delta SPL(\psi(t_2))/10})$$
$$\div(k+10^{\log(U(t_1)/U_0)^n}\times 10^{\Delta SPL(\psi(t_1))/10})\}$$

(5-25)

これにより，空力騒音とそれ以外の騒音のエネルギーバランスの違いによる車内音の変動の大きさの違いを解析することが可能になる．

車速 100 km/h での定常走行時に，相対風速が 80～120 km/h で変化した場合の車内音の変動の大きさを，式 (5-24) を用いて考える．ここで，車内音の速度依存性 n には，後述する供試車両 3 台の低騒音風洞（暗騒音レベル 75 dB(A)＠300 km/h）における測定結果 $n=5.8$ を用いる．この値は理論値 $n=6$ とほぼ一致しており，今回の計測が良好に行われたことを示している．式 (5-24) から求めた車内音の変動の大きさを図 5-48 に示す．図 5-48 によると，空力騒音とそれ以外の騒音の割合が等しい $k=1$ のとき，変動の大きさは 4.8 dB である．これに対し，空力騒音のエネルギーが約 6 割で空力騒音が優勢な $k=0.7$ のときは 5.7 dB，空力騒音のエネルギーが約 4 割で空力騒音以外の騒音が優勢な $k=1.5$ のときは 3.9 dB となる．このように，車内音のエネルギーバランスによって変動の大きさが異なることが示される．この結果，乗員の快適性を向上するには，空力騒音とエンジンノイズやロードノイズなど空力騒音以外の騒音のバランスを考えて車両開発することが重要である．

5.4.4 変動する空力騒音に関する近年の研究

5.4.2 項で述べたように，変動する空力騒音の研究は比較的新しい研究分野であるが，近年では研究が盛んに行われている．ここでは，(1) 発生メカニズム解析，(2) 評価法，(3) 発生要因となる実走行時の風環境，(4) 風洞での実走行下の風環境の再現方法の四つの観点で最近の研究例を紹介する．

(1) 変動する空力騒音の発生メカニズムに関する研究

Thompson ら[38]は後に述べる風洞内で実走行を再現する手法を検討する際に，実走行で風速・風向と車内音を同時に計測した．その結果，風速と車内音のラウドネスに相関があることを述べており，これは前項の結果と一致している．

一方，偏揺角と車内音もしくは表面圧力の相関に着目した研究もある．Lawson ら[39]は風洞と実走行で，ルーフ上での風速・風向とフロントドアガラス表面圧力を同時に計測した．その結果，風洞の偏揺角 0° と自然風が比較的穏やかな実走行の平均圧力分布が一致し，フロントピラーに近いフロントドアガラスの圧力と偏揺角に相関があることを示している．そこで，圧力変動を示す圧力係数の偏揺角微分に着目し，実走行で得られたその空間分布が，風洞で偏揺角を ±10° 変化させたときの結果と定性的に一致するものの，瞬時の偏揺角に対する圧力感度は実走行と風洞で一致せず，感度は風洞のほうが大きいことを示している．ここから，流れは準定常的ではなく，フロントピラー周りの流れに固有の非定常性が有する付加的なエネルギーの存在を示唆している．

Lawson らの検討を進めた Oettle ら[37][40]-[43]も同様の計測を行い，以下の 5 点，

① 実走行のフロントドアガラス表面圧力の時系列変化を，風洞の計測結果から準定常的にほぼ予測可能であること
② 実走行計測結果と風洞計測結果の伝達関数およびスペクトル解析から，準定常的に扱えるのは 10 Hz（後の論文では 2～5 Hz）程度までの変動であること
③ それ以上の変動に対しては，たとえばドアミラーなどによる自励的な非定常性の寄与が増大するために，実測と予測に差が生じること
④ 車内音と偏揺角に相関があること
⑤ 偏揺角の変化に対して表面圧力の音圧レベルは変化するものの，そのスペクトルの分布は変化しておらず，車内音の周波数の変化より振幅変化が重要であること

を示している．5.4.2 項で述べたように，Sumitani ら[30][31]によれば，この結果は流れの状態は変化せず，流速のみが変化した状態である．そのため Lawson らは偏揺角に着目しているものの，流れの状態が変化しない領域を扱っており，車両表面の圧力や車内音はやはり流速変化と相関があると考えられる．さらに彼らは，車内音の予測において，車内音が偏揺角に対して線形でないことから伝達関数による解析が適していないことに言及している．そのため，前項と同様の方法

(Linearised Cabin Noise Modulation Approach) の検討を行っている．その結果，実走行の風速データを用いて変調させる風洞での基準風速データが，平均化の処理によって自励的な非定常成分が欠落してしまう問題点を指摘した．それを改善する方法として，電波送信の振幅変調の考え方を応用して，風洞での基準風速データを平均化せず時間変化する信号として扱い，その波形を変調する予測手法 (Broadband Modulation Approach，もしくは 1/3 Octave Band Modulation Approach) を提案し，その手法に基づく予測が実走行の計測結果と良好に一致することを示している．

変動する空力騒音に関しては，上記以外の検討も含めて，外形形状との関係や予測手法の検討が進み，メカニズムが明らかになりつつある．しかし，空力騒音が変動する際の車両周りの流れ構造の変化は，依然として詳細がわかっておらず，今後の可視化手法の進歩によって明らかにされることが期待される．

(2) 変動する空力騒音の評価法に関する研究

車両開発においては，発生メカニズムを明らかにして変動する空力騒音の低減方策を検討する必要がある．さらに，騒音がどの程度乗員の快適性に影響を及ぼすか，どの程度の対策を行う必要があるかを明らかにするための評価方法を策定することも重要になる．ここではその評価方法について報告例を挙げる．

伊藤ら[44]は変動する空力騒音の評価指標として，心理音響指標のラウドネス〔N〕と自然風の乱れ度合いに対する変調度の傾き〔m〕の線形和を用いたNm指標を提案し，異なる車種や同じ車両でも異なる仕様で評価指標の妥当性を検証している．この中では自然風の風速変動のみに着目し，風向変動は扱われていない．また，変動する空力騒音に寄与が大きいのは，1/3 オクターブバンド周波数で 3.15～8 kHz，かつ変調周波数が 5 Hz 以下の音であることを述べている．

Krampolら[45]は乱れのない風洞で，風速を 60～200 km/h で 2 km/h ごとに，車両の偏揺角を $-20°$～$20°$ で $2.5°$ ごとに変化させたときの車内音をデータベース化し，入力風を生成する車両をノズル出口に，評価車両をコレクタに設置してフェンダで計測した風向風速を入力信号として車内音を生成する手法を提案している．得られた車内音と収録した風切音の官能評価が一致し，車両開発における形状最適化やさまざまな車両のベンチマーク調査に有用なことを示している．

(3) 走行中の風環境（自然風）に関する研究

ここでは変動する空力騒音の発生要因と考えられる風環境に関する近年の主な調査結果について述べる．

最も詳細に走行中の風環境を調査しているのは Wordley ら[46][47]である．彼らは突風などがない統計的に定常な条件下で，(a) 平坦な環境 (Smooth Terrain)，(b) 道路脇に障害物がある環境 (Road Side Obstacle)，(c) 都市峡谷 (City Canyon)，(d) 交通量のあるフリーウェイ (Freeway Traffic) の四つの走行環境に対して，車両前後 (x)・左右 (y)・上下方向 (z) の乱流強度や長さスケール，およびそれらの空間相関などを調査している．この結果として，四つの走行環境下によらず地上高 0.5 m において xyz の各方向の乱流強度の非等方比率が 1.00：1.01：0.61 であり，xy 方向の乱れの重要性を述べている．また，得られたデータをもとに走行中の風環境を風洞で再現する際の初期目標として，乱流強度は 5% 以下，乱流長さスケールは 5 m 以下を提案している．参考までに，より的を絞った目標としては，xy 方向がそれぞれ 3% と 1 m，z 方向が 2% と 0.5 m を提案している．

Wojciak ら[48]は Wordley らとほぼ同様の計測方法を用いて，ミュンヘン付近のハイウェイで突風があるときの風環境を調査している．この調査の中で，163 回の突風を計測しているが，

① 突風は車両前後方向速度 u と横方向速度 v にみられること
② 突風を 3 種類 (Single Peak, Double Peak, Trapeze Shaped Peak) に分類したとき，約 2/3 が Single Peak で残りのほとんどが Trapeze Shaped Peak であること
③ 突風の特徴が風速振幅中心 3～5 m/s，偏揺角振幅中心 $6°$～$8°$，平均乱流強度 4%，主な発生頻度が 1～2 Hz であること
④ 地上高 250～750 mm において風速分布に変化がないこと

などを示している．

これらの調査以外にも，たとえば Cogotti[49]など，多くの風環境調査が実施されているが，それらは Wordley らの論文に掲載されている参考文献を参照されたい．

これまでに述べた研究でも，風環境調査の結果と変動する空力騒音の関係が完全に把握されているわけではない．しかし，風速変動や偏揺角変動と変動する空力騒音が密接に関係しており，今後この結果をもとにさまざまな条件下で変動する空力騒音の発生メカニズムの解析が進むことが期待される．また，これらのデータから，次節で記載する風洞で実走行風環境を再現する方法を検討する際の目標が定められる．

(4) 風洞内での実走行風環境（自然風）の再現方法（風速変動発生装置）に関する研究

自然風の変動など流れの乱れが，変動する空力騒音の発生に影響を及ぼしていることは知られている．しかし，実走行では評価ごとに条件が異なるため，その影響を定量的に評価した例は少ない．そこで，一定条件下で評価を行うために，風洞内で実走行環境を模擬するように風速変動を発生させる装置が近年開発され

ている．ここではその開発例を挙げる．

Cogotti[49]-[51]は，1/1スケールのピニンファリーナ(Pininfarina)風洞に乱流発生装置(TGS：Turbulent Generation System)を導入している．その機構は，ノズルに回転式のフラップをボルテックスジェネレータ(Vortex Generator：VG)として設置し，回転周波数を制御(0.01〜0.8 Hz)することによって，風向・乱れ強さ・周波数スペクトルを変化させている．これによって流れの偏揺角は100 km/hで最大±3.1°，140 km/hで最大±2.7°，乱れ強さは7〜9%の流れが風洞で再現される．類似の構造を有する装置はシュツットガルト大学の1/4スケール風洞にも導入されている[52][53]．

実走行環境を考慮すると，前項の風環境調査の結果からピニンファリーナ風洞以上の変動周波数が必要と考えられる．これに対して，飯田ら[54]は1/1スケールではないものの，小型風洞のノズル出口に設置した柔毛材付の矩形翼を振動させることによって，風洞内に乱流場を発生させる低騒音型の装置を開発している．振動翼の振動モードや振幅角度を変えることで乱れ強さを変化させ，最大約20%の乱れ強さを実現している．この装置を用いて円柱やパンタグラフ，ドアミラーから発生する空力騒音の検討がなされている．

別の方法としてMankowskiら[55]は，40%スケールモデル用風洞のノズル出口上部と左右にコード長600 mmの翼を設置して風速変動を発生させている．彼らは特に左右方向の変動に注目しており，左右の翼を最大10 Hzで±15°動作させることによって，±11°までの風速変動を得ている．さらに，実走行で計測した自然風の偏揺角の時系列変化を再現可能なことも示している．また，詳細は述べられていないものの，上部を30°まで動作させることで上下方向の風速変動を，コレクタ部のシャッタを開閉することで前後方向の風速変動を発生させられることを示している．

上記とは異なる乱流発生方法として，フランスのS2A(Soufflerie Aerodynamique et Acoustique)風洞では，ノズル出口に前走車を想定した物体を設置するシステム(Vehicle Following Simulator)が導入されている[56]．この装置による乱れ度などの詳細は不明であるが，乱れた流れの中における空力特性や空力騒音の車両感度の調査を可能にしている．

また，特別な装置を用いない方法として，Thompsonら[38]は風洞計測部でノズルに起因するせん断層に車両を設置する方法を提案している．車両設置位置を計測部中央からコレクタ寄りにすることで15%以上の乱れが得られている．そこで計測した車内音とテストコースで計測した車内音の変調スペクトルを比較することによって，実走行を良好に再現できると述べている．

上記のように，さまざまな方法で実走行時の風環境を風洞で再現する方法が開発されており，変動する空力騒音や非定常の空力特性の研究への関心の高さがうかがえ，今後この傾向はますます拡大していくと考えられる．

5.5 遮音特性

5.5.1 空力騒音の伝播過程

空力騒音は自動車の車体周り各所での流れの変動から発生する．空力騒音が車室内の乗員に感知されるまでの間には，車室外にある空力騒音の発生源から車室内までの伝播過程があり，その伝播過程の中で適切な防音を行うことによって，車室内で感知される空力騒音のレベルを低減することができる．また，車体表面には流れの変動に伴って発生した圧力変動が加振力として作用(空力加振)していて，この力が車体やガラスを振動させることによって音を発生させ，車室内の騒音の一部を作り出していると考えられる．図5-49に空力騒音の伝播過程を示す．音の観測点，すなわち車室内の乗員からみると，車室内で感知される空力音は，車外で発生した音波や空力加振によって車体・ガラス等の固体面が振動して発生する音と，部品の継ぎ目や合わせ部などに生じる隙間からの漏れ音の2種類に分類することができる．

空力騒音における車体やガラスなど固体面の振動の加振源は，空力加振，すなわち，車体近傍の流れの変動により発生する流体力学的な圧力変動と，車外で発生した空力音(音波)である．固体面を平板と仮定した場合における音波と平板の屈曲波との関係を図5-50に示す[57][58]．

音波の波面進行方向と平板と垂直方向の角度をθ，平面板の波長をλ_B，音波の波長をλとすると，次式が成り立つときに平板の屈曲波と音波の波長が一致する．

$$\lambda_B = \frac{\lambda}{\sin\theta} \quad (5\text{-}26)$$

また，平板の屈曲波の伝搬速度c_Bは，

$$c_B = \left(2\pi h f \sqrt{\frac{E}{12\rho(1-\sigma^2)}}\right)^{\frac{1}{2}} \quad (5\text{-}27)$$

となる．ここで，h：板厚，ρ：板の密度，E，σ：それぞれ板のヤング率とポアソン比．空気中の音速をcとしたときに式(5-26)が成り立つ周波数をコインシデンス周波数と呼び，

$$f_\theta = \frac{c^2}{2\pi h \sin^2\theta}\sqrt{\frac{12\rho(1-\sigma^2)}{E}} \quad (5\text{-}28)$$

となる．$\theta=90°$のとき，f_θは最小値となり，このf_θを限界周波数f_cと呼ぶ．音波が固体面に入射する場合，f_cより高い周波数では，入射角θにより式(5-26)が成り立つ周波数が存在し，この周波数では音波と屈曲波の波長が一致するために固体面の遮音性能が著し

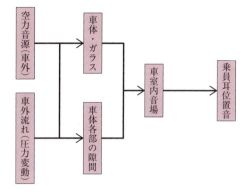

図 5-49　空力騒音の伝達過程

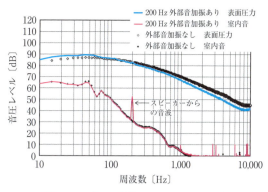

図 5-51　流れと音波による加振の比較[59]

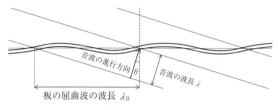

図 5-50　音波と平板の屈曲波の関係

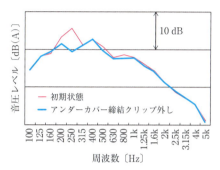

図 5-52　アンダーカバー締結クリップ有無による室内空力騒音の変化

く低下する．この現象をコインシデンス効果と呼ぶ．逆に f_c より低い周波数ではコインシデンス効果は生じない．

また，固体面が振動した場合にも，f_c より高い周波数では平面波（音波）を生じ，f_c より低い周波数では音波を生じないことになる．ただし，上記は無限平板を仮定した議論であるため，実際には f_c より低い周波数でも音波は発生する．

自動車の車体周りでは圧力変動や空力音の発生源と室内外の境界面（ガラス等）が近接しているため，流れによる空力加振と車外で発生した空力音（外部発生音）の音波による加振を正確に分離することは難しいが，シミュレーションによる空力騒音の予測や伝播過程での対策立案を行う上で，概念的に分離して扱うことができれば便利である．一般的に走行中の車体表面に作用する流体力学的な圧力変動は，外部発生音と比較して圧倒的に大きい．たとえば，車速 100 km/h で走行している車両の表面に動圧の 1 % の圧力変動が発生している場合，音圧レベルに換算すると約 4.65 Pa＝107 dB に相当する．動圧の 1 % を超えるような圧力変動は車体の多くの箇所で発生しているのに対して，外部発生音のレベルは，大きな狭帯域音のピークでも 100 dB を超えることは少なく，流体力学的な圧力変動は外部発生音の音圧と比較するとはるかに大きい．

しかし，図 5-51 に示されるように，自動車の車体を模擬した箱の外部に気流を流して空力加振を行い，同時に箱の外部からスピーカで音を入力すると，箱外側の表面圧力にはスピーカで発生させた音の影響がほとんど見えないのに対して，箱内部で測定した音にはスピーカで発生させた音の波形が有意な形で現れることが知られている[59]．すなわち，外部発生音は空力加振に対して少ないパワーであっても効率良く室内に伝播される．この違いが生じる原因については時間・空間的な加振形態の違いなどが考えられるが，詳細なメカニズムは明確に説明されておらず，今後の解明が待たれる．シミュレーション等で車体表面やガラス面に作用する加振力を考える際には注意が必要である．

5.5.2　固体振動を介して伝わる音

空力加振，すなわち，流体力学的な圧力変動によって固体面が加振されて放射される音のうち，乗員が車室内で空力騒音として認識しやすいのは，スポイラやアンダーカバー，ルーフキャリアなどの付加物を取り付けた際に，付加物の空力振動に伴って発生する音である．これらの音は 100 Hz 前後の比較的低い周波数の音であることが多い．図 5-52 は，ある車両のエンジンアンダーカバー前側の締結クリップを取り付けた場合と取り外した場合の，乗員耳位置における室内騒音レベルを低騒音風洞で測定して比較した例である．測定を実施した風速は 180 km/h である．この例では，エンジンアンダーカバーが流れによって加振されて振動し，その振動がアンダーカバーの締結クリップを介して車体および車室内に伝播されて，車室内では 250 Hz の狭帯域騒音が発生している．このような場合の

対策手法としては，
① 付加物もしくはその周辺部品の形状変更によって流れ(入力)を変更する
② 錘の付加や構造変更により付加物または車体の固有振動数を変更する
③ 締結方法の変更や防振材の付加などにより車体への振動伝播特性を変更する

などの手法がある．例の場合にはエンジンアンダーカバー前側のクリップを適切に取り付けることにより，カバーの振動が低減されて狭帯域騒音の発生が抑制された．付加物の振動が原因で発生する狭帯域騒音の場合には，付加物ありとなしの差が明確であるため，音の発生原因の特定や対策手法の検討は比較的容易である．

5.5.3 車外で発生した空力騒音の伝播

ドアミラーやワイパ，Aピラー周りなど，車外の各所で発生した空力騒音は，車体パネルやガラスなどの固体面から室内に透過して，車室内で空力騒音として乗員に感知される．固体面の防音性能は，入力エネルギーを E_i，透過エネルギーを E_t とすると，$\tau = E_t / E_i$ となる透過率 τ および透過損失(Transmission Loss：TL)で評価することができる．

透過損失は多くの周波数帯域で，音の周波数と材料の面密度の対数に比例する(質量則)．ρ_a を空気密度，固体面(壁)の面密度を m，音の周波数を f とすると，固体面に対して垂直に入射する音波に対する固体面の透過損失は，

$$TL = 20 \log_{10} \frac{\pi}{\rho_a c} mf \tag{5-29}$$

となる．すなわち，固体面の質量が重く，また音の周波数が高い場合ほど音は透過しにくくなる．したがって，音源の強さを変えずに透過音を低減するためには，車体パネルやガラスの板厚を厚くして，固体の面密度を増やすことにより透過損失を大きく設定すればよい．しかし，このような手法は車体重量の増加につながるため，多用すると遮音性能以外の性能と相反してしまうことになる．そこで，実車の開発においては，入力の大きさを見極めながら必要な遮音性能と重量増加の影響の両面を考慮して，車体の部位ごとに最適な板厚を選定することが重要となる．

自動車の空力音において，質量則および先に述べたコインシデンス効果の影響はドアガラスや前後のウインドシールドガラスにおいて顕著にみられる．ドアガラスは通常，厚さ3mmから5mm程度の単板の強化ガラスで構成されることが多く，よく用いられるガラスの板厚は3.1mm，3.5mm，4mm，5mmなどである．前席のドアガラス面の近傍にはAピラーからの剥離渦やドアミラー周りの流れが存在するため，Aピ

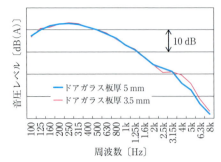

図5-53 前席ドアガラス板厚を変更した場合の空力騒音レベルの変化

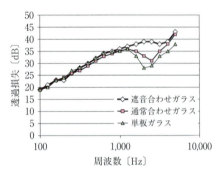

図5-54 合わせガラスと単板ガラスの透過損失の比較[60]

ラー剥離渦の変動やドアミラー周りの流れに伴って発生した空力騒音がドアガラスを介して室内へ伝わり，車内で乗員に感知される空力騒音の主要な成分となっている．

図5-53は同一の車両で，前席のドアガラスを板厚3.5mmのガラスから5mmのガラスに交換し，前席乗員の耳位置で測定した騒音レベルを比較した結果である．

板厚3.5mmの場合，4kHz付近にガラスのコインシデンス効果に起因するピークが現れている．ドアガラスを板厚5mmのガラスに交換すると，ガラスのコインシデンス効果の現れる周波数が4kHz付近から3.15kHz付近に変わることによって，4kHz付近の騒音レベルは低下し，反対に2kHzから3.15kHzの騒音レベルは増加している．また，コインシデンス効果の影響を受けていない周波数帯域では，質量則の影響もみられ，質量の大きい板厚5mmのガラスを用いたほうが，騒音レベルが低下している．

フロントウインドシールドには，衝突時にガラス破片が飛散するのを防止するために，2枚のガラスの間に中間膜を挟み込んだ合わせガラスが用いられる．合わせガラスの場合も，単板ガラスの場合と同様に，質量則の影響およびコインシデンス効果により透過損失が減少する周波数帯がある(図5-54)．

近年では，中間膜に遮音機能をもたせた遮音中間膜が開発され，これを用いることで室内の静粛性を向上

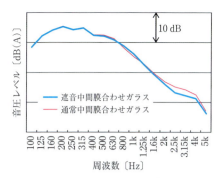

図 5-55　遮音中間膜による透過音の低減効果

させることができるようになった[60][61]．遮音膜は軟質のPVBで作られており，中間膜として用いることによって，合わせガラスのコインシデンス周波数帯域での透過損失の落ち込みを防止することができる．また，合わせガラスについては，遮音性能以外にも赤外線をカットし室温上昇を防ぐ機能が付加されるなど，中間膜の高機能化が進んでおり，静粛性を含めた室内の総合的な快適性向上を図るための有効な手段の一つとなっている．近年ではフロントウインドシールド以外にも，高級車を中心として，ドアガラスやクオータガラスにも合わせガラスを採用する例が増えている．空力騒音の遮音を行うための室内と室外の境界面という視点からみると，ガラス部は複数の部品の組合せではなく，単一の部品のみで室内外を分ける境界面となっていることから，部品単体としての遮音性能が特に重要となる部位である．

図 5-55 は，同じ車両のフロントウインドシールドを通常の合わせガラスから遮音中間膜付きの合わせガラスに変更した際の室内の騒音レベルを比較した例である．測定は低騒音風洞で実施し，風速は100 km/hである．遮音ガラス（遮音中間膜を挟み込んだ合わせガラス）を用いることにより，2 kHzから5 kHzの帯域で騒音レベルが低減している．

車体やドアパネルなどは内装材も含めると，空気層を含み，複数の固体面で構成されているため，ガラス部分のような単一材料の固体面よりも遮音性能は高くなる．実際の車両では，主として内装材に吸遮音材を設定している部位がある．代表的な部位としては，フロアカーペットが挙げられる．エンジン等から発生する騒音やロードノイズと異なり，空力騒音の場合には車体周りの圧力変動による空力加振力と，車外で発生した空力騒音の音波の両方がほぼ車体全体に入力されることから，騒音の発生や透過の多い部位を限定することが難しく，空力騒音低減を主目的として吸遮音材を設定するような対策が行われることは少ない．

車体の室内側やドアパネルには製造や修理時に用いる作業穴，内装材の取付け穴，ドアロックやラッチ操作用のケーブル，電気系のハーネスを通線するための穴，排水用のドレーン穴など，さまざまな穴があけられていることから，室内音に寄与の大きい穴をふさぐ対策は有効である．特にドア周りには室内側，室外側ともに穴が多く設定されており，ドアスキン（外板）とドアパネル（室内側の板）間のドア内部空間と車室内を分離するために，ホールシールと呼ばれるシート状のシール部品が用いられる（ホールシールは防音のほかに，室内への水の侵入を防ぐ機能も兼ねている）．一般的にホールシールにはPEシートなどが用いられているが，防音性能を上げるため，PEシートに吸遮音材を貼り付けている場合もある．

5.5.4　隙間からの通気と漏れ音

自動車の車体は多数の部品の組合せで構成されており，部品の接合部や合わせ部などに生じた隙間から車室内に通気や音漏れが発生する．隙間の影響が最も明瞭に現れるのは，ドアやサンルーフ，オープンカーのソフトトップなどの開口部のシールが密着しなくなることによって発生する通気（風漏れ）である．ドアやサンルーフには，流れによって表面に負圧が発生する部位があり，負圧による吸い出し力によって，シールのつぶれ代（ラップ代）が速度の上昇とともに減少する．仮に吸い出されによってシールのラップ代がなくなってしまうと車室内外の圧力差によって通気が発生し，シール部からの風漏れが生じる．また，室内外が遮断されなくなることによってその部位の遮音性能が著しく低下するため，室外の風切音も室内へ多く侵入して，室内音レベルは著しく増大する．このような風漏れを避けるため，吸い出し量を推定した上で十分なシールのラップ代を確保することが必要である．

シールからの風漏れが生じない場合でも，実車においては部品の合わせ部などにある微小な隙間からの音漏れが発生する．車体内部に侵入した水を排出するための水抜き穴なども騒音の侵入源となる．音漏れの原因となる隙間や穴をふさぐことによっても室内の静粛性を高めることができる．逆に，多くの防音材を適用して吸遮音性能を高めた車両でも，無視できない大きさの隙間が存在する場合には期待した防音性能を発揮できないことがある．隙間を含む複数の面があり，各面 i の透過率が τ_i，面積が F_i とすると，平均透過率 $\bar{\tau}$ は

$$\bar{\tau} = \frac{\sum F_i \tau_i}{\sum F_i} \quad (5\text{-}30)$$

となり，面全体の総合透過損失 $\overline{TL}$ は

$$\overline{TL} = 10 \log_{10} \frac{1}{\bar{\tau}} \quad (5\text{-}31)$$

となる．車体を構成する鉄やガラスなどの透過率は非常に小さく，一方で隙間の透過率はほぼ1となること

から，隙間を含む面の総合透過損失における隙間の影響は大きい．車外からの空力騒音の侵入を防ぐためには，車室内に通じる隙間を小さくすることが重要である．

5.6 CFDによる解析と予測技術

5.6.1 空力騒音の数値解析

自動車の空力性能を予測するため，数値流体力学（Computational Fluid Dynamics：CFD）が広く活用されている．自動車の空力問題には，空気抵抗をはじめ，空力騒音，冷却などさまざまな問題があり，物理的着目点の違いから，それぞれに応じた数値解析技術が必要とされている．

空力騒音の数値解析は，CFDの一分野として，CAA（Computational Aeroacoustics）と呼ばれる．音の予測のための特別な理論や手法があり，流れの予測と区別し，流れはCFD，音はCAAと呼ぶこともある．通常は，空力騒音に対する数値計算を広くCAAと呼ばれてる．

自動車の空力騒音の代表的な現象は，高速で走行する際に発生する風切音である．フロントピラーやドアミラー周りで発生した流体騒音が車室内に伝達し，乗員の快適性を損なう．他の空力問題と同様に，車両形状が決まった後では対策が難しいことから，数値計算により設計段階での性能予測が望まれている．

「流れ」と「音」は，物理的性質が異なるため，それぞれ別の現象であるかのように観察される．ただし，流体力学の支配方程式では，これらの区別はなく，同一の物理変量である．別々の現象に見える理由は，この支配方程式において，「流速」と「音速」の2種類の異なった代表速度が現れるためである．音速に対する流速の比をマッハ数と呼ぶ．音速を340 m/sとすれば，100 km/hの自動車の流れのマッハ数は0.082であり，せいぜい0.1程度の低マッハ数流れとなる．流れ自身から発生した微小な圧力変動が，流れの中を1桁大きな速度で進行するという現象を扱うことになる．

マッハ数が大きいほど，流れの「圧縮性」の影響は大きく，0.1程度の低マッハ数の流れでは，特別な場合を除いては，圧縮性は流れ場にはほとんど影響しない．このため，自動車周りで空気抵抗などの空気力を予測するための数値計算では，流れを「非圧縮性」として扱う場合が多い．非圧縮性流れであれば音速を扱う必要がなくなり，数値計算には都合が良い．

空力騒音の計算では，空気の疎密変化を予測する必要があるため，低マッハ数流れであっても，無視できるはずの圧縮性を考慮しなければならない．まず，音速を扱う必要が生じることが問題となる．CFDで時間刻みΔtによる反復計算をする場合，速度が10倍に

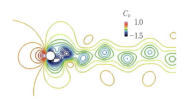

(a) 圧力分布（円柱近傍の様子）

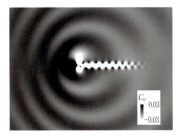

(b) 圧力分布（遠方までの様子）

図 5-56 円柱から発生する空力騒音．圧縮性流れ方程式による計算結果

なると，Δtを10分の1にしなければ時間解像度を確保できない．時間刻みの制約だけを考えても，10倍の計算時間を要することになる．

さらに，もう一つの問題は，音に相当する圧力（音圧）が流れの圧力よりも極めて小さいことである．流れの圧力変動に対し，音圧はマッハ数の2乗程度であり，マッハ数0.1では，せいぜい1％の大きさである．さらに，距離減衰しながら伝播していく音圧はより微小になる．大きく変動している流れの圧力場の中を，1％以下の振幅で伝播していく圧力変動を捉える必要がある．従来の計算手法よりも高い精度が必要となる．

以上のように，現象変化が速いことと，微小な量を解析しなければならないことが空力騒音の数値解析の難しさである．マッハ数が小さいほど計算が難しい．これらの問題を解決することが自動車における空力騒音の数値計算手法の研究課題となっている．

図5-56に円柱の二次元断面形状から発生する空力騒音（エオルス音）の計算例を示す．レイノルズ数は150，マッハ数は0.3での圧縮性流れ計算による結果である．(a)は円柱近傍の圧力分布（C_pは圧力係数）であり，(b)は(a)と同一の結果を表示方法と分布スケールを変えて広い領域まで可視化した図である．(a)のように近傍では音波の様子は見えにくいが，(b)のように遠方までを微小な分布スケールで可視化すると音が放射する様子が観察できる．

図5-56の計算は，自動車周りの流れ場に比べ，レイノルズ数は低く，マッハ数は大きい設定である．レイノルズ数が小さいとスケールの小さい乱流が発生しないため，細かい計算格子を設定しなくてよい．また，マッハ数が大きいと音圧が大きくなるため，さほど高い計算精度は必要でない．このような設定にすると，

円柱周りの計算であればパソコンレベルの計算機で結果が得られる.

円柱のような単純で計算しやすい現象に対しては,流れも音も同一変数にて計算可能である.実用的な問題に対しては,計算規模と精度の問題であるから,計算機の進歩次第で可能になるとの考え方もある.ただし現状では,自動車周りにおいては極めて大規模な計算になり,精度の確保も難しい.自動車に限らず種々の問題において,より簡単に空力騒音を計算できる方法の開発が望まれている.

以上の問題を回避するために研究されている方法が,流れと音を分離して別々に計算する方法である.流れと音は特性が異なることから,分離してモデル化することで計算を容易にすることができる.あらかじめ流れ場を計算しておき,その結果を用いて音を予測する.この方法は分離解法と呼ばれている.分離するためには,音が流れに影響を及ぼさないという仮定が必要となり,物理的な厳密さを損なうことになる.ただし,これまでの研究結果から,低マッハ数流れで発生する空力騒音では,多くの場合この前提が成り立つと考えられている.

この分離解法は流れ計算の後処理のように音を予測できるため,これまでのCFDからの拡張がしやすく,実際の自動車開発でも活用されつつある.ただし,この方法には多くの種類がある.非定常流れを計算して,圧力変動から音の大小を評価する方法も分離解法の一つであると考えられるし,音場方程式をモデル化して計算する方法もある.また,それぞれに異なった結果が得られることから,計算結果の解釈自体に議論があり,課題となっている.

5.6.2 分離解法による空力騒音のモデル化と評価方法

代表的な分離解法は,Lighthillの音響学的アナロジー[62]に基づいた方法である.Lighthillは,流体の支配方程式を波動方程式となるように変形し,Lighthill方程式を導いた.この方程式の右辺となる音源項には,本来,変数となる密度も含まれているため,そのままでは波動方程式とはいえず,計算できない.しかし,音源項を流れ場から与えることができる既知量としてモデル化すれば,波動方程式として計算できる.このモデル化では,対流に関わる変化を無視しており,渦流れが存在するような物体の近傍では適用できないという仮定を用いている.このため,遠方のみで成り立つ方程式とされている.

Lighthillによる波動方程式は,音の波長が音の発生領域よりも十分に長い場合(音源領域がコンパクトであるという場合)には,近似的に解析解が得られる.流れに対し物体が運動する場合も考慮した一般的な解がFfowcs Williams-Hawkingsの式[63]である.マッハ数が低く,物体が静止している場合には,Curle[64]により,式(5-32)に示すより簡単な近似解が導出されている.

$$p' = \frac{1}{4\pi c}\frac{x_i}{x^2}\int_S n_i\frac{\partial p}{\partial t}ds = -\frac{1}{4\pi c}\frac{x_i}{x^2}\frac{\partial f_i}{\partial t} \quad (5\text{-}32)$$

ここで,p':音圧,c:音速,x_i:観測点の位置ベクトル,n_i:壁面の外向き法線ベクトル,p:流れ場の圧力,t:時間,S:壁面,f_i:物体が受ける空気力.式(5-32)によると,流れ計算により空気力の時間履歴が得られると音圧が算出できる.

自動車周りの空力騒音の予測にLighthillのアナロジーを適用している例は多くみられ,騒音計測結果と傾向が一致するといわれている.ただし,さまざまな使い方がされており,おおよそ以下の種類に区別される.

(i) 式(5-32)から音圧を算出する.また,壁面上の圧力変動量の分布を可視化する.
(ii) 波動方程式を数値的に解く.
(iii) 波動方程式の音源項(右辺量)の空間分布を可視化する.
(iv) 近似的な解析解を空間積分の形式で表し,その被積分量の空間分布を可視化する.

(i)は,非定常流れの計算ができれば求めやすい量であるため,活用しやすく,適用例が多くみられる.定量的に音圧を予測するという使い方よりも,壁面圧力変動の大きさから騒音の増減傾向を予測したり,騒音の低減方法を検討するために用いられることが多い.

(ii)は,コンパクトでなくても適用できる方法であり,音波の放射を計算することができる.ただし,この波動方程式を精度良く計算すること自体負荷が大きく,適用例は少ない.また,渦流れがある場で適用できない方程式であるため,近傍場(近距離場)での音の放射現象がどの程度実際の現象と整合しているか不明であることが課題となっている.

(iii)は,いわゆるLighthill音源と呼ばれる量の可視化である.この音源量の分布により,騒音の大小と騒音原因を判断する方法である.空力騒音のモデル方程式には,Lighthill方程式以外にもいくつか変形バージョンがあり,それらに応じた音源量が定義される.代表的な他の音源量としては,Powell音源[65]($\mathrm{div}(\boldsymbol{\omega}\times\boldsymbol{u})$,$\boldsymbol{\omega}$:渦度ベクトル,$\boldsymbol{u}$:流速ベクトル)が挙げられる.これらの音源量の相違を比較した研究例もみられる[66].

Lighthill音源は,レイノルズ数が大きく,マッハ数が小さい流れ場であれば,Q値(速度勾配テンソルの第2不変量)と同等な量となる.この量は,管状の渦を可視化するために有効な指標であるとされている[67][68].空力騒音は,渦の発生および非定常な変化

が原因となるため，このような渦の可視化と捉えると物理的には理解しやすい．

(iv)は，音源を可視化する場合，方程式の音源項を表示するというアプローチでなく，近似解の被空間積分量を音源として可視化したほうが音の発生原因箇所を示しやすいという考え方である．式(5-32)で壁面上の圧力の時間微分量の分布を可視化することもこの考え方に基づいている．剥離位置で壁面圧力変動量が大きいほど強い渦が発生するため，確かに空力騒音の評価指標として妥当である．また，Howe[69]により，空間積分型の解も導出されている．山崎ら[70]は，この被積分量となる$\partial(\boldsymbol{\omega}\times\boldsymbol{u})/\partial t$とグリーン関数の積を計測結果より算出し，音源の強度として可視化している．この解析では円柱を対象としており，コンパクトであるという仮定から，速度ポテンシャルをグリーン関数として用いている．一般的にはグリーン関数の算出は難しいので，グリーン関数を無視した$\partial(\boldsymbol{\omega}\times\boldsymbol{u})/\partial t$のみによる可視化方法も有効であると考えられている．

(iii)(iv)のような，音源量を可視化すると，音源の定義により異なった結果となる．ただし，異なった定義の音源であっても，遠方で算出される音圧の結果は一致するはずである．波動方程式を解くことは，時空間の相関を考慮して積分することであるので，音源量には発散量に相当するような積分すると打ち消される分があり，各定義にはその違いがあると考えられる．つまり，音源量の分布を可視化した場合，遠方での音にならない量が少なからず存在しており，そのすべてが実効性のある音源量ではない．特に，空間的な相関を考えずに空間各点で算出した標準偏差が騒音の発生を示しているとは限らない．このように，各評価量をどのように扱えばよいか判断が難しいという問題があり，どの方法がよいか定評がない状況にある．

以上のように，Lighthillのアナロジーによる分離解法においては，いくつものアプローチがあり，それぞれ異なった可視化結果が得られる．適用しやすいものの，結果の扱い方が難しいといわれる理由である．

Lighthillのアナロジーによる解析は，おおよそ観測結果と一致し，有効な解析手段として認知されている．ただし，近傍場には適用できないはずの方法であるため，実際の空力騒音が発生する現象と違いがあるのではないかという疑問が残る．また，自動車周りでは遠くに伝わる音を予測したいのではなく，サイドウインドウなど，近傍の壁面を加振し，車内に伝播する音を問題としなければならない．このような場合，分離解法における音源量が物理的にどのような意味をもつのか説明ができない．自動車周りでは，Lighthillのアナロジーによる方法が実用的に活用されつつあるものの，より原理的な現象解析が必要であるという課題が挙げられている．

5.6.3 自動車周りの空力騒音解析
(1) 動向と計算例

1990年代からCFDを活用した自動車の空力開発が盛んになり，まず，空気抵抗の予測に用いられるようになった．この場合，時間平均量の予測であることから，レイノルズ平均乱流モデルによる定常流れ計算が用いられることが多かった．k-ε乱流モデルによる計算がその代表例である．

定常流れ計算の問題点は，自動車の後流のような大きい変動流れの予測精度が悪いことである．このため，自動車の空気抵抗の予測においても定常計算では問題があるといわれるようになった．

その後，計算機の高速化に伴い，空気抵抗の予測にも非定常流れ計算が採用されるようになった．初期の非定常計算では，風上法による計算が多くみられたが，近年では，ラージ・エディ・シミュレーション（Large Eddy Simulation：LES）に代表される非定常乱流モデルによる計算法が普及している．LESは，格子で解像できない渦を空間フィルタによりモデル化する方法である．格子で解像できる渦に対しては人工的な数値粘性を加えないようにすることで，高精度な計算結果が得られる．

また，近年，自動車のような複雑形状周りの計算では，格子生成の労力軽減のため，直交格子による計算手法が採用されることが多くなった．直交格子では，壁面近傍で空間解像度が低下するという問題があるため，格子を細かくする必要がある．壁面の扱い方の研究が進められているとともに，計算機の進歩により大規模計算が可能になってきたことから，この問題も改善されつつある．計算方法としては，格子ボルツマン法による計算が代表例である．格子ボルツマン法は，流体を多数の仮想粒子に置き換え，その運動を計算して流れ場を予測する方法である．基本アルゴリズムが比較的単純なことから計算が高速であり，非定常流れ計算に適している．

このような非定常流れ計算の進歩に伴い，空力騒音への活用が盛んになった．空気力の平均値の予測とは異なり，数kHzの高周波数での変動を予測する必要がある．このため，より高い予測精度が要求されるようになり，空気力を予測する計算よりも，格子間隔および時間刻みが小さくなり，さらに大規模な計算が必要になっている．

自動車周りでは，ドアミラー・フロントピラー周りの非定常流れ計算の検証が実施されるようになった．代表的な精度検証問題として，図5-57に示されているような簡略化されたドアミラー形状周りの変動流れの計測結果が示され，比較のための計算が多く報告されている[71]-[75]．図5-57の計算では，200万程度の要素数の格子を用いたLESにより，10kHzまでの変動

図 5-57 ドアミラー簡略形状周りの計算[74]．渦度分布

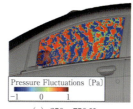
(a) 250〜750 Hz

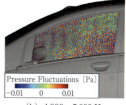
(b) 4,000〜5,000 Hz

図 5-59 格子ボルツマン法による計算[77]．サイドガラス上の瞬時の圧力変動量分布

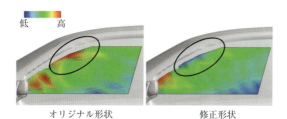
(a) 計測結果

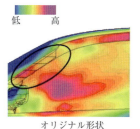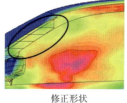
(b) 計算結果

図 5-58 フロントピラー周りの計測結果と計算結果の比較[76]．音源（圧力の時間変動量）の分布

の予測を試みている．計算格子が細かいほど高い周波数の変動を予測できることが示されている．このような基礎検討において，高い周波数に対する格子解像度や計算手法のノウハウが構築されてきている．

このような非定常流れ計算技術が進歩すると，流れから音を予測する方法として，まずは前述のLighthillアナロジーによる解析が適用されるようになった．実際の自動車周りの計算例としては，図5-58のようにフロントピラー付近の圧力変動量で騒音を評価する試みがみられるようになった[76]．フロントピラーの幅の差異による騒音変化と壁面上圧力の時間変動量（時間勾配量）との相関を調べている．修正形状では，フロントピラーでの剥離が小さくなり，図の楕円箇所で壁面上の圧力変動が低減されていることが示されている．

近年では，さらに大規模な計算が可能になっている．図5-59は，格子ボルツマン法で計算した結果である[77]．直交格子を用い，注目箇所の格子間隔は1 mmと設定されている．図に示されるように，周波数帯ご

との圧力変動分布が示されており，5 kHz程度までの高い周波数の変動が解析されている．この計算では，圧縮性流れ方程式を基礎方程式としているため，音を直接計算することも可能である．計算精度の確保が課題となるが，音と流れを同一に計算している例が示されつつある．

さらなる計算機性能の向上に伴い，より大規模な計算が実施されている[78]．京コンピュータを用いて，複雑な車両形状に対し，数十億要素規模の計算結果が示されるようになった．このような大規模計算により，非常に高い周波数までの流れの変動を捉えることが可能になりつつある．

(2) 空力騒音の発生・伝播シミュレーション

流れ場の計算では高周波数での変動まで精度良く計算されている例が多くみられ，それとともにLighthillアナロジーによる解析も活用されるようになった．しかし，発生源近傍での現象が解析できないという問題が残されている．このため，近傍場を含め，実際に音が発生して伝播していく様子を直接計算する方法の研究がされつつある．正攻法として圧縮性流れ方程式から音を直接計算する試みはあるが，計算負荷が大きいことが問題となっている．一方，圧縮性流れ方程式を直接計算するのではなく，分離解法により音場を計算するアプローチもみられる．Lighthillによる波動方程式だけではなく，さまざまな音場方程式が考案されている．線形オイラー方程式や非線形方程式など，数多くの方程式が考えられている．

自動車周りの計算例として，加藤ら[79][80]によりドアミラー周りの風切音の計算結果が示されている．圧縮性流れ方程式を，非圧縮性流れ方程式と非線形音場方程式に分離する方法を用いている．音場が流れ場に影響しないという仮定を用いた分離解法の一つであり，その仮定が成り立てば近傍場でも成り立つ音場方程式を用いる方法である．分離方程式を用いることで，計算を容易にし，複雑な計算対象においても近傍での音場の計算を可能にしている．この方法による計算結果を図5-60に示す．図(a)が流れ場の計算結果であり，図(b)(c)が音場を計算した結果である．図に示されているように，ドアミラーやフロントピラーから放射

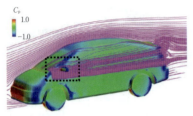

(a) 全体の流れ場．流線および壁面上圧力分布

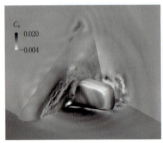

(b) ドアミラー・フロントピラー周りで発生する音波の様子．(a)の点線部，壁面，水平断面および垂直断面上の音圧分布

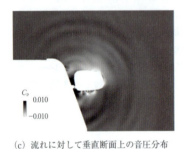

(c) 流れに対して垂直断面上の音圧分布

図 5-60　車両形状周りの風切音の計算

される音の様子が観察できる．

　この計算例のように，自動車周りでの空力騒音自体のシミュレーションの結果がみられるようになった．分離解法を用いる場合，Lighthill による波動方程式や図 5-60 で用いられている非線形方程式だけでなく，さまざまな定式化が提案されており，研究対象となっている．また，計算機の高速化に伴い，圧縮性流れを直接計算する方法にも進展がみられる．当面，それぞれの研究が進められていくと考えられる．このような音場計算の課題としては，流れ場の中で生じる図5-60 のような音圧変化を実験的に計測することが難しいため，検証が困難なことである．計算技術の構築だけでなく，実際の現象との整合性や定量的な精度の検証が課題であると考えられる．

(3) 車室内乗員へ伝達する音に関する研究

　自動車の空力騒音予測は，最終的には乗員位置で観測される音を予測することが目的である．車外での流れと音が混在した圧力場が得られたとして，それが物理的にどのように乗員に伝達するのか自体が不明確で

あり，以前から現象解明が取り組まれている[81]など．

　サイドウインドウなど車体表面に加わる圧力には，流れによる圧力と音圧の両方があり，それぞれの特性に差がある．流れの圧力変動は，音圧よりも非常に大きいものの，空間的には局所に作用する．一方，音圧の振幅は小さいが，疎密波として空間的に広い範囲に作用する．

　このような流れと音の変動が混在した場を解析する方法としては，波数-周波数スペクトル解析が挙げられる[82][83]．実験または圧縮性流れ計算結果で得られた壁面圧力場を解析し，音圧の波長が流れの圧力場の分布スケールより大きいことを利用して，流れ場と音場を区別する手法である．

　さらに，内部への透過現象を調べる研究や，室内音を予測する研究が進められている[84]–[86]．透過音の予測方法には，統計的エネルギー解析(Statistical Energy Analysis：SEA)が用いられる例が多い．さまざまな解析例によると，車室内に伝播する高い周波数の音は，流れによる圧力変動よりも空力音の影響が大きい，という見解が主流である．実際の自動車は構造的に複雑であり，伝達系のモデル化が難しく，乗員位置での観測音の予測には課題が多い．今後，入力となる空力騒音の予測とともに，このような伝達系を含んだ予測手法の研究が進められると考えられる．

5.6.4　フィードバックを伴う空力騒音の計算
(1) フィードバック音

　音が流れに影響を及ぼして発生する空力騒音を，通常，フィードバック音と呼ぶ．空気の密度変化が流れを変化させるため，圧縮性を考慮しなければならず，非圧縮性流れ計算では流れ自体を予測できない．このため，分離解法は適用できない．通常，自動車周りの空力では非圧縮性流れ計算を用いる場合が多いので，例外的な計算対象として扱われる．

　フィードバックは周期的に発生することから騒音は狭帯域音となり，極めて大きな音となる場合もある．自動車で発生すると非常に不快な音となるので，実際の車両では必ず対策されており，大きなフィードバック音が聞こえることはほとんどない．車両開発段階においてはこの抑制が重要な課題であるため，数値計算による予測方法が研究されている．

　自動車周りのフィードバック音で代表的なものとして，サンルーフ開放時のウインドスロップ，また，フロントグリルやドア隙間の溝部などで発生する笛吹音が挙げられる．車両各所において，剥離渦による密度変動が上流にフィードバックして笛吹音が発生する場合もある．これらは必ずしも同様な現象ではない．特に，ウインドスロップやフロントグリルの笛吹音は，それぞれ特徴的な共鳴系が原因となっており，種々の

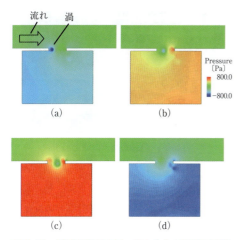

図 5-61 流体変動によるヘルムホルツ共鳴の計算

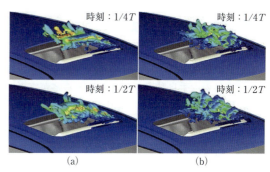

図 5-62 ウインドスロップの計算[90]

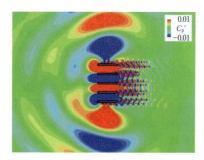

図 5-63 平板列から発生する空力騒音の計算[91]

研究例がみられる.

(2) サンルーフ開放時のウインドスロップ

ウインドスロップの物理的原理は,ビール瓶を口に当てて吹く際に発生する音と同様であり,流体変動によるヘルムホルツ共鳴音である.

圧縮性流れ方程式を計算しなければ現象を再現することはできないが,特定周波数の非常にレベルの高い音を解析することになるため,広帯域の風切音に比べ,計算精度上の負荷は比較的小さい.ただし,ウインドスロップの周波数は 20 Hz 程度であり,数 kHz の変動を解析する場合に比べ時間周期が長いため,長時間の計算が必要となる.

基礎形状の計算として,直方体の共鳴箱の計算例[87] や,簡略車両モデルの計算例[88] があり,計測結果との比較により,現象を正しく再現できていることが示されている.図 5-61 に共鳴箱の計算結果の例を示す.(a)~(d)は圧力分布の時間進行を示す.(a)で発生した渦が(b)から(c)(d)へ移流するに伴い,箱の内部圧力が変動する.そうすると,その圧力変動により開口部前縁で(a)の渦が発生して再び箱内部の圧力変動を起こす.渦の発生周期と箱内の圧力変動周期が一致することにより共鳴現象となる.

車両形状に対しても計算の試みがみられる[89][90].図 5-62 に計算例を示す.格子ボルツマン法による計算であり,ケーススタディを実施し,騒音発生周期 T に対するある位相における瞬時場を比較している.図の等値面は λ_2(旋回渦の可視化指標の一つ[68])を示す.左列(a)のケースに対し,デフレクタ(流れの偏向板)の端にフィンを装着すると,二次元的な渦構造が三次元的になり,ウインドスロップが低減される(右列(b))という計算結果が示されている.

実際の車両では,形状が複雑である上に,車室内の気密性や内装材の吸音,さらに,ボデー剛性の影響があると考えられ,正確に現象を模擬するには課題が多い.実際の開発に活用するには,モデル化や計算の負荷を考えると,現象の研究に基づいた,より簡便な評価手法が望まれている.正確な現象予測の計算とともに,簡便な予測方法を構築していくことが今後の課題となっている.

(3) フロントグリルでの笛吹音

ウインドスロップ以外で自動車周りの共鳴音でよく問題となる現象として,フロントグリルで発生する空力騒音が挙げられる.フロントグリルでは,笛を吹いたような特定周波数の大きな音が発生する場合があり,その発生を回避しなければならない.共鳴による音であると考えられているが,その詳細な現象は十分に明らかにされていない.横山ら[91]は,圧縮性流れ計算により平板列から発生する空力騒音を解析している.図 5-63 に瞬時の圧力場を示す.図の C_p' は圧力変動の係数値である.この結果では,各平板間で定在波が発生し,隣り合った平板間では位相が反転するように共鳴を起こすことが示されている.この定在波のため,各平板の後端で渦が同期して発生し,さらに定在波を強め,自励現象を起こしている.笛吹音の基本的な原因は,このような自励現象であると考えられている.

ただし,実際の自動車に採用されているフロントグリルは,断面の形状が複雑であり,さまざまな配置パターンがある.また,前方からの流れに対して迎角があることや,後方にエンジン冷却装置があることなど,設置状態も複雑である.今後,このような実際の車両に対する笛吹音の予測技術の進歩が期待されている.

5.7 実験設備と計測技術

5.7.1 低騒音風洞

自動車の空力騒音の計測には低騒音風洞が使用される．国内外の大手自動車メーカのほとんどが実車スケールの低騒音風洞を有しており，実車両の空力騒音を計測することが可能である．

自動車用の低騒音風洞のほとんどはゲッチンゲン型の回流式風洞であり，ファン室，送風ダクト，ノズル，測定室，コレクタ・ディフューザ，コーナベーン，温度制御装置などからなる．これらの設備は一般的な空力風洞と同じであるが，低騒音風洞が他の風洞と異なる点は，ファンの騒音を抑制するためのサイレンサを備えていること，送風ダクト内で音を減衰させるために，壁面に吸音処理（吸音コンクリート等）が備えられていることである．また，測定部は無響室内に設置され，流れと音を同時に計測するため，図5-64に示すように，ノズルとコレクタの間は，地面部分以外は開放された形状となっている（セミオープンタイプ）．

自動車の空力性能評価と空力騒音評価は同じ設備で評価されることが多いため，低騒音風洞にムービングベルト，境界層吸い込み装置，ロードセルなどが設置されている．

実車用風洞の測定部は横幅5m，高さ3m，長さ15m程度のものが一般的である．最大風速は風洞によって異なるが，乗用車の計測では数十km/hから200km/hを測定することが多い．一般的な空力測定と同様に，風洞測定部断面積に対する車両前面投影面積の比を10%以下にする必要がある．このため，使用する車両に応じてノズルを交換するタイプの風洞もある．

風洞の暗騒音レベルは，ファン騒音，ノズル気流音，コレクタ部での空力音に依存する．ファンの騒音はサイレンサや吸音ダクトで十分低減する技術が確立されており，近年製作された風洞では，ファン騒音そのものが問題となることは少ない．

測定部が開放型のため，ノズルから高速で噴出した気流と測定室の静止気体との間にできるせん断騒音から発生する騒音，流れがコレクタ部で回収される際，コレクタ付近で発生する空力音が問題となる．ノズルせん断層の騒音を抑制するため，風洞ノズルの外周に外気流を取り込むスリットを設け，せん断層を緩和する技術などが用いられている．また，コレクタ部には柔毛と呼ばれる縫いぐるみの毛のような繊維を貼りつけ，コレクタ部周辺の渦によって発生する音を抑制する技術などが用いられている．これらの技術によって，自動車用風洞の暗騒音は十分に抑制されており，自動車の各部から発生する空力騒音の評価が可能となっている．

図5-64 低騒音風洞の測定部[92]

5.7.2 騒音測定

空力騒音の計測には，精密騒音計などのマイクが使用される．先に示したように自動車用の低騒音風洞の測定部は開放型となっているため，風洞のノズル端部から十分離れた位置では，気流の速度はほとんどゼロであり，マイクロフォンによる音響計測が可能である．自動車用風洞の場合，自動車の中心位置から3～5m付近で計測することが多い．計測対象から近い距離で測定したほうが，マイクの測定感度が良くなるが，あまり近いと気流の影響を受けるので注意が必要である．音の計測を行う場合，音圧をそのまま評価するZ特性（一般にはF特性，フラットとも呼ばれる），人間の聴感補正を行うA特性，大きな音を評価するためのC特性などの評価方法がある（現在では大きな音でもA特性で測定するのが一般的であり，C特性は衝撃音の計測などに利用されることが多い）．自動車の空力騒音計測では，Z特性またはA特性を用いて評価することが多い．

現在の風洞設備に設置された騒音計の出力電圧は，ADコンバータを介して直接コンピュータに取り込まれ，内部でFFT変換，平均値処理などの演算処理が行われるため，騒音計の表示出力を直接見ることは少ない可能性があるが，騒音計の表示には，人間の耳の時定数特性に合わせたFASTと1秒間の平均値を表すSLOWの2種類を備えていることが一般的である．通常の計測ではFASTを用いるが，新幹線などの沿線騒音を評価するときにはSLOWが使われることもある．ただし，FASTは衝撃音の評価には適さないため，衝撃音を測定する場合は，瞬時音圧のピーク値もしくは時間重み特性Iで測定する必要がある．

5.7.3 音源分離

騒音計測では，音がどこから発生したかを調べるため，音源探査が行われる．音源探査方法としては，複数のマイクを用いて音源分離を行うビームフォーミング法，近接場音響ホログラフィ法，音響インテンシティ法，マイクと集音設備（パラボラなど）を組み合わせた集音式指向性マイク法などがある．それぞれ一長一短があり，どの方法も自動車空力騒音計測に利用が

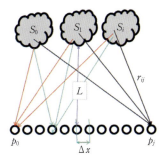

図 5-65　マイクアレイの模式図

図 5-66　風洞でのマイクアレイの使用事例

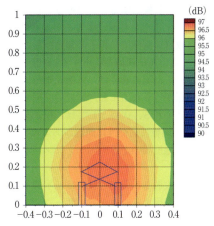

図 5-67　風洞実験での空力音源の分離事例

可能であるが，広く使われているのはビームフォーミング法である．近接音響ホログラフィ法は計測対象の近くで計測する必要があるので，エンジン音などの分離に広く利用されている．ここではビームフォーミング法について説明する．

ビームフォーミング法は，図 5-65 に示すように複数のマイクを測定対象部の付近に設置し，各マイクに測定された瞬時音圧データ，音源とマイクの距離，音速を一定と仮定した場合の位相差情報をもとに音源を求める方法である[93]．各マイクに記録される音圧を P_j，音源とマイクまでの距離を r_{ij} とすると，音源強度 S_{ij} は次のように表すことができる．ここで W_{ij}, A_j はアレイの形式で決まる重み関数である．

$$S_i(t) = \frac{\sum_{j=1}^{N}\{W_{ij}/A_j \cdot P_j(t+r_{ij}(t)/c)\}}{\sum_{j=1}^{N}\{W_{ij}/r_{ij}(t)\}} \quad (5\text{-}33)$$

図 5-66 にマイクアレイの事例を示す．自動車の計測では，ドアミラーや A ピラー，アンテナ部などの音源が計測されることが多い．

音圧 $p(t)$ と i 方向の粒子速度 $u_i(t)$ の積を音響インテンシティ $I_i(t)$ とする．間隔 d だけあけて設置した 2 本のマイクロフォンを用いて圧力を計測した場合，

$$I_i(\tau) = \frac{1}{\rho d}\frac{p_1(\tau)+p_2(\tau)}{2}\int_{-\infty}^{\tau}|p_1(t)-p_2(t)|dt \quad (5\text{-}34)$$

と表すことができる．音響インテンシティを求めることにより，各方向成分の音のエネルギーの流れを可視化することができる（図 5-67）．また，音響インテンシティを検査面内で積分することにより，音響パワーレベルを推定することもできる．

5.7.4　流れ場の計測

空力騒音計測に使用される流れ場の計測装置は，熱線流速計，LDV（レーザドップラー流速計），PIV（粒子イメージ流速計）など，一般的な流れ場の計測装置が用いられる．ただし，これらの計測装置から音が発生してしまうと流れ場と音の同時計測ができなくなることから，トラバース装置や計測器の支持装置などは，音の発生に影響が出ないような工夫が必要となる．

熱線流速計は過熱した金属細線を流れに挿入すると，流れ場の速度によって熱線の冷却状態が変わることを利用した流速計である．速度変動に対する応答特性に優れており，乱流の計測に適している．ただし，センサを流れの中に挿入する必要があることから，流れ場を乱す場合があること，多点同時計測を行うには工夫が必要であること，一般に逆流の検出が難しい（逆流を計測できるスプリッタ型もある）という問題がある．

LDV は，流れの中を移動する粒子にレーザ光を当て，その反射光を観測することによって粒子の移動速度を検出する装置である．位相のそろったレーザ光を使うことにより，粒子の移動に伴うドップラーシフト周波数を検出して流速を求める．LDV の利点は，応答性が比較的高いこと，非接触計測であること，逆流の検出が可能なことである．欠点は，粒子の運動が実際の流れに追従しているかということであり，境界層のように速度勾配が大きな流れや，ファンなどのように遠心力が作用する流れなどでは誤差が大きくなる可能性があることである．また，粒子を流れに入れることが難しい場合がある．

PIV は，流れ場の粒子可視化写真を複数撮影し，粒子の移動距離と撮影時間間隔から速度を求める．鮮明

な粒子画像を複数撮影する必要があることから，レーザと高速ビデオを用いて測定することが多い．1枚目の画像と2枚目の画像での粒子の移動距離の検出には相関法（よく似た粒子画像を検出する）が用いられることが多い．PIV計測の利点は，二次元または三次元の流れ場の情報が得られること，比較的計測が簡単であることが挙げられる．欠点としては，粒子を利用するため，LDVと同様に追従性に問題があること，空間解像度に比べて速度場のダイナミックレンジが低いことが挙げられる．

自動車から放射される空力騒音は基本的に車体表面の圧力変動に起因することから，サーフェスマイクなどを車体に貼り付けて，表面の圧力変動を計測することが多い．空力騒音を評価する場合は，圧力の時間変動が重要となるので，先に挙げたサーフェスマイクのようなマイクロフォン式の圧力計のほかに，小型の半導体圧力センサ（直径2mm程度）が用いられることが多い．半導体圧力センサとしては，航空機用に開発されたセンサが小型で使いやすいが，自動車で問題となる圧力範囲に対して測定レンジが大きい製品が多いことから，使用にあたっては測定レンジ，測定範囲における出力の線形性などについて注意が必要である．

また，空力騒音は渦の非定常運動から発生すると考えられているため，車体周りの渦度の分布を調べることが重要となる．実験で渦度を直接測定することは難しいが，時系列PIVを使用すれば，空力音の発生原因である渦度場を測定することが可能である．円柱のような単純な形状の物体であれば，PIV計測から渦度場を求め，空力音を推定できることが確認されている[94]．

参 考 文 献

(1) 星野博之，小沢義彦：車内音を構成する音の要素とその評価，豊田中央研究所R&Dレビュー，Vol. 30, No. 3, p. 29-38(1995)
(2) 炭谷圭二，前田和宏，一之瀬健一：自動車と流体力学―車両周り流れと空力特性，ながれ，Vol. 23, p. 445-454(2004)
(3) M. J. Lighthill：On sound generated aerodynamically. Part I: General theory, Proc. Roy. Soc. London., A221, p. 564-587 (1952)
(4) M. J. Lighthill：On sound generated aerodynamically. Part II: Turbulence as a source of sound, Proc. Roy Soc. London., A222, p. 1-32(1954)
(5) N. Curle：The Influence of Solid Boundaries upon Aerodynamic Sound, Proc. Roy. Soc. London, A231, p. 505-514 (1955)
(6) A. Powell：Theroy of vortex sound, J. Acoustical Society of America, Vol. 36, No. 1, p. 177-195(1964)
(7) M. S. Howe：Theory of Vortex Sound, Cambridge University Press(2002)
(8) J. E. Rossiter：Wind-tunnel experiments on the flow over rectangular cavities at subsonic and transonic speed, Aeronautical Research Council Reports and Memoranda, No. 3438(1964)
(9) D. Rockwell, E. Naudascher：Review-self-sustaining oscillations of flow past cavities, ASME Transactions, Journal of Fluid Engineering, Vol. 100, p. 152-165(1978)
(10) L. F. East：Aerodynamically induced resonance in rectangular cavities, Journal of Sound and Vibration, Vol. 3, No. 3, p. 277-287(1966)
(11) 横山博史，篠原大志，中島崇宏，宮澤真史，飯田明由：層流境界層中におかれた折れ部を上流に有する曲面端部から生じるフィードバック音の直接計算，日本機械学会論文集，81(826) p. 15-00148(2015)
(12) Hiroshi Yokoyama, Katsuya Kitamiya, Akiyoshi Iida：Flows around a cascade of flat plateswith acoustics resonance, Physics of Fluids, 25(10), 106104(2013)
(13) 中川邦夫：空力騒音の発生メカニズムとその低減手法，自動車技術会1995年春季大会 空力・騒音ジョイントフォーラム前刷集，9536601, p. 7-15(1995)
(14) 炭谷圭二，篠原豊喜：自動車周りの空力騒音に関する研究―第1報：定常流におけるフローパターンと音の特性―，自動車技術会学術講演会前刷集，941, p. 137-140(1994)
(15) 炭谷圭二，篠原豊喜：自動車周りの空力騒音に関する研究―第2報：走行時における自動車周りの流れと空力騒音の関係―，自動車技術会学術講演会前刷集，941, p. 141-144 (1994)
(16) 尾川茂：フロントピラー周りの風騒音の発生機構，自動車技術会学術講演会前刷集，953, p. 21-24(1995)
(17) 炭谷圭二：外部流れと空力騒音の関係，自動車技術会学術講演会前刷集，953, p. 25-28(1995)
(18) 小池勝，中川邦夫，片岡拓也，大野英昭：ウインドスロップの解析，自動車技術会学術講演会前刷集，911, p. 343-346(1991)
(19) 塚本裕一，本田拓，横山博史，貴島敬，飯田明由，加藤千幸：バックステップから放出されるフィードバック音に対するエッジ形状の影響，日本流体力学会年会2006, AM06-01-007(2006)
(20) Akiyoshi Iida, Kenji Morita, Hiroyuki Tanida：Effect of Incoming Flow Turbulence on Aerodynamic Noise Radiated from Automobiles, Review of Automotive Engineering, 27, JSAE 20064660, p. 565-570(2006)
(21) 鈴木猛介，橋爪祥光，民部俊貴，飯田明由：自動車のドアミラーで発生する狭帯域風騒音の渦構造に関する研究，自動車技術会学術講演会前刷集，No. 60-08, p. 21-24(2008)
(22) 槙原孝文，炭谷圭二：変動する空力騒音の現象解明，自動車技術会学術講演会，No. 86-09, p. 1-4(2009)
(23) 飯田桂一郎，橋爪祥光，成田弘史，Long Wu, Ganapathi Balasubramanian, Bernd Crouse：PIVとCFDによるサンルーフからのウインドスロップ解析，自動車技術会学術講演会，No. 151-11, p. 5-8(2011)
(24) Seong Ryong Shin, Kang Duck Ih, Jihyuk Cho, Moo Sang Kim：Development of Virtual Sunroof Buffeting Test Process using DFSS Approach, FISITA2010, No. F2010-C-196(2010)
(25) 廣瀬健一，鈴木秀司，田中久史，藤田祐作，倉光拓馬，高島和博：ビームフォーミング法を用いた気流音の室内外音源探査組み合わせ手法開発，自動車技術会学術講演会前刷集，No. 11-13, p. 1-4(2013)
(26) 奥津泰彦，濱本直樹：自動車サイドガラスを透過する空力騒音の検討，自動車技術会シンポジウムテキスト，No. 19-13, p. 1-7(2014)
(27) 佐藤満，若松純一，山縣康一，菊島航，新井茂，文珠川一恵：ドアミラーの最適設計に落とし込むための形状開発手法，自動車技術会学術講演会前刷集，No. 21-13, p. 9-11 (2013)

(28) 飯田明由：空力騒音の制御，自動車技術会シンポジウムテキスト，No. 22-09, p. 19-22 (2010)
(29) 春名茂，農沢隆秀，神本一朗：空力騒音に関する実験的研究—第1報フロントピラー・サイドウインドウ周りの流れ解析，自動車技術会論文集，Vol. 22, No. 1, p. 88-93 (1991)
(30) K. Sumitani, T. Shinohara：Research on Aerodynamic Noise around a Car, TOYOTA Technical Review, Vol. 44, No. 1, p. 157-164 (1995)
(31) K. Sumitani, T. Shinohara：Research on Aerodynamic Noise around Automobiles, JSAE Review, Vol. 16, p. 157-164 (1995)
(32) 片桐昭浩，小池勝，知名宏，中川邦夫：自然風による空力騒音変動現象の解析，自動車技術会論文集，Vol. 29, No. 1, p. 113-116 (1998)
(33) 織田和典，炭谷圭二：変動感を伴う空力騒音へのニューラルネットワークの適用—ボデー形状と実走行時官能との関係，自動車技術会論文集，Vol. 28, No. 1, p. 71-76 (1997)
(34) 槇原孝文，炭谷圭二：変動する空力騒音の現象解明，自動車技術会学術講演開前刷集，Vol. 86, No. 9, p. 1-4 (2009)
(35) 炭谷圭二，槇原孝文：変動する空力騒音の現象解明と音響エネルギバランスの影響，自動車技術会論文集，Vol. 42, No. 1, p. 25-30 (2011)
(36) A. Lindener, H. Miehling, A. Cogotti, F. Cogotti, M. Maffei：Aeroacoustic Measurements in Turbulent Flow on the Road and in the Wind Tunnel, SAE World Congress Paper, 01-1551 (2007)
(37) N. Oettle, D. Sims-Williams, R. Dominy, C. Darlington, C. Freeman, P. Tindall：The Effects of Unsteady On-Road Flow Conditions on Cabin Noise, SAE World Congress Paper, 01-0289 (2010)
(38) M. Thompson, S. Watkins, J. Kim：Wind-Tunnel and On-Road Wind Noise：Comparison and Replication, SAE World Congress Paper, 01-1255 (2013)
(39) A. Lawson, D. Sims-Williams, R. Dominy：Effects of On-Road Turbulence on Vehicle Surface Pressures in the A-Pillar Region, SAE World Congress Paper, 01-0474 (2008)
(40) N. Oettle, D. Sims-Williams, R. Dominy, C. Darlington, C. Freeman：The Effects of Unsteady On-Road Flow Conditions on Cabin Noise：Spectral and Geometric Dependence, SAE World Congress Paper, 01-0159 (2011)
(41) N. Oettle, O. Mankowski, D. Sims-Williams, R. Dominy, C. Freeman, A. Gaylard：Assessment of a Vehicle's Transient Aerodynamic Response, SAE World Congress Paper, 01-0449 (2012)
(42) N. Oettle, O. Mankowski, D. Sims-Williams, R. Dominy, C. Freeman：Evaluation of the Aerodynamic and Aeroacoustic Response of a Vehicle to Transient Flow Conditions, SAE World Congress Paper, 01-1250 (2013)
(43) N. Oettle, D. Sims-Williams, R. Dominy：Evaluation of the Aeroacoustic Response of a Vehicle to Transient Flow Conditions, 9th FKFS Aerodynamic Conference, p. 228-242 (2013)
(44) 伊藤篤，濱本直樹：変動感を伴う空力騒音の新評価指標の開発，自動車技術会論文集，Vol. 43, No. 2, p. 225-230 (2012)
(45) S. Krampol, M. Riegel, J. Wiedemann：Computer-aided Simulation of Instationary Wind Noise, ATZ, Vol. 111, Issue 11, p. 60-65 (2009)
(46) S. Wordley, J. Saunders：On-road Turbulence, SAE World Congress Paper, 01-0475 (2008)
(47) S. Wordley, J. Saunders：On-road Turbulence：Part 2, SAE World Congress Paper, 01-0002 (2009)
(48) J. Wojciak, T. Indinger, N. A. Adams, P. Theissen, R. Demuth：Experimental Study of On-Road Aerodynamics during Crosswind Gusts：Part 2, 8th MIRA INTERNATIONAL VEHICLE AERODYNAMICS CONFERENCE, p. 311-321 (2010)
(49) A. Cogotti：Generation of a Controlled Level of Turbulence in the Pininfarina Wind Tunnel for the Measurement of Unsteady Aerodynamics and Aeroacoustics, SAE World Congress Paper, 01-0430 (2003)
(50) A. Cogotti：Update on the Pininfarina "Turbulence Generation System" and its effects on the Car Aerodynamics and Aeroacoustics, SAE World Congress Paper, 01-0807 (2004)
(51) G. Carlino, D. Cardano, A. Cogotti：A New Technique to Measure the Aerodynamic Response of Passenger Cars by a Continuous Flow Yawing, SAE World Congress Paper, 01-0902 (2007)
(52) J. Potthoff, O. Fischer, M. Helfer, M. Horn, T. Kuthada, A. Michelbach, D. Schrock, N. Widdecke, J. Wiedemann：Twenty Years of Automotive Wind Tunnels at the Institute for Combustion Engines and Automotive Engineering of University Stuttgart, ATZ, Vol. 111, Issue 12, p. 45-57 (2009)
(53) D. Schröck, N. Widdecke, J. Wiedemann：The Effect of High Turbulence Intensities on Surface Pressure Fluctuations and Wake Structures of a Vehicle Model, SAE World Congress Paper, 01-0001 (2009)
(54) 飯田明由，森田謙次，谷田寛行，民部俊貴，水野明哲，蒔田秀治：低騒音乱流発生装置を用いた乱流騒音計測に関する研究，日本機械学会論文集B編，Vol. 73, No. 732, p. 45-52 (2003)
(55) O. Mankowski, D. Sims-Williams, R. Dominy：A Wind Tunnel Simulation Facility for On-Road Transients, SAE World Congress Paper, 01-0587 (2014)
(56) http://www.soufflerie2a.com/en/simulation-de-suivi-de-vehicule-2/
(57) 前川純一：建築・環境音響学，共立出版
(58) 大野進一，山崎徹：機械音響工学，森北出版
(59) 飯田明由：空力に起因する車内騒音の予測，JSAE SYMPOSIUM, No. 18-11, 自動車開発を支える最新の空力技術，自動車技術会，p. 1-6 (2012)
(60) http://www.s-lecfilm.com/product/auto/saf/index.html
(61) S. Kobata：Acoustic PVB interlayer film laminated side door glass to further enhance vehicle cabin quietness, Inter noise, 2012
(62) M. J. Lighthill：On Sound Generated Aerodynamically. I. General Theory, Proceedings of the Royal Society of London A, Vol. 211, p. 564-587 (1952)
(63) J. E. Ffowcs Williams, D. L. Hawkings：Sound Generation by Turbulence and Surfaces in Arbitrary Motion, Philosophical Transactions of the Royal Society of London A, Vol. 264, p. 321-342 (1969)
(64) N. Curle：The Influence of Solid Boundaries upon Aerodynamic Sound, Proceedings of the Royal Society of London A, Vol. 231, p. 505-514 (1955)
(65) A. Powell：Theory of Vortex Sound, The Journal of the Acoustical Society of America, Vol. 36, No. 1, p. 177-195 (1964)
(66) 高橋公也ほか：2次元および3次元モデルを用いたエッジトーンの数値解析，数理解析研究所講録，第1749巻，p. 121-136 (2011)

(67) M. Tanaka, S. Kida：Characterization of Vortex Tubes and Sheets, Physics of Fluids A, Vol. 5, No. 9, p. 2079-2082 (1993)

(68) J. Jeong, F. Hussain：On the Identification of a Vortex, Journal of Fluid Mechanics, Vol. 285, p. 69-94 (1995)

(69) M. S. Howe：Contributions to the Theory of Aerodynamic Sound, with Application to Excess Jet Noise and the Theory of the Flute, Journal of Fluid Mechanics, Vol. 71, part 4, p. 625-673 (1975)

(70) 山崎展博ほか：流れ場の時系列解析に基づく空力騒音の実験的評価法，日本機械学会論文集 B 編，Vol. 75，No. 755, p. 1436-1445 (2009)

(71) R. Höld, et al.：Numerical Simulation of Aeroacoustic Sound Generated by Generic Bodies Placed on a Plate: Part I - Prediction of Aeroacoustic Sources, 5th AIAA/CEAS Aeroacoustics Conference, AIAA 99-1896 (1999)

(72) R. Siegert, et al.：Numerical Simulation of Aeroacoustic Sound Generated by Generic Bodies Placed on a Plate: Part II - Prediction of Radiated Sound Pressure, 5th AIAA/CEAS Aeroacoustics Conference, AIAA 99-1895 (1999)

(73) 村田収ほか：平板上に設置されたドアミラー模型から放射される空力騒音と壁面圧力変動の測定，日本機械学会論文集 B 編，Vol. 71，No. 710，p. 2471-2479 (2005)

(74) 王宏ほか：ドアミラー周りの非定常流れの LES 解析と流体音の予測，第 18 回数値流体シンポジウム講演論文集，B3-2 (2004)

(75) 伊藤裕一ほか：簡易ドアミラー形状から放出される空力騒音の CFD ベンチマーク，自動車技術会春季大会フォーラムテキスト ここまでできる空力騒音解析，20104304, p. 11-18 (2010)

(76) 中村貴樹ほか：空力・風騒音シミュレーションの開発への適用，マツダ技報，No. 22, p. 22-27 (2004)

(77) 奥津泰彦ほか：数値流体解析を活用した空力騒音予測技術，自動車技術，Vol. 67, No. 7, p. 88-93 (2013)

(78) 大西慶治，坪倉誠：京コンピュータに最適化された直交格子による大規模実車空力解析，自動車技術会 2014 年春季学術講演会前刷集，No. 24-14, 20145232, p. 9-12 (2014)

(79) 加藤由博ほか：自動車のドアミラーから発生する空力音の計算，日本機械学会論文集 B 編，Vol. 72, No. 722, p. 2402-2409 (2006)

(80) Y. Kato：Numerical Simulations of Aeroacoustic Fields around Automobile Rear-view Mirrors, SAE International Journal of Passenger Cars — Mechanical Systems, Vol. 5, No. 1, p. 567-579, SAE Paper 2012-01-0586 (2012)

(81) 浅野孝晶，高木通俊：車両の風切音の伝達経路について，日産技報，第 29 号，p. 74-79 (1991)

(82) B. Arguillat, et al.：Measurements of the Wavenumber-frequency Spectrum of Wall Pressure Fluctuations under Turbulent Flows, 11th AIAA/CEAS Aeroacoustics Conference, AIAA 2005-2855 (2005)

(83) M. Hartmann, et al.：Wind Noise Caused by the A-pillar and the Side Mirror Flow of a Generic Vehicle Model, 18th AIAA/CEAS Aeroacoustics Conference, AIAA 2012-2205 (2012)

(84) F. A. Van Herpe, et al.：Sound vs. Pseudo-sound Contributions to the Wind Noise inside a Car Cabin: A Modal Approach, 18th AIAA/CEAS Aeroacoustics Conference, AIAA 2012-2207 (2012)

(85) P. G. Bremner, M. Zhu：Recent Progress using SEA and CFD to Predict Interior Wind Noise, SAE Technical Paper 2003-01-1705 (2003)

(86) 山崎徹ほか：EV/HEV も含めた車内騒音予測技術と低減技術の開発～車内空力音伝達メカニズムの検討～，自動車技術会シンポジウムテキスト，No. 19-13, 自動車開発を支える最新の空力技術，20134954, p. 14-23 (2014)

(87) M. Inagaki, et al.：Numerical Prediction of Fluid-resonant Oscillation at Low Mach Number, AIAA Journal, Vol. 40, No. 9, p. 1823-1829 (2002)

(88) M. Islam, et al.：Investigations of Sunroof Buffeting in an Idealised Generic Vehicle Model - Part II: Numerical Simulations, 14th AIAA/CEAS Aeroacoustics Conference, AIAA 2008-2901 (2008)

(89) C.-F. An, K. Singh：Sunroof Buffeting Suppression Using a Dividing Bar, SAE Technical Paper 2007-01-1552 (2007)

(90) 飯田桂一郎ほか：PIV と CFD によるサンルーフからのウインドスロップの解析，自動車技術会秋季学術講演会前刷集，No. 151-11, 20115669, p. 5-8 (2011)

(91) 横山博史ほか：一様流中におかれた平板列からの音響共鳴を伴う空力音の発生，日本機械学会論文集 B 編，Vol. 79, No. 804, p. 1419-1433 (2013)

(92) 只熊，原本，村山：空力・風切音性能向上のための実車風洞の開発 (特集 走りの質感を追求する評価技術)，自動車技術，Vol. 69, No. 7, p. 104-110

(93) Y. Takano：JSME International Journal, Ser. C, Vol. 41 (1), p. 46-50 (1998)

(94) T. Uda, A. Nishikawa, S. Someya, A. Iida：Meas. Sci. Technol. 22 075402 (2011)

第6章　風洞試験

6.1　風洞試験

6.1.1　概　要

　内燃機関をもった自動車は1885年頃にダイムラーとベンツによって発明された．初期の自動車は「馬なし馬車」という形状であったが，空力特性の優れた車体も早くから作られていた．典型的な車体形状として，流線型，葉巻型，Jaray型，Kammバック，Schlör型等が挙げられるが，その開発のために風洞が用いられた．1903年にライト兄弟が初飛行に成功した飛行機の空力開発と同じ時代に風洞試験が始まったが，航空機の空力性能がすべての中で最も重要な性能であるのに対して，自動車の空力性能が他の多数の性能と同等の重要性しかなくて，したがって他の性能との統合あるいは妥協を要する点が大きく異なる．また，最近の自動車では外観の独自性を保ちつつ空力性能を良くするために，局所最適化(Detail Optimization)が必須であるが，そのために風洞試験は欠かせない[1][2]．

　静止空気の中を模型が走行することと，静止模型の周囲に空気流を流すことが流体力学的に等価であるという，いわゆる「風洞原則」はレオナルド・ダ・ヴィンチが最初に考え出したといわれる[3]．自動車用風洞もこの原則に基づいて設計されるのであるが，実際の走行をより良くシミュレートするような考慮が必要になる．最も特徴的なものはグラウンドシミュレーションであるが，商品開発上の必要性から，近年は低騒音性能も重要視される．

6.1.2　基本的性能

　風洞は使用する模型の寸法や風速範囲などから概略の性能が定まる．乗用車を風洞模型とする実車風洞では下記のようになる．

(1) 風洞形式

　風洞の形式としては，エッフェル型[4]とゲッチンゲン型[5] (Single-return and Closed-circuit Type)が代表的である．前者はエッフェル塔で有名なエッフェルが使用したもので，送風機が測定部の下流側にある吹き流し型であり，設備の専有面積や初期投資は小さいが，ランニングコストはやや大きくなる．後者は送風機出口をノズル上流側と結ぶ風路があって，エネルギー循環が可能になるので，効率が向上し，専有面積や初期投資は大きいが，ランニングコストは低い．

　どちらの形式を選ぶかは状況によるが，建家の中に入れていないエッフェル型は風洞外部の自然風や雨・温度などに気流が影響されることは避けられない．最近の自動車用風洞はほとんどゲッチンゲン型である．

(2) 最高風速

　自動車の風洞試験では，風速が100 km/hを超えると，空力特性がほぼ一定になることが知られている．したがって，空力特性だけを云々するのであればこの程度の最高風速でいいことになるが，自動車の最高速度付近での騒音や振動の有無を確認するために，最高風速は200 km/h程度に設定される．空気力を測定するのでなければ，後述のブロッケージ比は大きくてもいいので，吹き出し口を小さく絞った高速ノズルを別に設置して，送風機のパワーを節約することもある．

(3) 測定部寸法

　現代の乗用車の前面投影面積は軽自動車においてさえ2 m^{2}程度あり，ブロッケージ比(模型の前面投影面積と気流断面積の比)は最大10％程度に抑えたいので，測定部の風路断面積は20～30 m^{2}と計算される．

　長さについては，測定部の入口と出口で流れが一様流になるように決める必要がある．入口のほうは模型を適切に(いくらか下流側に下げて)設置すれば特に問題はない．しかし，自動車のようなbluffな物体ではウエイクが大きくなり，測定部を相当長くしても出口側で一様流条件を満たすことは困難である．したがって，空力的な性能と建設コストの兼ね合いで測定部長さは決定され，以前は10 m前後に選ばれることが多かったが，最近は15 m程度に増加している．

(4) 測定部形式

　風洞測定部にはクローズドジェット型，オープンジェット型，スロッテドウォール型，それにアダプティブウォール型がある．

　クローズドジェット型測定部は測定部が床・壁・天井によってダクト形状をなしており，流れが管路の外に出ることはないので，損失が少ない．しかし，模型周囲で曲げられた流れが壁や天井によって規制され，模型周囲の流れが実走と異なる可能性が生ずる．これを風洞の壁干渉と呼ぶ．

　オープンジェット型はノズルから流出した流れが自由空間に吹き出し，模型の周囲を流れてからコレクタで集められて送風機入口に導かれる．自動車用のように地面板がある場合には，3/4オープン型とかセミオープン型と呼ばれることも多い．流れがいったん自由空間に吹き出すことから，効率はクローズド型に比べて低いが，壁干渉は少なくなる．

　測定部形式の選択に関して重要な点として，後述する壁干渉の補正に必要な，水平方向の静圧勾配がある．これは模型を入れない状況で計測するのであるが，ク

図 6-1　スロッテドウォール型測定部
(Courtesy of Volvo)(2)

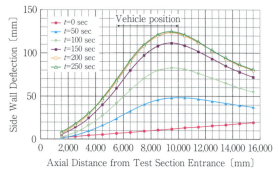

図 6-2　アダプティブウォール形状変化(58)

ローズド型の場合，壁・天井の境界層の発達によって負の圧力勾配（下流側で圧力が低い）が発生する．一方，オープン型ではコレクタ前方で静圧が上昇する傾向にあるが，測定部のできるだけ広い範囲で静圧勾配がゼロになるようにノズルやコレクタの形状を工夫する．

もう一つは低騒音化の問題がある．オープン型では測定室を半無響室にしたり，マイクロフォンを気流の外側に置いたりすることが容易である．クローズド型でも天井や壁を吸音素材で形成すれば，低騒音化自体は不可能ではないが，マイクロフォンを気流と関係ない位置に置くことは難しい．今のところ，クローズド型の低騒音自動車用風洞は GM のものだけである．

さらに，測定部へのアクセスの問題があり，オープン型では PIV 装置など各種計測装置を測定室の中に持ち込むことが容易であり，また装置のかなりの部分を流れの外に置けるので，トラバース装置の設計も容易になる．クローズド型ではこれらのことはそれほど簡単ではない．

クローズド型の効率の良さとオープン型の壁干渉の少なさという利点を両方とも利用できるように，スロッテドウォール型の測定部が開発された．遷音速風洞のスロッテドウォール測定部やポーラス測定部のハイテクイメージも計画を後押ししたようであるが，筆者の実験ではこのような「いいとこ取り」的な実験条件は存在せず，この方式には少し疑問がある．ただし，この形式は 3/4 オープン型の測定部にアタッチメントを装着すれば容易に実現できるので，Porsche と Volvo の風洞には装備がある（図 6-1）．この風洞の天井と壁の開口率は 30% である．

最近になって，アダプティブウォール測定部が実車風洞に採用された(6)．従来の堅固な素材に代わって，柔軟な素材で天井や壁を形成し，局部的な流線にあわせてその形状を変化させるという技術である．模型風洞では実績があり(7)，その有効性が確認されていたが，実車風洞への適用は今回のものが世界初である．24 m^2 の通常の 3/4 オープン型のノズルを使用した場合とほぼ同じ計測結果がアダプティブウォールの 17 m^2 の断面積で得られ，そのときの送風機パワーは 53% 低下したという（亜音速風洞のアダプティブウォールは送風機パワーの低減が大きな目的である）．パネル法で測定部内の流れを計算し，多数のアクチュエータを用いて天井や壁を計算結果にあわせて変形させる技術を用いており，収束するまでの約 4 分間にわたる壁形状の変化を図 6-2 に示す．

(5) 壁干渉の補正

どんなに大きな風洞でも測定部寸法には限界があり，それに伴って風洞内の流れは自由空間内の流れと微妙に異なる．一つの模型の空力特性を異なる風洞で計測すると結果が異なるのはこのためであり，できるだけ普遍的な空力特性を求めるための補正法が開発されている．

補正に影響するものは，ブロッケージによる動圧の上昇，水平浮力（流れ方向の圧力勾配），境界層の発達，天井や壁による流れ方向の規制などがあり，補正法は測定部形式ごとに研究されている(8)〜(10)．アダプティブウォールだけは原理的に補正は不要である．さらに，自動車技術会 流体技術部門委員会では，風洞と実走行の相関をとるために惰行試験を実施している(11)．

さらに，異なる風洞での測定値比較試験および測定値補正結果については 6.4 節に，風洞計測の補正法については 6.5 節で詳述する．

6.1.3　グラウンドシミュレーション

自動車の風洞試験において，グラウンドシミュレーションが重要なことはいうまでもない．風洞床には境界層が発達して，実走と風洞では地面における境界条件が大きく異なる可能性があるからである．これを改善するために下記のような各種手法が用いられる(12)．

・ベーシックサクション（測定部最上流で境界層を吸い込む）
・ディストリビューテッドサクション（測定部全体に境界層吸い込みを分布させる）
・タンジェンシャルブローイング（高速気流を床面から吹き出して境界層を吹き飛ばす）
・ムービングベルト（気流速度と同じ速度で地面部にベルトを走らせる）

以前は，実車風洞では単純なベーシックサクションを，縮尺模型風洞では原理に忠実なムービングベルトを使うという使い分けが主流であったが，20年ほど前から，実車風洞にもムービングベルトが装備されるようになった．

(1) ファイブベルトシステム

最初は DNW(German Dutch Wind Tunnel)のように，測定部床いっぱいの幅をもったフルベルトを使っていたが[13]，模型を支持するのが難しく，実験準備に時間がかかりすぎるという問題があり，シミュレーション精度には少し難があるが，模型支持や実験準備，実験実施の簡単なファイブベルトシステムが主流になっている．車体中心部に細長い一本のベルト(センターベルト)，車輪の下に一本ずつの小さなベルト(ホイールベルト)を配し，下から4本のストラットで車体のサイドシル(ロッカパネル)部を支持する．その先鞭をつけたのはセンターベルト＋タイヤ下の四つのローラという構成のピニンファリーナ風洞(1995年)

図 6-3　ファイブベルトシステム構成図
(Courtesy of Volvo)[2]

である[14]．日本ではスバル風洞が2008年に初めてファイブベルトシステムを導入した．

図 6-3 に典型的なファイブベルトシステムの構成図を示す．一番下の基礎の上に，ターンテーブル・天秤・ベルト類・ストラット・車体などが積み上がっている状態がよくわかる[15]．ベルト部分が風洞地面板と面一(フラッシュ)に置かれるわけであり，模型・ベルト・地面・ストラットの状況は図 6-1 で見ることができる．

(2) 改良型ファイブベルトシステム

ファイブベルトシステムはフルベルトシステムに比べて静止している床面の面積が多く，そのためにグラウンドシミュレーションが不十分になるおそれがある．この点を徹底的に追究して，ディストリビューテドサクションやタンジェンシャルブローイングと組み合わせたものを図 6-4 に示す[16]．各種のデバイスが隙間なく敷き詰められ，シミュレーション精度が向上している．

レースカーのように，フロントエンドの形状でダウンフォースを発生するような車の場合も通常のファイブベルトシステムでは不十分で，図 6-5 のように，車体フロントエンドの下側にムービングベルトを置く必要がある．上から見たベルトの配置からTベルトと呼ばれ，フロントウイング装着車の計測も可能である．

6.1.4　低騒音風洞

自動車の騒音は，エンジン音，排気音，タイヤ音と風切音からなる．風切音以外の騒音が速度の3乗に比例し，速度が2倍になると9 dB 上昇する一方，風切

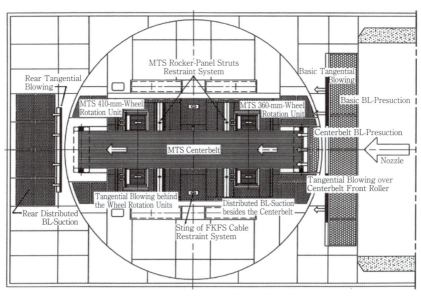

図 6-4　改良型ファイブベルトシステム
(Courtesy of IVK, University of Stuttgart)[2]

図 6-5　T ベルトシステム
(Courtesy of Pininfarina)[2]

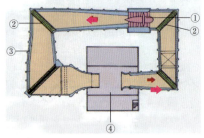

① Low noise fan
② Sound absorbing corner vanes
③ Sound absorbing ceiling and walls
④ Semi-anechoic 3/4-open test section

図 6-6　第一世代低騒音風洞
(日産自動車提供)[2]

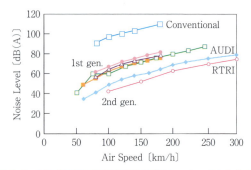

図 6-7　代表的風洞の暗騒音比較(各社リーフレットから作成)[2]

音は速度の 6 乗に比例するので，速度が 2 倍になると 18 dB 上昇する．これにより，高速での騒音は風切音がほとんどである．乗員にとって風切音はすぐに認知でき，その車の良し悪しの判断に直結する．したがって，商品品質の向上のために，現在では風切音低減実験は空力特性実験よりも長い実験時間を要するようになった．

(1) 第一世代低騒音風洞

世界初の自動車用低騒音風洞は 1985 年に建設された．図 6-6 に示すように，低騒音送風機，コーナベーンにおける吸音，天井や壁における吸音，半無響室化した 3/4 オープンジェット測定部という地道な低騒音技術を積み上げたものである．これによって，従来型の風洞に比べて 20 dB 以上の暗騒音の低下が得られた．その後，各社が低騒音風洞を建設するようになったが，風洞床面の吸音が可能になり，一層の騒音低下が実現した．

(2) 第二世代低騒音風洞

第一世代と第二世代を分けるものは，約 10 dB という明確な暗騒音レベルの差である．これを実現するために，技術の細かな洗練とアクティブノイズコントロールのような新しい技術の採用が必要とされた．第二世代という言葉はこれを実現した Audi 社が初めて使用したものであり，そこには最高の性能を達成した自負があったように思われる．図 6-7 は各種風洞の暗騒音を比較したものであり，一番低い値を示しているのは鉄道総研(RTRI)風洞である．風洞によって測定法が異なることを考慮しても，この風洞は第二世代と呼ぶことができる．柔毛材の採用などの努力の賜物といえる．

(3) 既存風洞の低騒音化

実車風洞は高価な設備で，簡単に建設することはできない．従来型の (低騒音型でない) 風洞を使用している組織の中には，風切音低減を効果的に進めるために，既存風洞の低騒音化を行うものが出てきた．図 6-8 は一例であるが，図 6-6 同様の低騒音化技術を投入して 20 dB 程度の騒音低下を得た．ここではコーナベーンにおける吸音に力を入れ，図 6-6 のものよりずっと大型のものを使用している．さらに図 6-8 にみるように，通常の楔形とは異なる吸音パネルを用いているのも特徴である．この風洞の騒音データは図 6-7 の第一世代の中に含まれている．

次の例は少し特殊であるが，オリジナルの風洞が図 6-9 のようなもので，カマボコ型断面のエッフェル型風洞をカマボコ型の建家の中に格納した形式である．送風機を低騒音型に交換したり，建家内に吸音ライニングを貼付したりして騒音低減の努力を継続してきたが，送風機と測定部の間の距離が非常に小さいために，良い結果が得られずにいた．

最後に採用されたのが，リターンダクト内に 13 個のサブファン (副送風機) を図 6-9 に示す位置に設置する方法である (図 6-10)．これにより，主送風機の回転数を下げることが可能になり，最高風速を 200 km/h から 250 km/h に上昇させるとともに，100 km/h で 15 dB のレベル低下を得ることができた．コロンブスの卵的な対策であるが，低騒音化に苦慮している風洞の改善のヒントになる可能性がある．

6.1.5　風洞試験と実走行試験での相違

自動車の惰行試験は自動車の空気力学的特性を把握するために行われている風洞試験や流体シミュレーションを補完する実車走行試験の一つであり，また排ガスの計測などに用いられるシャシダイナモの負荷設

図 6-8　低騒音化改修前(上)，改修後(下)
(Courtesy of IVK, University of Stuttgart)[2]

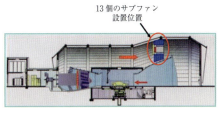

図 6-9　低騒音化改修風洞断面図
(Courtesy of Pininfarina)[2]

図 6-10　低騒音化のため設置された
　　　　13 個のサブファン
(Courtesy of Pininfarina)[2]

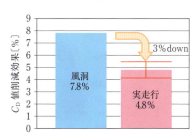

図 6-11　固定地面板風洞試験と実走行試験とで
　　　　のエアダムスポイラ C_D 低減効果[19]

定値を求めるための不可欠な試験である[17]．風洞試験と惰行試験とでは惰行試験中の自然風の影響，減速による車体周りの流れの非定常性，風洞試験時と惰行試験時の車体姿勢の違い，また，固定地面板風洞試験の場合には実走行時と床下流速分布の違いやタイヤ回転の有無などにより，風洞試験で開発した空気抵抗低減パーツで得られた効果が惰行試験では出ないことがある．

しかしながら，惰行は減速走行過程であり，一様流の風洞試験とは流れの様子が異なる可能性があるため，車速一定での実走行試験と風洞試験とで空気抵抗低減パーツの効果を調べた．図 6-11[18][19]は，固定地面板の風洞試験および車速一定での実走行試験におけるエアダムスポイラ(チンスポイラ)を装着した車両の C_D 低減効果値を示している．使用した車両はハッチバック形状の軽自動車である．この風洞試験におけるエアダムスポイラの C_D 値低減率は 7.8% であったのに対し，実走行試験では 4.8% と効果が 3% 減少している．ここで，車速一定での実走行試験の空気抵抗測定はパワートレインからの出力から転がり抵抗を引くことにより求めている．パワートレインからの出力はドライブシャフトに装着したトルク計により計測し，転がり抵抗はシャシダイナモにより計測している．

図 6-12[18][19]は，固定地面板の風洞試験時でのバックドアおよびリアバンパ上の車体背面圧力分布とリアバンパ下の流れの総圧分布を計測した結果である．この図の左側はエアダムなし，右側はエアダムありの分布である．エアダムスポイラ装着により床下流れを減少させたため，リアバンパ下端における総圧分布はエアダムなしに比べエアダムありで減少している．車体背面圧力はエアダムなしに比べエアダムありで上昇している．このことより，エアダムスポイラは車体背面圧が上昇することで C_D 値を低減していることがわかる．

次に，図 6-13[18][19]は，エアダム有り無し時の車速一定の実走行試験での車体背面圧力分布と，リアバンパ下の流れの総圧分布計測の結果である．風洞試験と同様に，リアバンパ下端における総圧分布はエアダムなしに比べエアダムありで減少している．一方，エアダム装着時の車体背面圧力分布の上昇は風洞試験時より小さく，C_D 値低減量も小さくなったと考えられる．この違いの主な原因としては，上述の床下流速分布の違いやタイヤ回転の有無などの条件の違いが大きいと考えられる．

この固定地面板の風洞試験時の問題を解決するため，移動地面板(ムービングベルト)風洞が用いられている．図 6-14[19]は，上述の試験車両のエアダム有無の効果をホンダ移動地面板(RRS：Rolling Road System)風洞を用いて行ったときの C_D 低減効果値を示している．

第 6 章　風洞試験　147

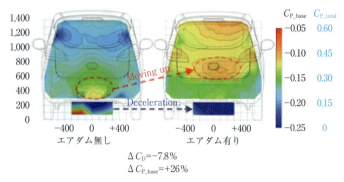

図 6-12　固定地面板風洞試験のエアダムスポイラ有無の車体背面圧力分布とリアバンパ下の流れの総圧分布[19]

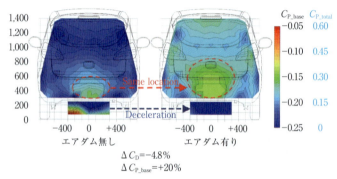

図 6-13　実走行試験のエアダムスポイラ有無の車体背面圧力分布とリアバンパ下の流れの総圧分布[19]

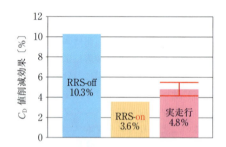

図 6-14　RRS-off, RRS-on 時の風洞試験と実走行試験とでのエアダムスポイラ C_D 低減効果[19]

この風洞試験におけるエアダムスポイラの C_D 値低減率は，RRS-off 時すなわち固定地面と同じ条件の場合，10.3％であったのに対し，RRS-on 時では 3.6％と効果が 6.7％減少しており，両試験での効果の差は大きい．一方，RRS-on 時の風洞試験と実走行試験との効果の差は 1.2％と小さく，実走行でのエアダム装着の効果をより正しく表している．

図 6-15[19] は RRS-off，図 6-16[19] は RRS-on 時のエアダムスポイラ有無での車体背面圧力分布とリアバンパ下の流れの総圧分布を計測した結果である．図 6-15 は図 6-12 と，図 6-16 は図 6-13 と同様な分布および分布の変化を表しており，RRS 風洞が実走行をうまく模擬していることがわかる．

上述のように，空気抵抗低減パーツ，特に床下パーツの効果を調べる場合，地面付近の流れの様子がより実走行に近い移動地面板風洞を使用することが望まれる．

6.2　計測技術の進展

6.2.1　可視化から PIV へ

ムービングベルトを備えた実車風洞の建設が盛んである．これらの風洞での実車周りの流れ計測は魅力的で大いに期待されている．その一つが可視化（FV：Flow Visualization）手法による流れ観察である．煙などをトレーサとする可視化法は現在でも活用されている．このトレーサ法の起源は，1884 年のレイノルズの管内流乱流遷移に関する水流実験までさかのぼる．その他，タフト法や油膜法は車体表面の剥離や壁面限界流線を観察するのに活用されている．可視化法は定性的ではあるが，場の計測法であり，これが特徴である[20][21]．トレーサを連続的に注入すれば線状につながる．これは流脈（Streak Line）と呼ばれる．定常流の場合には，この流脈は，流線（Stream Line：ある時刻における各流体粒子の速度ベクトルの包絡線），あるいは流跡（Path Line：流体各粒子の運動経路を示す曲線）ともすべて一致するが，非定常流の場合，三

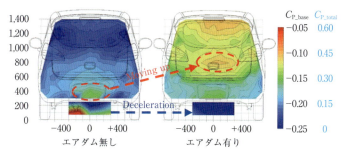

図6-15 RRS-off 風洞試験時のエアダムスポイラ有無の車体背面圧力分布とリアバンパ下の流れの総圧分布[19]

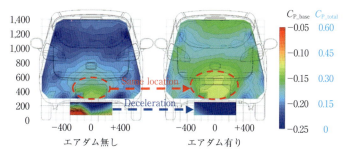

図6-16 RRS-on 風洞試験時のエアダムスポイラ有無の車体背面圧力分布とリアバンパ下の流れの総圧分布[19]

者はまったく異なるため要注意である[22].

車体周りの静圧分布計測が可視化法とともに活用されている[23].静圧分布計測には車体に圧力孔を多数設ける必要があり,結構大変である.他方,近年,感圧塗料(PSP:Pressure Sensitive Paint)の開発が盛んである[24].PSP は塗料の輝度が酸素分圧(すなわち圧力)に反比例し,低圧下での実験が要求されるため,高速流への適用例が多い.1/10 スケール Ahmed model への低速流適用例の紹介[25],さらに,大気圧下での低ゲージ圧計測が可能な PSP が開発されつつあり[26],期待が大きい.

他方,車体周りの流速計測には,ピトー管(あるいは3孔管,5孔管),さらには熱線流速計などが活用されている.これらは定量的な計測方法であるが,一点の速度成分(1,2,もしくは3速度成分)を計測する手法であり,場計測のためにはトラバースが不可欠である.また,プローブを流れに挿入する必要がある.プローブ挿入による流れ乱れを誘起することなく光学的に流速計測が可能な,レーザドップラー流速計(LDV:Laser Doppler Velocimeter)が出現したのは 1964 年である.二つの光学的計測法 FV と LDV の特徴を兼ね備え,場の定量的な流速計測を可能にしたのが粒子画像流速計測法(PIV:Particle Image Velocimetry)である.1984 年の出現である.

6.2.2 PIV の測定原理と特徴

LDV も PIV も流速 v の算出には移動距離 Δs と移動時間 Δt の比 $v=\Delta s/\Delta t$ を用いる.ただ,LDV は交差する2本のレーザ光に生じる干渉縞間隔 Δs を与えて分母の Δt(ドップラー信号周波数の逆数)を計測するのに対して,PIV は Δt を与えて粒子の移動距離 Δs を計測する.PIV は,具体的には,流れの中にシート光を照射し,光シート面内の粒子を時間間隔 Δt [s] の連続する2画像に記録し,2画像間の粒子移動距離 Δs_i [pixel:ピクセル(画素)]から粒子の速度,すなわち流速 $v=\Delta s/\Delta t=P_i\Delta s_i/\Delta t$ を求める流速計測法である.ここで,P_i [m/pixel] は画像面から物理面への換算係数(いわゆるカメラパラメータ)であり,通常,校正板を用いての校正が必要となる.2画像間の粒子移動距離は画像上の粒子輝度データの相互相関法をベースに算出される.光シート面に垂直方向より1カメラで撮影する場合のシステム(1カメラ PIV)を 2D2C-PIV(D:Dimension,C:Component of velocity)といい,シート面内2速度成分の計測(したがって面に垂直な1渦度成分の計測)が可能である.

PIV で計測が可能な流速もしくは計測範囲は,計測面の大きさ(一辺を L とする)と2画像間の時間間隔 Δt の組合せによって,他の計測法に比べて圧倒的に広い.たとえば,河川流を対象とする 100 m オーダの領域[27]から,顕微鏡で拡大するマイクロ流れまで広範囲である.特に,マイクロ流領域は PIV の独壇場であろう.一方,一つの PIV システムでのいわゆる流速ダイナミックスレンジは期待するほど広くない.基本的には,2画像間の粒子移動距離があくまで

も目安ではあるが，画像上で5 pixel オーダが基準となる．高解像度カメラ（画像解像度 k=1,000 pixel）がベースで，このとき $P_i=L/k$〔m/pixel〕となる[28]．最終的には，流れの空間スケール，速度スケール，時間スケールあるいは周波数スケール等の組合せで，計測領域や時間間隔をバランス良く設定することが要求される．裏を返せば，対象領域の流速範囲，流れの空間スケール等をあらかじめ把握することが重要となる．2画像間の移動距離算定にはFFTによる直接相互相関法が用いられるが，並進運動が原則であり，流れの変形（伸縮，せん断，回転）に加えて乱れに弱い．粒子移動距離はこれらの影響を受けるため，5 pixel移動の妥当検討も必要である．一方では，精度向上のためのサブピクセル処理，さらには相互相関係数を用いた平均化法などソフトウェアの開発も盛んである．シート光の厚みは通常1～3 mmである．空間分解能を考慮すれば，厚みが薄いほうが望まれるが，PIVで考慮すべき一つは光シート内の粒子滞留率である．粒子滞留率は，面外速度に加えて，面外方向乱れ強さに依存し，0.9～0.75が推奨される．なお，流速の分解能（精度）の観点からは，時間分解能が空間分解能よりも高く，LDVがPIVに比較して分解能が一般に高いといえる．

実車風洞での車体周り流れ計測では広大な対象領域が課題と思われる．すなわち，全領域を一枚の画像に収めてPIV処理をするのは，空間分解能の観点より無理であろう．部分的に対象を絞るか，測定領域を移動して繰り返し計測するかのいずれかであろう．なお，予算が許せばマルチ測定領域とマルチカメラの手法もあるが，それでも全領域をカバーするには相当数のPIVシステムが必要となる．

2D2C-PIVをベースとして，高速度化，高解像度化，速度成分マルチ化，空間計測化などが順次あるいは同時に進められている．高速度化については，開発当初，十数fps（frame per second）であったカメラのフレームレートは10年あまり前には1k×1k pixelsで1 kfpsオーダとなり[29][30]，さらに最近では10 kfps以上と高時間分解能化（TR-PIV：Time Resolved）した．2画像の撮影タイミングとしては，カメラの撮像タイミングに合わせる方法（2画像間の時間間隔はフレームレートの逆数）と2画像のフレーム間にまたがるようにパルスレーザを発光する方法（フレームストラドリングと呼ばれ，通常，フレームレートの逆数より小さい）がある．高速流に対応するためには後者の方式が必要であるが，速度ベクトルマップのレートは半減する．なお，2画像間の時間間隔 Δt に自由度があり，適用可能な流速範囲は広がる．

高解像度化は，従来のNTSC方式の240 pixelオーダから，1k pixelオーダ，あるいはより高解像度化が進められているが，基本は1k pixelオーダである．2k×2k pixels画像もすでにあるが，最近話題の4kビデオカメラの普及も期待される．

速度成分のマルチ化は魅力的である．すなわち，2D2Cに光シート面に垂直な面外速度成分を計測可能にするのが，いわゆる2カメラを用いた，ステレオPIV（2D3C-PIV）システムの出現である．これは，シート面に対して，2台のカメラで斜め方向から撮影した画像から，面外速度成分を算出する方法である．カメラを単に斜めに設定すれば，粒子像の焦点は合わないので，シート面，レンズ面とカメラ撮像面が一点で交差するように配置する，Scheimpflüg配置がとられる．シート面，レンズ面，カメラ撮像面を平行のままシフトするレンズオフセット方式もあるが，画角が小さくなり光量的に不利なため前者が好まれる[31]．

ボリューム（空間）計測化は魅力的である．実用的には，いわゆる準三次元（Q3D）的に，互いに垂直な計測領域をうまく組み合わせて空間を再構築する方法，計測領域をスタッキングする方法，シート面を高速でスキャンする方法[32]等が，それなりに活用されている．空間の直接計測法として，3D-PTV（Particle Tracking Velocimetry）があるが，粒子数密度を高くできない．さらに，ホログラフィックPIVは粒子数密度は高くはできるが，高度技術を要する．

最近，トモグラフィックPIV（Tomo-PIV）の開発が目覚ましい．PIVと同様の二次元画像から三次元空間への再構築処理がなされるが，幽霊粒子（Ghost Particle）によるS/N比低下が課題であり，基本の4カメラ方式から12カメラ方式まである．一方では，2カメラ方式でも原理的には可能であり[33]，市販化も進められており[34]，期待される．なお，課題の一つは幽霊粒子に対する処理であり，かつ，奥行き方向が厚くなれば，それに反比例して粒子濃度を下げざるを得ないので，面当たりの速度情報が減少することであろう．

6.2.3　1カメラPIVの応用例

実車あるいはスケール風洞への応用例として，まずは1カメラPIV（2D2C-PIV）の例を紹介する．実車のサンルーフからのウインドスロップ現象（基本周波数20 Hz）を，サンプリングレート1 kHzでPIV計測を行い，CFD結果との比較を試みている[35][36]．その結果，車両開発におけるウインドスロップ発生予測にCFD活用の可能性を実証している（図6-17）．60％スケール模型風洞ではあるが，F1車両開発における2D2C-PIVの実用化例として，フロントホイールの後流計測（図6-18），床下計測に加えて，ホイール上の剥離点計測結果のCFDへのフィードバック（図6-19）も試みられており，さらに複雑なボデー周辺に

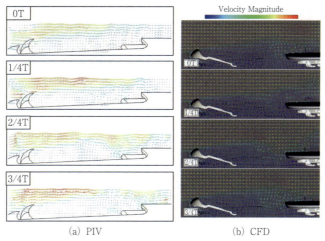

図 6-17　実車サンルーフからのウインドスロップ現象の比較[35][36]

(a) PIV　　　(b) CFD

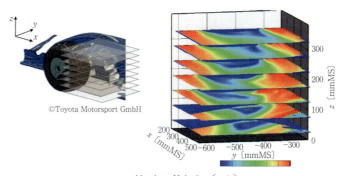

図 6-18　F1 フロントホイール後流の PIV 計測例[37]

おける 2D3C-PIV 計測時のハレーション問題が指摘されている[37]．他方，50%スケール模型の計測例では，自動化など計測の効率化の重要性や測定部の大胆な工夫等が不可欠とノウハウを明示している[38]．

6.2.4　ステレオ PIV の応用例

ステレオ PIV（2D3C-PIV）の実用例としては，1/4 スケール風洞での車体周りの流れを詳細に計測し，三次元流線等を CFD と比較した例がある[39]．車長 1,050 mm の模型に対して，110 mm×85 mm の測定領域を車両の前後も含めて 16×6 領域，さらに，奥行き方向に 26 面の合計約 2,500 領域（車両部分も含めて）を繰り返し計測し，それらをボリューム化している．その結果，時間平均流をベースに三次元流線を求め，CFD との比較を試みている．実車風洞にそのままスケールアップできたとしても膨大な作業となる．実車後流（約 2 m×2 m の広領域）への 2 対ステレオ 2D3C-PIV の適用例（図 6-20，図 6-21）では，2.5k×2.1k pixels 高解像度カメラ，2 方向レーザ照射，2 流体式粒子供給ノズル，蛍光フィルムによる反射防止，ベクトル取得率の改善などの工夫がなされている[40]

（次節参照）．

前述のウインドスロップ振動流の例は周期流であり，変動周波数が明確であれば時間平均流の計測は可能であり，スタッキング手法も適用できる．その場合も含めて，非定常流れあるいは過渡流れ計測には周波数特性が重要となる．パワースペクトル推定には基本周波数の 2.5 倍，自己相関係数推定には 4.7 倍のサンプリング周波数での計測が不可欠となる[41]．他方，PIV で得られる流速は 2 画像間の時空間平均流速である．正弦波の振動流の場合，PIV 計測の振幅比（ゲイン）が 0.95 以上となるサンプリング周波数は 5.7 倍以上である．

6.2.5　課　題

PIV は流速を直接計測しているのではなく，粒子速度を計測するので，粒子の流れへの追随性[42][43]はもちろん要求される．空気を作動流体とする場合に，たとえば食用油の油滴が最近利用されるが，極小粒子は塵肺への影響が懸念される．安全管理の面では，これに加えて，レーザ光への細心の注意（ゴーグルの着用など）も欠かせない．

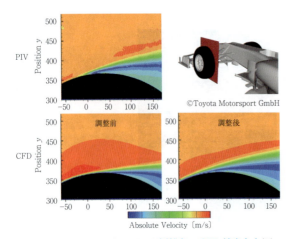

図 6-19　F1 フロントホイール剥離点の CFD 精度向上[37]

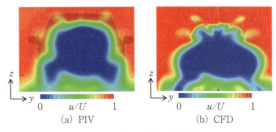

図 6-21　実車後流の比較[40]

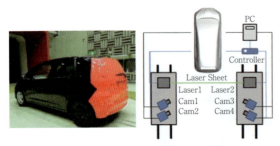

図 6-20　実車後流への 2 対ステレオ PIV の適用[40]

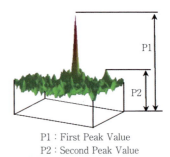

P1：First Peak Value
P2：Second Peak Value

図 6-22　ピークレシオ[44]

　PIV の基本は，照明，粒子，画像のバランスである．照明には光強度と粒子滞留率が，粒子には側方散乱光強度，流れへの追随性，適度な数密度（粒子濃度），流れを乱さない供給法が，さらにカメラ画像には空間，時間，輝度解像度と感度等の検討が要求される．PIV 計測においてなかなか測れないとの話がある．原画像を見る，あるいは焦点調整を確認する，さらには，連続する原画像を直接見て粒子を追えるか，HPIV（Human PIV）での確認が推奨される．

　PIV や LDV など光学計測法は熱線やピトー管のように流れを乱さないことが特徴であるが，実車風洞などではレーザ光源，カメラ，処理装置等を風洞内に設置する場合が多い．ブロッケージ等の影響の有無，もしくはその程度をあらかじめ検討することが望まれる．

6.3　可視化実験例

6.3.1　はじめに

　流体現象を実験的に明らかにする手法の一つとして，Particle Image Velocimetry（PIV）がある．PIV は瞬時の流れ場の速度を多点で非接触に計測することができるため，さまざまな流れ場で活用されている．PIV を四輪実車周りで適用した例を紹介する．実車周りの流れ場は大きなスケールの流れ構造があるため，広い領域の計測が必要である．このような大規模な流れ場を計測可能とするラージスケール PIV 計測技術について示す[44][45]．

6.3.2　ピークレシオを用いた評価手法の定量化

　PIV 計測においては，粒子画像の質が重要である．粒子画像の質を決定する要因は，シーディング，レーザ強度やシート光強度の空間分布，カメラ感度，撮影倍率，供試体からの反射光や背景光といったノイズの大きさなどが考えられる．これまでは PIV 計測の良否を定量的に評価し得る指標がなく，上記に述べた種々の計測パラメータに対して明確な指針をもち得なかった．そのため計測対象や計測場所の変更の都度，計測可能となるまでに試行錯誤を必要としていた．このことから計測に先立ち，計測パラメータの適用限界を明らかにし，PIV 計測の良否を定量的に評価可能な指標の導入を試みた．基礎試験を行うことによって，この指標にピークレシオを用いることで計測の良否を定量的に評価可能である．速度ベクトルは，一対の解析窓での輝度値分布の相互相関ピーク値となる移動量から算出される．ピークレシオはこの相互相関値の 1 番目のピーク値と 2 番目のピーク値の比で表される（図 6-22）．

　このピークレシオと計測誤差の関係を求めるために，既知の速度の流れに対してレーザ強度や撮影倍率などの計測条件を変化させた PIV 計測を実施した．そこで得られた移動量と実際の速度から求めた移動量との差を誤差とした．図 6-23 にピークレシオと計測誤差の関係を示す．図はそれをピクセル数で示したもので

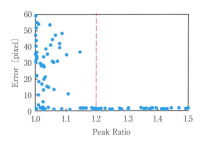

図 6-23 ピークレシオと誤差の関係[44]

図 6-24 二流体式ノズル[45]

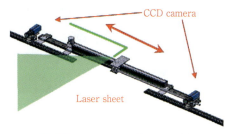

図 6-25 スキャニングシステム[44]

図 6-26 実車計測例[44]

ある．これからピークレシオが 1.2 以上で良好な計測結果が得られることがわかる．

6.3.3 反射光低減

PIV 計測においてはシーディング粒子からの散乱光だけでなく，シート光が供試体表面で反射した光がノイズとして撮影画像に含まれ，粒子画像の質が低下する場合がある．その反射光の影響を画像処理により低減する方法があるが，反射光強度が大きい場合は粒子からの散乱光を検出できないことがあり問題となる．その反射光を低減させる手法は種々あるが，実車で有効であった反射防止剤として，蛍光フィルム（住友スリーエム，スコッチカル 3483）が挙げられる．

6.3.4 シーディング

シーディング技術は，使用する粒子の材質，粒子径，流れ場への混入方法など検討する項目が多く，かつ PIV 計測の良否を左右するため重要である．オリーブオイルなどをミスト状にすることができるラスキンノズルや，グリコール系の溶媒を気化させ粒子化することができるフォグジェネレータなどの装置が市販化され，広く使用されている．ラスキンノズルは 1 μm 程度の均一な粒子が得られる．また，フォグジェネレータは大容量の粒子を発生することができる．

ラージスケール PIV 計測のためには，広い領域においてシーディング粒子の時間的，空間的一様性の実現が重要である．時間的，空間的に粒子むらがある場合には，粒子の欠損領域で速度ベクトルが得られず，ベクトル取得率が低下する．PIV 計測の大きな利点の一つが瞬時の二次元流れ場の定量的可視化であることから，この粒子むらがある場合には PIV 計測の利点が十分に活用できない．

このため図 6-24 に示す二流体式シーディングノズルを用いることで良好なシーディングが実現できた．

6.3.5 スキャニングシステム

ステレオスコピック PIV 計測では，2 台のカメラの視差を利用して三成分速度を算出するために，カメラの校正が必須となる．このカメラの校正は，格子状に校正点を有する撮影対象物（キャリブレーションターゲット）を用いて行う．校正方法としては，計測位置にシート光と平行にキャリブレーションターゲットを設置し，それぞれのカメラでそのキャリブレーションターゲットを撮影し解析する．多断面の計測を行う場合，計測断面ごとにこの校正を行う必要があり，作業工数および計測時間が増大する．

この作業工数，計測時間低減のためにスキャニングシステムを構築した例を図 6-25 に示す．このシステムは 2 台のカメラおよびシート光学系を同軸のトラバースシステムに設置することにより，シート光と 2 台のカメラの相対距離を保ったまま任意の位置に移動することができる．このスキャニングシステムを用いることで，一回のカメラ校正で多断面の計測が可能となった．またスキャニングシステムでは，トラバース装置，カメラ，レーザ装置およびタイミングコントローラなどの装置を制御する必要がある．そこで，これらの装置を制御する統合計測ソフトウェアを構築し，多断面の自動計測を可能とした．

6.3.6 計測例

実車周りの PIV 計測を実施した例を示す．
この PIV 計測では，出力 200 mJ/pulse のダブルパルス Nd：YAG レーザ［New Wave Research］の第二高調波である 532 nm を光源として使用した．粒子

第 6 章 風洞試験 | 153

図 6-27　ドアミラー後流の瞬時流れ場[44]

図 6-28　ドアミラー後流の時間平均流れ場[44]

図 6-29　ドアミラー後流スキャニングステレオスコピック計測結果[44]

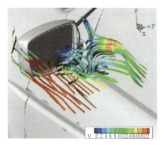

図 6-30　計測結果から得た流線[44]

図 6-31　車体後流計測例[45]

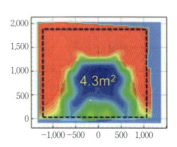

図 6-32　車体後流計測領域[45]

画像の撮影には，4,008×2,672 pixel の画素数をもつ CCD カメラ PCO4000［PCO AG］を使用した．

図 6-26 に可視化に用いた車を，図 6-27 にドアミラー位置における瞬時の二成分速度計測結果を示す．

計測した領域は約 0.7 m×0.5 m である．過誤ベクトルは除去し，除去されたベクトルについてはその周囲のベクトルで補間している．この図から，ドアミラー後流が定量的に可視化されており，ドアミラーと同程度のスケールの後流構造がみられる．

図 6-28 は瞬時速度ベクトルを平均したものである．平均化は図 6-27 で得られた瞬時速度ベクトルを周波数 0.5 Hz で 100 回計測した結果から算出したものである．図より，ミラー直後の領域で逆流が生じていることがわかる．瞬時速度場でみられた後流構造は，平均した流れ場ではみられず，この構造は非定常な流れ現象であることがわかる．

このように，PIV 計測は定常的な流れ場だけではなく，非定常的な流れ現象も評価することができる．

図 6-29 に，スキャニングステレオスコピック PIV で得られた平均三成分速度計測結果を示す．計測した領域は 1.7 m×1 m 程度であり，スキャニングは流れ方向に 60 mm ピッチで 10 断面行った．計測周波数や得られたベクトルの後処理については上記と同様である．各計測断面の計測時間は 200 秒である．流速 100 km/h，ドアミラー寸法 0.2 m を代表長さとした場合，流れ場の特性時間は 1/140 秒程度である．各断面の計測時間は流れ場の特性時間に対して十分長いた

め，得られた計測結果は定常流の三次元三成分速度場と考えることができ，三次元的な流線追跡が可能となる．

代表的な点で流線追跡を行った結果を図 6-30 に示す．この図から，ドアミラー後方において，三次元的に渦を巻きながら速度欠損領域が回復していることがわかる．このように複雑な流れ場に対してスキャニングシステムを適用することにより，実現象を実験的に明らかにすることができ，流れ現象の理解を深めることができる．

また，図 6-31 にステレオスコピック PIV を用いた車体後流の可視化に用いた車を，図 6-32 に可視化可能となった領域を示す．図 6-33 に計測した速度三成分のコンターを示す．これから車体後流のような大きな領域で定量的な可視化が可能となり，車体周りの流れ場が実験的に得られた．

6. 3. 7　まとめ

実車周りのような大規模な流れ場を計測可能とするラージスケール PIV 計測技術を構築し，実車ミラー周りおよび後流の可視化結果を一例として示した．

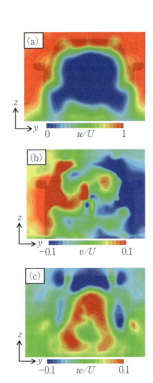

図 6-33　車体後流計測結果例[45]
(a)：u (b)：v (c)：w

PIV計測はミクロスケールの流れから，今回報告したようなラージスケールの流れまで，種々の流れ場で適用可能である．このPIV計測を有効に活用することにより，CFDの検証はもとよりさまざまな流体現象について実験的に現象解明が可能となり，流体機械の性能向上および流体力学の発展につながるものと期待している．

6.4　風洞相関試験

6.4.1　風洞相関のニーズと実施状況

自動車の燃料消費量への影響を考えたとき，真の空気抵抗を計測することは重要であるが，さまざまな風洞で計測された空気抵抗値には違いが生じる．その違いを明らかにするため，日本国内において自動車技術会流体専門委員会で風洞相関ワーキンググループを組織し，2004年に実車風洞での相関試験が実施されている．風洞補正については次節の補正法を用いている．ここでは得られた結果を示す[46][47]．

6.4.2　実車風洞相関試験結果

五つの自動車用風洞において4台の生産車を用いて実験を実施．三つのオープン型テストセクション風洞(WT1〜WT3)，および二つのクローズド型テストセクション風洞(WT4〜WT5)において(表6-1，表6-3)，セダン車型(V1)，ステーションワゴン車型(V2)，ミニバン車型(V3)，ハッチバック車型(V4)の実験車両を用いた(表6-2)．積載条件は，燃料等満タンの空車状態に，V1，V2およびV4(4〜5席)では前席70×9.8 N×2名，後席70×9.8 N×1名分の重量追加，V3(6〜7席)では前席70×9.8 N×2名，後席70×9.8 N×2名分の重量を追加して実施．空調は内気循環，風速は140 km/hで行った．さらに，車高は設計車高に設定して実施．車両の前面投影面積については，共通の値を各風洞で使用した．

測定結果を，測定値そのままの補正なしで示した値を表6-4，図6-34に示す．表6-4は車両ごとの標準偏差と最大値と最小値の差も示し，さらにそれらの差の平均も示し，オープン型風洞のみ，WT1〜WT4風洞，WT1〜WT5全風洞のそれぞれの場合を示した．図6-34は横軸をWT1〜WT4の平均値(WT5が差が大きいため除外)をとり，縦軸にそれぞれの風洞での測定値を示している．この結果から，オープン型風洞とクローズド型風洞の差が大きく，またオープン型風洞(WT1〜WT3)の間での差は比較的小さいが，最大で$\Delta C_D = -0.022$，約6％の違いがあり，この間でもやはり補正式が必要と考えられる．一方，WT1とWT3の比較では風洞諸元がほぼ同じであるため，C_D値がかなり近いことがわかる．

表6-1　自動車用風洞概要[46]

風洞	ノズル面積	コレクタフラップ面積	測定部風路長	ノズル〜T. Center	境界層吸収装置	ノズル絞り比	テストセクションタイプ	測定部(ノズル)幅 W	測定部(ノズル)高さ H
Wind Tunnel	Nozzle Area	Collector Area	Test Sec. Length	Distance Nozzle-Turntable Center	Boudary Layer Control System	Contraction Ratio	Test Section Type	Test Sec. (Nozzle) Width	Test Sec. (Nozzle) Height
	m²	m²	m	m				m	m
WT1	28	38	10.5	5.0	SUCTION	6：1	3/4 Open	7	4
WT2	17.5	30.42	14.3	3.0	Non	3.66：1	3/4 Open	5	3.5
WT3	28	28	12	4.8	SUCTION	6.43：1	3/4 Open	7	4
WT4	24	—	12	(3.0)	SUCTION	6：1	Close	6	4
WT5	15	—	20	(3.0)	SUCTION	8：1	Close	5	3

表 6-2　実験車両概要[46]

車両	車型	車体体積	全長	投影面積	全高	全幅
Vehicle	Vehicle Type	Vehicle Volume	Vehicle Length	Frontal Area	Vehicle Height	Vehicle Width
		m^3	m	m^2	m	m
V1	Sedan	6.5	4.4	2.058	1.41	1.72
V2	Station wagon	8.1	4.77	2.230	1.47	1.81
V3	Minivan	9.1	4.52	2.660	1.825	1.695
V4	Hatch back	6.1	3.83	2.185	1.525	1.675

表 6-3　自動車用風洞 スペック・特性[46]

風洞	ノズル面積	コレクタフラップ面積	測定部風路長	ノズル～T. Center	測定部(ノズル)幅 B	測定部(ノズル)高さ H	dC_p/dx Nozzle	dC_p/dx c.flap	dC_p/dx	τ	境界層排除厚さ δ	乱れ強さ
Wind Tunnel	Nozzle Area	Collector Area	Test Sec. Legth	Distance Nozzle-Turntable Center	Test Sec. (Nozzle) Width	Test Sec. (Nozzle) Hight	Static Pres. Gradient of Empty Test Sec. (Nozzle)	Static Pres. Gradient of Empty Test sec. (c.flap)	Static Pres. Gradient of Empty Test Sec.	Tunnel Shape Factor	Displacement Thickness Turntable Center	Turbulence Intensity
	m^2	m^2	m	m	m	m					mm	%
WT1	28	38	10.5	5.0	7	4	−0.0016	0.0010	−0.0006	−0.25	7.8	0.2
WT2	17.5	30.42	14.3	3.0	5	3.5	−0.0043	−0.0011	−0.0054	−0.29	14.9	0.9
WT3	28	28	12	4.8	7	4	0.0005	−0.0004	0.0002	−0.25	9.0	0.2
WT4	24	—	12	(3.0)	6	4	−0.0018	−0.0031	−0.0049	0.89	13.4	0.2
WT5	15	—	20	(3.0)	5	3	0.0015	−0.0063	−0.0048	0.93	7.7	0.2

表 6-4　風洞測定値(補正なし)[46]

Wind Tunnel	WT1	WT2	WT3	WT4	WT5	Standard Deviation (Open Only)	MAX-MIN (Open Only)	Standard Deviation WT1〜4	MAX-MIN WT1〜4	Standard Deviation (All WT)	MAX-MIN (All WT)
V1	0.341	0.347	0.339	0.389	0.462	0.004	0.008	0.024	0.050	0.052	0.123
V2	0.371	0.382	0.378	0.44	0.540	0.006	0.011	0.032	0.069	0.071	0.169
V3	0.384	0.406	0.387	0.478	0.628	0.012	0.022	0.044	0.094	0.103	0.244
V4	0.349	0.364	0.353	0.404	0.484	0.008	0.015	0.025	0.055	0.056	0.135
Averaged						0.007	0.014	0.031	0.067	0.071	0.168

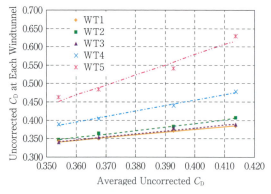

図 6-34　風洞測定 C_D 値(補正なし)[46]

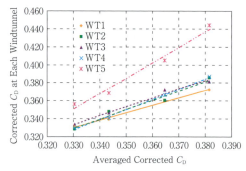

図 6-35　風洞測定 C_D 値(補正後)[46]

表6-5 風洞測定値(補正後)[46]

Wind Tunnel Vehicle	WT1	WT2	WT3	WT4	WT5	Standard Deviation (Open Only)	MAX-MIN (Open Only)	Standard Deviation WT1〜4	MAX-MIN WT1〜4	Standard Deviation (All WT)	MAX-MIN (All WT)
V1	0.334	0.328	0.336	0.330	0.360	0.004	0.008	0.004	0.008	0.013	0.032
V2	0.363	0.360	0.375	0.367	0.408	0.008	0.015	0.007	0.015	0.020	0.048
V3	0.376	0.386	0.384	0.388	0.448	0.006	0.010	0.005	0.012	0.029	0.072
V4	0.342	0.348	0.350	0.342	0.372	0.004	0.007	0.004	0.008	0.012	0.031
Averaged						0.005	0.010	0.005	0.011	0.018	0.046

6.4.3 補正法の適用

測定データを次節の補正法を用いて補正した結果を表6-5, 図6-35に示す. 補正を行った際に用いた各パラメータは表6-4に示す値を使った. オープン型風洞WT1〜WT3の間ではC_D値の差が最大で$\Delta C_D=-0.022$のものが, $\Delta C_D=-0.015$まで減少している. さらに, クローズド型風洞WT4の値がオープン型風洞とよい一致を示し, 最大で$\Delta C_D=-0.094$であった差が$\Delta C_D=-0.015$となる. 表6-4のdC_p/dxは風洞の静圧勾配であるが, WT2, WT4, WT5は静圧勾配が大きく, 水平浮力補正が大きくなっている. また, クローズド型風洞WT4, WT5では, ブロッケージ補正分もさらに大きく加わり, 補正量として大きくなっている. しかしWT5については, かなり近づいたもののまだ大きな差があり, さらに要因を考えていく必要がある.

6.4.4 補正結果の考察

補正後の結果でもまだC_D値が大きいほど風洞間の差が大きい傾向があり, 動圧補正分がまだ完全ではないことが考えられる. その要因としては, ブロッケージ補正の影響と動圧の測定方法の影響が考えられる. 動圧の測定方法としては, WT1, WT3は壁面圧力でのノズル法, WT2, WT4はノズル後端のピトー管を用いており, その差が影響していると考えられる. ブロッケージの補正としては, 後流(ウエイク)ブロッケージの考慮が不足と考えられ, 風洞の特性によって後流の大きさが変化するところまでは補正されていないための影響が考えられる. 特にWT5風洞についてはクローズド型風洞であり, そのブロッケージ影響によっての後流形態が変化しやすいのではと考えられる. クローズド型風洞の補正についてはまだ議論の余地が大きい.

6.5 風洞計測値の補正方法

風洞の理想は半無限大空間の流れ場の再現である. しかし, 風洞内の流れ場は風洞構造によって拘束され, 計測された空力特性値に影響を与える. すなわち, 計測値は風洞境界の干渉の影響を受ける. そのため, 自然風下における計測値や他の風洞における計測値と比較する場合, 車両設計段階において燃費性能を予測する場合には, 抗力係数(C_D値)の絶対値が必要となり, 風洞計測値の補正は必須となる[48].

6.5.1 風洞境界による干渉メカニズム

クローズド型風洞では流れ場は風洞壁によって拘束される. そのため, 車両とその背後に形成されるウエイク(後流)の存在が流れ場を阻害する(ブロッケージ(閉塞)効果). 車両周りの流れは増速し, 車両周りに速度勾配(圧力勾配)が形成される. これらの流れの勾配が車両に隣接する近接場ウエイクを歪めるとともに[49][54], 変形したウエイク形状(ウエイク歪み, 図6-36)が新たな別の圧力勾配を誘起する[49]. また, 遠方場ウエイクは圧力勾配を形成し, 車両の抗力形成に影響を及ぼす.

一方, オープン型風洞では, 風洞の吹き出しノズルからの主流は垂直方向, 平面方向に広がり, その平均速度は減少するとともに, 車両の存在によって流れは曲げられる. そのため, 車両付近では静圧はプレナムチャンバにおける圧力に比べて小さくなる. また, 車両先端部における淀み点に起因する高圧域が, 吹き出しノズル付近の圧力分布に影響を与える(図6-37). 風洞の吸い込み口(コレクタ)内部では, 流れはコレクタ形状によって拘束され, その流れが引き起こす圧力変化が車両計測部にまで影響を及ぼす(図6-38). このようにオープン型風洞の計測部では, たとえ供試車両が存在しなくても, 流れ方向に静圧勾配が存在することになる[49]. この圧力勾配はクローズド型風洞と同様に, 車両に隣接する近接場ウエイクの本来の形状を変形させる. 一般に風洞測定部における圧力勾配は, 吹き出しノズル付近では負の勾配, コレクタ付近では正の勾配となり, その分布は放物線型となる.

6.5.2 補正式の構築

風洞計測値に関する補正は, 基本的には2種の補正に分けられる. 動圧の変化に関する補正と流れの勾配に関する補正である. 動圧については車両の存在(近

接場ウエイクを含む)に起因するソリッドブロッケージと遠方場ウエイクの存在に起因するウエイクブロッケージ，勾配については風洞構造に起因する静圧勾配(水平浮力)とウエイクの排除量の発達によって作り出される圧力勾配が主な影響因子となる[48]．

補正式の構築にあたっては，風洞構造と車両の存在の影響を受ける流れ場の特徴がポテンシャル理論によって表現される．流れ場を特徴づける速度変化を干渉速度と定義し，一様流速度で無次元化してこれを干渉要因(動圧補正)と呼ぶ．この取扱いでは微小摂動理論に基づき，それぞれの干渉要因は他の干渉要因に影響を与えない．干渉要因の高次項の影響は無視される．風洞壁による干渉影響は複数の干渉要因の和で表されるものと仮定される．この干渉要因を用い，さらに風洞構造に依存する圧力勾配や流れ場によって誘起される圧力勾配等の影響も加味し(勾配補正)，計測された抗力係数を補正する．

補正方法の基本的な考え方はオープン型，クローズド型風洞ともに同じである[49]．近年，数値流体力学(CFD)を用いた修正方法もまた多く発表されている．CFDの精度が十分ではない場合，半無限空間における計算と風洞構造を考慮した計算が必要であり，これら2種の計算結果の差異を用いて風洞試験値が修正されうる[48]．

(1) クローズド型風洞

補正方法の研究が始められた初期には，"流れの連続性"を利用した方法(ブロッケージによる流れの増速を考慮した補正方法)や"面積比"による方法(供試車両の断面積と測定部断面積の比を考慮した補正方法)等，単純な概念に基づく方法が提案され，その後，剥離流に注目したMaskellの方法(流れに直交して置かれた平板に運動量理論を援用して求めた補正方法)，速度比法(風洞の天井部における2カ所で計測した圧力を基準にした補正方法)，Thom & Herriotの方法(ブラフボデー周り流れに適した補正方法)等に発展してきた[50]．

ここでは，標準的なMercker & Wiedemannの方法[50]を示す．この方法は，Maskell，Thom & Herriotらの方法を改善して提案されたものである．干渉要因(動圧補正)としては，供試車両と近接場ウエイクの影響(ソリッドブロッケージ係数)ε_S，車両背後の遠方場ウエイクの影響(ウエイクブロッケージ係数)ε_Wが考慮され，全干渉係数(動圧補正係数)nは次式でモデル化されている(図6-39)．

$$n(=q_C/q_0) = (1+\varepsilon_S+\varepsilon_W)^2 \tag{6-1}$$

ここで，u_0：一様流速度，Δu：干渉速度，$\varepsilon_S=\Delta u_S/u_0$，$\varepsilon_W=\Delta u_W/u_0$，$q_C$：補正動圧，$q_0$：一様流動圧．ウエイクブロッケージによる抵抗係数$\Delta C_{DWi}$を考慮すれば，補正後の抵抗係数$C_{DC}$は

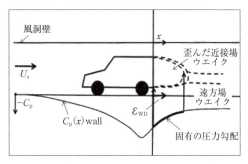

図6-36 近接場ウエイクと遠方場ウエイク(クローズド型風洞)[49]

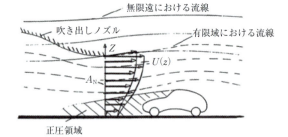

図6-37 ノズルブロッケージ(オープン型風洞)[51]

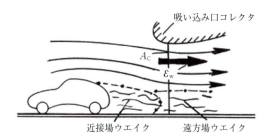

図6-38 コレクタブロッケージ(オープン型風洞)[51]

$$C_{DC} = (C_{Dm}+\Delta C_{DWi})/n \tag{6-2}$$

で表される．ここで，C_{DC}：補正後のC_D，C_{Dm}：計測C_D，ΔC_{DWi}：ウエイクブロッケージの抵抗係数(ウエイク誘導抗力と呼ばれる)．なお，風洞構造に起因する水平勾配浮力ΔC_{DHB}(風洞固有の静圧勾配)は考慮されていないが，風洞の特性によってはこれを考慮する場合がある[53]．

(2) オープン型風洞

オープン型風洞では，風洞のコレクタ周辺における圧力がウエイク流れを拘束するため，遠方場ウエイクはコレクタ流れによって吸収される．そのためオープン型風洞では，クローズド型風洞で扱われる遠方場ウエイクの影響は通常考慮されていない[49][51]．したがって，吹き出し風の拡大補正・偏向補正係数ε_S，供試車両とノズルとの干渉を取り扱うノズルブロッケージ係数ε_N，コレクタとの干渉を取り扱うコレクタブロッケージ係数ε_Cが考慮され，さらにはウエイク歪みε_{WD}による干渉係数[49]が加わる．

(a) クローズド型風洞

$n = \{1+K_3\tau(2A_{M\Psi}2V_M)/[(L_P2V_M)^{1/2}(2A_N)^{3/2}]+(2A_M/(2A_N))[C_{Dm}(0)/4+\eta(2A_{M\Psi}/(2A_M))]\}^2$

$\Delta C_{DWi} \approx -(1/4)C_{Dm}{}^2(2A_M/(2A_N))$

A_M：車両前面投影面積，A_N：風洞断面積，A_Y：車両側面積，$C_{Dm}(0)$：$\Psi=0$ における計測値，H：風洞測定部高，L_M：車長，Ψ：偏揺角，V_M：車両体積，W：風洞測定部幅，W_M：車両全幅

$A_{M\Psi}$：Ψ における車両前面投影面積 $=A_M\cos\Psi+A_Y\sin\Psi$
K_3：ソリッドブロッケージ定数(Mercker)＝1.0
L_P：Ψ における前面投影車長 $=L_M\cos\Psi+W_M\sin\Psi$
η：ウエイクブロッケージ定数(Mercker)＝0.41
τ：風洞形状係数(クローズド型)＝0.41$[2H/W+W/(2H)]$

(b) オープン型風洞

$\varepsilon_S = \tau[(V_M/L_M)^{1/2}][A_M/(A^*)^{3/2}]$

A_N：ノズル断面積，H：ノズル高，W：ノズル幅
x_M：ノズルから車両中心までの距離
A^*：補正ノズル断面積 $=A_N/(1+\varepsilon_Q)$
R_N：等価ノズル半径 $=(2A_N/\pi)^{1/2}$
x_S：ノズルから湧き出し点までの距離 $=x_M-L_M/2+(A_M/(2\pi))^{1/2}$
ε_Q：ノズル閉塞係数(ノズル出口変動速度) $=(A_M/(2A_N))[1-x_S/(x_S{}^2+R_N{}^2)^{1/2}]$
τ：風洞形状係数(オープン型(Mercker 2013))＝$-0.03[2H/W+W/(2H)]^3$

$\varepsilon_N = \varepsilon_Q R_N{}^3/(x_M{}^2+R_N{}^2)^{3/2}$

$\varepsilon_C = (\varepsilon_W R_C{}^3)/[(L_{TS}-x_M)^2+R_C{}^2]^{3/2}$

A_C：コレクタ断面積，L_{TS}：測定部長
R_C：等価コレクタ半径 $=(2A_C/\pi)^{1/2}$
ε_W：ウエイク閉塞係数(車両ウエイク変動速度) $=(A_M/A_C)(C_{Dm}/4+0.41)$

(c) 風洞構造に依存する水平勾配浮力

$\Delta C_{DHB} = (1.75/A_M)(V_M/2)G$

G：Glauert 係数 $=[(dC_P/dx)_n+(dC_P/dx)_c]$
dC_P/dx：局所圧力勾配(添字 n, c はそれぞれノズル側，コレクタ側を意味する)

図 6-39　式 6-1－6-4 の詳細

ここでは Mercker & Wiedemann の方法[51]を紹介する．この方法では，全干渉係数(動圧補正)は吹出風拡大・偏向補正係数 ε_S，ノズルブロッケージ係数 ε_N，およびコレクタブロッケージ係数 ε_C で構成される．なお，全干渉係数の表式化は主流速度の計測方法(ノズル法あるいはプレナム法)によって異なる(プレナム法の場合は Mercker ら[52]参照)．ノズル法の場合の全干渉係数は(図 6-39)

$$n(=q_C/q_0) = (1+\varepsilon_S+\varepsilon_N+\varepsilon_C)^2 \quad (6\text{-}3)$$

ここで，$\varepsilon_S=\Delta u_S/u_0$，$\varepsilon_N=\Delta u_N/u_0$，$\varepsilon_C=\Delta u_C/u_0$．さらに，風洞構造に起因する水平勾配浮力 ΔC_{DHB} を考慮すれば，補正後の抵抗係数 C_{DC}[51]は

$$C_{DC} = (C_{Dm}+\Delta C_{DHB})/n \quad (6\text{-}4)$$

なお，ブロッケージ効果の諸要因の中では水平勾配浮力は大きい影響を与える[49][51]．また，近年 Mercker は，クローズド型風洞におけるウエイク歪みによる干渉係数 ε_{WD} およびウエイクブロッケージにウエイク歪みの影響を加えた水平圧力勾配 ΔC_{DWB} のモデル化，さらにオープン型風洞(環境風洞)における ε_{WD} のモデル化を提案している[49]．

6.6　新風洞概要

6.1 節で述べたように，固定地面板風洞では実走行での流れを模擬していないため，実走行時の空気抵抗値や空力パーツの効果代に差が出てしまう．そこで，床部分に設置したベルトを風速と同じ速度で動かすムービングベルト風洞が用いられている．自動車用ムービングベルト風洞は抗力およびダウンフォースが重要となるモータスポーツ用スケール風洞として多く用いられた．続いて，床下部分の流れを制御するため生産車にも同スケール風洞が適用されるようになった[55]．さらに，DNW フルベルト風洞が自動車空力開発に用いられるようになったが，6.1 節で述べたように，DNW のフルベルトシステムでは車体をストラットで保持するため作業性やストラットと車体の干渉などにより計測精度に問題がある．このため 2000 年前後からヨーロッパでファイブベルトシステムの実車風

第 6 章　風洞試験　159

図 6-40　日産 50％スケール風洞[56]

図 6-42　スバル風洞[57]

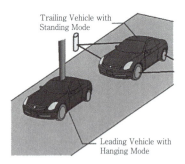

図 6-41　日産 50％スケール風洞・追従走行模式図[56]

図 6-43　ホンダ風洞[58]

図 6-44　ホンダ風洞・ムービングベルト（RRS）構造[58]

洞が建設され始め，20 年近く経過した現在も主流となっている．

次に，日本における 2005 年以降に建築された自動車会社のムービングベルト風洞の概要を以下に述べる．

① 日産 50％スケール風洞[56]（2007 年稼働）

実車風洞に比べ建設コストを抑えたフルベルト（シングルベルト）システム風洞である．50％スケールであるため作業性の問題は緩和されている．実車で 100 km/h 超でのレイノルズ数に合わせるため，最高風速およびベルト速さを 200 km/h 超に設定してある．風洞内に 50％スケールモデルを設置した写真を図 6-40 に示す．また，追従走行を模擬するため，モデル 2 台分を置ける全長と全幅のベルトを採用している．追従走行のイメージ図を図 6-41 に示す．

② スバル風洞[57]（2008 年稼働）

日本初の実車ムービングベルト風洞である．ベルトシステムはヨーロッパで標準的なファイブベルトシステムを採用している．風洞内に実車を設置した写真を図 6-42 に示す．ノズルは長方形の上側左右の角を取った六角形となっている．

③ ホンダ風洞[58]（2009 年稼働）

この風洞の特徴は二つあり，一つは 6.1 節で述べたようにアダプティブウォールシステムの採用である．二つ目は，ファイブベルトシステムではなく，車両全体を含む実車フルベルト（シングルベルト）システムである．ホンダ風洞では，フルベルトでありながらムービングベルト（ローリングロードシステム：RRS）構造に加わる水平力方向の空気力を計測することにより，上述の DNW 風洞の問題点を解決している．図 6-43 に風洞内の写真，図 6-44 にローリングロードシステム構造の写真をそれぞれ示す．

④ トヨタ風洞[59]（2013 年稼働）

ベルトシステムは標準的なファイブベルトシステムである．この風洞の特徴は，ノズル断面積が 31.5 m² と GM 風洞の次に大きく，ブロッケージ比による風洞計測誤差を小さくすることができる．図 6-45 に風洞内の写真を示す．

さらに，ファンパワーが 8,000 W と自動車用風洞として最大であるため，ブロッケージ比を小さく保ったまま，最高速 250 km/h を達成することができる．図 6-46 に示すように，暗騒音レベルも世界トップレベルを達成している．

表 6-6 に日本，ヨーロッパ，米国の自動車会社の主な風洞諸元を示す．

Origin：turn table center

図 6-45　トヨタ風洞[59]

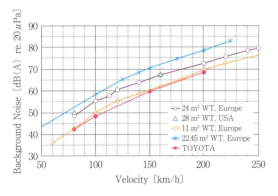

図 6-46　トヨタ風洞・暗騒音レベル比較[59]

参 考 文 献

(1) 自動車技術会編：自動車のデザインと空力技術，p. 11-27 (1998)
(2) 高木通俊：自動車用風洞，可視化情報，Vol. 32, No. 124 (2012. 1)
(3) ジョン・D・アンダーソン Jr.(織田剛訳)：空気力学の歴史，p. 33, 京都大学学術出版会(2009)
(4) (3)同書 p. 350-353
(5) (3)同書 p. 391-392
(6) 是本健介ほか：ローリングロード付新風洞の紹介，自動車技術会学術講演会前刷，No. 153-10(2010. 10)
(7) Lakhi N. Goenka, et al.：Studies Supporting the Development of an Automotive Adaptive-Wall Wind Tunnel, SAE Paper 900320
(8) 高木通俊：抗力係数の補正方法(テストセクションがクローズドの場合)，シンポジウム―21世紀の自動車技術を進化させる流体技術，p. 22-25(2002. 3)
(9) 石原裕二：抗力係数の補正方法(テストセクションがオープンの場合)，シンポジウム―21世紀の自動車技術を進化させる流体技術，p. 26-29(2002. 3)
(10) Matthias Eng: Investigation of Aerodynamic Correction Methods Applied to a Slotted Wall Wind Tunnel, Diploma Thesis, Technical University of Berlin(2009)
(11) 橋爪祥光ほか：風洞試験と惰行試験における空力部品の有

表 6-6　自動車空力用風洞

所属	ノズル面積 [m²]	テストセクション長さ [m]	最大風速 [km/h]	テストセクション形式	絞流比	風洞タイプ	ファンパワー [kW]	ベルトシステム	参考文献	稼働開始年
トヨタ	31.5	15	250	Open Jet	8	G(ゲッチンゲン)	8,000	5-Belt	JSAE 20145137	2013
ホンダ	24.1	24	200	Open Jet	5.83	G	3,600	1-Belt	JSAE 20105740	2009
	17.7	17.5	288	Adaptive Wall	8.4					
日産	28	12	190	Open Jet	6.43	G	2,200	N/A	SAE 870250	1985
	15		270		12					
日産 [50%]	11.2	11	240	Open Jet	8.35	G		1-Belt	JSAE 20085069	2007
スバル	14.49	11	180	Open Jet	5.45	G	1,100	5-Belt		2008
スズキ	16.05	17.5	190	Open Jet	5.3	G	2,600	N/A	2007年スズキ技報	2006
	8.3		250		10.2					
AUDI	11	9 to 10	300	Open Jet	5.5	G	2,600	5-Belt	SAE 2000-01-0868	1999
BMW	25	14.0	250	Open Jet	5.75	G		5-Belt	SAE 2010-01-0118	2008
	18		300		8					
FKFS	22.45	9.5	265	Open Jet	4.41	G	2,950	N/A		1993
		10						5-Belt	SAE 2003-01-0429	2001
S2A	24	15.1	245	Open Jet	6	G		5-Belt	SAE 2004-01-0808	2003
Volvo	27.06	14	250	Slotted Wall	6.06	G	5,000	5-Belt	SAE 2007-01-1043	2007
GM	56.3	21.7	224	Closed Jet	5	G	4,500 [HP]	N/A	SAE 820371	1980
Ford	18.7	14	194	Open Jet	6	G		N/A	SAE 2002-01-0252	2001
	10.5		241		10.7					
Chrysler	27.9	15	260	Open Jet	5.4	G		N/A	SAE 2003-01-0426	2002

無での車体後部の圧力分布，シンポジウム—自動車技術を支える最新の流体技術，p. 45-49(2010. 3)

(12) 高木通俊：自動車の風洞実験におけるグラウンドシミュレーション，自動車技術会学術講演会前刷集，9301629 (1993. 5)

(13) E. Mercker, et al.：On the Aerodynamic Interference Due to the Rolling Wheels of Passenger Cars, SAE Paper 910311

(14) A. Cogotti：Ground Effect Simulation for Full-Scale Cars in the Pininfarina Wind Tunnel, SAE Paper 950996

(15) J. Sternéus, et al.：Upgrade of the Volvo Cars Aerodynamic Wind Tunnel, SAE Paper 2007-01-1043(2007)

(16) J. Wiedemann, et al.：The New 5-Belt Road Simulation System of the IVK Wind Tunnels — Design and First Results, SAE Paper 2003-01-0429(2003)

(17) 鬼頭幸三，浜辺薫ほか：自然風下における惰行試験による自動車の抗力係数の予測法，自動車研究，Vol. 9, No. 9 (1987)

(18) 加藤大地，橋爪祥：実車風洞試験と実走試験における空力性能の比較手法，自動車技術，Vol. 69, No. 7(2015)

(19) D. Katoh, M. Kaneko, et al.：Differences between Airdam Spoiler Performances in Wind Tunnel and On-road Tests, SAE Paper, 2014-01-0609

(20) 流れの可視化学会編：流れの可視化ハンドブック，朝倉書店(1986)

(21) 浅沼強編：流れの可視化ハンドブック，朝倉書店(1977)

(22) 浅沼強編：流れの可視化ハンドブック，p. 10-11，朝倉書店(1977)

(23) 加藤大地，橋爪祥光：可視化手法を用いた実車風洞試験と実走試験の比較，可視化情報，34-Suppl. 1, p. 189-192 (2014)

(24) 染矢聡，浅井圭介：感圧塗料計測における最近の進捗，可視化情報，34-132, p. 3-8(2014)

(25) 依田大輔，浅井圭介，永井大樹，沼田大樹：PSPの低速流れへの応用，可視化情報，34-132, p. 16-21(2014)

(26) 森英男，大村尚登，前田恭ジ，大渕貴之：低ゲージ圧複雑流動におけるPSPの精度向上手法，可視化情報，34-Suppl 1, p. 195-198(2014)

(27) 可視化情報学会編：PIVハンドブック，p. 302，森北出版(2002)

(28) 可視化情報学会編：PIVハンドブック，p. 54-55，森北出版(2002)

(29) 速水洋，岡本孝司，荒巻森一朗，小林敏雄：高速度PIVシステムの開発，可視化情報，23-Suppl. 1, p. 207-208 (2003)

(30) H. Hayami, K. Okamoto, S. Aramaki, T. Kobayashi：Development of a New Dynamic PIV System, CD-ROM Proc. 7th International Symposium on Fluid Control, Measurement and Visualization(FLUCOM '03), p. 1-6 (2003)

(31) 可視化情報学会編：PIVハンドブック，p. 183-184，森北出版(2002)

(32) T. Hori, J. Sakakibara, S. Aramaki, H. Hayami：Scanning Stereo-PIV for 3D Velocity Measurement, CD-ROM Proc. 5th International Symposium on Particle Image Velocimetry(PIV '03)Paper 3109, p. 1-10(2003)

(33) 河野大輝，二宮尚，五月女聡：3-D 3-C PIVによる三次元流速測定の高精度化，可視化情報，34-Suppl. 1, p. 251-254(2014)

(34) LaVisionもしくは，日本カマックスのHP

(35) K. Iida, Y. Hashizume, H. Narita, L. Wu, G. Balasubramanian, B. Crouse：Experimental and Numerical Investigation of Automotive Wind Throb Phenomenon, Proc. ASME-JSME-KSME Joint Fluids Engineering Conference 2011, AJK2011-23004(2011)

(36) 飯田桂一郎，橋爪祥光，成田弘史，武瓏，G. Balasubramanian, B. Crouse：PIVとCFDによるサンルーフからのウインドスロップの解析，自動車技術会秋季学術講演会，284-20115669(2011)

(37) 中川雅樹，原本誉剛，南方利城：F1車両開発におけるPIVの実用化，可視化情報，31-Suppl 1, p. 247-250 (2011)

(38) 中川雅樹，原本誉剛：F1空力開発用PIVシステム—実用化までの道のりを振り返って—，可視化情報学会誌，Vol. 35, No. 139, p. 138-142(2015)

(39) T. Ishima, Y. Takahashi, H. Okado, Y. Baba, T. Obokata：3D-PIV Measurement and Visualization of Streamlines aroud a Standard SAE Vehicle Model, SAE 2011-01-0161 (2011)

(40) 福地有一，中島正人，吉野崇，星野元亮，寺村実：実車後流を計測可能にするラージスケールPIVの開発，可視化情報学会誌，Vol. 35, No. 139, p. 143-148(2015)

(41) J. S. ベンダット，A. G. ピアゾル(得丸訳)：ランダムデータの統計的処理，p. 319，培風館(1977)

(42) 可視化情報学会編：PIVハンドブック，p. 308，森北出版(2002)

(43) 速水洋，植木弘信，妹尾泰利：微粒子の供給装置と流れに対する追随性，九州大学生産科学研究所報告，74，p. 167-174(1983)

(44) 星野元亮，吉野崇，福地有一，寺村実：ラージスケールPIV計測技術の開発，Honda R&D Technical Review, Vol. 22, No. 2(2010. 10)

(45) 福地有一，中島正人，吉野崇，星野元亮，寺村実：実車後流を計測可能にするラージスケールPIVの開発，可視化情報学会誌，Vol. 35, No. 139(2015. 10)

(46) K. Maeda, K. Kitoh, H. Nozaki, K. Nambo, T. Nakamura, A. Ido：Correlation Tests Between Japanese Full-Scale Automotive Wind Tunnels Using the Correction Methods for Drag Coefficient, SAE 2005-01-1457

(47) 前田和宏，野崎浩嗣，南保賢，中村貴樹，井門敦志，鬼頭幸三：抗力係数の補正法を用いた実車風洞相関試験，No. 11-04，JSAE SYMPOSIUM 20044214

(48) G. Wickern：Recent Literature on Wind Tunnel Test Section Interference Related to Ground Vehicle Testing, SAE Paper 2007-01-1050(2007)

(49) E. Mercker：On Buoyancy and Wake Distortion in Test Sections of Automotive Wind Tunnels, Proc. 9th FKFS (Stuttgart Univ.)Conference(2013)

(50) K. R. Cooper(ed.)：Closed-Test-Section Wind Tunnel Blockage Corrections for Road Vehicles, SAE SP-1176 (1996)(高木通俊：No. 05-02 JSAE Symposium, p. 22-25 (2002)参照)

(51) E. Mercker, J. Wiedemann：On the Correction of Interference Effects in Open Jet Wind Tunnels, SAE Paper 960671(石原裕二：No. 05-02, JSAE Symposium, p. 26-37 (2002)参照)

(52) E. Mercker, G. Wickern, et al.：Contemplation of Nozzle Blockage in Open Jet Wind tunnels in View of Different Q-Determination Techniques, SAE Paper 970136

(53) K. Maeda, K. Kitoh, et al.：Correlation Tests between Japanese Full-scale Automotive Wind Tunnels Using the Correction Methods for Drag Coefficient, SAE Paper 2005-01-1457(2005)(前田和宏ほか：No. 11-04, JSAE Symposium, p. 3-10(2004)参照)

(54) E. Mercker, K. Cooper, et al.：The Influence of a Horizontal Pressure Distribution on Aerodynamic Drag in Open and Closed Wind Tunnels, SAE Paper 2005-01-0867 (2005)

(55) 石原裕二ほか：ムービングベルト風洞を用いた乗用車の空力開発，自動車技術，Vol. 57, No. 4 (2003)

(56) 臼井美智子ほか：新設ムービングベルト付50％スケール風洞，自動車技術会学術講演会前刷集，20085069 (2008. 5)

(57) 川崎重工業株式会社ホームページ：国内初のムービングベルト付き実車風洞を富士重工業株式会社に納入，ニュース 2008. 9. 2

(58) 是本健介ほか：ローリングロード付新風洞の紹介，自動車技術会学術講演会前刷，20105740 (2010. 9)

(59) 只熊憲治ほか：実走行を再現した空力・風切音評価を可能とする実車風洞の開発，自動車技術会学術講演会前刷，20145137 (2014. 5)

第 7 章　国産乗用車の空力技術

7.1　概　説

　本章では，これまでに述べられてきた自動車に関する空力技術がどのように乗用車に応用されているかを，国内自動車メーカの開発事例により紹介する．

　各自動車メーカにより車種やモデルの数に違いはあるものの，日本の自動車業界としてみると，軽自動車から大型の SUV やピックアップトラックまで幅広い車種ラインナップと数多くのモデルが開発されており，ほぼそのすべてに対して最善の空力性能になるよう車体が設計されている．

　車体エクステリア領域では，スタイリングの空力最適化はもとより，図 7-1 に示すように車体骨格に関わる部分を含めて多数の車体機能部品が空力的に最適な形状となっている．

　また，アンダーフロアにおいても，近年の車種ではセダンに限らず小型車でもフロアアンダーカバーが装備されてきており，欧州車と遜色のない C_D 値レベルや操縦安定性，さらには NV（Noise & Vibration）性能の向上に寄与している（図 7-2）．

　さらには，エンジンルームの通気抵抗の低減のために冷却器への導風ダクトが標準装備され（図 7-3），高い環境性能が求められる車種にはグリルシャッターも採用されるようになっている．

　これらによって国内メーカの C_D 値は図 7-4 に示すように年次ごとに進化を遂げて，セダンクラスにおいても世界トップレベルとなる車種が増加してきている．

　世界の乗用車販売が年間 8 千万台に達している中で，国内メーカの販売数は 2,900 万台程度となっており，世界の 3 台に 1 台以上は日本車である．このことからも，地球環境維持のための CO_2 低減に貢献するため，今後の国内の空力技術をさらに向上させなければならない．

　次節以降は国内主要自動車メーカの近年の空力開発事例を紹介していく．読者においては，空力基礎理論に基づく性能開発にあっても，それぞれのメーカの開

図 7-1　車体における空力最適化箇所例

図 7-2　アンダーフロアの空力パーツ

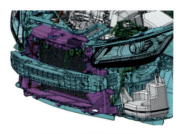

図 7-3　冷却導風ダクト

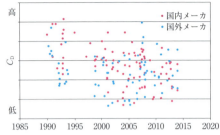

図7-4 C_D値の年代推移（ある風洞における計測値）

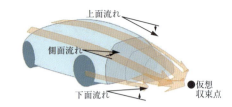

図7-5 3面収束流れイメージ

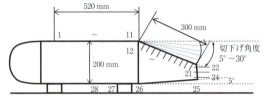

図7-6 ブラフボデー

発想思想の違いが現れる点に注目していただきたい．

7.2 開発事例

7.2.1 トヨタの開発事例

(1) はじめに

環境車リーダーとして世界中のお客様に認知されているプリウスを題材に，その空力開発コンセプトから，最新の風洞設備を用いた性能向上の取り組みまでを紹介する．

歴代プリウスの空気抵抗の変遷を振り返ると，初代はC_D=0.30，2代目はC_D=0.26，3代目はC_D=0.25である．初代は車両プラットフォームの空力的改善を実施し，フロアやサスペンションの平滑化による床下整流を行った．2代目はプリウスの特徴となった「トライアングルシルエット」を採用し，良好な空力特性と環境性能を感じさせる外形を得た．3代目では床下平滑化を徹底し，それを活かした車両後方流れの収束を図った[1]．最新となる4代目では，移動地面とタイヤ回転装置を備える大型風洞設備を用い，走行時の現象を詳細に解析することでC_D=0.24を実現した．

(2) 3代目までの空力開発

自動車の空気抵抗低減は，車両後方に向けていかに早く圧力回復させるかが鍵となる．自動車の特徴として，車体が地表面に近接して走行しており，車両後方での上面・下面の流れが非対称となる．それに伴い側面流れも下方に向けて収束することとなるため，流速差のある3面の流れの整合をとり，車両後方での合流を制御することが最重要ポイントとなる（図7-5）．

最新の車両後方流れの改善手法は後述することとし，初めに上面流れのコンセプトから述べる．

(a) 車両上面圧力回復の最適化

プリウスの外観上の大きな特徴である「トライアングルシルエット」は，翼型に代表される剥離や乱れの少ない流れと，5名の乗員が快適に乗車できる車内空間の両立から導いている．ルーフからバックウインドウにかけて緩やかに切り下げることで，車両後方へ向けて圧力回復を行い，車両背面の圧力上昇を図っている．そのとき，乗員の頭上空間を確保するために，極

図7-7 流線 切下げ角15°

図7-8 流線 切下げ角22.5°

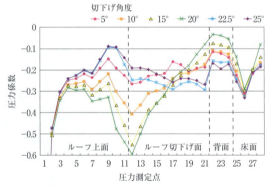

図7-9 ブラフボデー表面圧力

力短い距離での圧力回復が重要となる．

図7-6のブラフボデーを用いたルーフの切下げ角度とボデー周りの流れを図7-7，図7-8に示す．ルーフ切下げ角15°ではルーフからの流れは切り下がった面に沿って流れるのに対し，22.5°になると流れが沿いにくくなり，車両後流の剥離域が広くなっている．

図7-9に，切下げ角度によるブラフボデー表面の圧力変化を示す．5°～20°の領域ではルーフ切下げ面の圧力回復があり，角度が増すほど背面圧力が上昇している．しかし，22.5°を境にルーフ切下げ面に流れが沿うことができないため，ルーフ上面圧力が上昇し，それ以降の圧力は回復できていないのがわかる．実車はこのようにシンプルな形状ではないため，圧力回復の限界角度は異なるが，このような観点をもとに圧力

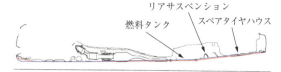

図7-10　床下空力ライン

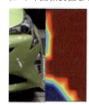
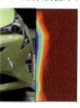
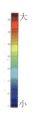

図7-12　タイヤ回転有無の車両側面全圧分布

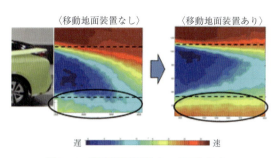

図7-11　移動地面装置有無の車両後方流れ

回復の限界を確認しながら，車内空間との両立が可能なルーフ形状の最適化を追求してきた．

　(b) 車両下面流れの整流

　床下流れ改善の基本的な考え方は，流入した流れのエネルギーをロスさせずに車両後方に流し，かつ圧力回復させることである．しかし，車両の床下にはさまざまな構造・部品があるため，流れが部品に当たったり，隙間空間へ巻き上がるなどの悪化原因がある．対応方法として，まず第一に，床下構造・部品の地上高の管理，第二にカバーによる平滑面の拡大を行った．

　地上高管理については，床下空力ラインを設定した．燃料タンクの高さを上げ，リアサスペンションの地上高を前方のタンクよりも高く配置し，スペアタイヤハウス面を上げることで車両後方へ切り上げるラインである．パッケージとの両立の中で床下の圧力回復を最大限に狙って設定した（図7-10）．

　カバーによる平滑化については，エンジンアンダーカバーやフロアカバーを大型化・範囲拡大を行った．

　これらは床下整流はもちろん，エンジンルーム内からの吹出し流れ，側面への吹出し流れの抑制にも効果があり，C_D低減に大きく寄与している．

　(3) 新風洞設備の導入

　新たな技術開発のため2013年3月に導入した新風洞を，4代目プリウスの開発初期より活用した．

　新風洞では移動地面装置の導入により，地面近傍の空気の境界層の発達を防ぎ，より実路走行に近い床下流れを再現できるようになった．図7-11は，移動地面装置有無の車両後方の流速分布を示しているが，移動地面装置により床下流速が速くなっており，地面近傍の空気の境界層の発達を防いでいることがわかる．

　これまではその地面近傍の境界層により車両後方の流れが再現できず，効果が十分に確認できていなかった床下部品の整流効果が，この装置により精度高く捉え

ることが可能となり，大幅な空力性能の向上を実現することができた．

　また，タイヤ回転装置の導入により，タイヤ周辺の流れをより実路走行に近い状態で評価可能となった（図7-12）．これまで実路走行で検討，確認していた部分を，風洞試験にて風流れの解析を行いながら詳細に検討することが可能となり，新たな知見が見出され，新たな性能向上策を実現することができた．

　(4) 4代目における車両後方流れの収束性のさらなる改善

　(a) 低C_D化の流れコンセプト

　プリウスのトライアングルシルエットは車両上面からの圧力回復を狙ったものであるが，4代目はさらなる圧力回復のため，車両上面の絞り込み（ルーフ後方を下げる）を最大限にできるよう車両パッケージに踏み込んだ検討を重ね，絞り込み拡大を両立させた．このとき，上面の流れを絞りすぎると後流の上面流れが落ち込み背面のC_Dが増加する場合があることに注意が必要で，その最適化を精度高く行うため，流れの運動量を考えた後流の最適化手法を活用し，定量的な検討を行った[2]．

　車両後方には死水域が発生し，その死水域と主流の間に流れのせん断層が発生する．せん断層は上下に発生するが，その上下のせん断層が合流するまでに失う運動量（Δmicrodragと定義）が背面圧力と相関があり，空気抵抗の大きさを表す指標となる．このΔmicrodragの上下の和が最小となることが最適な流れと考えられ，上下の流れがぶつかる合流点の高さが重要と着目した．また，その高さは上下せん断層の運動量の差で決まっているため，上下のΔmicrodragの差と和を見ながら最適な高さを調整した．具体的な手法としては，下記①②を実施した．

　① 上面流れ：ルーフ後方の地上高を下げる
　② 床下流れ：床下のフラット化と切上げ，グリルシャッターの設定

　3代目と4代目についての後流を示したのが図7-13，Δmicrodragを示したのが図7-14である．車両上面の流れのΔmicrodragは増加したが，車両下面のΔmicrodragを大幅に低下し，結果の和として低下している．この手法により，後流を確実に最適化す

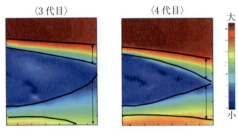

図 7-13　車両後方の流速分布

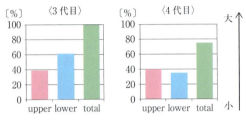

図 7-14　Δmicrodrag の比較

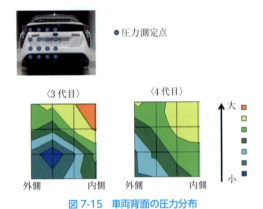

図 7-15　車両背面の圧力分布

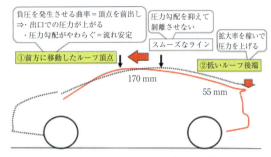

図 7-16　3 代目，4 代目のパッケージ比較

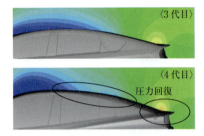

図 7-17　ルーフ周辺の圧力分布比較

図 7-18　床下レイアウト

ことができ，図 7-15 のように車両背面の圧力を平均 9％増加することができた．

(b) 上面流れの最適化

4 代目ではアッパーの絞りを最大限にするために，デザイナとともに，一からシルエットを見直した．検討を重ねた結果，図 7-16 のように 4 代目ではルーフの頂点を 3 代目より約 170 mm 前に出し，ルーフ後端は約 55 mm 下げることができた．それにより，ルーフからバックウインドウにかけて緩やかに切り下げる形状が実現し，4 代目では 3 代目に比べ車両後方の圧力が高くなり，狙いの流れを実現できた（図 7-17）．また，このシルエットを採用した場合，後席の室内空間が狭くなる可能性があったが，後席位置を工夫することにより，空力性能と室内空間の両立を図った．

(c) 床下流れの最適化

4 代目で新たに開発した図 7-18 に示すプラットフォームでは，優れた整流効果を確保することはもちろんのこと，世界中の工場でも製造することを可能とする床下レイアウトの実現を目指した．

プラットフォーム開発では，床下の整流効果を最大限に引き出すために，理想の床下ラインを設定し，各部品 1 mm 単位の高さにこだわり，形状と配置を工夫した．しかし，運動性能向上のためにビームサスからダブルウイッシュボーンに変更したリアサスペンションが，理想の床下ラインより下に位置しており，そのままではロアアームに流れが衝突し整流効果が低減してしまう．そこで，フューエルタンクサイドアンダーカバーの工夫により，ロアアームへの流れの衝突を抑制した．またメインマフラも断面が 1 mm でも薄く，かつ周辺の床下カバーを少しでも拡大できるように配置を検討し，床下整流効果の向上に貢献させた．各床下カバーについては，少しでも覆う面積を大きく，またカバー穴を低減するため，生産技術と両立させる検討を実施し，形状の工夫を行った．

これらの取組みにより，図 7-19 に示すように 4 代目では車両中央の流速が速くなっており，平均流速を 3 代目比で 20％向上し，優れた整流効果を実現した．

(d) エンジンルーム流れの最適化

フロントバンパ開口からエンジンルームに入った流れは，床下およびホイールハウスへ抜けていき，車両

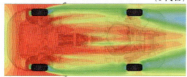

図 7-19　床下流速分布比較

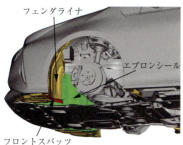

図 7-20　フロントタイヤ周辺部品

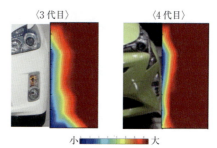

図 7-21　車両側面全圧分布比較

図 7-22　車両全体流線

全体流れに影響を及ぼす．4代目では床下の流速を速くするために，フロントバンパから入っていく流れを塞き止めてその流れを積極的に床下に導くことと，エンジンルームから床下に抜けていく流れを抑制することを狙い，グリルシャッターを設定し，床下流れの整流に大きく貢献した．

(5) タイヤ周辺流れのさらなる改善

車両後方の流れの収束性を向上させるためには，側面の流れの整流も重要である．側面の流れを乱す大きな要因としてホイールハウスから吹き出す流れがあり，このタイヤ周辺の吹き出す流れを低減することが空気抵抗の低減につながる．このホイールハウスからの吹き出す流れはタイヤ回転の影響が大きく，今回新風洞にてタイヤが回転している状態で最適化を実施することで，図 7-20 に示すフェンダライナ，エプロンシール，フロントスパッツの効果を増大させた．図 7-21 は車両側面の全圧分布を示している．側面流れの乱れが小さくなったことで，全圧損失(流れエネルギー損失)が小さくなっており，4代目では3代目に対し損失が5%低減できた．

(6) まとめ

以下に示す，新しい設備を活用した評価方法の確立とそれを用いた開発により，4代目プリウスにおいてC_D=0.24を実現した[3](図 7-22)．

① 移動地面装置とタイヤ回転装置を備えた新風洞を活用した開発を実施し，新たな流れの知見を見出し，それに基づいた新たな性能向上を実現した．

② 実路流れを再現した検討を実施することで，精度の高い新たな流れ評価方法を確立し，車両後方流れの収束性およびタイヤ周辺流れを，定量的に改善することが可能となった．

今後もさらなる技術開発を続け，より社会に貢献できる車作りを目指していく．

7.2.2　日産の開発事例

(1) はじめに

環境問題への意識の高まりから，燃費・電費向上，CO_2削減および操縦安定性や乗り心地向上等を目的にC_D，C_Lをはじめとした空力特性の向上に取り組んでいる．最近では電気自動車等，動力源の多様化に伴い，低C_D化のニーズが高まっている一方で，デザインの差別化や低コスト化への要求も高い．こうした中で，より高い空力目標性能を達成するために，CFD，風洞実験を駆使し，車の上屋デザイン，床下プラットフォームの最適化に取り組んでいる．本項では，開発ツールの進化とそれらを用いた上屋デザイン検討およびプラットフォーム開発の取組みについて紹介する．

(2) 開発ツールの進化

(a) CFD

車の開発はデジタルフェーズとフィジカルフェーズに分かれ，モノが存在しないデジタルフェーズではCFDを用いた検討(図 7-23)が中心になる．現在ではエンジンルームも含めたフルモデルのCFDが可能であり，開発初期段階からCFDを用いた検討を行っている．開発初期では，はじめにデザインのコンセプトとなるシルエットの検討を行い，開発が進むにつれ，

図7-23　CFD検討

図7-25　流れの可視化

図7-24　スケール風洞実験

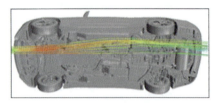

図7-26　プラットフォームの流れ改善

細部における形状最適化を行っている．

また，エンジンルームも含めた検討が可能となり，冷却性能の検討も早期からできるようになった．エンジンルームへの空気の取り入れは空力性能を悪化させるため，冷却に有効な空気のみを取り入れ，空力性能の悪化を最小限に抑える工夫をしている．また，エンジンルームの冷却で使われた空気の抜き方も空力性能に影響を及ぼすため，車両全体の風流れを考慮し，空力性能と冷却性能の両立を図っている．

CFDの精度向上に加え計算時間の短縮により，流れのメカニズム解明を目的とした基礎研究や車両シルエット検討のみならず，細部にわたった形状検討が必要である製品開発にも適用できるようになった．

(b)　スケール風洞実験

日産では，シングルベルトタイプの50％スケール風洞(図7-24)を用いて新規プラットフォームおよび上屋形状の開発を実施している．

プラットフォームは多くの車種で共通部品として長期間使われるため，より実走行に近い環境で開発し空力的に素性の良い形状を作り込む必要がある．開発には多くの実験が必要であり，また高い精度も求められることから，50％スケールのムービングベルト風洞を建設し，車両開発を行っている．実験モデルも50％スケールであるため，細部まで再現でき，かつ精度の高い検討が可能となっている．

また，スケールモデルであるがゆえの仕様・形状変更のしやすさを生かした上屋形状の最適化検討も実施している．それにより各部位ごとのパラメータスタディと各部位の交互作用を事前に把握し，フルスケールモデル検討時の参考としている．

CFD，スケール風洞実験と従来からのフルスケール風洞実験を組み合わせた開発を実施することで，より高い空力目標の達成を可能としている．

(3)　上屋デザインの改善

上屋デザインは車両全体にわたり空力的に良い流れの実現を目指し開発を実施している．CFD結果や実験における流れの可視化(図7-25)を行ないながら1,000仕様を超える形状検討を実施している．特にフロントバンパからタイヤ・ホイール，ボデーサイドにかけての流れや，ルーフ後端からトランクリッドにかけての流れは重要であり，デザインの狙いと空力的に良い形状を高い次元で両立させるため，細部にわたった検討を繰り返し実施している．

フルスケール風洞実験で用いるモデルについても可能な限り工夫を行っている．外形をクレイで作ったモデルの中には冷却系のラジエータやエンジンまで実車同様に組み込み，フロアパネル，フロア部品も実車相当に再現している．ラジエータは開発過程の仕様変更に合わせ交換し，エンジンルームへの風の流入，排出に伴う上屋流れの影響を再現させて検討を行った．

(4)　プラットフォームの改善

プラットフォームは各フロア部品の地上高を路面と干渉しない限界まで下げ，その上で流れが最適となるように形状の最適化を実施している(図7-26)．フロントバンパ下部から入った気流を，フロア中央部で加速させ乱れが少ない状態で後方に流す工夫を実施した．リアバンパからの流れは上屋流れとのバランスが重要であり，上屋デザインと合わせて最適化を行う．

(5)　リフト(C_L)の改善

C_Dの改善はより小さくすることが求められるため，

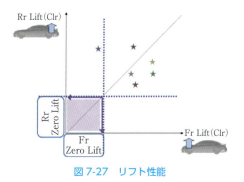

図7-27 リフト性能

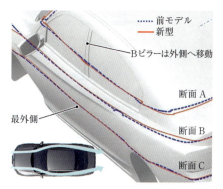

図7-28 バレルシェープキャビンとサイドパネル

限界への挑戦となる．デザインや車室内空間の広さとのバランスなど，他性能と両立させた中で可能な限り小さくすることが求められる．

一方，C_L はダウンフォース領域まで下げると C_D が悪化する傾向にあるため，運動性能に基づいた適切な目標値をもって開発している．それが Zero Lift 領域（図7-27）である．風の力により車体が浮くことも沈むこともなく中立を保ち，車速を上げていっても変化が起きない領域である．サスペンションの特性と合わせることにより，高速での安定とハンドリングの良さを兼ね備えたリフト性能が実現可能となる．

(6) まとめ

CFD，実験設備，モデルの進化と工夫により高い空力目標を達成することができ，燃費の向上，操縦安定性の良い車両を開発した．今後，さらなる空力技術開発を行い，デザインおよび他性能と両立した魅力のある商品を提供していきたい．

7.2.3 ホンダの開発事例

(1) 空力改善の狙い

フルモデルチェンジでは，居住空間，荷室容量，衝突安全性能など，自動車としての商品性向上を図るために，基本骨格であるパッケージデザインの変更が行われる．それらを内包するエクステリアデザインと空力性能の両立を図るためには，パッケージデザインが決まった後では，変更が難しくなる全体のフォルムに影響する部位について，空力性能を向上させる形状を早期に提案する必要がある．

そこで，アコードハイブリッドの開発では，先行検討段階において，模型風洞テストによる細部パラメータスタディと CFD を活用した流れ場の現象解析行い，空力性能が改善できる方向性をパッケージデザインへ反映することを目指した．開発段階においては，燃費目標を達成できる走行抵抗低減のため，C_D に車体前面投影面積 A を乗じた $C_D \cdot A$ の目標を，前モデルに対して 7% の向上とした．

(2) エクステリアでの空力改善

先行検討においては，空力改善目標を達成する形状の方向性を探るため，前モデルの 1/4 クレイモデルを用いて，空力への影響が大きく，パッケージデザインに影響する部位に注力し，解析を行った．パラメータスタディでは，16項目，総計 500 回以上の案別計測を行い，さらにその結果をもとに CFD を用いて流れ場の現象解析を行った．

解析の結果，全圧損失を低減するためのキャビンサイドからサイドパネルの絞り，渦抵抗を低減するための，A ピラー周り，および，ルーフとトランクエンドの関係についての3点に注目し，それぞれ他機能とのバランスをとりつつ，空力目標を達成できる形状変化量をパッケージデザイン部門に提案した．

上記3点を含む各所の空力向上要素は，提案内容をパッケージデザインに取り込んで開始したエクステリアデザイン開発において，デザイン室と合同で 1,000回を超える案別計測を 1/4 モデル風洞で行うことで最適化を進め，デザイン性を高めつつ，アコードハイブリッドのエクステリアに反映することができた．

(a) キャビンからサイドパネルの絞りについて

車体側面後部を絞り込み，車体後流の全圧損失域を減らすことで，C_D を低減させることができる．

アコードハイブリッドのキャビンは，B ピラーを外側に移動し，居住性を向上させた．その際，後述する内側に移動した A ピラーとは，サイドガラスの曲率を強めることで連続させ，さらに，その曲率を保ちながら，C ピラーを内側へ絞り込むことで，空力性能に有利なバレルシェープ化を進めた．

サイドパネルについては，フロントドア後端周辺を最外側とし，車体中央からの長い距離を用いてスムースな絞り込みを行った．また，トランクサイド（図7-28 断面 B）においては，キャビン側面からの連続した絞り込みを行い，前モデルに比べ，さらなるバレルシェープ化を行った．

また，バレルシェープについては，その他の空力向上要素と組み合わせて最適化することで，C ピラーで発生する剥離渦や，トランク上面からの流れと車体側面からの流れとの合流時に生じる渦抵抗の低減にも寄

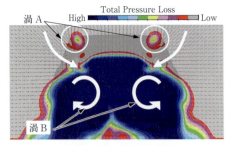

図7-29　全圧損失分布におけるAピラー渦の例

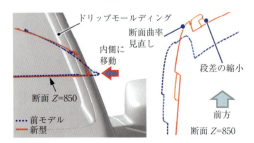

図7-30　Aピラー周辺の比較

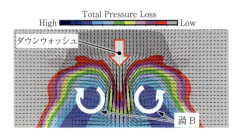

図7-31　トランクエンドでのダウンウォッシュによる渦の例

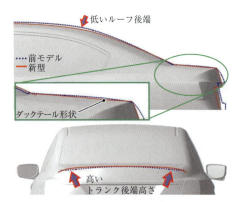

図7-32　ルーフ後端とトランク高さの比較

与している.

(b) Aピラー周りについて

Aピラーでは通常，フロントガラスからキャビン側面に流れが回り込む際に，縦渦(流れ方向に軸をもつ渦)による抵抗が発生する．その縦渦は，図7-29に示す渦Aのように車体後流まで存在し，トランクエンドでの圧力の低下を助長する．それにより，車体側面からの回り込みが増加し，渦Bによる渦抵抗を増加させる一因となるため，C_D低減には，Aピラーでの流れの回り込みをスムーズにすることで，発生する縦渦を極力弱めることが重要となる．

そのためには，流れの偏向量を小さくするためのAピラーのはさみ角の増加，流れの回り込みの曲率変化を小さくするためのピラー幅の拡大，流れに対する段差を低くするためのドリップモールディング高さの縮小が有効である．しかし，各要素は，視界，水処理，風切音や衝突安全性といった機能に影響を与えることになる．

アコードハイブリッドでは，それらの機能を成立させる範囲の変化量で，Aピラーを前モデルに対して内側に移動することで，はさみ角を減少させた．視界性能向上のためにAピラー幅が細くなったが，断面曲率変化の徹底的な見直しと，ドリップモールディング段差を縮小することで，Aピラー渦を弱めた(図7-30).

(c) ルーフとトランクエンドの関係について

ルーフ後端で下方に偏向された流れがトランクの後方に流れ込み，圧力が低くなると，車体後流の縦渦が強くなることに伴って抵抗が増加する(図7-31).

圧力を回復させ，縦渦を抑えるためには，トランク上面の後方延長および，高さを上げることが有効である．一方，トランクの高さは後方視界，トランクの後方延長は衝突時の機能に影響を与えるため変化量には制限がある．トランクに向かう流れは，ルーフ後端高さと形状によって変化するので，C_Dを低減できる最適なトランクエンド高さおよび位置はルーフ後端の影響を受ける．

アコードハイブリッドでは，ルーフ後端は前モデルよりも低く設定され，ホイールベースが25 mm短くなったことを考慮すると，前モデル同等の高さと位置に設定されたトランク後端は，相対的に延長された効果を得ている．また，トランク後端高さが視界性能の限界に近いために，トランク上面をダックテール形状にすることで，後端上面の気流排出角度を調整し，圧力回復を最適化した．さらに幅方向でもトランク後端高さを高く設定しており，抵抗低減のみならずリアリフトの向上にも役立っている(図7-32).

以上の最適化の結果として，前モデルに対して，トランク後端とサイドパネル後端との圧力差が小さくなり，車体後部の渦分布を変化させることができた．このことで，エクステリアによる渦抵抗が小さくなり，空気抵抗の低減を実現した(図7-33).

(3) 床下デバイスによる空力改善

床下デバイスによる抵抗低減は，床下を流れる空気をスムーズに流すことに加えて，床下を通過した流れが，図7-31に示した縦渦構造を変化させ，渦抵抗を低減することで達成される．

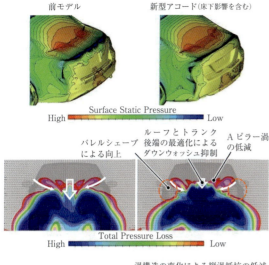

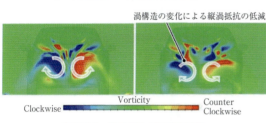

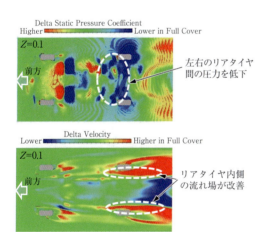

図7-33　前モデルと新型の比較

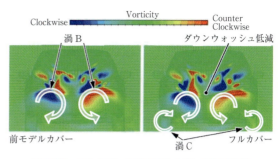

図7-35　フルカバーと全モデルカバーの渦度分布

図7-36　前モデルと新型のアンダーカバーの差

図7-34　前モデルカバーとフルカバーにおける速度および圧力係数の差異

先行検討段階では，CFDにおいて最大面積の床下デバイスを準備し，組合せ計算を行った．床下流れの改善に寄与している部分を解析した結果，左右のリアタイヤ間の圧力を下げると，内側への偏向の影響でリアタイヤ内側の流れ場が改善し(図7-34の速度差分中の白丸部)，全圧損失域の低減と車体後部の渦抵抗を低減できることがわかった．

リアタイヤ後ろの全圧損失域が小さくなったことで，リアタイヤ後ろに存在する渦が強化される(図7-35中の渦C)．この渦Cは，車体後流に存在する車体中央の吹き下ろしによる大きな渦Bと同相であり，渦Bの位置を変化させ，渦抵抗を低減している．

アコードハイブリッドの開発では，先行検討で得られた流れ場を実現するために，リアタイヤ内側斜め前のエリア(図7-36の赤丸部)で圧力を低下させることを床下デバイスの設計方針とした．最も低い位置に配置できる樹脂製カバーを用いて，リアタイヤ間に最低地上高の平面を設けることで，流速を増加し，圧力を低下させ，空気抵抗の低減を実現した．

(4) まとめ

アコードハイブリッドのフルモデルチェンジにおいて，他機能バランス，デザイン性を向上させつつ，

・全圧損失低減のため，バレルシェープ化の推進
・渦抵抗を弱めるため，Aピラー渦の低減およびトランク後端高さの最適化
・縦渦構造を変化させるため，床下デバイス設計にリアタイヤ間の圧力を下げるコンセプトを適用
・開発初期段階から，パッケージデザインにも空力向上要素を提案

の手法を用いることで，空力性能 $C_D \cdot A$ を前モデル比7％の目標を超えた8.3％向上させ，環境性能と燃費向上に貢献することができた．

7.2.4　ダイハツの開発事例

(1) はじめに

近年，地球温暖化など世界規模の環境問題を解決するため，CO_2 排出量削減，省エネルギーなどへの対応が急務となっている．そのため車両開発では燃費性能の改善が大変重要である．燃費改善に有効な手段の一つは空気抵抗の低減であり，空気抵抗係数(C_D値)の小さな車両開発が重要となっている．

全高が高い2BOXスモールカーは，前面投影面積

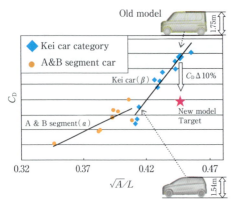

図7-37 $\sqrt{A/L}$ に対する C_D の傾向

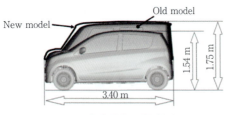

図7-38 軽自動車の諸元比較

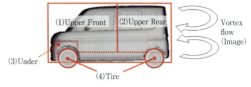

図7-39 C_D の分割領域

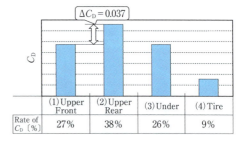

図7-40 旧型の部位別 C_D 比較(CFD)

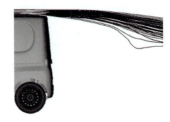

図7-41 上面からの流線(CFD)

が大きく全長も短いため，C_D 値が大きくなる傾向にある．今回，全高が1.75 mの軽自動車で，旧モデルおよび C_D 相場に対し約10%低減に相当する C_D 値の達成に挑戦した．この目標を達成するため，最も C_D 寄与の大きいリア周りについて，CFDと風洞を活用し後流渦をコントロールすることで，背面負圧を大幅改善できる手法を開発した．その結果，類車トップレベルの C_D 値の空力特性を低コストで達成し，燃費改善に貢献できた．本項はその技術内容について報告する．

(2) 2BOX スモールカーの C_D 相場と技術目標

2BOX スモールカーの開発にあたり，車両諸元に対する C_D 値の相場を調査した．車両諸元として前面投影面積 A と全長 L を無次元化した $\sqrt{A/L}$ を指標に，A・Bセグメントと軽自動車の C_D 値をプロットしたグラフを図7-37に示す．$\sqrt{A/L}$ が大きいほど C_D 値も大きくなる傾向が得られた．これは，A が大きく L が小さいほど，車両に押しのけられた空気の整流と収束が難しくなり，空気抵抗は大きくなることを示している．また，軽自動車の近似式の傾き β は，A・Bセグメントの傾き α より大きい．これは，軽自動車が全長約3.4 mの制限の中で，室内空間を大きくするために前後オーバーハングが短くなり，空気抵抗が大きくなりやすいことに起因する．軽自動車の中でも全高1.75 m（$\sqrt{A/L}$=0.45）の室内空間最大規模の旧モデルは，C_D 値が相場並みであった．新モデルの技術目標としては，C_D 相場の約10%低減に相当する C_D 値を低コストで達成させることに挑戦し燃費改善に貢献する．

ここで，今回挑戦する目標 C_D 値は全高1.54 mで流線型に近い軽自動車の相場相当(図7-38)である．

(3) 技術目標の達成に向けた取組み方針

(a) 現状分析(部位別 C_D の分析)

旧モデルから ΔC_D=0.030 の低減を目指し，CFD(数値流体解析)を用いて部位別(図7-30)の C_D を分析し，C_D 寄与の大きい部位を特定した．その結果，図7-40に示すようにアッパーのリア周りで全体の38%を占め最大の空気抵抗を発生している．これは背面部の面積が大きく，大きな後流渦を生じ，その負圧で背面全体が車両後方へ引っ張られるためと推定される．リア周りをフロント並みの C_D 値レベルに改善できれば，ΔC_D=0.030 の低減が可能となる．

(b) 現状分析(後流渦の分析)

旧モデルの後流渦の流れ構造をCFDと風洞実験で分析した結果，上面流れは後端で剥離し背面に巻き込む渦を生じない良い流れとなっている(図7-41)．これに対して，側面流れは背面に巻き込みバックドア近くで渦を巻き強い負圧を生じている(図7-42)．さらに，下面から巻き上がる流れもリアバンパで渦を巻き強い負圧を生じている(図7-42)．図7-43の車両周囲の平均風速から，側面流れと下面流れは上面流れに近い比較的速い流速で運動エネルギーが大きいことがわかる．以上から，旧モデルのリアの空気抵抗が大きい理由は，側面と下面からバックドアやリアバンパに

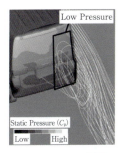
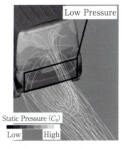

図 7-42　側面および下面からの流線（CFD）

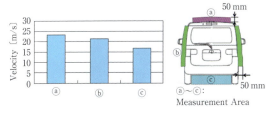

図 7-43　車両周囲の平均風速と計測範囲（CFD）

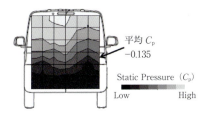

図 7-44　背面圧力分布（風洞）

図 7-45　風流れイメージ図

図 7-46　フロントスポイラ

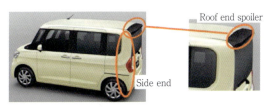

図 7-47　ルーフエンドスポイラと側面後端

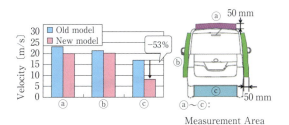

図 7-48　車両周囲の平均風速と計測範囲（CFD）

生じる渦により，平均圧力係数 −0.135 の強い負圧で背面が引っ張られているためとわかった（図 7-44）．

(4) 背面部の C_D 低減技術

(a) 背面負圧改善手法の仮説立案

背面負圧を改善する従来手法として，上面，側面，下面からの風流れの流速を合わせて剝離させ，後流渦をバランスさせる手法がある．しかし，このような流れ場を生み出すためには，旧モデルの床下をフルアンダーカバー化して減速させずに整流しディフューザで切り上げることで，上面からの風流れと釣り合わせる必要がある．これにはアンダーカバー類を多用するため，大幅なコストアップと質量増加を伴う．

今回の開発では，低コストで低燃費を達成させるため，上記とは違う手法開発に挑戦した．現状分析で述べたように，旧モデルの側面流れと下面流れは上面流れに近い比較的速い流速で運動エネルギーが大きく，この側面流れと下面流れが背面に巻き込み，背面近くで渦を巻き強い負圧を生じている．この負圧を改善する手法として，以下の仮説を立てた（図 7-45）．

① フロントスポイラを用いて下面流れを減速・整流し，床下抵抗を低減する．

② 減速して曲がりやすくなった下面流れを適切に切り上げたリアバンパ下端から巻き上がらせる．

③ 下面からゆっくり巻き上がった運動エネルギーの小さな流れで背面後方の渦域を満たす．

④ 上面および側面後端形状を絞ることで，後流渦域を小さくし，リアバンパ下端から巻き上がる流れ（流量）で満たしやすくする．

⑤ 上面と側面からの風流れは，③④のためにバックドア側へ巻き込まない良い流れとなる．

①～⑤の結果として，背面近くに強い渦を生じない後流となり，アンダーフロアカバー類を多用する方法よりも低コストで背面負圧を改善できる（仮説）．

(b) 新モデルによる背面負圧改善の仮説検証

前述の仮説を新モデルへ適用した．フロントスポイラを設定し，できるだけ小型で下面流速の低減と整流効果が得られる形状を検討し決定した（図 7-46）．また，最適角度の樹脂バックドア一体型のリアスポイラと車両側面後端に適切な絞り，さらにリアバンパ下端切り上げ形状を織り込んだ（図 7-47）．

上記形状を新モデルへ織り込み CFD で検証した結果，図 7-48 のように下面流れについては平均流速が

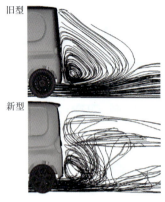

図 7-49　下面からの流線（CFD）

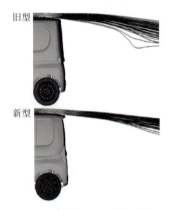

図 7-50　上面からの流線（CFD）

図 7-51　側面からの流線（CFD）

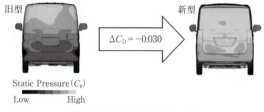

図 7-52　背面圧力分布（CFD）

図 7-53　新型車の流線（風洞）

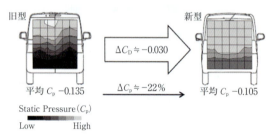

図 7-54　背面圧力分布（風洞）

半減してゆっくり巻き上がり，運動エネルギーの小さな流れで背面後方の渦域が満たされた（図 7-49）．この効果で上面と側面からの風流れは，バックドア側へ巻き込まない良い流れに改善し，仮説の流れ構造を実現できた（図 7-50，図 7-51）．

これらの背面後方の流れ改善の結果，背面負圧が仮説通り大幅改善し，リア周りで目標としていた旧モデルから $\Delta C_D = 0.030$ の低減ができた（図 7-52）．

CFD で検証した結果を，実車を用いて風洞で確認した．その結果，CFD と同等レベルのフローパターン（図 7-53）と背面圧力の改善（図 7-54）を得た．背面圧力係数は，旧モデルの -0.135 から -0.105 へ約 22% 改善し，リア周りの C_D 値としても CFD と同等の低減値を確認した．

(5) 背面部以外の C_D 改善

本開発においては，旧モデルよりさらに大きく見せるデザインコンセプトにより，フロントウインドウの傾斜角を約 8 度立てた．そこで，以下の改善を織り込むことにより，前回りの C_D 値としては旧モデルと同等を確保した．

・A ピラーモールの幅拡大による，A ピラー流れの改善
・フロントバンパコーナ形状最適化による剥離縮小
・フロントウインドウの平面ラウンドの拡大による受圧低減

上記および背面部の C_D 改善により，車両トータルで目標の C_D 値を達成できた．

(6) 部位別 C_D の改善比較

車両各部位の旧モデルに対する C_D 値低減代を図 7-55 に示す．目標 C_D 値達成の内訳としては，狙い通りのリア周りの改善と，フロントスポイラの受圧抵抗増加分については，フロント周りとアンダー領域と

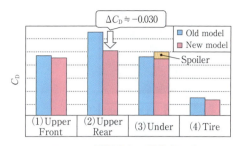

図7-55 部位別 C_D の比較(CFD)

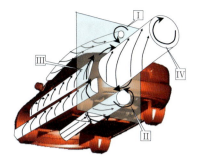

図7-56 空気抵抗の発生の要因となる車両周りの渦構造[5]

タイヤの抵抗低減で改善できた．

(7) まとめ

全高が高い2BOXスモールカーの C_D 値低減にあたり，以下の取り組みによって，類車トップレベルの C_D 値を低コストで達成し，燃費改善に貢献することができた．

① 旧モデルの C_D 値の部位別寄与はリア周りが最も大きく，その原因は背面部に側面と床下から巻き込む渦により，強い負圧が発生するためであるとわかった．

② CFDと風洞を活用し後流渦をコントロールすることで，低コストで背面負圧を大幅改善できる新手法を開発した．

③ 新手法は，下面流れを適切に減速し運動エネルギーの小さな流れで後流を満たし，上面と側面からの剥離流れを背面部に巻き込ませないことで負圧改善させる．

7.2.5 マツダの開発事例

(1) はじめに

近年，燃費向上や CO_2 削減は自動車開発の重要課題となっており，これに大きく寄与する空気抵抗の低減が空力開発における重要な目的となっている．一方で，空気抵抗は車体形状に依存するため，商品性や他機能との両立が開発課題となる．特にマツダでは，デザインにより「ダイナミックで生命感のある動き」を表現することを狙っており，このデザイン表現を妥協せず，空気抵抗を低減させることが使命となる．さらに，燃費低減に大きく寄与する軽量化実現のために必要最小限の空力付加物の設定で空気抵抗を低減させる必要がある．これらのチャレンジをやり遂げ，クラストップレベルの空気抵抗低減を効率的に実現するために，CX-5，アテンザ，そしてアクセラの開発で培ってきた車格を超えた共通の空力開発コンセプトを基軸とし，空力開発プロセスをCFDのフル活用によりさらに進化させた．本項では，デミオとCX-3の空力開発のコンセプトとプロセス，そして空気抵抗低減技術について述べる．

(2) 空力開発共通のコンセプト

共通の空力開発コンセプトは一括企画開発[4]の考え方に基づいて構築した．これは，次の①～③の通り，車格，セグメントを超えてプラットフォームを共通化し，そこから派生させて個別車種を開発するものである．

① 商品開発に先駆け，各性能をベストにするために必要な要素技術を開発する．

② 開発した技術を車格，セグメントを超えた共通のプラットフォーム基本構造に織り込む．

③ 各車種に共通プラットフォーム基本構造を織り込み，残りの個別要素を車種ごとに開発する．

空力開発では，まず，①の要素技術の開発段階で，空気抵抗低減の共通コンセプトを構築した．この共通コンセプトはこれまでの研究から明らかになった空気抵抗の発生の要因となる特徴的な渦構造の抑制を要素技術とした．この渦構造は図7-56に示すように，(I)アッパー領域，(II)床下領域，(III)ボデーサイド領域に分けて考えることができ，各部位の渦を弱めることで，空気抵抗に支配的である(IV)車体後方の渦を抑制するものである[5]．加えて，これらの渦構造に対し，車両後方の上下の流れを制御して一箇所に集約させることにより(IV)車体後方の渦を抑制し，空気抵抗を大幅に低減できる[6]ことを見出し，この流れ構造を空気抵抗低減の共通コンセプトとした．

②のプラットフォーム開発の段階では，床下流れの理想ラインを定義し，このラインに沿った床下基本構造を共通プラットフォームに織り込むことで，空気抵抗低減の共通コンセプトとした流れを実現した(図7-57)[6]．

③の個別車種開発の段階では，この共通プラットフォームを各個別車種に織り込み[7]，アッパー領域の渦構造を変化させるエクステリアデザイン領域，床下とボデーサイドの渦構造を変化させる車高とタイヤサイズなどの変動要素についてのみ開発を行うことで開発期間の短期化を実現した．

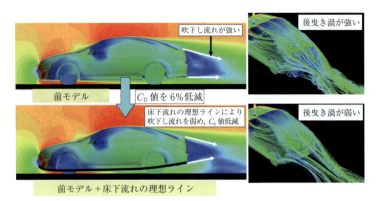

図 7-57 床下理想ラインによる空気抵抗低減の共通コンセプト[6]

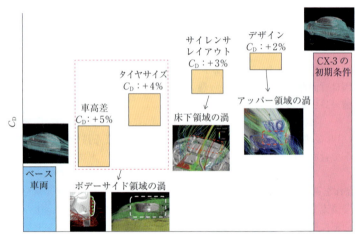

図 7-58 デミオと CX-3 初期スタイリングとの C_D 値と渦構造の変化[8]

(3) CFD の本格適用による開発プロセスの効率化

CX-5, アテンザ, アクセラの変動要素の空力開発では, 変動要素による渦構造悪化の抑制, そのための形状の最適化を風洞実験主体で行った. 一方で, 風洞実験主体の空力開発では, 可視化や流れ現象の理解に必要な速度や圧力等の計測, 実験用のモデル作成に時間を要する. これにより, 改善案の検討に時間を要し, デザインや他性能の検討に対し, 空力性能からの提案に遅れが生じる. この課題を克服するために, 流れ場の分析と可視化, そしてモデル作成が容易な CFD を空力開発のメインツールとすることにより, 空気抵抗低減検討の短期化による効率化を検討した.

CFD の予測精度を向上させるため, CX-5, アテンザ, アクセラの変動要素開発に並行して, CFD と風洞の流れ場を比較検証し, メッシュの解像度と乱流モデルを最適化する活動を行った. 特に, 境界層メッシュのサイズと厚み, そしてホイールハウス周りの空間メッシュの解像度を上げることが精度向上に効果的であった. これらの検討の結果, CFD の予測精度を向上させ, C_D 値の予測誤差は 3% 以下と開発適用可能なレベルとした[8].

この精度向上させた CFD を変動要素に対する空力開発のメインツールとして, デミオ, CX-3 の空力開発に適用した. そして, 流れ場の分析と可視化, そしてモデル作成が容易な CFD の利点を活用し, 開発プロセスの効率化を行った. 以下, デミオをリードビークルとして, そこから派生させて個別要素を開発した CX-3 の C_D 値低減開発[8]を実例として, CFD を活用して効率化を行った開発プロセスについて述べる.

CX-3 の変動要素の C_D 値低減開発では, まず開発要素を明確にするために, ベース車両に対する変動要素の影響を明確にした. ドラスティックな仕様変更も容易であり, 短期間での流れ場分析が可能な CFD の利点を活かし, 変動要素の変化による渦構造の変化を一つ一つ段階的に再現し, 渦構造と C_D 値の変化を確認した(図 7-58). その結果, 変動要素が及ぼす影響を分類でき, それぞれの C_D 値への寄与度と渦構造の変化を明らかにできた. さらに CFD を活用し, 車体周りの流れの変化を分析することで, 短期間で渦構造の悪化要因を特定できた. その結果, 初期段階で開発課題を明確にし, 改善の見通しを立てることができ (図 7-59), 空力開発を短期間で効率的に進めること

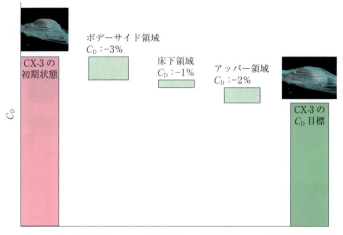

図7-59　CX-3空力開発でのC_D値目標および各領域でのC_D値改善の戦略[8]

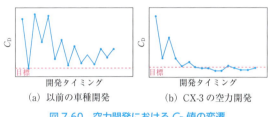

図7-60　空力開発におけるC_D値の変遷

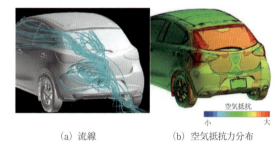

図7-61　デミオのバックウインドウ周りの流線および空気抵抗力分布（リアサイドスポイラなし時）[9]

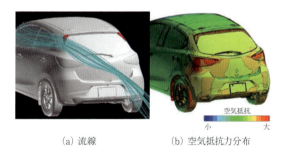

図7-62　デミオのバックウインドウ周りの流線および空気抵抗力分布（リアサイドスポイラ設定時）[9]

ができた．

このように，CFDを空力開発のメインツールとし，流れ場の分析と可視化，そしてモデル作成が容易なCFDの利点を活かし，共通の流れのコンセプトに対する各車種の個別要素の変化による渦構造の変化を効率的に見出し，改善させた．これにより，変動要素の空力開発において，以前の車種開発（図7-60(a)）に比べ，空気抵抗低減開発の短期間での収束を実現し（図7-60(b)），空力開発プロセスの効率化が実現できた．

（4）デミオとCX-3の空気抵抗低減技術

上述の空力開発共通のコンセプトおよびプロセスをデミオ，CX-3に適用し，各セグメントでトップクラスの空気抵抗低減を目指した．この実現のため，車両周り流れの(I)アッパー領域，(II)床下領域，(III)ボデーサイド領域，(IV)車体後方の渦構造を抑制し（図7-56），車両後方の上下の流れを一箇所に集約させ，(IV)車体後方の渦をさらに抑制する空気抵抗低減の共通コンセプト（図7-57）を実現する技術を織り込んだ．この空気抵抗低減技術について，以降で(I)〜(IV)各領域の実例を紹介する．

（a）アッパー領域での空気抵抗低減技術

アッパー領域では，空力開発上で共通の課題であった，ハッチバック車形でのバックウインドウを前傾させたスタイリングと空気抵抗低減の整合について，デミオの開発事例[9]を例に報告する．

図7-61に示すように，バックウインドウを前傾させたスタイリングにより，リアピラーからバックウインドウに流れが巻き込み，この領域で空気抵抗が増大していた．この渦の抑制のため，本箇所にリアサイドスポイラの設定を検討した．CFDによる，流れ現象の見える化，検討期間の短期化の利点を活かし，この渦を抑制し，かつ見栄え，コスト，取付け構造と整合できる形状を効率的に見出した．結果，バックウインドウを前傾させたスタイリングを活かしつつ，図7-62の通りバックウインドウに巻き込む流れを抑制し，空気抵抗を低減した．

このリアサイドスポイラを共通の空気抵抗低減技術

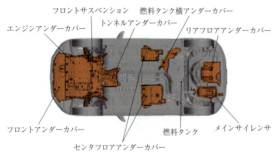

図 7-63　デミオの床下空力付加物設定[9]

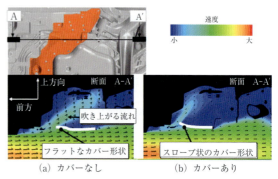

図 7-65　燃料タンク左側の速度ベクトル分布[9]

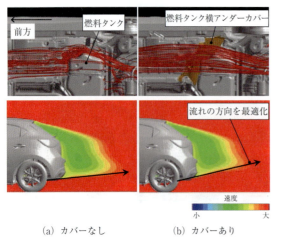

図 7-64　燃料タンク周りの流線および車両後方の速度分布[9]

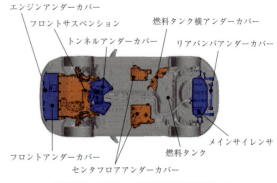

図 7-66　CX-3 の床下空力付加物設定[8]

として，デミオ，CX-3 に織り込み，他の技術とも併せて，アッパー領域で空気抵抗低減のコンセプト流れを実現した．

(b) 床下領域での空気抵抗低減技術

デミオ，CX-3 の床下領域では，車両後方の上下の流れを一箇所に集約させる空気抵抗低減の共通コンセプト(図 7-57)を軽量化と整合させた上で実現させることを目指した．以下，デミオ，CX-3 の床下領域の空気抵抗低減事例[8][9]について報告する．

まず，デミオをベース車両として床下のレイアウト検討を行った．そして，CFD の利点を活かして，流れのコンセプトを実現できる必要最小限の床下空力付加物設定を見出した(図 7-63)．実例として，燃料タンク横アンダーカバーでの空気抵抗低減事例について述べる．床下詳細設計段階において，燃料タンクの前側と横側の領域で流れが巻き上がることにより，床下の渦が増大することがわかった(図 7-64(a))．この結果から，本箇所は空気抵抗低減のための重要ポイントと判断し，カバーの設定を検討した．カバーの具体化を検討する段階において，流れ場解析の結果より，燃料配管との干渉防止のために必要な隙間から燃料タンク横に流れが巻き上がっていることがわかった(図 7-65(a))．この流れの抑制のために，必要な隙間を確保しつつ，巻き上がる流れの流路を狭めるカバー形状を見出し，流れを改善した(図 7-65(b))．CFD の検討サイクルの短さにより，短期間で空気抵抗低減のコンセプト流れを実現できるカバー最適形状を効率的に見出すことができた(図 7-64(b))．

次に CX-3 では，(3)項で述べたデミオと CX-3 の渦構造の変化を分析した結果(図 7-58，図 7-59)から，デミオと部品を共通化し，個別の床下空力付加物の設定を必要最小限とした上で流れのコンセプトを実現できる仕様を見出した(図 7-66)．その実例として，リアバンパに設定したアンダーカバーでの空気抵抗低減事例について述べる．CX-3 のユニーク部品であるサイレンサ下を通った流れがリアバンパ内側に巻き込み，車両後部で乱れていることを見出した(図 7-67(a))．本箇所は空気抵抗低減のための重要ポイントと判断し，カバーの設定を検討した．高温となるサイレンサと樹脂製カバーとの間に要求される必要な隙間からリアバンパ内へ巻き込む流れが課題であったため，本カバーに耐熱性の高い樹脂を採用し，隙間を最小とした．加えて，CFD による流れ場分析を行い，リアバンパの内側に巻き込まないようにしつつ車両後方の上下の流れが一箇所に集約するように，床下から車両後方に吹き出す流れを車両後方上側に導風する形状を見出し

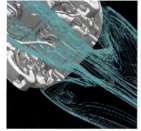 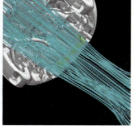

(a) カバーなし　　　　(b) カバーあり

図7-67　CX-3 リアフロア周りの流線[8]

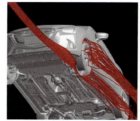 

(a) デフレクタなし　　　(b) デフレクタあり

図7-69　デミオのフロントタイヤ周り流線[9]

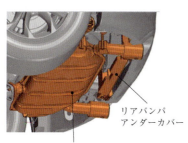

図7-68　CX-3のリアバンパアンダーカバー[8]

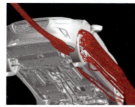 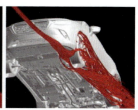

(a) デフレクタなし　　　(b) デフレクタあり

図7-70　CX-3 のフロントタイヤ周り流線[8]

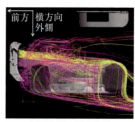 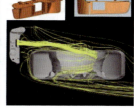

(a) 冷却口最適化前　　　(b) 冷却口最適化後

図7-71　デミオのフロントタイヤデフレクタのブレーキ冷却口を通る流線[9]

(図7-68)採用した．これにより，リアバンパ下から車両後方への流れを整流し(図7-67(b))，空気抵抗低減のコンセプト流れを実現した．

(c) ボデーサイド領域での空気抵抗低減技術

デミオ，CX-3に対し，前後タイヤの前にタイヤデフレクタを設定し，ボデーサイド領域の渦の抑制により，空気抵抗低減のコンセプト流れを実現した．以下，デミオ，CX-3のフロントタイヤデフレクタによる空気抵抗低減事例[8][9]について報告する．

操縦安定性の向上と力強いデザインの実現のため，デミオ，CX-3では，車格に対して幅，径方向に大きいタイヤを採用した．これは，タイヤ周りで生じる渦が大きくなる方向であり，ボデーサイド領域ではこの渦の制御が課題であった．この渦の抑制のため，CFDによりデフレクタからタイヤ周り，さらに下流側に至る流れを見ながら，本領域の整流を検討した．そして，見栄えやレイアウトとも整合取りさせた上で，タイヤ上部，ホイール開口から生じる渦を抑制した(図7-69，図7-70)．

加えて，軽量化のためブレーキロータを小型化し，放熱量減により目減りした冷却性能を空気の流れでリカバリすることも検討した．具体的には，ブレーキ冷却のため，フロントタイヤデフレクタに開口を設けた．必要な冷却性能から経験的に設定した初期の開口状態に対し，CFDでの流れ現象の見える化により，効率的な開口位置，大きさ，導風ダクト形状を見出した(図7-71)．結果，ブレーキ冷却性能を満たし，かつ空気抵抗もロスのないフロントタイヤデフレクタのブレーキ冷却開口を実現した．

デミオ，CX-3に，このデフレクタによるタイヤ周り流れ整流の共通思想を適用し，タイヤ周りの渦，乱れの抑制により，空気抵抗低減のコンセプト流れを実現した．

(d) 車両後方での空気抵抗低減技術

デミオ，CX-3両者において，アッパー領域，床下領域，ボデーサイド領域の渦構造の抑制により，車両後方の上下の流れを制御して一箇所に集約させる空気抵抗低減のコンセプト流れを実現した(図7-72)．

(5) まとめ

デミオとCX-3の開発の最終段階にて，検証車両を用いた風洞実験の結果，空気抵抗係数と前面投影面積(F_A)の積である$C_D \cdot F_A$について，当初の狙い通りクラストップレベルの空気抵抗低減を確認した[8][9]．これにより，CFDをメインツールとした効率的な空力開発プロセス，そして空気抵抗低減技術の実効性を確認できた．

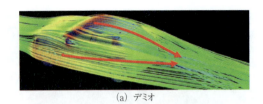

(a) デミオ

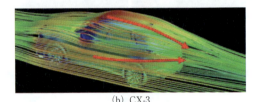

(b) CX-3

図7-72 デミオとCX-3の車両周りの流線[8][9]

7.2.6 スバルの開発事例
(1) 技術開発の狙い

空力技術の研究開発にとって重要なテーマの一つである空気抵抗係数(C_D値)低減は，燃費向上のために不可欠な要素開発である．クルマの本来の目的である移動手段として，航続距離を伸ばしてどこまでも行ける性能を高めながら，安心して愉しめる運動性能との調和に向けた技術開発が進められている．欧州市場はもとより，米国市場における速度規制の緩和傾向，中国市場における高速道路網の急激な拡大等，高速走行安定性の要望は高まっている．

一方，120 km/hで走行抵抗の70〜80%を占める空気抵抗の低減は，加速度的に厳しさを増す各国燃費規制をクリアして，競争力のある商品力にまで高める技術要素として，開発が進められている．

(2) レガシィアウトバックの開発事例

2014年に発売されたスバル レガシィアウトバックを題材に，旧型に対する新型の改善点や特徴的な部位を中心に，空気抵抗低減の開発事例の紹介を行う．

開発の初期段階では，文献・論文による技術動向調査，他銘車のベンチマーキングからの技術抽出と将来予測，燃費目標との整合から競争力のあるC_D目標設定が開発の準備となる．同時に，現行車をベースにCFD(数値流体力学)解析による現象の見える化とメカニズム解明から，性能向上の狙いどころと改善効果の数値化を進めることで，目標達成に向けた性能設計がスタートする．

空力開発の性能要件は，車両の全域にわたり，部品，部位ごとの効果は単独では大きいものではなく，全体を整合させながら，積み上げて効果が発揮されるため，相反要件となる視界，居住性，荷役性等，見て，乗って，使ってわかる性能や冷却熱害性能等のバイタルな不具合に至るものに比べて性能訴求の方法に工夫が必要になる．したがって，相反性能に先行した要件提示や定量的な効果の見える化等が，開発を円滑に進める上での鍵となる．その意味において，精度と限界を見極めた上で，モデルベースで進められるCFD解析は，先行検討の中心的な役割を担うことになる．

空力処理の効果や流れの違いをビジュアルで示すことができるCFD解析は，可視化ツールとして強力な説得力をもつ．解析モデルは，車両外表面や床下部品はもとより，エンジンルーム内についてもエンジン，トランスミッションをはじめとして，補機類の小部品までを緻密に再現している(図7-73)．具体的な開発プロセスとしては，CFDと風洞試験の相関をとりながら，エネルギー損失を拡大させている理由を後方からさかのぼって，その発生部位と原因を探りメカニズムを解いて対策を織り込んでいくという手番になる．

(3) エクステリアの空力開発

意匠，居住空間や視界性能を犠牲にしない空力性能開発を基本として，サイドシルエットは，フロントバンパ前端からフロントウインドウ，さらにルーフ前端から中央部に至るまでのラインに適合させたルーフ後端の最適設定を行った(図7-74)．車両側面の絞り込みは，オーバルシェープを基本に車両の前端と後端に重点を置いて荷役性やランプの法規適合性等との調整が進められた．

(a) ルーフスポイラの適用

流速を制御して後流の収束性を高めるため，ルーフスポイラの傾斜角度・長さを車両側面と床下流れに合

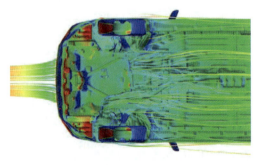

図7-73 CFD解析モデルは，床下流れに影響するエンジンルーム内の流れを制御するためにエンジン，トランスミッションをはじめとして，補機類の小部品まで緻密に再現している

図7-74 意匠や居住空間，視界を活かした性能開発を基本的な考え方として，ルーフラインや車両側面シルエットの空力上の適合を図った

図7-75 ルーフ後端のスポイラは低C_D化と走行安定性を高めるために欠かせない空力アイテムである（左：旧型　右：新型）

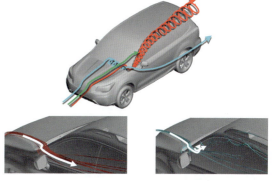

図7-77 カウルパネルの溝から発生する渦とAピラーから発生する渦は合流して後方に向かって大きく成長していく．これを抑えることが開発のポイント

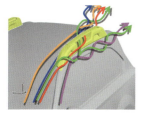 

図7-76 ルーフレールは機能性と空気の乱れをどこでバランスさせるかが開発のポイントとなる

わせて適正化している．また，ルーフスポイラは，ルーフと車両側面との境界部分で発生する不安定な流れの挙動を抑えて，実走環境での偏向風に対するロバスト性を高める効果も併せ持っている（図7-75）．

　(b) ルーフレールの流れの改善

　アウトバックのキャラクタを印象づける大型ルーフレールは，スバルの主要市場である米国では機能上，欠かせないツールであるが，空力開発上は非常に厄介な装備である（図7-76）．このルーフレールの中央部に設けられている開口では，流速差により，外側の流れが内側へ流れ込み干渉が起きている．ここから発生した縦渦を車両後方まで引きずることで，後流の収束性を乱している．新型車では，中央開口部後方のレッグ形状の前面を流れに対向する角度に設定して，開口部の圧力を高めながら，開口の外側から内側への流れ込みを制限することで，渦を弱めて損失エネルギーを低減している．

　(c) Aピラー周りの流れの改善

　フロントフードとフロントウインドウの接点は，主流に対する角度差と溝／カウルパネル部が，流れの淀み点となり，そこで発生する緩やかな縦渦は，溝の中央部から圧力の低いAピラーの付け根に向かって発達しながら流れ，その後方で発生する縦渦の起点となっている．一方で，カウルパネルを乗り越えて，フロントフードからフロントウインドウへ向かう流れは，放射状にルーフ側へ流れるものとサイドガラスへ回り込む流れに分かれる．特に，サイドガラスへ回り込む流れは，速度差をもった主流との合流境界部となるため，Aピラー側面後端から縦渦が発生し，カウルパネル起点の縦渦と重なり合って，強い渦となり，サイドレールに沿って移動して車両の後流を乱している（図7-77）．新型車では，カウルパネル部の溝の縮小，Aピラー前面幅の拡大，フロントウインドウとAピラーの段差縮小，Aピラーとサイドガラスの段差縮小等で，Aピラー後端での流れの剥離を抑えて縦渦を弱めている（図7-78）．

　(d) タイヤ・ホイール周辺の流れ改善

　タイヤハウスやホイール周辺部では，車両前側からフロントバンパ下端を通って床下を抜けてきた流れがタイヤハウスやホイール開口部から車両側面に吹き出し，主流との干渉を起こしている．また，ホイール側面を通過する流れが隙間や造形面との段差によって乱さ

図 7-78 前方の渦を小さく抑えた結果，後流構造を良化させることができた．左：旧型は，縦渦方向の流れが支配的で後流の収束性を乱している．右：新型は，後方に向かう流れが強まり収束性を高めている

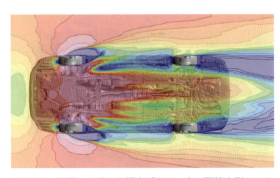

図 7-80 床下への流れを極力減らす．次に両輪内側にできる限り集めて減速させない．車両の側面への流出を極力減らす

図 7-79 床下やエンジン房内からの流れを制御して，タイヤ側面への吹き出しを減らして側面流れの干渉を抑え込むとともに流れの付着性を高めている

れて縦渦となり，これが車両後流部にまで到達して，エネルギー損失を大きくしている．新型車では，実用性能，意匠とブレーキ冷却性能との整合を図りながらホイール開口の部位と面積を調整した．加えて，サイド面の段差を極力減らして，流速低下を防いでいる（図 7-79）．

(4) アンダーカバー&パーツの開発

車両床下の空気の流れをコントロールする基本的な考え方は，床下への流れを極力減らす．次に，左右両輪の内側へできる限り流れを集めて減速させない．両輪外側は，タイヤに衝突する流れやタイヤハウスへの流れ込み，車両の側面への流出を極力減らす（図 7-80）．この考え方に沿って，床下基準面を設定し，この面に合わせて部品を配置することを性能設計のコンセプトとした．床下部品は，空力要件と相反する整備・車両搬送・製造要件を織り込んで，最大限の効果を発揮する形状や位置，高さを部品/部位ごとに織り込んでいる．大型化して車両下面をふさぐアンダーカバーは，冷却熱害性能と相反するが，各走行条件での課題をクリアする必要条件を部品形状に織り込んだ上で，性能の両立を実現している．

また，床下カバー面積拡大による質量増加を抑えるために部品の偏肉化/薄肉化を進め，強度，剛性と軽量化の両立を図っている．偏肉化は耐チッピング性や低温衝撃性をシミュレーションして，必要板厚と取付け構造を決めている．後輪前のディフレクタはタイヤ，サスペンションへの空気の流れを制御して，抵抗を軽減しながら，車両内側に伸ばしてサスペンションメンバのチッピングカバーの機能を統合することで効果アップと軽量化を図っている．

(5) 今後の空力開発の方向性

商品コンセプトの制約や限られた時間の中で空力性能要件の織り込みを進め，C_D 値は旧型に対して 8.5% の改善を図ることができた．今後は，低 C_D 化を進めることを継続しながら，気象状況や地形，建物，並走車，実路面等の実環境からの影響に対してロバスト性の高い走行安定性能に軸足を移して空力技術開発が進められる．飛躍的に増加するリアルワールドでのパラメータ処理のために，新たな計測技術開発や従来手法を発展させながら，CFD の精度向上とスピードアップが不可欠となってきている．

参 考 文 献

(1) 山崎博之，土岐由美子，村山俊之：プリウスの空力性能開発．トヨタ・テクニカル・レビュー，Vol. 57, No. 1, p. 20-26 (2010)
(2) 寺門晋，槇原孝文，前田和宏：空気抵抗低減に向けた車両後流構造に関する一考察，自動車技術会学術講演会講演予稿集，No. 78-15, p. 1860-1865 (2015. 5)
(3) 北沢祐介，寺門晋，市川創，前田和宏，日野雄太，田中一伸：風と友だちになる！〜新型プリウスの空力性能開発．トヨタ・テクニカル・レビュー，Vol. 62, p. 71-77 (2016)
(4) マツダの構造改革とブランド価値の向上に向けた取り組み，MAZDA ANNUAL REPORT, p. 16-27 (2008)
(5) 農沢隆秀，岡田義浩，大平洋樹，岡本哲，中村貴樹：自動車の空気抵抗を増大させる車体周りの流れ構造：第 2 報，セダン車体の特徴的な流れ構造，日本機械学会論文集 B 編，Vol. 75, No. 757, p. 1807-1813 (2009)
(6) 木村隆之，清武真二，阪井克倫，小橋正信，上野正樹，近藤量夫，伊藤司，岡本哲：SKYACTIV-ボディ，マツダ技報，No. 29, p. 61-67 (2011)
(7) 木村隆之，橋本学，中内繁，田中裕充，近藤量夫，岡田義浩：CX-5 SKYACTIV-BODY ストラクチャの開発，マツダ技報，No. 30, p. 103-108 (2012)
(8) 中田章博，岡田義浩，岡本哲，伊川雄希，李曄，田中松広：新世代 B カー商品群の空気抵抗低減技術とそれを実現するための空力開発のコンセプトおよびプロセス，自動車技術会春季大会学術講演会講演予稿集，No. 23-15, p. 583-588 (2015)
(9) 伊川雄希，岡田義浩，岡本哲，中田章博，李曄，田中松広：空力シミュレーションを本格活用した小型ハッチバック車の空力抵抗低減技術，自動車技術会秋季大会学術講演会前刷集，No. 147-14, p. 1-6 (2014)

第8章　商用車，鉄道車両の空力技術

8.1　商用車の空力技術

8.1.1　商用車を取り巻く環境

　自動車の環境対策が注目される中，エネルギーの使用の合理化等に関する法律（改正省エネ法：2006年施行）に基づき，車両総重量（GVW）3.5 t 以上の車両に対する重量車燃費基準が設けられ，現在販売されている車両の商品カタログへの燃費値の表示が義務づけられている．一方，目標年以前に燃費目標を達成した車両に関しては，達成度に応じて，自動車重量税と自動車取得税が軽減される優遇措置制度が設けられている．

　このような背景により，商用車の商品力で，燃費性能の重要性がさらに高まっていることから，国内商用車メーカ各社の車両開発で，燃費性能の向上が近年の最優先課題の一つとなっている．

　また，年々厳しさを増すディーゼルエンジンの排出ガス規制対応として，高性能過給機やEGR（排気再循環）装着などにより，エンジンルーム内部品の高密度実装と高温化が進んでいる．さらに，ディーゼル微粒子捕集フィルタ（DPF）や選択触媒還元脱硝装置（SCR）などの大型の環境対策用排気ガス後処理装置の搭載や，騒音規制対応としてのエンジン，トランスミッション下のカバーの強化により，これまで以上にエンジン冷却性能の向上と熱害対策が必要になっている．

　冷却性能向上と熱害対策として，ラジエタグリルからより多くの冷却風の取入れが必要となるが，冷却風の増加はエンジンルーム内の圧力を上昇させ，空気抵抗を悪化させるトレードオフの関係となるため，車両開発時における空力-冷却性能の最適化が重要な課題となっている．

8.1.2　貨物自動車の車両形態と環境影響

　日本国内における貨物自動車（トラック，トラクタ）とバスの外形状を決める要素として，外寸法と，アプローチ角（フロントオーバーハング）および，デパーチャ角（リアオーバーハング）が挙げられる．日本国内において，外寸法は，車両と架装物を含め，全長は一部の連結車（トレーラ）を除き12 m 以内，全幅は2.5 m 以内，全高は3.8 m 以内（空車時）と規定されている（図8-1）．

　アプローチ角，デパーチャ角に関しては，道路運送車両法の道路運送車両の保安基準で，貨物自動車が乗用車に追突した際に車体下部への潜り込みを抑制するフロントアンダーランプロテクタ（FUP）と乗用車が貨物自動車へ追突した際の潜り込みを抑制するリアアンダーランプロテクタ（RUP）の高さ，前後位置が規定されている以外は，各車両の用途に対する車両メーカ各社の社内基準で決められている．アプローチ角，デパーチャ角が地面に対して大きくなれば，悪路や急斜面出入口での走破性が向上する一方，タイヤなどの車両床下部品が走行風に対してむき出しになるため，高速走行時の空気抵抗が悪化する．このため，図8-2のように，走破性が優先されるダンプトラックなどに比べ，燃費を優先する長距離輸送用の大型貨物車両や観光バスでは，地面に対して小さいアプローチ角が設定されている．

　現在，日本国内で生産される貨物車に関しては，軽自動車から大型車に至るまで，乗員がエンジン搭載位置の上に着座するキャブオーバーエンジン（以降，キャブオーバー型）形式が一般的で，観光バスでは，エンジンを車両後方に搭載するリアエンジン形式が主流である（図8-3）．これは，車両の全長規制内で，積載容積や乗員スペースを効率的に確保できることと，日本国内の道路環境での旋回要件によるものである．

　一方，ボンネット型車両は，車両前端～架装物間距離が長いため，キャブオーバー型に対し空力特性が優れていることや，クラッシャブルゾーンを大きく確保

図 8-1　大型貨物車（トラック）の車両寸法

ダンプトラック　　　　　長距離輸送用トラック

図 8-2　アプローチ角度 α，デパーチャ角度 β

キャブオーバーエンジン　　　　リアエンジン

図 8-3　エンジン搭載位置

三菱 T330型（1960年）　　三菱 B46型（1932年）

図8-4　ボンネット型のトラック・バス

図8-5　チルトキャビン

図8-6　キャブ周りの圧力損失領域

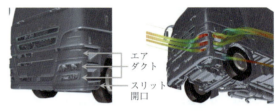

図8-7　バンパエアダクトでの気流制御

（a）標準キャブ　　（b）フロア位置の高い　　（c）長さが短いキャブ
　（多目的用途）　　　キャブ（高出力車など）　　（荷箱長の拡大用途）

図8-8　キャブの標準仕様

できるため，燃費性能と安全性能に優位性がある．このため，道路幅が広く，走行距離の長い北米や豪州の大型貨物自動車や路線バスでは一般的な形式となっている．

国内でも，1960年中頃までは，ボンネット型の貨物自動車やバス（図8-4）が主流であったが，1949年に富士産業株式会社（現在の株式会社SUBARU）が国内初のリアエンジンバスを製造，1959年に日野ディーゼル工業株式会社（現在の日野自動車株式会社）と三菱日本重工業株式会社（後に三菱ふそうトラック・バス株式会社へ分社）が国内初のキャブオーバー型トラックの製造を開始すると，輸送効率の高いキャブオーバー型に市場シェアを奪われていった．

軽トラックを除くキャブオーバー型貨物自動車では，エンジンなどのメンテナンスのために，キャブをお辞儀させて，エンジンルームを暴露させるチルト式キャブを採用している（図8-5）．

チルトキャブでは，シャシに固定されているバンパなどの部品との動的干渉を防ぐために，設計上，バンパとキャブ間の隙間や段差が必要になる．走行中，この隙間からはエンジンルームへの不要な気流進入があり，段差では，剥離や縦渦の発生が誘発され，空気抵抗悪化の要因となる（図8-6）．

また，フロントタイヤ位置上方に乗員が着座するキャブオーバー型車両では，床下にエンジンやエンジン冷却モジュールが搭載されているため，乗員シートの地上高が高く，フロントタイヤ前側にはキャブステップと呼ばれる乗員の乗降用階段が設けられている．

大型貨物車のキャブステップもシャシに固定されることが多く，走行中の部品動的干渉を避けるためにキャブステップ全域を覆う構造にすることが難しい．走行中にキャブステップのキャビティ内で気流の乱れが生じることで，空気抵抗の悪化と，キャブ側面の汚れを悪化させる要因となることが知られている．

この対策として，図8-7に示すヘッドランプやバンパに設置したエアダクトなどのデバイスにより，空気抵抗とキャブ側面汚れの改善が図られている．

貨物自動車のキャブのサイズは，必要な車室内高さ，エンジン寸法や，エンジン出力に対応できる冷却性能を確保できるグリル面積と熱交換器の大きさから，おおよその高さが決まり，乗員数や，シート後部の広さ（仮眠用ベッドの有無など）や，荷箱長さの要件により，キャブの長さが決まる．

国内商用車メーカ各社では，図8-8に示すようなキャブの基本形状を揃えているほか，キャブルーフに収納スペースなどを設けたハイルーフキャブ，空気抵抗を改善して燃費を向上させるためのエアロパーツを搭載している仕様も設定されている．

このように，一見同じデザインに見えるキャブも，実際は多くのバリエーションが存在する．

キャブ高さの違いでは，キャブ前面のよどみ点の変化やキャブ高さと架装物の位置関係が変わり，キャブルーフや側面の気流に差異が生じる．また，キャブ長さの違いにより，キャブルーフ，側面での剥離流の再付着位置が変化するなど，空力特性も大きく異なる場合が多い．

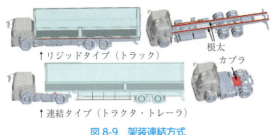

図 8-9 架装連結方式

図 8-10 標準的な架装物

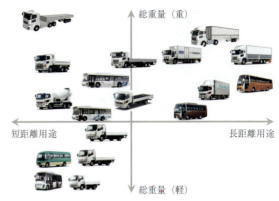

図 8-11 商用車重量と走行距離による分類

貨物自動車は，車両への貨物の架装固定方法の違いから，リジッド型（以降，トラック）と，連結型（以降，トラクタ）に分類できる．

トラックは，架装物を含む車長全域にわたり敷設したサイドフレーム上の根太やスペーサに架装を固定した構造で，基本的に車両から貨物の切り離しや，載せ替えることは少ない．

一方のトラクタは，短いサイドフレームをもつ車両のカプラにトレーラを連結して牽引する構造（トラクタ・トレーラ）で，貨物の切り離しと連結が可能となっている（図 8-9）．

日本国内の大型貨物車両では，旋回性能等の理由からトラックが優勢であるが，欧米では，長距離の輸送距離により，道路輸送以外の多様な輸送手段（鉄道，船舶）が生じるなどの理由により，トラクタ・トレーラが圧倒的に多い．

トラックに架装するボデーは，ユーザが使用目的により選択することが一般的である．長距離輸送の用途では，荷崩れのしにくさや，セキュリティ性から箱型のバンが好まれる一方，短距離輸送では積載の自由度から，平ボデーと呼ばれるベッド型の荷台が選ばれる傾向が強い（図 8-10）．

バンに関しても，架装メーカや用途によりさまざまな仕様があるが，バン背面に観音開きドアが設けられているドライバンと，荷物の搬入排出の容易さのために荷箱ルーフを軸に開閉させるウィングバンが標準的な構造である．

箱型の荷箱前面に冷凍機を搭載し，荷箱壁面に断熱材を使用して荷箱庫内の温度管理を行う冷凍バンや，建設工事などで土砂運搬のためのダンプや，石油やセメントなどの運搬用ローリは代表的な特殊架装で，一般道路，高速道路で目にする機会が多い．

日本国内だけでも，各車両シャシメーカ直系のボデーメーカをはじめ，特別な架装物をオーダ製作するメーカなど，各地に非常に多くの架装メーカが存在している．

トラックは基本的に架装物を載せ替えることがないが，トラクタは一般的な箱型バンをはじめ，海上コンテナや新幹線などの重量物を牽引する可能性があり，すべての仕様の車両との組合せの把握は非常に難しい．

このように貨物車両では極めて多様な車両バリエーションが存在するが，代表的なボデーを架装した車両を，図 8-11 のように重量と走行距離に分類すると，重量が大きく，箱型の架装をした貨物車両と観光バスが長距離を走行することがわかる．

前川らの調査[1]では，長距離輸送用の大型トラックの販売台数は，商用車販売台数の 1 割に満たないが，二酸化炭素排出量は全体の 3 割強を占めるとされることから，本章では，長距離走行の頻度が高く，空気抵抗が燃料消費量に及ぼす影響が大きい大型トラック（バン架装）と，観光バス（デッカー）の空力性能について主に言及する．

8.1.3 大型トラックと観光バスの空力技術

商用車における空力性能要件は，空気抵抗のほか，キャブやミラーで生じる空力騒音や，雨滴のミラー，サイドガラス付着による視認性など多岐にわたる．

商用車の空力開発を振り返ると，エンジンの高出力化や舗装路が整備され，商用車でも比較的高速で走行が可能となった 1960 年代後半以降，大学や研究機関，メーカでの空力研究も盛んとなった．さらに，1970 年代の石油危機の影響により，輸送効率と燃費の重要性が高まった 1970 年代中頃から 1980 年代には，多くの商用車を対象とした空力の研究報告がされている．

1970 年代中頃〜1980 年代には，メリーランド大学の Buckley ら や，NRC の Cooper，NASA の Saltzman らにより，貨物自動車を対象とした風洞試験や実車走行試験による空力研究[2]-[9]が行われ，多くの空力デバイスが提案された．

また，パデュー大学の Macdonald らにより，バス

図8-12 1970年代，1980年代の商用車空力開発

 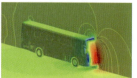

図8-14 圧力分布（大型トラックとデッカーバスの比較）

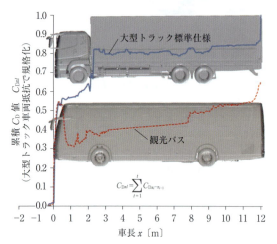

図8-13 累積 C_D 値の比較

の形状を対象に，前端形状が空気抵抗に及ぼす影響が調査された[10]．

現代の商用車におけるほとんどの空力コンセプトや空力パーツの原型は，この時代に築かれたといって過言でない（図8-12）．

ここでは，商用車の商品力として，最も重要視されている要素の一つである燃費改善と走行安定性のための(1)空気抵抗性能と，自車のタイヤから発生する泥水などがボデーに付着することを防ぐ(2)防汚性能について説明を行う．

(1) 空気抵抗性能

偏揺角がない場合の大型トラック標準仕様（ウィングバン架装，空力パーツなし）と，大型観光バス（ハイデッカー）の車両全長方向への累積空気抵抗係数 C_{Dxl}（式8-1）を図8-13に示す．

大型トラック標準仕様の車両 C_D 値で規格化した値とした．大型トラック，大型観光バスともに，高速巡航を想定した走行条件とした．

$$C_{Dxl} = \sum_{i=1}^{l} C_{Dx_i - x_{i-1}} \quad (8\text{-}1)$$

(a) 車両前端〜後軸部の空力特性

標準仕様大型トラック，観光バスとも，車両前面で大きな抵抗が確認できる．トラックは前述の通りキャブオーバー型のフロントエンジン形式であるため，キャブ前面に冷却風取入れ用ラジエタグリルが設けられている．この内側のエンジンルームに熱交換器，

冷却ファンおよびエンジンがあり，冷却用部品と前軸のアクスル，タイヤ，サスペンション，エンジン位置で，抵抗の上昇が確認できる．また，キャブと荷箱の高低差により，荷箱前面へ気流衝突が生じるため，荷箱前面位置で圧力が上昇し，抵抗が増加している．この荷箱前面の抵抗が，トラック標準仕様の車両が観光バスに対し，空気抵抗が大きい主要因の一つである．このため，長距離輸送用途が多く，バンを架装したトラックでは，キャブルーフにルーフディフレクタやサイドディフレクタを搭載して，バン前面での抵抗を緩和している[11][12]（8.1.4項参照）．

一方，観光バスは車両前面風下での抵抗低下が確認できる．これは，トラックに比べ，Aピラーとルーフ前端のコーナが大きな曲率面で設計されていることと，極力段差をなくしたフラッシュサーフェス設計により，コーナ部で境界層剥離をせず，コーナ近傍気流が加速され，低圧となった効果である．コーナ部の法線ベクトルは車両前方に向くため，低圧面は空気抵抗を緩和する作用となる．図8-14の静圧分布からも，観光バスのコーナの表面圧力はトラックに比べ低圧となっていることがわかる．

このように，Aピラー，ルーフ前端のコーナ部では，大きな曲率が空気抵抗に有利となるが，特にトラックでは，設計要件や，意匠要件から大きな曲率面の設定が難しい場合が多い．また，走行速度変化による境界層遷移（Re 数効果）により，抵抗が大きく変化する[13]ことや，大気の状態の影響（乱れ強度や大気温度）を受けるため，コーナ部近傍からの流れの定量的な評価は，実走行による計測でも，CFD解析による予測でも極めて難しく，コーナ部形状最適化のための設計指針は確立されていない．

リアエンジンである観光バスは，ボデー前面にラジエタグリルを設ける必要がなく，トラックに比べ，走行風によるエンジンルーム内の抵抗増加が少ないことも，トラックに対する空気抵抗の優位性に寄与している．

大型トラック，観光バスとも，前軸周りの部品抵抗を緩和するために，バンパやフロントスポイラの形状が工夫されている（8.1.6項参照）．

図 8-15　グリルシャッター(メルセデス・ベンツ)[14]

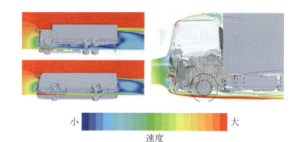

図 8-16　大型トラックでの冷却風の床下流れへの干渉

図 8-17　大型トラックとデッカーバスの全圧損失領域

トラックでは前輪から後輪までの床下部での大きな抵抗増加がないのに対し，観光バスでは緩やかな抵抗の増加がある．一般的に，フロントエンジンのトラックでは，ラジエータグリルからエンジンルームに進入した冷却風の一部が床下流と干渉し，床下部品(燃料タンク，バッテリ，排気系部品)周辺の走行風を減速させるため，抵抗増加が少ない．一方，観光バスでは，フロントバンパから後方が比較的フラットな形状になっていることで，床下近傍まで比較的高速な走行風が分布し，床下部品(空調部品，トランク)で抵抗上昇する傾向にある．

上記の理由から，床下部の抵抗はフロントエンジン車が小さくなる傾向だが，冷却風によるエンジンルーム内部抵抗は大きくなるため，ラジエータグリル開口面積は小さいほうが，空気抵抗には有利となる．

ラジエータグリルから進入する気流による空気抵抗を抑制するために，欧米の一部の貨物自動車には，冷却水温に応じて開口部を能動的に開閉し，通過空気量を調整するグリルシャッターを搭載した車両もみられるが，国内ではスペースやコスト要件から一般的な装備になっていない(図 8-15)．

ラジエータグリルは，想定される最高大気温で，エンジンが全負荷運転，かつ，低速走行状態(最大積載状態で，急勾配を登坂する状態)の最悪条件でも，走行性能を維持できるように，冷却用機器(熱交換器，冷却ファン)に必要な開口面積が設定される．このため，エンジンが比較的低負荷運転で高速巡航状態のトラックでは，冷却水温度が上昇せず，冷却ファンが低回転状態となっているため，通風抵抗が大きい熱交換器コア部に走行風が取り込まれず，隙間が多い床下方向から流れ排出される(図 8-16)．

(b) 後軸～車両後端の空力特性

前述の床下流れの違いにより，後軸部でも観光バスでは空気抵抗が上昇しやすい．

リアエンジンの観光バスでは，後輪後方部のエンジンルームで抵抗の上昇が確認できるが，ラム圧を利用するトラックに比べ，ラジエータグリルからの気流の進入は走行風の影響は受けない．このため，トラックのエンジンルーム内の抵抗上昇に比べ，緩やかな上昇

となっている．

車両後端部は，図 8-17 に示す全圧の等値面からも，トラック，バスともに車両後部に大きな損失領域が確認できる．

車両後流域での圧力回復を改善する方法として，後端部のダックテール化や，スラント化の有効性が広く知られており，最適なスラント角度，長さを調査した研究報告も多くみられる[15]-[19]．

一方，比較的形状の自由度のある観光バスでは，意匠的な理由から，後端形状に曲面を用いることが多い．後端形状を大きな曲率半径とすると，気流が車両背面に回り込み，抵抗が増加する．空気抵抗には鋭角なエッジ処理が有利だが，汚れ物質を含んだ地面近傍からの気流の巻き上げが増え，車両背面での汚れ付着が悪化する[20]などのトレードオフもあり，後端形状だけによる最適な空力形状設計は難しい．このため，観光バスでは，空気抵抗や汚れ付着を考慮したリアスポイラを搭載する車両が多い(8.1.9 項参照)．

(c) 偏揺角に対する空気抵抗特性

車長が長く，地上高の高い商用車では，横風時に床下への走行風進入が増加しやすいことや，キャブ周りの段差や隙間などで，気流の乱れ，剥離が強まることから，自然風が空気抵抗に及ぼす影響が大きい(図 8-18)．商用車，特にトラックでは，実際の走行燃費性能が商品性として重要であるため，実走行時の空気抵抗を検討する際に，横風時の空気抵抗を考慮する場合が多い[5][21]．

図 8-19 に，標準仕様の大型トラックと観光バスの，偏揺角のある気流中における空気抵抗特性を示す．空気抵抗は，大型トラック，観光バスそれぞれの偏揺角0度の値からの差分値とした．観光バスは大型トラックに比べ，横風時の空気抵抗増加量が少ない．

図 8-20 に，それぞれの偏揺角度における車両周り

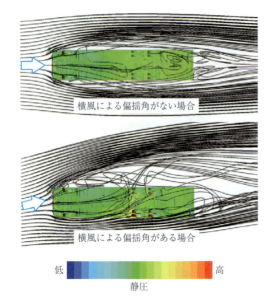

図 8-18　横風時の床下への気流進入（下面視）

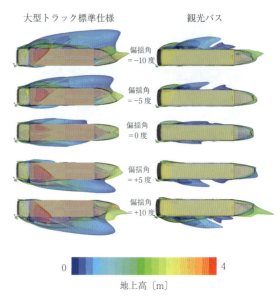

図 8-20　偏揺角による全圧損失領域の違い（上面視）

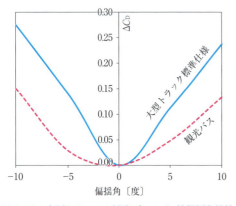

図 8-19　大型トラックと観光バスの C_D 値偏揺角特性

の全圧損失等値面を示す．等値面の色は，地面からの高さ位置を表す．大型トラックでは，キャブAピラー部と，ウィングバン前面からの剥離流れによる損失が大きく，偏揺角が大きくなるに従い，損失領域の拡大が目立つ．また，ラジエータグリルからの通風が床下に流れることと，観光バスに比べ高いフロントバンパの地上高や，短いフロントオーバーハングの影響で，フロントタイヤ位置から横方向に広い範囲で損失領域が分布する．さらに架装側面下側に覆いがないため，偏揺角がある気流中では，車両床下へ進入する気流が増え，車両やタイヤ後方域で損失領域が拡大する傾向がある．

観光バスでも，Aピラー部および，運転席側のサイドミラーからの気流剥離による損失領域がみられ，偏揺角が大きくなると損失領域も拡大するが，前述の通り，大きな曲率のAピラーにより，大型トラックに比べ悪化量が少ない．さらに，ルーフ先端コーナ部では，さらに大きな曲率が設定されていることや車両

前面のよどみ点高さの違いなどから，偏揺角による損失領域の拡大は比較的小さい．床下の損失領域も，フロントタイヤおよび，リアタイヤ後流域に分布し，偏揺角が大きくなるに従い拡大するが，低いバンパ地上高と，ボデーのサイドパネルの効果で，床下への気流の進入が少なく，トラックに比べ，狭い範囲で圧力回復することがわかる．

大型貨物車では，保安基準により，フロントタイヤ後方～リアタイヤ前方に設置が義務づけられているサイドガードと呼ばれる巻込み防止装置があり，この機能を拡大したサイドスカートによる空気抵抗の改善が一般的に知られている[11][12][19]（8.1.7 項参照）．

（2）防汚性能

貨物車両でのキャブ側面の汚れ付着は，洗車に手間がかかるだけでなく，ドアハンドルやキャブステップなど，乗降時に乗員の手や衣服を汚すことや，左折時の巻込み事故防止のために助手席側ドアに設けられている安全窓の視認性を低下させるなど，商品性と安全性に及ぼす影響が大きい[22]．

貨物車両キャブ側面での汚れは，濡れた路面を車両が走行する際にタイヤが巻き上げる泥や塵を含んだ泥水がキャブ側面へ付着することによって発生する（図 8-21 左図）．

タイヤの回転により巻き上げられた泥水は，慣性力の影響を大きく受ける大きな粒子状のスプラッシュと，車両側面気流の影響を強く受けて広範囲に移流，拡散する霧状のミストに分けられる（図 8-21 右図）．スプラッシュによる飛散の抑制は，主にタイヤ周りに設置するマッドガードが担っている．一方，ミストの拡散に及ぼす影響が大きい車両側面の気流は，キャブおよびバンパコーナの曲率と段差，ヘッドランプやキャブ

図 8-21　トラック前軸周りの汚れ巻き上げ

図 8-22　国内大型貨物車のルーフディフレクタ

のデザイン性に起因するキャラクタラインなどによる段差のほか，キャブステップのキャビティ形状の影響を受ける．また，ミストは，横風や，車両の旋回時の車両後流側で広範囲に拡散することが知られている．

このため，防汚性能を向上させるためには，ミストを広範囲に飛散させないよう，キャブ，バンパコーナ部に大きな曲率面を設定することや，フラッシュサーフェス化によるキャブ前端から車両側面に分布する剥離流れの抑制が有効であり，空気抵抗性能と防汚性能は親和性が高い．しかしながら，先に挙げた大型貨物車両でのキャブとバンパの隙間や，ステップの要件や，法規要件によるランプ類の段差により，理想的な側面気流の実現は難しい場合が多々あるのが現実である．

防汚性能を向上させる空力デバイスとして，キャブコーナ部に設置するコーナベーンによる気流制御の有効性が古くから知られている．一方，防汚性能に効果があるコーナベーンは，キャブコーナ部で気流の方向を制御することによる抵抗増加や，車両側面気流の整流により生じる架装部分への衝突による圧力上昇により，空気抵抗が悪化する場合もあるため，最適な形状設計には注意が必要となる[23][24]（8.1.5 項参照）．

8.1.4　ルーフ＆サイドディフレクタの空力効果

前項で述べたバン架装貨物車におけるバン前面の抵抗の対策として，高速道路などで長距離輸送する用途のトラックでは，キャブルーフに設置する空力パーツが用いられることが多い．バン高さとのギャップを埋めるルーフディフレクタと，その効果を補うサイドディフレクタが，代表的な空力パーツとして知られている．

図 8-22 に，大型貨物車両に搭載されている国内車両メーカ純正のルーフディフレクタとサイドディフレクタを示す（図中，点線部分がサイドディフレクタ）．

空気抵抗特性に対するルーフディフレクタの有効性は，過去に多くの報告[6][7]がされているが，最適な形状は，搭載するキャブの形状と，後方の架装物との高さギャップや，距離などに依存する．また，搭載時には車両の外観イメージを大きく変える要素となりうるため，空力的な効果に加え，意匠的な要素も多く盛り込まれている．

キャブルーフ高さからバン上面高さ領域での整流を狙っているルーフディフレクタは，必然的にバン前面を覆う面積が大きくなるが，ルーフディフレクタが覆いきれないバン幅とキャブ幅のギャップ領域の気流の整流を補助的に狙っているサイドディフレクタによるバン前面の被覆面積は大きくならない．また，トラックでは，キャブ背面から架装物前面までの隙間が狭く，サイドディフレクタが大型化の必要性がないため，空気抵抗改善効果は，ルーフディフレクタに比べ限定的となる場合が多い．

一方，セミトラクタ・トレーラ等の連結車では，旋回時に，操舵を行うトラクタとカプラで連結された貨物が異なる旋回軌跡をとるため，トラックに対し，キャブと貨物間に広い隙間が必要になる．このため，この隙間からの気流の巻込みも増加し，サイドディフレクタによる大きな抵抗改善効果が期待できる．連結車両の多い欧米では研究も盛んで，大きな成果をあげている[3]．

図 8-23 に，標準的なキャブの大型トラックにウィングバンを架装した車両と，この車両に，車両メーカ純正のルーフディフレクタとサイドディフレクタを装着した際の空気抵抗特性を偏揺角度 −10～10 度の範囲で示す．空気抵抗は，標準仕様（エアロパーツなし）の車両の偏揺角度 0 度の空気抵抗係数からの差分値（ΔC_D）とした．

ルーフディフレクタ装着車は，標準仕様トラックに対し，偏揺角度 −10～10 度の間で，C_D 値 0.10～0.15 程度の抵抗低減があり，非常に大きな改善効果が確認できる．

一方，サイドディフレクタ装着の効果は，ルーフディフレクタ装着車に対し，C_D 値 0.02 程度の低減で，ルーフディフレクタの改善効果の 1/5～1/7 程度の効果にとどまる．

図 8-24 に，ルーフディフレクタが車両のどの部位に作用しているかを確認するために，偏揺角度 0 度，5 度，10 度における車両全長方向への累積空気抵抗の差分 ΔC_{Dxl}（式 8-2）を示す．

$$\Delta C_{Dxl} = \sum_{i=1}^{l} \Delta C_{D_{x_i - x_{i-1}}} \qquad (8\text{-}2)$$

ΔC_D 値は，大型トラック標準仕様のそれぞれの偏揺角度の C_D 値からの差分で示した．

抵抗が増加するキャブ前面～ルーフディフレクタ前面位置（図 8-24 中 A 領域）では，ルーフに搭載したルーフディフレクタの影響で，フロントガラス上側お

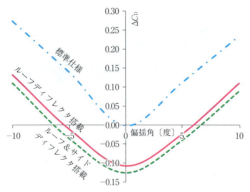

図 8-23　ルーフディフレクタの空気抵抗改善効果

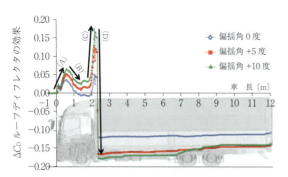

図 8-24　車長における累積空気抵抗

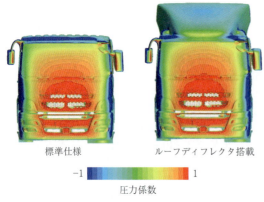

図 8-25　キャブ前面圧力の比較

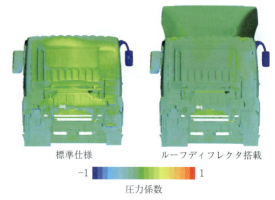

図 8-26　キャブ背面圧力の比較

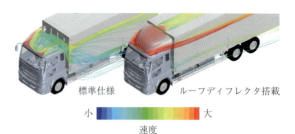

図 8-27　キャブルーフ近傍気流の比較

よびルーフコーナ部と，ルーフディフレクタ前面の圧力上昇により抵抗が増加している（図 8-25）．

抵抗が改善しているルーフディフレクタ中間部〜後端位置（図 8-24 中 B 領域）では，ルーフディフレクタの表面圧力が，キャブルーフ前端で加速された気流の影響で負圧になるためである．

抵抗が大きく増加するキャブ背面位置（図 8-24 中 C 領域）では，ルーフディフレクタ搭載車のキャブ背面の圧力が低下していることが図 8-26 からわかる．この原因を観察するために，キャブ前端コーナ部近傍の検査面からの流線を図 8-27 に示す．

標準仕様車では，キャブルーフ近傍を流れる気流が

バン前面に衝突して圧力が上昇する．バン前面に衝突した気流の一部は，キャブ背面とバン前面の狭い隙間に下降気流となるが，この隙間の下方にはエンジンとトランスミッションがあり，キャブ側面にはエンジンの吸気ダクトがあるため，下降気流には十分な流路幅がなく，周辺圧力が上昇し，キャブ背面圧力が比較的高圧となる（図 8-28 左図）．一方，ルーフディフレクタ搭載車では，標準仕様車に比べ，バン前面への気流の衝突が大幅に改善し，標準仕様車でみられたキャブ背面での下降気流が大幅に減少することで，キャブ背面とバン前面の隙間の圧力が低下する（図 8-28 右図）．この結果，ルーフディフレクタ搭載車では，キャブ背面圧力が低下し，キャブ背面抵抗が悪化する．

バン前面位置（図 8-24 中 D 領域）では，ルーフディフレクタ搭載により，大きな抵抗低減が確認できる．

図 8-29 に示すバン前面の圧力分布の比較からは，標準仕様車において，気流の衝突により高い圧力となっていたバン前面キャブルーフ高さ上側の範囲で，ルーフディフレクタ搭載による大幅な圧力低下が確認できる．

また，キャブルーフ高さ下側範囲でも，前述した，キャブ背面での下降気流の減少による周辺圧力の低下により，バン前面では平均圧力が負圧となるため，大きく抵抗が改善している．

以上の観察から，ルーフディフレクタ搭載により，キャブ前面と背面などの，局部的な抵抗悪化のトレードオフがあるものの，ルーフディフレクタ自体の抵抗

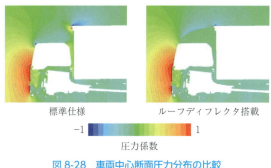

図 8-28 車両中心断面圧力分布の比較

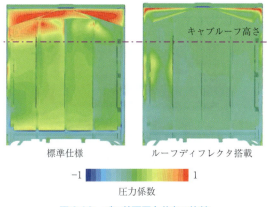

図 8-29 バン前面圧力分布の比較

図 8-30 コーナベーン

図 8-31 実車泥はね実車計測（左）とCFD結果（右）

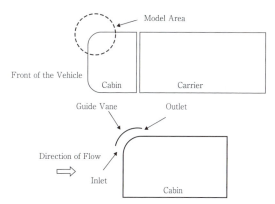

図 8-32 コーナベーンを模擬した簡易モデル

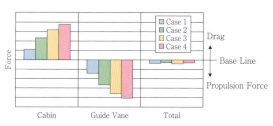

図 8-33 コーナベーンの空気抵抗への影響

低減と，バン前面の大幅な圧力抵抗改善により，車両空気抵抗低減に及ぼす大きな効果が確認できる．

8.1.5 コーナベーンの空力効果

コーナベーンは，図8-30に示すようにキャブの側面に回り込むフロントコーナ部に装着され，ドアや側面窓の防汚を目論んだパーツである．フロントタイヤから跳ね上がった汚染物質がドアハンドルや側面窓に付着しないように，キャブコーナ部からのきれいな空気流れを誘導する．

図8-31は，CFD計算および実車で泥はね性能を評価した例である．

元来，前面窓下端の高さより下のキャブコーナ部分は，気流の剥離防止のために大きな曲率が与えられているが，設計要件からキャブコーナ部分に充分な曲率が確保できない場合，コーナベーンの装着で空気抵抗を低減することができる．

図8-32に，車両の平面図を参考にトラックキャブのコーナ部分をモデル化した簡易モデルでの解析例を示す．Case 1～4の4条件で違うコーナベーンを設定した．図8-33には，各設置条件から得られた空気抵抗を，基本形状（コーナベーンなし）と比較した際の抗力の変化量を示している．Case 1からCase 4へと設置条件を変更するに従い，キャブの空気抵抗は増加する傾向がある一方，コーナベーンには推力が作用することで，モデル全体の空気抵抗は基本形状条件とおおむね同等，もしくはわずかに減少する傾向が得られた．

上記のように効果的なコーナベーンを設置するには，コーナベーン外側の気流の剥離を防げる程度の曲率を確保する必要がある．また，コーナベーンとキャブコーナの間には，キャブの防汚に有効な流れが得られる入出口寸法を設定し，この寸法を保持する支持部分

図 8-34　コーナベーン内部の流れ

図 8-35　エアダム一体式バンパ

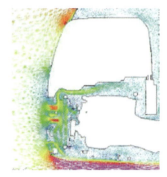

図 8-36　エアダムによる床下流れ

図 8-37　サイドスカート

はガイドベーン構造にするなどの工夫が必要である．コーナベーンの内部の流れを妨げぬような，ガイドベーンの数や流入出向きとなるように調整する（図8-34）．

なお，キャブ幅よりも広い荷台を架装する車両では，コーナベーンの剥離抑制により，空気抵抗が悪化することもあり注意が必要である．

8.1.6　フロントバンパエアダムの空力効果

バンパエアダムは，フロントバンパ下端から前車軸近傍に至る流れを地面付近まで滑らかに下降させることで，走行風が床下部品へ直接衝突することを抑制するパーツである．エアダムの形状や寸法を決める際には，バンパ下端から床下へ抜ける流れだけでなく，ラジエータグリルから流入して床下に抜ける流れなども考慮する（図8-35，図8-36）．

エアダムの装着により，横風のない無風下においては空気抵抗を低減できる．また，エアダムは車体の最上流部に位置するため，他の空気抵抗低減デバイスの影響を受けることなく独立した空気抵抗低減効果を発揮できる．一方，横風があるとその効果は減少する．特にトラクタは，側面から車体を横切る流れによる抵抗を受けやすいため，空気抵抗が増加する場合がある．

エアダムを地面に向けて延伸することで，車体の側面および上面には，より多くの流れが導かれるため抵抗低減効果の向上が期待できるが，路面との接触を回避するため，アプローチアングルにかからないような高さに設定する．

なお，エアダムは平ボデー架装車など，荷台の形態にかかわらず効果を発揮する．

8.1.7　サイドスカートの空力効果

サイドスカートは，シャシフェアリングとも呼ばれ，車両の前輪と後輪の間の空間を覆うことで，車両の反対側の側面へと横切る気流を減少させる（図8-37）．

搭載により，気流の床下部品への衝突や後流の乱れを抑制し，車両空気抵抗が低減する．したがって，このデバイスの効果は横風などの自然風がある場合に発揮される．しかし，実走行では自然風がない状態は稀であり，トータルとしての空気抵抗は確実に低減されるため，実燃費に寄与するアイテムといえる．

現状，サイドスカートは，装着による車両重量の増加と，初期投資が大きいため，国内での装着率は低いが，欧州には，燃費改善効果により，サイドスカートの装着費用は2年程度で回収できると説明する公表事例もある．

サイドスカート採用検討時には，車体床下に搭載されている燃料タンク，バッテリ，排気系部品など，主に整備などの際にアクセスが阻害されないよう留意する必要がある．付随する効果としては，スカートのパネルがホイールアーチをカバーしている場合には防汚性能も向上する．

トラクタとトレーラの構成でもサイドスカートの効果は発揮され，数パーセントの燃費低減効果を有するものとして知られているが，トラクタとトレーラの所

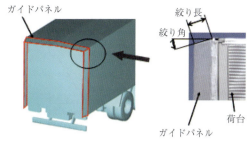

図 8-38　導風板の検討

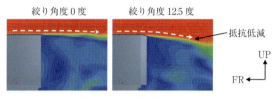

図 8-39　導風板の検討

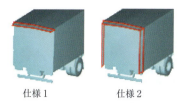

	Original	仕様1	仕様2
抗力比較	1	0.955	0.934
圧力係数 高　　低			

図 8-40　空気抵抗と圧力分布の比較

有者が異なることが普及を妨げている．そこで，北米などではトレーラのサイドスカートの普及促進のため，軽量で安価な素材を用いて提案している例や，凸形の路面段差を乗り越える際に変形しても復元するような素材を用いた例もある．

8.1.8　トラック架装用リアスポイラの空力効果

トラックの荷台は，背面で車両全体空気抵抗の30％以上を占めており（バン架装トラックの場合），低空気抵抗実現のための重要な要素となる．

車両背面は負圧領域となり，空気抵抗を発生させている．改善方策として，図8-38に示すような，荷台側面，上面に後傾スラント角を設定し後端に絞りを設けることで，車両背面の圧力回復の促進と，死水領域を縮小させる（図8-39）．また，後端を絞ることで，負圧の影響を垂直に受ける背面面積を減らすことによる空気抵抗低減効果も期待できる．

荷台後端絞りは，スラント角 θ = 12°～15° 程度が最適であることが知られている[5][15]．スラント角度をこれ以上に設定すると C_D 値は増加に転じ，θ = 30° 程度で C_D 値が最大になり，その直後に急激な低下を伴って後流構造が変化する遷移現象が生じることが知られている[25]．また，絞り部のスラント長に関しては，400～550 mm 程度が最適[5][18]とされているが，それ以下の長さであっても後流の死水領域を縮小させる効果があり，空気抵抗の低減が可能である．

荷台スラント化は，荷台上端のみの設置によっても効果があるが，側面へも設置することにより，さらに大きな効果が期待できる（図8-40）．

荷台スラントの効果として，高速走行時に8％程度の空気抵抗低減が見込め，燃費換算では2～5％の燃料消費改善が確認されている．

背反としては，一般的なウィングバン等では荷箱開口面積の減少や積載量減少があり，完成車では限定的な販売となっている．

一方，庫内温度保温のための断熱材に厚みがある冷凍バンでは，板厚部分にスラントを設けることで，庫内寸法の保持が可能である．

8.1.9　デッカーバスのリアスポイラの空力効果

観光バスや高速バスとして用いられるデッカーバスのリアスポイラは，ルーフ後端に搭載され，空気抵抗低減による燃費改善，揚力低減による走行安定性のほか，特に降雨時のリアウインドウへ付着する汚れや，降雪時の雪付着の緩和目的に設置する．また，意匠要件からも，デッカーバスにおいては，装着率が高い空力パーツとして知られる．

空気抵抗低減の観点からは，車両後端形状のスラント化やダックテール化の有効性が知られているが，キャビン内の居住性や後方視界の悪化など車両としての機能面の制約が生じる．さらに，形状によっては車体背面への汚れ付着が強まるなどのトレードオフもあるため，ユーザが用途に合わせ選べるオプションとして設定されることが多い．

車両全長が12 m 程度となる観光バスでは，後退時の視界アシストとしてリアビューカメラが搭載されることが多い．リアビューカメラは，車両後面の上端部に下向きに搭載され，その下方の後面窓部には行先表示板が設定される（図8-41）．

降雨時や降雪時には，車両後方での埃，雨，雪の巻上げにより，カメラレンズ部の汚れによる視界悪化，リアウインドウの汚れによる見栄え悪化が発生する．これらの位置は地上高さ3 m以上の位置で，洗車が容易でないことから，防汚性能向上に対するユーザからの要望が高い．このため，リアスポイラをルーフ上

図 8-41　リアビューカメラと案内板

図 8-42　リアスポイラの効果(雪害緩和)

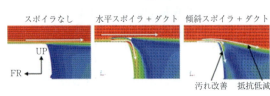

図 8-43　デッカーバスリアスポイラによる後流制御

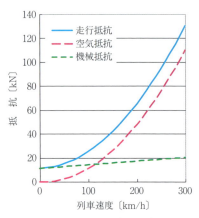

図 8-44　新幹線車両の抵抗(100系，16両編成)

面から少し高く搭載し，ルーフ上を流れる走行風を後面窓にガイドするベーン形状(ダクト化)を設け，車両下方から巻き上がる付着物質を走行風下方に押さえつけるような工夫がなされているスポイラもあり，防汚効果が確認されている(図8-42)．

一方，ダクト化されたスポイラでは，車両前面投影面積を増やし，後流の死水領域を拡大させることや，ダクト内部での圧力上昇，また，ガイドされた気流が車両後面静圧を低下させることにより車両空気抵抗を悪化させる場合がある．そこでリアスポイラ断面を後傾させる等工夫し，車両後方での圧力回復を促進し，空気抵抗の悪化を緩和させる取り組みもなされている(図8-43)．

8.2 鉄道車両の空気抵抗低減技術

8.2.1 概説

鉄道車両は，他の輸送手段である航空機，自動車，船舶などと比較すると，地上面を移動することやレイノルズ数が自動車のそれと近いことから，空力的には自動車に近く，鉄道の空力の技術開発においても，風洞実験や数値計算や現車試験など自動車と同様の手法が用いられている．その一方で，鉄道車両特有の特徴(たとえば，高さや幅と比較して非常に長い，最高速度が300 km/h 超である)もあり，鉄道特有の空力技術や考え方もある．

鉄道車両の空力は，安全運行，沿線環境，省エネルギー，乗り心地，など多くの課題に関連しており，速度や大きさの異なる新幹線および在来線車両のそれぞれで，鉄道の空力の研究開発が進められてきている．ここでは，空力の課題の一つで，省エネルギーにつながる空気抵抗低減の技術開発について述べる．

8.2.2 鉄道車両の空気抵抗低減の研究開発

鉄道の省エネルギー化方策の一つに列車の走行抵抗の低減が挙げられる．列車の走行抵抗は，機械抵抗および空気抵抗に分離できる．機械抵抗が速度の一次式で表されるのに対し，空気抵抗は速度の2乗にほぼ比例する．特に，高速化が進んだ新幹線では，走行抵抗のほとんどを空気抵抗が占めるために，空気抵抗の低減が走行抵抗の低減に大きく寄与する．たとえば，16両編成の100系新幹線車両が現在の山陽新幹線の営業最高速度300 km/h で走行した場合には，走行抵抗の85%を空気抵抗が占める(図8-44)[26]．

一方，新幹線と比較すると速度の低い在来線においても徐々に高速化が進み，その最高速度は130 km/h (一部区間は160 km/h)に達している．さらに，車両の軽量化などにより機械抵抗の低減が進んだため，相対的に走行抵抗に占める空気抵抗の割合が大きくなっている．たとえば，10両編成の通勤型電車が130 km/hで走行すると，走行抵抗の70%以上を空気抵抗が占めるという試算[27][28]もある．その結果，列車の走行抵抗の低減のためには，新幹線車両はもとより在来線車両を含めて車両の空気抵抗低減の必要性が高まっている．

新幹線車両および在来線車両ともに，先頭部の流線型化や機器のカバー等による車両の平滑化が空気抵抗を低減させることは容易に推測できる．しかし，車両

表 8-1 新幹線車両の空気抵抗係数

種別	断面積 A' [m^2]	水力直径 d' [m]	列車側面の水力的摩擦係数 λ'	圧力抵抗係数 C_{DP}	列車長さ l [m]	編成両数	列車の空気抵抗係数
0系	12.6	3.54	0.017	0.20	400	16	2.12
200系	13.3	3.64	0.016	0.20	300	12	1.52
100系	12.6	3.54	0.016	0.15	400	16	1.96

の設計においては，車両の製造コスト，メンテナンスコスト等を含めて総合的な「費用対効果」をどう評価するかが重要である．したがって，空気抵抗低減の研究では，対策による空気抵抗低減効果を精度良く評価することが重要であり，空気抵抗低減対策とともに精度の高い評価手法の研究開発も進めてきた．

8.2.3 鉄道車両の空気抵抗係数

鉄道車両は，多くの場合，複数車両を連結した編成として運行されるため，編成が長くなるほど空気抵抗が大きくなる．鉄道車両は，細長いこと，また編成の車両の数も異なることなどから，鉄道車両の空気抵抗を，列車の先頭・後尾部の圧力抵抗と列車長さに比例する中間部の空気抵抗に分離して考える．中間部の空気抵抗は，車両表面の純粋な摩擦抵抗と車両表面の凹凸に起因する圧力抵抗の和であり，広義の摩擦抵抗と呼ばれる．鉄道車両の空気抵抗係数 C_D は，編成長さの効果を含み，次の式で表される[29)(30)]．

$$C_D = D/(1/2\rho U^2 A') = C_{DP} + l\lambda'/d' \qquad (8\text{-}3)$$

ここで，D：車両の空気抵抗，U：列車速度，ρ：空気密度，A'：車両断面積，C_{DP}：先頭・後尾部の圧力抵抗係数，λ'：車両側面の水力的摩擦係数，d'：車両の水力直径，l：列車長．

先頭・後尾部の圧力抵抗係数は風洞実験で比較的容易に求めることができる．一方，中間部の広義の摩擦抵抗係数については，実際の車両を用いた実験（現車試験）で評価がなされてきた[29)]．以下に，鉄道車両の先頭・後尾部の圧力抵抗係数と中間部の広義の摩擦抵抗係数の評価方法を示す．

(1) 先頭・後尾部の圧力抵抗係数

先頭・後尾部の圧力抵抗係数は風洞実験で評価する．先頭・後尾部形状が同じで，中間部の長さの異なる模型を2体用意し，各々の空気抵抗を測定する．このとき中間部の長さは，先頭・後尾部の抵抗に影響しないとすると，模型の空気抵抗係数は，

$$C_{Dmi} = C_{DP} + l_i\lambda'/d' \qquad (8\text{-}4)$$

ここで，C_{Dm}：模型の空気抵抗係数，添字 i：2種類の中間部長さの異なる模型．

風洞実験により C_{Dm1} と C_{Dm2} を測定すれば，簡単に C_{DP} を導出することができる．

(2) 中間部の広義の摩擦抵抗係数

広義の摩擦抵抗係数は現車試験で求める．列車がトンネルに突入すると，トンネル内の空気の一部は列車の前方に圧縮されるが，残りの空気はトンネル壁面と列車側面の間を通ってトンネルの外へ吹き出すことになる．空気が列車側面とトンネル壁面の摩擦に抗して流れ出るためには圧力勾配が必要であり，圧力勾配の大きさは摩擦力によって決まる．この圧力勾配，すなわち列車側面の圧力上昇を測定することによって，広義の摩擦抵抗を求めることができる[29)]．

これらの方法により，0系，200系，100系新幹線車両の空気抵抗係数が評価されている[30)]．結果を表8-1に示す．たとえば，16両編成の100系新幹線車両の空気抵抗係数は1.96である．圧力抵抗係数0.15は全体の8%であり，空気抵抗の大部分を中間部が占めていることがわかる．

8.2.4 鉄道車両の空気抵抗低減効果の評価方法

鉄道車両の空気抵抗は，風洞実験（圧力抵抗）と現車試験（広義の摩擦抵抗）の組合せで評価できる．しかしながら，現車試験には多大な費用と時間を要するために，種々の空気抵抗低減対策とその低減効果を現車試験で評価することは難しい．また，数値計算においても，細長くかつ床下が複雑な形状をしている鉄道車両の空気抵抗を精度良く計算することは困難である．空気抵抗低減効果の評価精度やコストを考慮すると，風洞実験が最も現実的な評価手法といえるが，風洞実験だけで，鉄道車両の広義の摩擦抵抗を精度良く評価することは難しい．そこで，鉄道車両の空気抵抗の「低減量」に注目し，空気抵抗低減効果を風洞実験により精度良く評価する方法を開発した．

前述したように，広義の摩擦抵抗は，車体表面の純粋な摩擦抵抗と車両表面の凹凸に起因する圧力抵抗からなる．0系新幹線車両，在来線車両の広義の摩擦抵抗係数と平板の乱流摩擦係数の比較を図8-45に示す[27)]．0系新幹線の広義の摩擦抵抗は平板の2倍になっている．この差は，表面の凹凸に起因する圧力抵抗であると考えられ，広義の摩擦抵抗低減においては，この圧力抵抗の低減が効果的であることがわかる．広義の摩擦抵抗の中の圧力抵抗の割合が非常に小さくなれば，純粋な摩擦抵抗の低減が必要となる．今後，鉄

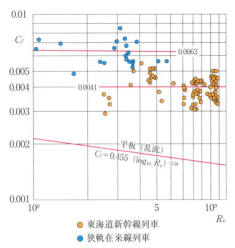

図 8-45 列車の表面摩擦抵抗係数[27]

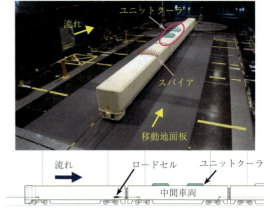

図 8-46 空気抵抗測定(屋根上機器改良の効果)

道車両のさらなる平滑化や高速化が進めば，リブレットのような純粋な摩擦抵抗の低減の研究開発が進む可能性がある．

(1) 相似則の緩和

自動車と比較すると，大きくまた細長い鉄道車両(16両編成の新幹線では高さ 3.65 m × 長さ 400 m)の風洞実験において，レイノルズ数を一致させることは事実上不可能である．しかし，圧力抵抗の原因となる車両下部の角のある凹凸は剥離点が固定されており，空気抵抗係数がレイノルズ数の影響を受けにくく，風洞実験結果をもって現車の空気抵抗係数を推定することが可能であると考えられる．過去の研究において，車両床下形状を改良した場合の編成全体の走行抵抗の実測値(現車試験結果)から求めた空気抵抗係数の低減量と，同じ形状の車両模型の風洞実験結果から求めた空気抵抗係数の低減量が，ほぼ一致することを確認している[31]．

(2) 風洞実験における車両周りの流れ場の模擬

車両周りの境界層は先頭から後尾にかけて徐々に発達するため，車両の屋根上の流速分布は編成位置により異なると考えられるが，現実の列車の測定結果からは，車両位置にかかわらずほぼ一定であることが報告されている[32]．また，Crespらの報告[33]でも，高速列車周りの境界層厚さは 2～2.5 m 程度と非常に厚くなること，さらにその厚さが測定位置によらずほぼ一定であることが示されている．一方で，床下の流速分布については，現車での試験結果から，2号車，3号車以降ではほぼ一定となることがわかっている[31]．

これらの結果から，鉄道車両の周りの流速分布は，ある程度まで発達した後は，ほぼ同じ流速分布となると考えられる．したがって，車両形状を改良した場合に，流速分布が同じとなる中間車両1両分の空気抵抗低減量を ΔD_i とすれば，n 両編成の空気抵抗低減量は，$n \times \Delta D_i$ と表される．厳密には，先頭に近い車両では境界層の発達が不十分なため，車両側からみた場合の車両周りの流速が速くなっており，先頭の数両については，この方法による空気抵抗低減量はやや過小評価となっていると考えられるが，編成がある程度以上長い場合には，その影響は小さい．したがって，風洞実験においては，中間部の車両周りの流れ場を再現することにより，空気抵抗の低減効果を精度良く評価できる．風洞実験でのリファレンスとなる現車の車両周りの流速分布は，現車試験から得ている[31][34]．

風洞実験では，測定部の大きさや模型の縮尺を考慮すると，先頭車両，中間車両，後尾車両の3両での実験が現実的である．この場合には中間車両が2両目となり，模型の周りに発達する境界層は現車と比較すると発達が十分ではない．したがって，風洞実験において現車周りの流れを再現するためには，車両模型表面の流れを減速し，流速分布を現車のそれと一致させることが必要となる．そこで，先頭車両にスパイア(先のとがった板を車両の幅方向に並べて構成する部材)を取り付け，現車の流速分布を再現した．在来線の屋根上の風洞実験状況を図 8-46 に，流速分布を図 8-47 に示す[35]．また，車両床下の流速分布を再現した新幹線車両の風洞実験状況を図 8-48 に，流速分布を図 8-49 に示す[36]．

(3) 車両形状改良による空気抵抗低減量の評価方法

実際の評価方法の一例として，新幹線車両の床下部の形状改良による空気抵抗低減量の評価について説明する．ここで注目するのは車両の床下部の空気抵抗であるが，実際の風洞実験では，床下部の空気抵抗「だけ」を分離して測定することは困難であるために，中間車両1両分の空気抵抗を測定する．また，空気抵抗の低減の対象としなかったパンタグラフ，窓の段差，ボルト穴等は，車両模型では再現していない．したがって，風洞実験で得られた空気抵抗係数は，あくまでも風洞実験模型の空気抵抗係数であり，現車のそれ

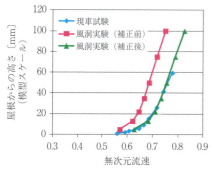

図 8-47　屋根上の流速分布

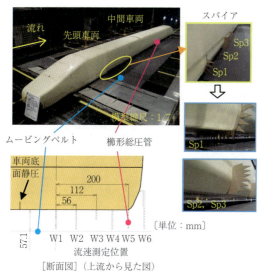

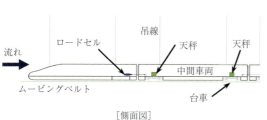

図 8-48　空気抵抗測定(新幹線車両)

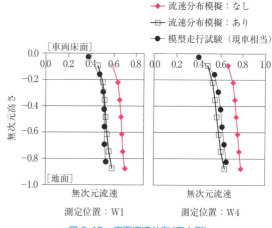

図 8-49　床下流速分布(車上側)

とは同一ではないことに注意が必要である．
　車両の空気抵抗を車両床下部とそれ以外に分離すると，

$$C_{Dm} = C_{Dmu} + C_{Dmo} \quad (8\text{-}5)$$
$$C_{Dr} = C_{Dru} + C_{Dro} \quad (8\text{-}6)$$

ここで，
　C_{Dm}：模型の中間車両の空気抵抗係数
　C_{Dmu}：模型の床下部の空気抵抗係数
　C_{Dmo}：模型の床下部以外の空気抵抗係数
　C_{Dr}：現車の中間車両の空気抵抗係数
　C_{Dru}：現車の床下部の空気抵抗係数
　C_{Dro}：現車の床下部以外の空気抵抗係数
以下，添え字 i で模型タイプを示すこととする．

　模型形状が $i=1$ から 2 に改良された場合の空気抵抗係数の低減量は，

$$\Delta C_{Dm(1-2)} = C_{Dm1} - C_{Dm2}$$
$$= (C_{Dmu1} + C_{Dmo1}) - (C_{Dmu2} + C_{Dmo2}) \quad (8\text{-}7)$$

$$\Delta C_{Dr(1-2)} = C_{Dr1} - C_{Dr2}$$
$$= (C_{Dru1} + C_{Dro1}) - (C_{Dru2} + C_{Dro2}) \quad (8\text{-}8)$$

ここで，床下部の形状が変化することによる床下部以外の空気抵抗の変化は微小であると考えられるので，$C_{Dmo1} = C_{Dmo2}$，$C_{Dro1} = C_{Dro2}$ となり，

$$\Delta C_{Dm(1-2)} = C_{Dmu1} - C_{Dmu2} \quad (8\text{-}9)$$
$$\Delta C_{Dr(1-2)} = C_{Dru1} - C_{Dru2} \quad (8\text{-}10)$$

床下部の空気抵抗係数は，現車と模型とで同じであると考えられるので，$C_{Dmui} = C_{Drui}$ となる．したがって，

$$\Delta C_{Dr(1-2)} = \Delta C_{Dm(1-2)} = C_{Dmu1} - C_{Dmu2} \quad (8\text{-}11)$$

となり，風洞実験結果(中間車両の空気抵抗係数の差)から，現車の空気抵抗係数の低減量を評価できる．
　屋根上部のような他の部位も，同じ考え方で風洞実験により空気抵抗低減効果を精度良く評価できる．

8.2.5　鉄道車両の空気抵抗低減

　空気抵抗の低減に細心の注意を払って設計されている航空機と比較すると，在来線車両はもとより，新幹線車両においても，形状の流線形化や車両の平滑化は決して完全なものではなく，車両形状を改良することで，空気抵抗をさらに低減することが可能である．ただし，営業最高速度が 320 km/h である新幹線車両とその半分以下の速度の在来線車両とでは，すでに現状の形状が異なり，空気抵抗低減技術の考え方も異なっている．
　鉄道車両の空気抵抗を先頭・後尾部および中間部に分けたが，鉄道車両は，形状が細長いことおよび地面の近くを走行する(床下の流れは地上側の影響を受け

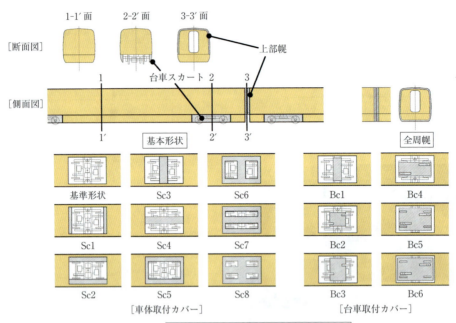

図 8-50　16 両編成新幹線車両

図 8-51　基本形状および空気抵抗低減対策

る)という特徴をもっているため，鉄道車両の空気抵抗の低減を考える場合には，中間部をさらに屋根上部と床下部に分けて考えることが合理的である．

(1) 新幹線車両の空気抵抗低減

新幹線車両の空気抵抗低減というと，先頭形状が問題になりそうであるが，現実にはそうではない．16両編成の新幹線車両は，高さが全長の 1% 弱程度と非常に細長い形状で(図 8-50)，先頭・後尾部の空気抵抗の割合は大きくない(100 系の 16 両編成新幹線車両(速度 300 km/h)では 8%(表 8-1))．加えて，新幹線車両の先頭・後尾部の形状は開発当初から流線型化されており，先頭形状改良による空気抵抗低減の余地は大きくない．これらのことを考え合わせると，空気抵抗低減のために先頭形状を改良することは，現実には意義が小さい．ただし，先頭形状は，トンネル微気圧波や騒音などの環境問題の軽減のために，延伸[37]されまた平滑化される改良が進んでいるが，それらの改良の方向は空気抵抗が低減する方向でもある．

新幹線車両の空気抵抗を低減させるためには，占める割合の大きい中間部分の空気抵抗を低減させることが有効である．車両の中間部の側面と上面は，空気抵抗の原因となる車体からの突起物が集電機器(パンタグラフ等)だけであり，空気抵抗低減の余地は少ない．つまり，新幹線車両の空気抵抗低減の対象は車両の下部のみであり，空気抵抗の低減には，車両の床下をカバー等により平滑化することが有効である．このことはこれまでの研究でも示されている[38][39]．

最新の新幹線車両では，台車部に側面のカバー(台車スカート)が取り付けられ，また，車間部が幌で覆われており，最初の新幹線車両 0 系と比較すると大きく平滑化が進んでいる．しかし，車間部の下部や台車下部については未対策であり，最新の新幹線車両においても，台車の底面カバーや車間部の下部の幌により，さらなる空気抵抗の低減が可能である．その効果を風洞実験(図 8-48)により評価する．

空気抵抗低減対策方法(台車底面カバー，車間部の下部幌)を図 8-51 に示す．車両下部の流れを模擬した風洞実験による空気抵抗係数の低減量は，現車と同じであると考えられるので，中間車両 1 両分の空気抵抗低減効果を，現車試験をもとに推定した[35]現車の空気抵抗係数を基準にした割合として図 8-52 に示す．台車底面カバーは前位および後位の両方の台車に取り付けた場合の中間車両 1 両分の効果を示している．車体側に取り付けた台車底面カバー(Sc1～Sc8)に注目すると，Sc1～Sc4 のように縁や車輪間の一部を覆うだけでも，中間車両全体の空気抵抗を 5～10% 低減させる効果があり，それらを組み合わせた Sc5～Sc8 になると，さらに効果が大きくなり 15～20% 程度の空気抵抗低減効果がある．一方，台車に取り付けた底面カバー(Bc1～Bc6)では，台車の中央の一部をカバー

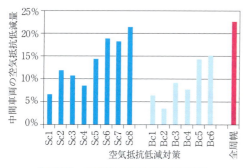

図 8-52　中間車両の空気抵抗低減効果

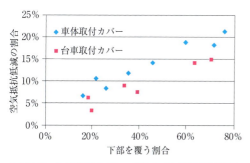

図 8-53　台車底面カバーの割合と空気抵抗低減効果

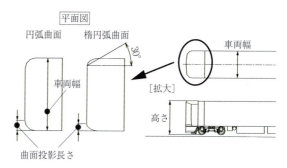

図 8-54　先頭部改良方法

した Bc1 や Bc2 でも有効であり，5～15％程度の空気抵抗低減効果がある．また，車端部に下部幌を付けると，20％を超える大きな空気抵抗低減につながることがわかる．

台車底面の覆い方は，取付方法（車体側もしくは台車側）や覆う領域によりさまざまな形状が可能であるが，おおむね，覆う面積が大きくなれば，空気抵抗低減効果が大きくなると考えられる．そこで，図 8-53 には，台車底面の開口面積を基準として，台車底面を覆う面積の割合と空気抵抗低減効果の関係を示す．取付方法を比較すると，車体に取り付けたカバーのほうが，空気抵抗低減効果が多少大きくなる傾向がみられる．取付方法によらず，覆う面積が大きくなると，底面を覆う面積が 20～80％の範囲では，おおむね，直線的に空気抵抗低減効果が大きくなることがわかる．たとえば，台車底面カバーを車体に取り付ける場合には，台車の底面を 25％程度覆うと 10％程度の空気抵抗低減効果が見込まれる．

(2) 在来線車両の空気抵抗低減

新幹線と比較して速度の低い在来線車両の多くは空気抵抗を考慮した設計になっておらず，先頭・後尾部形状は，通勤型電車を筆頭に切妻型の先頭・後尾部形状の車両が多くみられる．また，多くの屋根上には，パンタグラフに加えて，各車両にユニットクーラが搭載されている．さらに，床下に配置されている機器類は，整流のためのカバーやフェアリング等がなくそのまま搭載されている．そのため，新幹線車両と異なり

在来線車両では，先頭・後尾部，屋根上部，床下部のほとんどすべての部分について，空気抵抗低減の余地が大きい．部位ごとに現実的な空気抵抗低減方法を提案し，その効果を評価する．

(a) 先頭部の空気抵抗低減

近郊型車両の形状は切妻型もしくはそれに近い形状の車両が多いが，その大きな理由の一つが客室および運転席の空間の確保である．したがって，空気抵抗が低減したとしても，それら空間の極端な減少やドア位置の変更を伴うような先頭形状の改良は，実現が難しいと考えられる．そこで，ここでは切妻型の先頭部の角部を丸めることによる空気抵抗低減効果を評価する．

図 8-54 に風洞実験に用いた先頭形状の変更方法を示す．切妻型先頭部の正面の屋根側および両側の角部を曲面で面取りすることにより，空気抵抗の低減を図る．正面の床下側の角部については，排障器および連結器等が配置されているので，形状の変更は行わない．角部を改良する曲面として，円弧および楕円弧を用いる．この曲面を正面に投影した長さを車両幅で無次元化した長さを成形部長さ L_f と記す．車両幅方向には両側に角部があるので形状の変更は両側であるが，成形部長さ L_f は片側の曲面投影長さを示す．図 8-55 に先頭部形状を示す．屋根側および両側の角部ともに同じ曲面を用いて先頭形状を改良した．

図 8-56 に風洞実験の様子を示す．風洞実験に用いた車両は，在来線近郊型車両である．車両模型は先頭部分のみの取り替えが可能な構造となっており，先頭形状を取り替えながら空気抵抗を測定した．

ここで求めるのは先頭車両の空気抵抗係数であるが，ある先頭部の空気抵抗を基準として，先頭形状を改良した場合の空気抵抗との「差」をとることにより，先頭部改良による空気抵抗係数低減量を求めることができる．ここでは，切妻形状（R0）を基準とした空気抵抗係数低減量と円弧曲面の成形部長さとの関係を図 8-57 に示す．成形部長さが長くなるほど，空気抵抗低減量が大きくなり，L_f=0.14 で空気抵抗係数が 0.5 程度低減する．

図 8-58 に円弧曲面および楕円弧曲面の空気抵抗係

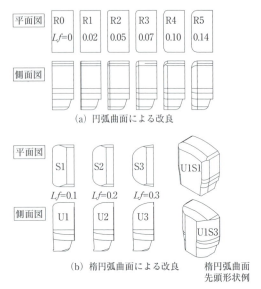

(a) 円弧曲面による改良

(b) 楕円弧曲面による改良

図 8-55　先頭部形状

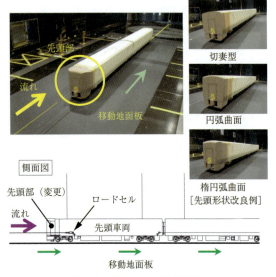

図 8-56　先頭車両の空気抵抗測定

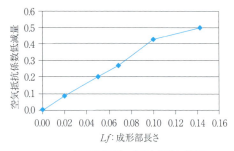

図 8-57　円弧曲面部の空気抵抗低減効果

図 8-58　先頭部形状の改良による空気抵抗低減効果

数低減効果を示す．過去の研究[40]から，成形部長さを長くしていくと，空気抵抗低減効果が頭打ちになることが知られている．楕円弧曲面（Lf=0.1〜0.3）では，空気抵抗係数低減効果に大きな差はみられないことから，空気抵抗低減効果は 0.5 程度で飽和していることがわかる．また，同じ成形部長さの場合には，円弧曲面に比べて楕円弧曲面の空気抵抗低減効果が大きくなる．運転席の空間を確保するためには，成形部長さが短いほうがよい．たとえば，近郊型車両の先頭部では，屋根側および両側の角部を，成形部長さ 0.1 の楕円曲面で改良することにより，0.5 程度の空気抵抗係数低減効果を得られることがわかる．

(b) 屋根上部の空気抵抗低減

在来線車両の主な屋根上の機器は，パンタグラフとユニットクーラである．これらのうち，パンタグラフは 3 両に 1 機程度と数が少ないことや形状改良の余地が少ないことから，ここでは各車両に搭載されているユニットクーラに注目する．すなわち，屋根上機器の空気抵抗低減とは，ユニットクーラの空気抵抗低減を指す．ユニットクーラについては，屋根上から撤去しクーラを床下に配置することが最も効果が大きいが，コスト増や床下空間確保の問題がある．そこで，鈍頭形状のユニットクーラの前後にフェアリングを取り付けることにより空気抵抗の低減を図る．

車両にはさまざまなユニットクーラが搭載されているが，ここでは 1 車両に 2 台搭載されているものを選定し，ユニットクーラの形状改良による空気抵抗低減効果を調べた．ユニットクーラの空気抵抗低減策として，前後へのフェアリングの取付けおよびユニットクーラの連結を提案する（図 8-59）．

図 8-60 に，基本形状からの空気抵抗係数低減量を示す．ユニットクーラへのフェアリングの取付けにより，空気抵抗係数が低減する．フェアリングの角度が小さいほど，空気抵抗の低減効果は大きく，ユニットクーラを連結するとさらなる空気抵抗低減が可能となることがわかる．

(c) 床下部の空気抵抗低減

床下機器については，屋根上機器と異なり，床下には台車があるために機器をなくすことが空気抵抗低減につながらない．在来線車両の床下機器はさまざまで

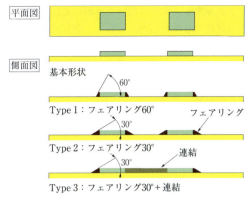

図8-59 ユニットクーラの空気抵抗低減策

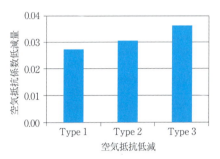

図8-60 ユニットクーラの空気抵抗係数低減量（1両当たり）

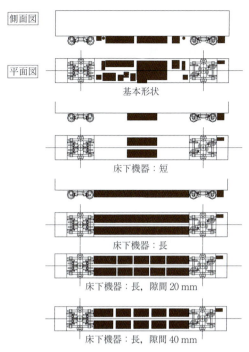

図8-61 床下機器の空気抵抗低減策

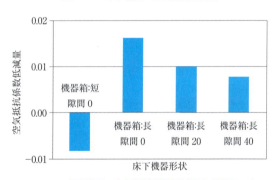

図8-62 床下機器の空気抵抗係数低減量（1両当たり）

あるが，ここでは図8-61に示すような床下機器の車両（基本形状）を選定し，床下機器の形状改良による空気抵抗低減効果を調べた．在来線車両においても，新幹線車両の床下形状のように，全体をカバーすることが最も有効であるが，在来線車両の床下にカバーを付けることは，コストやメンテナンスを考慮すると現実的ではない．ここでは，現実的な対策として，床下機器形状の断面を統一することにより，空気抵抗の低減を図る．床下にはさまざまな機器箱が取り付けられている．これらの機器箱は，大きさや取付位置が統一されていないため凸凹を生じ，そのことが空気抵抗増大の原因となっている．そこで，機器箱の断面を統一し，その中に機器を納める構造を提案する．このとき，機器箱の長さは必ずしも統一する必要はない．本研究では，断面の統一された断面形状をもつ機器箱を直線的に配置すること（図8-61参照）による空気抵抗低減量を評価した．

ユニットクーラの場合と同様に，中間車両の空気抵抗係数の差から，空気抵抗係数の低減量を評価した．図8-62に機器箱の大きさと空気抵抗係数の低減量の関係を示す．短い機器箱の場合には，台車，機器箱ともに速い流れが当たり，かえって空気抵抗が増大することがわかる．一方，機器箱が長い場合には空気抵抗が低減する．これは，長い機器箱を取り付けると，機器箱が台車の下流側にあるときには，台車が機器箱に当たる流速を緩和し，逆の配置の場合には，機器箱が台車に当たる流れを緩和し，これらの効果により空気抵抗が低減するためである．機器箱の断面形状を統一し，空隙を小さくするように配置することにより，空気抵抗が小さくなることがわかる．ここでは，メンテナンスを考慮し，機器箱を2列になるように配置している．しかし，流れ方向に垂直な面の空間が必要な機器もあることから，流れ方向の空隙を確保した形状についても空気抵抗の評価を行った．空隙が大きくなるほど空気抵抗の低減効果は小さくなるが，それでも基本形状よりは空気抵抗が小さいことがわかる．

(d) 編成の空気抵抗低減効果

在来線車両は，新幹線車両と比較して，先頭・後尾部の空気抵抗係数が大きいこと，また，中間部の長さが短いことから，在来線車両の省エネルギー効果を評価するためには，先頭・後尾部の空気抵抗を考慮した

編成としての空気抵抗の低減率を求める必要がある．上述の屋根上部および床下部の空気抵抗低減効果は1両分の空気抵抗低減量であり，これを車両数倍すれば，編成全体の空気抵抗係数の低減量が評価できる．一方で，現車の編成全体の空気抵抗係数は，上述の通り，現車試験により求めた中間部分の空気抵抗（広義の摩擦抵抗）と先頭・後尾部の風洞実験結果から求められる．ここでは，先頭・後尾部の角部が，車両幅の17%の半径で丸められた先頭・後尾形状をもつ，8両編成の車両について考える．1編成空気抵抗係数は，過去の研究[28][39]（風洞実験と現車試験結果の組合せ）から，$C_D = C_{Dp} + lC_{Df} = 1.87$（編成長さ $l=160$ m，先頭・後尾部の空気抵抗係数 $C_{Dp}=0.61$（風洞実験），中間部の単位長さ当たりの空気抵抗係数 $C_{Df}=0.0079$（現車試験））と推定される．

一方，在来線車両の空気抵抗低減の部位は，先頭，屋根上，床下とあるが，先頭部についてはすでに角部が丸められている車両もあるので，ここでは屋根上機器と床下機器形状の改良効果を評価する．各々で最も効果の大きかった形状での空気抵抗係数低減量は，各々，1両当たり 0.036，0.016 であり，その和は 0.052 となる．8両編成全体では，0.42（=0.052×8）となり，編成としての空気抵抗低減量は 22% と試算される．

(e) 空気抵抗低減による省エネルギー効果

新幹線の場合には，駅間が長くほとんどの区間を最高速度で走行するために，空気抵抗の低減効果が省エネルギー効果に直結する．しかし，在来線の場合には，常に最高速度で走行しているわけではないので，空気抵抗低減効果を消費エネルギーに換算して評価する必要がある．高速での走行時には，走行抵抗に占める空気抵抗の割合が大きいが，速度が低いとその割合が小さくなる．消費エネルギーを評価する場合には，駅停車や加減速を考慮する必要がある．

風洞実験により得られた，車両の形状改良による空気抵抗低減効果から，省エネルギー効果を試算する．上述した通り，走行抵抗は機械抵抗と空気抵抗の和であるが，機械抵抗が列車速度の一次式で表されるのに対し，空気抵抗は列車速度の2乗に比例する．つまり，列車速度が低ければ空気抵抗の占める割合が小さいが，列車速度が高くなると空気抵抗の占める割合が大きくなる．このことは，走行パターンにより空気抵抗の占める割合が異なり，省エネルギー効果が異なることを意味する．

車両の走行により消費されるエネルギーの試算には，鉄道総研が開発した運転曲線作成システム Speedy[41] を用いる．ここでは，走行距離 200 km，最高速度 130 km/h の営業線を想定した区間の走行パターンにおいて，8両編成の列車が走行した場合の消費エネルギーを試算する．試算に用いた車両の走行抵抗を表す式中の速度の2乗の項が，おおよそ空気抵抗を示していると考え，この係数を 22% 減として消費エネルギーを計算する．上述のパターンで走行した場合，空気抵抗が 22% 低減すると消費エネルギーが約 5% 低減すると試算される．

参 考 文 献

(1) 前川：大型トラック・バスの燃費低減技術について，日本自動車輸送技術協会 トラック・バスの新技術セミナー講演資料，p. 9 (2012)

(2) F. Buckley, W. Sekscienski：Comparisons of Effectiveness of Commercially Available Devices for the Reduction of Aerodynamic Drag on Tractor-Trailers, SAE Technical Paper 750704

(3) C. Marks, F. Buckley：The Effect of Tractor-Trailer Flow Interaction on the Drag And Distribution of Drag of Tractor-Trailer Trucks, SAE Technical Paper 801403

(4) K. Cooper：The Wind Tunnel Testing of Heavy Trucks to Reduce Fuel Consumption, SAE Technical Paper 821285

(5) K. Cooper：Truck Aerodynamics Reborn - Lessons from the Past, SAE Technical Paper 2003-01-3376, p. 132-142 (2003)

(6) L. Steers, L. Montoya, E. Saltzman：Aerodynamic Drag Reduction Tests on a Full-Scale Tractor-Trailer Combination and a Representative Box-Shaped Ground Vehicle, SAE Technical Paper 750703

(7) Edwin J. Saltzman, Robert R. Meyer, Jr：A Reassessment of Heavy-Duty Truck Aerodynamic Design Features and Priorities, NASA TP-1999-206574 (1999)

(8) C. Berta, B. Bonis：Experimental Shape Research of Ideal Aerodynamic Characteristics for Industrial Vehicles, SAE Technical Paper 801402

(9) F. Buckley：Aspects of Over-the-Road Testing of Truck Aerodynamic Drag Reducing Devices, SAE Technical Paper 821286

(10) A. McDonald, G. Palmer：Aerodynamic Drag Reduction of Intercity Buses, SAE Technical Paper 801404

(11) 郡，竹内：大型トラック実車空力特性の実験と予測，三菱自動車テクニカルレビュー，10, p. 102-110 (1998)

(12) 柴田：大型トラック実車空力特性の実験，HINO TECHNICAL REVIEW, No. 56, p. 30-35 (APR 2005)

(13) K. Cooper：The Effect of Front-Edge Rounding and Rear-Edge Shaping on the Aerodynamic Drag of Bluff Vehicles in Ground Proximity, SAE Technical Paper 850288

(14) Daimler AG, "The new Actros. Long-distance tranceport. 18-44 tonnes gcw" product brochure of the new Actros, 2013

(15) F. Browand, C. Radovich, M. Boivin：Fuel Savings by Means of Flaps Attached to the Base of a Trailer: Field Test Results, SAE Technical Paper 2005-01-1016, p. 229-244 (2005)

(16) Tsun-Ya Hsu, Mustapha Hammache, Fred Browand：Base Flaps and Oscillatory Perturbations to Decrease Base Drag, The Aerodynamics of Heavy Vehicles: Trucks, Buses, and Trains, Lecture Notes in Applied and Computational Mechanics Volume 19, p. 303-316 (2004)

(17) A. Devesa, T. Indinger：Fuel Consumption Reduction by

(18) 土田, 芦田, 上瀧：空気抵抗低減を狙った大型トラック用バン荷台の開発, 日野技報, No. 64, p. 57-60(2014)

(19) K. Cooper：Wind Tunnel and Track Tests of Class 8 Tractors Pulling Single and Tandem Trailers Fitted with Side Skirts and Boat-tails, SAE Int. J. Commer. Veh., 5(1), p. 1-17(2012)

Geometry Variations on a Generic Tractor-Trailer Configuration, SAE Int. J. Commer. Veh., 5(1), p. 18-28 (2012)

(20) Hans Gotz：Self Soiling, Aerodynamics, Aerodynamics of Road Vehicles Chapter 8, 8. 7. 2, p. 343-353(1987)

(21) T. Fujimoto：Shape Study for a Low Air Resistance Air Deflector, SAE Technical Paper 930301

(22) 鶴田, 竹内, 郡：CAE によるキャブ側面の泥はね予測手法, 自動車技術会学術講演会前刷集, 83-98 号, 99 9-12 (1998)

(23) 福島, 河合, 松浮：大型トラックの空力性能予測と改善手法, 自動車技術会秋季大会学術講演会前刷集, 20105631 (2010)

(24) M. Kim：Numerical Simulation on the Aerodynamic Characteristics Around Corner Vane of a Heavy-Duty Truck, SAE Technical Paper 2000-01-3499

(25) S. Ahmed, G. Ramm, G. Faltin：Some Salient Features Of The Time-Averaged Ground Vehicle Wake, SAE Technical Paper 840200

(26) 井門敦志：鉄道車両の空気抵抗低減技術, 機械の研究, Vol. 61, No. 10, p. 946-952(2009)

(27) 原朝茂ほか：列車の空気抵抗, 鉄道技術研究報告, No. 91 (1967)

(28) 運転理論研究会編著：運転理論, p. 119-123(1992)

(29) 原朝茂：列車の空気抵抗の測定法, 鉄道技術研究報告, No. 430(1964)

(30) 前田達夫ほか：新幹線電車(0系, 200系, 100系)の空気抵抗, 鉄道技術研究報告, No. 1371(1987)

(31) 井門敦志：鉄道車両の空気抵抗低減量の評価方法, 日本機械学会論文集(B編), Vol. 69, No. 685, p. 2037-2043 (2003)

(32) 井門敦志：鉄道車両の屋根上および床下機器改良による空気抵抗低減についての研究, 日本機械学会2003年度年次大会講演論文集(2003)

(33) P. Crespi, R. Gregorio, P. Vinsion：Proceeding of the World Congress on Railway Research, Vol. 2, p. 767-773 (1994)

(34) Atsushi Ido, et al.：Study on under-floor flow of railway vehicle using on-track tests with a Laser Doppler Velocimetry and moving model tests with comb stagnation pressure tubes, Proceeding of the WCRR2013(2013)

(35) 井門敦志ほか：在来線車両の形状改良による空気抵抗低減と省エネルギー効果の評価, 鉄道総研報告, Vol. 27, No. 1, p. 41-46(2013)

(36) 井門敦志ほか：新幹線車両の空気抵抗低減の研究, 第21回鉄道技術・政策連合シンポジウム講演論文集(2014)

(37) 前田達夫ほか：速度向上時のトンネル微気圧波対策, 鉄道総研報告, Vol. 4, No. 1, p. 44-51(1990)

(38) J. L. Peters：Optimising aerodynamics to raise IC performance, Railway Gazette International, p. 817-819(1982)

(39) 井門敦志ほか：鉄道車両の床下形状平滑化による空気抵抗低減についての研究, 日本機械学会論文集(B編), Vol. 71, No. 703, p. 73-80(2005)

(40) 井門敦志：鉄道車両の空気抵抗低減に関する研究, 東北大学博士論文, 第5章, p. 93-105(2003)

(41) 中村英夫ほか：ディーゼルハイブリッド車両用運転シミュレータの開発, 鉄道総研報告, Vol. 25, No. 1, p. 37-42 (2011)

さらに理解を深めるための参考書

　本書は，自動車の空力技術とその最新動向を中心に記述しているが，紙面の都合上，基礎的な記述が簡略化されている面がある．本書の記述内容をより深く理解したい読者のために，これらの基礎となる分野の代表的な参考書をここに紹介する．

流 体 力 学　全般

谷一郎：流れ学 第3版，岩波全書，岩波書店
大橋秀雄：流体力学(1)，標準機械工学講座，コロナ社
白倉昌明，大橋秀雄：流体力学(2)，標準機械工学講座，コロナ社
今井功：流体力学，岩波全書，岩波書店
H. ラム，今井功・橋本英典(訳)：流体力学，東京図書
谷一郎編：境界層―流体力学の進歩，丸善
谷一郎編：乱流―流体力学の進歩，丸善

数値流体力学　全般

スハス V パタンカー：コンピュータによる熱移動と流れの数値解析，森北出版
梶島岳夫：乱流の数値シミュレーション，養賢堂
藤井孝蔵：流体力学の数値計算法，東京大学出版会
H. K. Versteeg, W. Malalasekera：数値流体力学，森北出版
数値流体力学編集委員会編：数値流体力学シリーズ 1-6，東京大学出版会

熱　力　学　関連

甲藤好郎：伝熱概論，養賢堂
森康夫，一色尚次，河田治男：熱力学概論，養賢堂
日本機械学会編：伝熱工学資料，日本機械学会
橋本武夫：自動車用エンジンの冷却工学，山海堂

流 体 音 響 学　関連

Goldstein，今市憲作・辻本良信(訳)：流体音響学，共立出版
望月修，丸田芳幸：流体音工学入門―ゆたかな音環境を求めて，朝倉書店
吉川茂ほか：音源の流体音響学，音響テクノロジーシリーズ(10)，コロナ社
M. S. How，浅井雅人・稲澤歩(訳)：空力音響学―渦音の理論―，共立出版

実 験 技 術　関連

流れの可視化学会編：流れの可視化ハンドブック，朝倉書店
浅沼強編：流れの可視化ハンドブック，朝倉書店
可視化情報学会編：PIVハンドブック，森北出版
J. S. ベンダット，A. G. ピアゾル，得丸英勝(訳)：ランダムデータの統計的処理，培風館

そ の 他

ジョン D アンダーソン Jr.，織田豪(訳)：空気力学の歴史，京都大学学術出版会
生井武文：送風機と圧縮機―遠心軸流，朝倉書店
東大輔：自動車空力デザイン，三樹書房

索　引

—あ—

アダプティブウォール型	143
圧力勾配	157
圧力抵抗	197
後曳き渦	43
アーチ渦	48

—い—

移動地面板	2, 147

—う—

ウィングバン	187
ウインドスロップ	3, 107, 110, 118, 137
ウエイク	1
ウエイク歪み	157
ウエッジシェープ	16
渦の制御	68
雨滴型	15
運動量モデル	99

—え—

エオルス音	108, 117, 132
エッジトーン	108, 116
エッフェル型	143
エドモント・ムンプラ	11
エネルギーバランス	126
遠距離場	109, 114, 119
エンジンルーム内熱流れ	84, 182
エンジン冷却性能	83

—お—

オイラーの翼列理論	97
欧州NEDCモード	4
音源探査	122, 138
オープン型	155
オープンジェット型	143

—か—

可視化	148, 182
風漏れ音	107
架装	185, 187
カブラ	187
カムテール	12
カムバック	12
カルマン渦	108, 117
カロッツェリア	12
感圧塗料	149

—き—

キャビティトーン	108, 116
キャブ	185, 186
狭帯域音	108, 114, 116, 136
狭帯域騒音	129
強連成問題	71
近距離場	109, 114
キーオフ時	91

—く—

空気抵抗	1, 3, 100, 155, 182
空気抵抗係数	75, 173, 182
空力加振	128
空力騒音	1, 3, 7, 107, 108, 116, 128
空力ダンピング	62
空力6分力	1, 75
草笛音	108
クライスラー車	13
クレイモデル	19, 121
クローズド型	155
クローズドジェット型	143
グリルシャッター	101, 165, 189

—け—

蛍光フィルム	153
ゲッチンゲン型	143

—こ—

コインシデンス	128
高速直進安定性	59
広帯域音	108, 119
勾配補正	158
後面排出効果	103
後流	1, 154, 171, 175, 183
抗力	1
コーダ・トロンカ	12
コーナベーン	193, 194

—さ—

サイドスカート	194
サイドディフレクタ	188, 191
細部形状最適化	41
三次元的流れ場	64

—し—

自然風の変動	1
視認性	3
車体近傍の後流構造	47
車体形状の類型化	37
車体周りの流れ場	1
車両運動安定	75
車両パッケージ企画	4
シューレール	13
シューレール＋カム理論	15
消費エネルギー	204
振動と音響との連成	71
シーディング	153
弱連成問題	71

—す—

水平浮力	157
数値計算	42
数値流体力学	1, 2, 132, 182
スケールモデル	7
スタイリングコンペティション	6
スタビリティファクタ	76
ステレオスコピックPIV	154
ステレオPIV	150
スライディングメッシュ法	98
スロッテドウォール型	143

—せ—

静圧勾配	157, 158

—そ—

ソイリング	7
総圧分布	50
騒音特性	98
走行安定性	3, 75
走行抵抗	3, 4
走行抵抗値	3
走行抵抗低減	171
相似則	198
操縦安定性	75, 165, 169
速度勾配	157
速度比法	158

—た—

耐熱性	7
縦併進運動	79
タフト法	148
惰行試験	3

—ち—

着氷汚れ	3
直進安定性	75
直接解法	2

― つ ―

通風抵抗曲線	96

― て ―

ディンプル形状	20
デジタルフェーズ	169
デッカー	188
デフレクタ	137

― と ―

トモグラフィック PIV	150
トライアングルシルエット	166
トラクタ・トレーラ	187
トレーサ法	148
トータルエアロダイナミクス	4
動圧補正	157, 158
動的空気力	78
ドライバモデル	82

― な ―

流れの非定常性	1
流れ場の模擬	198

― に ―

二次元的流れ場	64

― ね ―

熱管理設計	85
熱害	85, 182
熱交換性能	98
熱交換特性	85
熱平衡	83
熱・流れ・人体生理反応の連成	73
燃費	75

― の ―

ノッチバック車体	37

― は ―

排気管内部流モデル	90
剥離	1, 171, 174
箱型車体	37
バサバサ音	107

― ひ ―

非定常空気力(動的)	75
非定常空力特性	59, 78
非定常性	1
平ボデー	187
ビームフォーミング	120, 138, 139
ピッチング運動	79
ピニンファリーナ	13

― ふ ―

ファイブベルトシステム	145
フィジカルフェーズ	169
フィードバック	107, 115, 136
風速変動	80
風洞試験	1, 174
風洞相関	155
笛吹音	107, 116, 137
輻射	85
フロントアンダーランプロテクタ	185
フロント仮想角	36
フロント下端傾斜	33
フロントバンパエアダム	194
フロント平面絞り	31
部品温度予測	91
ブレーキ冷却	9
ブロッケージ(閉塞)効果	157
分離解法	133

― へ ―

ヘルムホルツ共鳴	108, 115, 118

― ほ ―

放射	91
ボルテックスジェネレータ	20
ボンネット高さ・長さ	35

― ま ―

摩擦抵抗	4, 197

― み ―

ミース・ファン・デル・ローイ	19

― む ―

ムービングベルト	2, 144, 170

― や ―

ヤーライ	11

― ゆ ―

床下空力ライン	167
床下流れの改善	173
床下吹き出し	101
油膜法	117, 148

― よ ―

揚力	1, 3
揚力係数	75
横風安定性	75
横風	1, 75, 82
横併進運動	79
横力	1, 3
横力係数	75
ヨーイング運動	75, 79

― ら ―

乱流モデル	2
ラージ・エディ・シミュレーション	2, 134
ラージスケール PIV	152

― り ―

リアアンダーランプロテクタ	185
リアウインドウ折れ点長さ	33
リアウインドウ傾斜	33
リア仮想角	38
リアスポイラ	195, 196
リア平面絞り	34
粒子画像流速計測法	149
流線型	15, 174
臨界形状	34
リーディングエッジ	15

― る ―

類型車体周りの流れ	43
ルーフディフレクタ	188, 191
ルーフ&サイドディフレクタ	191

― れ ―

冷却損失特性	84
冷却風と周囲気流の干渉	100
レイノルズ平均ナビエ・ストークス方程式	2
レイモンド・ローイ	11
連成運動	75
連成問題	1, 71
レーザドップラー流速計	139, 149

欧字索引

Ahmed モデル	43
CFD	1, 2, 6, 120, 132, 155, 169, 171, 174, 182
Δmicrodrag	167
FUP	185
FV	148
Flow Visualization	148
L 型渦	48
LES	2, 134
Laser Doppler Velocimeter	149
Lighthill 方程式	112, 133
MRF 法	99
Maskell の方法	158
Mercker & Wiedemann の方法	158, 159
P-Q 特性	98
PIV	139, 149, 152
PSP	149
Particle Image Velocimetry	149
Powell	114
Pressure Sensitive Paint	149
RANS	2
RRS	147, 160
RUP	185
Rolling Road System	147
Rossiter	115
SEA	110
Streamlined Car	11
T-Q 特性	98
Thom & Herriot の方法	158
Tomo-PIV	150
Trailing Vortex	43
WLTC	4
WLTP	4
Zero Lift 領域	171

自動車の空力技術
流体技術部門委員会 編　　　　　　　　　　　定価（本体価格 4,600 円＋税）

2017 年 9 月 8 日第 1 版第 1 刷発行

編集発行人　石山　拓二
発　行　所　公益社団法人 自動車技術会
　　　　　　〒 102-0076　東京都千代田区五番町 10 番 2 号
　　　　　　電話 03-3262-8211
印　刷　所　株式会社 精興社

© 公益社団法人　自動車技術会　2017
本誌に掲載されたすべての内容は，公益社団法人自動車技術会の許可なく転載・複写することはできません．

●複写をされる方に
　本誌に掲載された著作物を複写したい方は，次の（一社）学術著作権協会より許諾を受けてください．但し，（公社）日本複製権センターと包括複写許諾契約を締結されている企業等法人はその必要がございません．
　著作物の転載・翻訳のような複写以外の許諾は，直接本会へご連絡ください．
一般社団法人学術著作権協会
　〒 107-0052　東京都港区赤坂 9-6-41　乃木坂ビル
　Tel 03-3475-5618　Fax 03-3475-5619
　E-mail info @ jaacc.jp